21世纪高等学校机械设计制造及其自动化专业系列教材

机械 CAD/CAM 技术基础
（第 2 版）

刁 燕　殷 鸣　殷国富　编著

U0172181

华中科技大学出版社

中国·武汉

内容简介

本书结合数字化设计制造技术的最新发展和应用需要,介绍了 CAD/CAM 技术概况、图形处理与三维建模、工程分析与仿真、数字化制造、逆向工程与 3D 打印、CAD/CAM 集成等方面的基础理论和技术方法,同时也讨论了智能制造、数字孪生等技术的最新发展状况。本书内容新颖,体系合理,注重技术原理、应用方法和常用工程软件系统的结合,融入了作者多年来的教学科研成果,突出了内容的先进性和实用性。

本书可作为机械类专业"CAD/CAM 技术"课程的教材,也可供从事机械 CAD/CAM 系统研究、开发与应用的工程技术人员参考。

图书在版编目(CIP)数据

机械 CAD/CAM 技术基础/刁燕,殷鸣,殷国富编著.—2 版.—武汉:华中科技大学出版社,2022.7
ISBN 978-7-5680-8285-3

Ⅰ.①机…　Ⅱ.①刁…　②殷…　③殷…　Ⅲ.①机械设计-计算机辅助设计-高等学校-教材　②机械制造-计算机辅助制造-高等学校-教材　Ⅳ.①TH122　②TH164

中国版本图书馆 CIP 数据核字(2022)第 117235 号

机械 CAD/CAM 技术基础(第 2 版)　　　　　　　　　　　　　　刁　燕　殷　鸣　殷国富　编著
Jixie CAD/CAM Jishu Jichu(Di-er Ban)

策划编辑:万亚军
责任编辑:姚同梅
封面设计:原色设计
责任监印:周治超
出版发行:华中科技大学出版社(中国·武汉)　　　　电话:(027)81321913
　　　　　武汉市东湖新技术开发区华工科技园　　　　邮编:430223
录　　排:华中科技大学惠友文印中心
印　　刷:武汉市籍缘印刷厂
开　　本:787mm×1092mm　1/16
印　　张:21.5
字　　数:560 千字
版　　次:2022 年 7 月第 2 版第 1 次印刷
定　　价:59.80 元

21世纪高等学校
机械设计制造及其自动化专业系列教材

总 序 一

"中心藏之,何日忘之",在新中国成立 60 周年之际,时隔"21 世纪高等学校机械设计制造及其自动化专业系列教材"出版 9 年之后,再次为此系列教材写序时,《诗经》中的这两句诗又一次涌上心头,衷心感谢作者们的辛勤写作,感谢多年来读者对这套系列教材的支持与信任,感谢为这套系列教材出版与完善作过努力的所有朋友们。

追思世纪交替之际,华中科技大学出版社在众多院士和专家的支持与指导下,根据 1998 年教育部颁布的新的普通高等学校专业目录,紧密结合"机械类专业人才培养方案体系改革的研究与实践"和"工程制图与机械基础系列课程教学内容和课程体系改革研究与实践"两个重大教学改革成果,约请全国 20 多所院校数十位长期从事教学和教学改革工作的教师,经多年辛勤劳动编写了"21 世纪高等学校机械设计制造及其自动化专业系列教材"。这套系列教材共出版了 20 多本,涵盖了"机械设计制造及其自动化"专业的所有主要专业基础课程和部分专业方向选修课程,是一套改革力度比较大的教材,集中反映了华中科技大学和国内众多兄弟院校在改革机械工程类人才培养模式和课程内容体系方面所取得的成果。

这套系列教材出版发行 9 年来,已被全国数百所院校采用,受到了教师和学生的广泛欢迎。目前,已有 13 本列入普通高等教育"十一五"国家级规划教材,多本获国家级、省部级奖励。其中的一些教材(如《机械工程控制基础》《机电传动控制》《机械制造技术基础》等)已成为同类教材的佼佼者。更难得的是,"21 世纪高等学校机械设计制造及其自动化专业系列教材"也已成为一个著名的丛书品牌。9 年前为这套教材作序的时候,我希望这套教材能加强各兄弟院校在教学改革方面的交流与合作,对机械工程类专业人才培养质量的提高起到积极的促进作用,现在看来,这一目标很好地达到了,让人倍感欣慰。

李白讲得十分正确:"人非尧舜,谁能尽善?"我始终认为,金无足赤,人无完人,文无完文,书无完书。尽管这套系列教材取得了可喜的成绩,但毫无疑问,这套书中,某本书中,这样或那样的错误、不妥、疏漏与不足,必然会存在。何况形势总在不断地发展,更需要进一步来完善,与时俱进,奋发前进。较之 9 年前,机械工程学科有了很大的变化和发展,为了满足当前机械工程类专业人才培养的需要,华中科技大学出版社在教育部高等学校机械学科教学指导委员会的指导下,对这套系列教材进行了全面修订,并在原基础上进一步拓展,在全国范围内约请了一大批知名专家,力争组织最好的作者队伍,有计划地更新和丰富"21 世纪高等学校机械设计制造及其自动化专业系列教材"。此次修订可谓非常必要,十分及时,修订工作也极为认真。

　　"得时后代超前代,识路前贤励后贤。"这套系列教材能取得今天的成绩,是几代机械工程教育工作者和出版工作者共同努力的结果。我深信,对于这次计划进行修订的教材,编写者一定能在继承已出版教材优点的基础上,结合高等教育的深入推进与本门课程的教学发展形势,广泛听取使用者的意见与建议,将教材凝练为精品;对于这次新拓展的教材,编写者也一定能吸收和发展原教材的优点,结合自身的特色,写成高质量的教材,以适应"提高教育质量"这一要求。是的,我一贯认为我们的事业是集体的,我们深信由前贤、后贤一起一定能将我们的事业推向新的高度!

　　尽管这套系列教材正开始全面的修订,但真理不会穷尽,认识不是终结,进步没有止境。"嘤其鸣矣,求其友声",我们衷心希望同行专家和读者继续不吝赐教,及时批评指正。

　　是为之序。

中国科学院院士

2009. 9. 9

21世纪高等学校 机械设计制造及其自动化专业系列教材

总序二

制造业是立国之本，兴国之器，强国之基。当今世界正处于以数字化、网络化、智能化为主要特征的第四次工业革命的起点，世界各大强国无不把发展制造业作为占据全球产业链和价值链高端位置的重要抓手，并先后提出了各自的制造业国家发展战略。我国要实现加快建设制造强国、发展先进制造业的战略目标，就迫切需要培养、造就一大批具有科学、工程和人文素养，具备机械设计制造基础知识，以及创新意识和国际视野，拥有研究开发能力、工程实践能力、团队协作能力，能在机械制造领域从事科学研究、技术研发和科技管理等工作的高级工程技术人才。我们只有培养出一大批能够引领产业发展、转型升级和创造新兴业态的创新人才，才能在国际竞争与合作中占据主动地位，提升核心竞争力。

自从人类社会进入信息时代以来，随着工程科学知识更新速度加快，高等工程教育面临着学校教授的课程内容远远落后于工程实际需求的窘境。目前工业互联网、大数据及人工智能等技术正与制造业加速融合，机械工程学科在与电子技术、控制技术及计算机技术深度融合的基础上还需要积极应对制造业正在向数字化、网络化、智能化方向发展的现实。为此，国内外高校纷纷推出了各项改革措施，实行以学生为中心的教学改革，突出多学科集成、跨学科学习、课程群教学、基于项目的主动学习的特点，以培养能够引领未来产业和社会发展的领导型工程人才。我国作为高等工程教育大国，积极应对新一轮科技革命与产业变革，在教育部推进下，基于"复旦共识""天大行动"和"北京指南"，各高校积极开展新工科建设，取得了一系列成果。

国家"十四五"规划纲要提出要建设高质量的教育体系。而高质量的教育体系，离不开高质量的课程和高质量的教材。2020年9月，教育部召开了在我国教育和教材发展史上具有重要意义的首届全国教材工作会议。近年来，包括华中科技大学在内的众多高校的机械工程专业结合自身的办学特色，引入先进的教育理念，在专业建设、人才培养模式、教学内容、教学方法、课程建设等方面积极开展教学改革，取得了较好的效果，建设了一大批优质课程。为了将这些优秀的教学改革经验和教学内容推广给全国高校,华中科技大学出版社联合华中科技大学在内的一批高校,在"21 世纪高等学校机械设计制造及其自动化专业系列教材"的基础上,再次组织修订和编写了一批教材,以支持我国机械工程专业的人才培养。具体如下:

(1)根据机械工程学科基础课程的边界再设计,结合未来工程发展方向修订、整合一批经典教材,包括将画法几何及机械制图、机械原理、机械设计整合为机械设计理论与方法系列教材等。

(2)面向制造业的发展变革趋势,积极引入工业互联网及云计算与大数据、人工智能技术,并与机械工程专业相关课程融合,新编写智能制造、机器人学、数字孪生技术等教材,以开拓学生视野。

(3)以学生的计算分析能力和问题解决能力、跨学科知识运用能力、创新(创业)能力培养为导向,建设机械工程学科概论、机电创新决策与设计等相关课程教材,培养创新引领型工程技术人才。

同时,为了促进国际工程教育交流,我们也规划了部分英文版教材。这些教材不仅可以用于留学生教育,也可以满足国际化人才培养需求。

需要指出的是,随着以学生为中心的教学改革的深入,借助日益发展的信息技术,教学组织形式日益多样化;本套教材将通过互联网链接丰富多彩的教学资源,把各位专家的成果展现给各位读者,与各位同仁交流,促进机械工程专业教学改革的发展。

随着制造业的发展、技术的进步,社会对机械工程专业人才的培养还会提出更高的要求;信息技术与教育的结合,科研成果对教学的反哺,也会促进教学模式的变革。希望各位专家同仁提出宝贵意见,以使教材内容不断完善提高;也希望通过本套教材在高校的推广使用,促进我国机械工程教育教学质量的提升,为实现高等教育的内涵式发展贡献一份力量。

中国科学院院士

2021 年 8 月

前　言

随着以新一代信息通信技术与制造业深度融合发展为主要特征的产业变革在全球范围内孕育和兴起,数字化、网络化、智能化逐渐成为制造业的主要趋势。为了打造具有国际竞争力的制造业,我国在 2015 年发布实施"中国制造 2025"规划,确定以推进智能制造为主攻方向,而计算机辅助设计与制造(computer aided design and manufacturing,CAD/CAM)技术则是实施智能制造的一种关键共性技术和支撑技术。

CAD/CAM 技术是随着计算机科学和信息数字化技术发展而形成的一项高新技术,是 20 世纪最杰出的工程成就之一,也是机械产品数字化设计与制造的技术基础。CAD/CAM 技术的发展和应用使传统的产品设计方法、生产制造模式发生了深刻的变化,对制造业的生产模式和人才知识结构等产生了重大的影响,促使制造业产品设计制造迈向数字化、智能化、虚拟化和全球化的新时代。目前 CAD/CAM 技术广泛应用于机械、电子、汽车、模具、航空航天、交通运输、工程建筑等众多领域,它的研究与应用水平已成为衡量一个国家工业技术现代化发展状况的重要标志之一。

毫无疑问,CAD/CAM 技术已经成为产品设计制造工作中不可缺少的工具,CAD/CAM 技术课程则是机械工程学科领域的一门重要专业必修课程。对现代工程技术人员来说,学习掌握 CAD/CAM 技术原理及其相应软件系统的应用方法是十分重要的。及时、系统地反映 CAD/CAM 最新技术与典型软件系统应用方法,满足当前智能制造技术研究、教学和推广应用的需要,是我们编写本书的基本出发点。

本书编写的指导思想是以 CAD/CAM 技术的共性理论为基础,以工程应用为背景,注重突出内容的实用性和新颖性,结合常用 CAD/CAM 软件系统介绍数字建模、性能分析仿真、数字化制造、逆向工程与 3D 打印、智能制造新模式中所涉及的基本原理、建模分析技术和工程应用软件系统。本书内容安排如下:

第 1 章论述了 CAD/CAM 的总体概况和相关技术基础,以便学生系统学习 CAD/CAM 技术内涵、CAD/CAM 系统组成与软硬件环境、CAD/CAM 技术的发展等内容,了解数字化设计制造技术的特点和发展趋势。

第 2 章介绍有关计算机图形学的基本概念和基础知识,包括图形的概念、图形系统、图形标准和图形变换(二维图形和三维图形的几何变换)等内容,使学生掌握 Pro/ENGINEER 软件的二维绘图方法,并能使用系统提供的各种草绘工具快速绘制各种二维图形。

第 3 章论述 CAD/CAM 三维建模技术及其应用,介绍参数化特征建模技术常用的建模方法、装配和工程图制作的基本操作方法与技巧,以及产品模型数据的交换标准,使学生初步掌握几何建模中的常用模型、三维产品建模技术、参数化设计技术、特征建模技术的概念和原理,以及装配产品数字化建模方法。

第 4 章介绍计算机辅助工程分析技术,使学生了解有关计算机辅助工程分析的基础知识,掌握有限元前、后置处理的基本方法,熟悉 ANSYS Workbench 软件的基本操作,掌握静力分析和模态分析的具体步骤,并能运用 ANSYS Workbench 软件进行常见工程问题的分析。

第 5 章重点讨论数字化仿真分析技术和虚拟样机技术,介绍 ADAMS 软件系统在机构运动学分析、动力学分析和机构设计与仿真中的应用,使学生基本了解数字化仿真分析技术。

第 6 章重点论述计算机辅助工艺设计技术,包括零件信息的描述与输入、工艺决策与工序设计、派生式 CAPP 系统、创成式 CAPP 系统、网络化制造环境下的工艺设计方法等内容。

第 7 章讨论计算机辅助制造技术与应用问题,论述 CAM 技术的基本概念和体系结构,介绍数控加工及数控编程的基本原理和方法。通过应用 MasterCAM 软件系统展开实例分析,使学生基本理解和掌握 CAM 软件系统的编程和应用方法。

第 8 章重点论述 CAD/CAM 集成技术,介绍不同的集成方式及在集成中存在的关键问题,分析 CAD/CAM 集成中的接口技术,并介绍基于产品数据管理的集成方式。

第 9 章在介绍逆向工程技术原理的基础上,重点论述逆向工程典型数据采集技术、测量数据处理技术和三维 CAD 模型重构方法,论述 3D 打印(增材制造)技术原理和典型工艺技术,以便于学生了解增材制造技术的发展趋势和面临的挑战。

第 10 章在讨论智能制造模式发展背景的基础上,介绍智能制造概念的内涵,分析智能制造的关键技术,讨论数字化工厂和智能工厂等实施智能制造的新模式,分析智能制造的发展趋势。

第 11 章针对数字孪生日趋成为国内外 CAD/CAM 领域研究应用热点的现状,介绍数字孪生(digital twin,DT)技术的概念及其发展历程、数字孪生技术的内涵及其技术体系,论述数字孪生技术应用现状以及在产品设计各个阶段的应用需求。

本书由四川大学机械工程学院刁燕副教授、殷鸣副教授和殷国富教授编著。其中第 1、10、11 章由殷国富编写,第 2、3、4、5、8 章由刁燕编写,第 6、7、9 章由殷鸣编写。刁燕负责全书的统稿工作。本书参考了作者近年来参与的工业和信息化部智能制造新模式应用项目和四川省智能制造专项计划、四川省科技支撑计划等相关课题的工作成果,同时参考了国内外许多学者专家的论著和文献资料;本书的出版得到了四川大学教材建设项目的资助,出版社的编辑也付出了辛勤的劳动,谨此致谢。

由于 CAD/CAM 技术内涵丰富,技术发展日新月异,书中内容难以全面反映这一技术领域的全貌,不妥之处在所难免,诚请批评指正。

编 者
2021 年 5 月

目　　录

第1章　CAD/CAM 技术概论 ·· （1）

1.1　制造业信息化中的计算机辅助技术 ······························ （1）

1.2　面向数字化设计制造的 CAD/CAM 技术 ························ （2）

1.3　CAD/CAM 系统的工作过程与主要任务 ························ （8）

1.4　CAD/CAM 系统的硬件与软件 ································· （11）

1.5　CAD/CAM 技术的发展历程与趋势 ····························· （16）

习题 ·· （21）

第2章　计算机图形处理技术及其应用 ································ （22）

2.1　计算机图形学概述 ··· （22）

2.2　图形的概念 ··· （22）

2.3　图形系统与图形标准 ·· （24）

2.4　图形变换 ·· （26）

2.5　曲线描述基本原理 ··· （31）

2.6　曲线设计 ·· （33）

2.7　Pro/ENGINEER 二维绘图 ······································ （42）

习题 ·· （48）

第3章　CAD/CAM 三维建模技术及其应用 ························ （50）

3.1　几何模型概念 ·· （50）

3.2　几何建模理论基础 ··· （50）

3.3　几何建模方法 ·· （52）

3.4　参数化与变量化设计方法 ·· （67）

3.5　装配产品数字化建模 ·· （72）

3.6　基于 Pro/ENGINEER 的参数化建模技术 ··················· （78）

习题 ·· （118）

第4章　计算机辅助工程分析技术 ···································· （119）

4.1　CAE 技术概述 ·· （119）

4.2　有限元方法 ··· （122）

4.3　有限元分析的前、后置处理 ······································ （130）

4.4　CAD 与 CAE 的集成 ·· （132）

4.5　ANSYSWorkbench 软件 ··· （133）

习题 ·· （146）

第5章　数字化仿真分析技术 ·· （147）

5.1　仿真技术概述 ·· （147）

5.2　虚拟样机技术 ·· （152）

5.3　ADAMS 软件 ··· （155）

　　5.4　四杆机构 ADAMS 仿真分析过程示例 ……………………………………… (165)
　　习题 ………………………………………………………………………………… (178)

第 6 章　计算机辅助工艺设计技术 …………………………………………………… (179)
　　6.1　计算机辅助工艺设计技术概况 ……………………………………………… (179)
　　6.2　CAPP 系统对零件信息的描述与输入 ……………………………………… (184)
　　6.3　CAPP 系统的工艺决策方法与工序设计 …………………………………… (187)
　　6.4　CAPP 系统的工艺数据库技术 ……………………………………………… (195)
　　6.5　CAPP 系统的流程管理与安全模型 ………………………………………… (199)
　　6.6　CAPP 系统开发与应用实例 ………………………………………………… (200)
　　习题 ………………………………………………………………………………… (206)

第 7 章　计算机辅助制造技术 ………………………………………………………… (208)
　　7.1　CAM 技术概况 ……………………………………………………………… (208)
　　7.2　数控加工与数控编程 ………………………………………………………… (210)
　　7.3　数控加工过程仿真 …………………………………………………………… (223)
　　7.4　CAM 常用系统介绍 ………………………………………………………… (225)
　　7.5　MasterCAM 数控编程实例 ………………………………………………… (226)
　　习题 ………………………………………………………………………………… (234)

第 8 章　CAD/CAM 集成技术 ………………………………………………………… (235)
　　8.1　CAD/CAM 集成技术概述 …………………………………………………… (235)
　　8.2　CAD/CAM 集成系统的逻辑结构 …………………………………………… (236)
　　8.3　CAD/CAM 集成系统的总体结构与关键技术 ……………………………… (237)
　　8.4　CAD/CAM 集成软件系统 …………………………………………………… (241)
　　8.5　产品数据交换标准 …………………………………………………………… (243)
　　8.6　产品信息的描述与集成产品数据模型 ……………………………………… (248)
　　8.7　基于 PDM 平台的 CAD/CAM 集成技术 …………………………………… (253)
　　习题 ………………………………………………………………………………… (257)

第 9 章　逆向工程与 3D 打印(增材制造)技术 ……………………………………… (258)
　　9.1　逆向工程概述 ………………………………………………………………… (258)
　　9.2　逆向工程典型数据采集技术 ………………………………………………… (263)
　　9.3　测量数据处理技术 …………………………………………………………… (269)
　　9.4　3D 打印的技术原理 ………………………………………………………… (274)
　　9.5　3D 打印的典型工艺 ………………………………………………………… (276)
　　9.6　3D 打印中的数据处理 ……………………………………………………… (285)
　　9.7　3D 打印技术的应用领域 …………………………………………………… (289)
　　9.8　3D 打印技术面临的挑战与发展趋势 ……………………………………… (290)
　　9.9　基于三维光学扫描和 GeomagicStudio 的逆向工程实例 ………………… (292)
　　习题 ………………………………………………………………………………… (304)

第 10 章　智能制造新模式及其应用 ………………………………………………… (306)
　　10.1　智能制造发展概况 …………………………………………………………… (306)
　　10.2　智能制造的基本概念 ………………………………………………………… (307)

10.3 智能制造的关键技术 …………………………………………………………… (309)

10.4 智能制造新模式 ………………………………………………………………… (311)

10.5 智能工厂模式概述 ……………………………………………………………… (312)

10.6 机械基础传动件智能制造实例 ………………………………………………… (314)

习题 …………………………………………………………………………………… (318)

第 11 章 数字孪生建模技术及其应用 …………………………………………………… (319)

11.1 数字孪生技术产生的背景与意义 ……………………………………………… (319)

11.2 数字孪生的基本概念与发展历程 ……………………………………………… (320)

11.3 数字孪生的不同形态 …………………………………………………………… (323)

11.4 数字孪生的技术体系 …………………………………………………………… (325)

11.5 产品全生命周期中的数字孪生 ………………………………………………… (326)

习题 …………………………………………………………………………………… (328)

参考文献 ………………………………………………………………………………… (329)

CAD/CAM 技术概论

计算机辅助设计与制造(CAD/CAM)是计算机技术、信息技术与先进制造技术相结合形成的高新技术,是数字化设计制造技术的核心组成部分。CAD/CAM 系统迅速发展和广泛应用,给机械制造业带来了蓬勃生机,使传统的产品设计方法与制造模式发生了深刻的变革,提高了企业的创新能力、技术水平和市场竞争能力。CAD/CAM 技术被视为 20 世纪最杰出的工程成就之一,是智能制造新模式下的核心技术系统。本章将分析论述 CAD/CAM 技术原理、系统组成、软硬件环境、集成应用和发展趋势等内容。

1.1 制造业信息化中的计算机辅助技术

世界上第一台电子计算机——电子数字积分计算机(electronic numerical integrator and calculator,ENIAC)于 1946 年在美国宾夕法尼亚大学问世,它是 20 世纪最杰出的科学技术成就之一,其出现标志着人类科学技术发展到了一个新的阶段。70 余年来,计算机技术不断成熟发展,应用领域已涉及人类社会的各行各业。计算机技术的发展及其所带来的一系列变革是任何一项技术都无法比拟的。

机械制造学科是一门古老的传统学科。随着计算机技术、信息技术不断渗透并融合于机械产品的设计、制造、检测、管理等各环节中,机械制造学科发生了革命性变化,涌现出许多以计算机技术为基础的新理论、新学科、新技术和新方法,形成了一系列面向机械制造企业信息化全过程的数字化设计制造技术和软件系统,主要包括:

- 计算机辅助绘图(computer aided drafting,CAD)技术和系统;
- 计算机辅助设计(computer aided design,CAD)技术和系统;
- 计算机辅助工艺规划(computer aided process planning,CAPP)技术和系统;
- 计算机辅助制造(computer aided manufacturing,CAM)技术和系统;
- 计算机辅助工程(computer aided engineering,CAE)分析技术和系统;
- 计算机辅助质量(computer aided quality,CAQ)管理技术和系统;
- 计算机辅助设计与制造(computer aided design and manufacturing,CAD/CAM)技术和系统;
- 产品数据管理(product data management,PDM)技术和系统;
- 企业资源计划(enterprise resource planning,ERP)技术与系统;
- 产品全生命周期管理(product life-cycle management,PLM)系统;
- 制造业信息化工程(manufacture information engineering,MIE)技术;
- 数字化工厂(digitalized factory,DF)技术;

- 管理信息系统(management information system,MIS);
- 计算机集成制造系统(computer integrated manufacturing system,CIMS);
- 现代集成制造系统(contemporary integrated manufacturing system,CIMS);
- 智能制造系统(intelligent manufacturing system,IMS);
- 制造执行系统(manufacturing execution system,MES)。

通过应用和发展计算机辅助技术来实现各学科、各行业的技术进步已成为一种必然的发展方向。CAD/CAM 是制造业信息化工程的核心技术,是我国在"九五"计划中就规划为重中之重的科技项目和国家技术创新工程的重要内容。科技部组织实施了 CAD 应用工程和 CIMS 应用工程。

进入 21 世纪之际,我国持续大力推进制造业信息化工程,企业经历了从单项使用 CAD、CAE、CAPP、CAM 技术到信息集成、过程集成及企业集成的发展过程。制造业信息化工程的核心就是采用国际上最先进的信息化技术,提高企业的创新能力和产品的高新技术含量、提高企业快速响应市场的能力。

当前,围绕推动我国工业产品从价值链低端向高端跃升,我国组织实施了"高档数控机床与基础制造装备"等科技重大专项以及智能制造装备发展专项,并于 2015 年 5 月发布了《中国制造 2025》战略规划。《中国制造 2025》是我国实施制造强国战略的第一个十年的行动纲领,是在新的国际国内环境下,我国立足于国际产业变革大势,做出的全面提升中国制造业发展质量和水平的重大战略部署。《中国制造 2025》战略规划的关键是加快推动新一代信息技术与制造技术融合发展,把智能制造作为两化深度融合的主攻方向,培育新型生产方式,提升企业研发、生产、管理和服务的智能化水平。

CAD/CAM 技术是实施数字化设计制造、智能制造新模式的基础,是机械产品设计制造工作中不可缺少的工具,是工程技术人员必须掌握的一种基本技能。因此,学习和掌握 CAD/CAM 技术,并与专业知识结合以解决所面临的机械工程技术问题,对工程技术人员和工科院校的师生来说都是十分重要的。

CAD/CAM 技术涉及计算机图形学、数控加工技术、有限单元分析法、计算机仿真、最优化设计、计算机信息集成技术等多门课程,是理论性和实践性都很强的综合性课程,具体教学内容不仅应体现知识的系统性、完整性、先进性和实用性,还要兼顾理论和实践教学环节,并适当加强实践性环节。

1.2　面向数字化设计制造的 CAD/CAM 技术

数字化设计制造技术是指采用数字化方式,利用计算机软硬件及网络环境,以提高产品开发质量和效率为目标的相关设计制造方法和软件系统有机集成的产品开发技术,即在网络和计算机辅助下通过产品数字模型,全面模拟产品的设计、分析、装配、制造等过程。数字化设计制造技术不仅贯穿企业生产的全过程,而且涉及企业的设备布置、物流物料、生产计划、成本分析等多个方面。与传统产品开发手段相比,它强调计算机、数字化信息、网络技术以及智能算法在产品开发中的作用。

数字化设计制造是一个较大的技术范畴,通常包括数字化设计、数字化工艺、数字化制造、数字化管理以及数字化资源等技术内容,如图 1.1 所示。

数字化设计制造本质上是产品设计制造信息的数字化,是将产品的结构特征、材料特征、

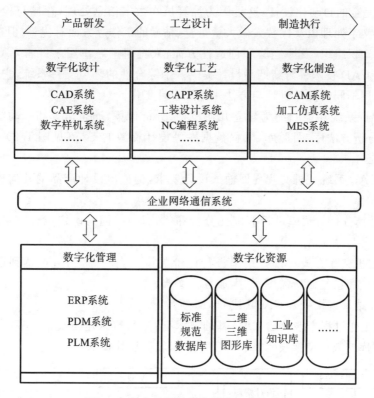

图 1.1　数字化设计制造的技术内容体系

制造特征和功能特征统一起来,应用数字技术对设计制造所涉及的所有对象和活动进行表达、处理和控制,从而在数字空间中完成产品的设计制造过程,即制造对象、状态与过程的数字化表征、制造信息的可靠获取及传递,以及不同层面的数字化建模与仿真。

从企业应用数字化技术和软件系统的情况来看,数字化设计制造主要包括用于制造企业的 CAD(本书中 CAD 均指计算机辅助设计)、CAM、CAPP、CAE、PDM 等内容。数字化设计制造包括支持企业的产品开发全过程、支持企业的产品创新设计、数据管理、产品开发流程的控制与优化等。从总体上来说,产品建模是基础,优化设计是主体,数控技术是工具,数据管理是核心。

1.2.1　CAD 技术

CAD 技术已经发展了四十多年,其概念和内涵还在不断地拓展。在 1972 年 10 月,国际信息处理联合会(IFIP)在荷兰召开的"关于 CAD 原理的工作会议"上给出如下定义:

CAD 是一种技术,其中人与计算机结合为一个问题求解组,紧密配合,发挥各自所长,从而使其工作优于每一方,并为应用多学科方法的综合性协作提供了可能。

目前,较为常用的对 CAD 技术的定义是:

以计算机硬件、软件系统为工具,辅助人们进行产品设计、绘图、分析、优化与文档制作等设计活动,是人类专家创新能力与计算机软硬件功能有机结合,充分发挥人机系统各自优势的一种新的技术方法。

从上述定义可知,CAD 技术的一个最为明显的特征是人与计算机二者有机结合,以人机对话方式进行设计。

CAD 不是完全的自动化设计,这是因为计算机在数字信息处理(存储与检索)、分析和计算、图形作图与文字处理以及代替人做大量重复、枯燥的工作等方面有优势;但在设计策略、逻辑控制、信息与知识组织、发挥经验和创造性方面,人将起主导作用。目前 CAD 技术仍在不断发展,未来的 CAD 技术将为新产品设计提供一个综合性的环境支持系统,它能全面支持异地、数字化地采用不同的设计哲理与方法来完成设计工作。

通常将 CAD 系统功能归纳为建立几何模型、分析计算、动态仿真和自动绘图四个方面,因而需要计算分析方法库、图形库、工程数据库等设计资源的支持(见图 1.2)。CAD 工作过程的主要步骤是:

(1) 通过 CAD 系统人机交互界面输入设计要求,构造出设计产品的几何模型,并将相关信息存储于数据库。

(2) 运用计算分析方法库进行有限元分析和优化设计,同时确定设计方案和零部件的性能参数。

(3) 通过人机交互方式对设计结果进行评价决策和实时修改,直至达到设计要求为止。利用图形库支持工具,绘制所需图形、生成各种文档。

(4) 将设计结果直接引入 CAPP 或 CAM 阶段。

CAD 系统工作过程中涉及的 CAD 基础技术有:产品信息建模技术、工程分析技术、图形处理技术、数据库与数据交换技术、文档处理技术、软件设计技术等。

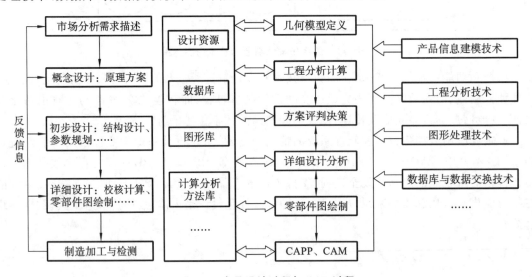

图 1.2　产品设计过程与 CAD 过程

1.2.2　CAE 技术

现代复杂机电产品的发展,要求工程师在设计阶段就能较为精确地预测出产品的技术性能,并对结构的静、动力强度以及温度场等技术参数进行分析计算。例如:分析计算核反应堆的温度场参数,确定传热和冷却系统是否合理;分析涡轮机叶片内的流体动力学参数,以提高其运转效率。把这些都归结为求解物理问题的控制偏微分方程往往是不可能的。在计算机技术和数值分析算法支持下发展起来的有限元分析(finite element analysis,FEA)等方法则为解决这些复杂的工程分析计算问题提供了有效的途径,形成了在机械设计及制造领域最重要的 CAE 这一支撑技术。

　　CAE 技术的基本含义是:在机械零件或整机产品的数字化建模完成之后,运用有限元分析、多体动力学、计算流体力学(CFD)、边界元法等数值分析算法,计算零件或整机产品模型的有关技术性能指标,进行模拟仿真,以便进一步改进和优化零件或整机产品设计的分析技术。

　　CAE 技术的主要内容如下:

　　(1) 结构性能数字分析。用有限元分析方法对产品结构的静、动态特性及强度、振动、热变形、磁场强度、流场等进行分析和研究,并自动生成有限元网格,从而为用户精确研究产品结构的受力,以及用深浅不同颜色描述应力或应变分布提供了可视化的技术方法。

　　(2) 优化设计,即研究用参数优化法进行方案优选。这是 CAE 系统应具有的基本功能。优化设计是保证现代化产品设计具有高速度、高质量和保证产品具有良好的市场销售前景的主要技术手段之一。

　　(3) 三维运动机构的模拟仿真。研究机构的运动学特性,即对运动机构(如凸轮连杆机构)的运动参数、运动轨迹、干涉校核进行研究,以及应用仿真技术研究运动系统的某些性质,从而为人们设计运动机构时提供直观的、可以仿真或交互的设计技术。

　　CAE 技术的发展已经历了半个世纪。目前,在工业界需求的牵引和软件、硬件技术发展的推动下,CAE 技术发展和应用的焦点已经从单元技术的提升,转向对整个产品虚拟仿真流程乃至整个产品研发过程管理的提升。CAE 技术已经渗入产品研发的各个环节,由辅助的验证工具,转变为驱动产品创新的引擎。

　　由于 CAE 技术和软件系统的复杂性,目前仍需着力解决以下问题:

　　(1) CAE 软件的易用性。性能数字分解计算与仿真涉及大量的数学和力学问题。传统的 CAE 软件作为"阳春白雪"类技术,在企业实际产品开发中的应用还不够普及。如何让拥有丰富设计经验和制造业专业背景的工程师将 CAE 软件应用到产品研发设计过程当中,是 CAE 技术推广应用的一个重要问题。

　　(2) CAE 分析仿真流程自动化。对产品进行性能分析与仿真涉及十分复杂的流程,而手工管理分析仿真流程导致分析计算与仿真的效率不高。如何实现 CAE 分析仿真流程的自动化,创建完整的仿真流程模板,并根据各个学科的仿真需求动态调整网格模型,对于提升 CAE 分析计算与仿真的效率和质量具有重要的作用。

　　(3) 分析计算与物理实验的结合。将 CAE 分析计算与物理实验结合起来,有利于提高 CAE 分析仿真结果的置信度,减少物理样机和物理实验的数量,在提高产品性能的同时,降低产品研发成本,提高产品研发的成功率和研发效率。

　　(4) 分析仿真知识的积累重用。对于机械产品模型,不同的分析工程师,由于知识和经验的差异,应用 CAE 软件系统分析出来的结果会存在较大的差异。如何建立企业的 CAE 分析计算与仿真的知识库,实现对 CAE 分析仿真知识的获取、积累和重用,如何将经验丰富的分析专家的分析仿真知识和仿真流程传给新入门的分析工程师,是企业应用好 CAE 技术的重要问题之一。

　　(5) 多学科仿真与优化。由各个学科领域的 CAE 分析仿真结果可得出局部的性能仿真和改进建议,而如何将多学科分析仿真技术与优化设计技术相结合,是 CAE 技术深化应用必须解决的问题。

1.2.3　CAPP 技术

　　机械产品制造是从工艺设计开始,经加工、检测、装配至产品进入市场的过程。在这个过程中,工艺设计的目标是充分利用企业资源,保证机械零件在加工过程中安全、可靠、经济地达到设计图样的要求,为操作工人提供作业指导,为生产管理提供工艺数据。工艺设计决定了工序规划、刀具夹具、材料计划以及采用数控机床时的加工编程内容等;在工艺设计完成后进行加工、检验与装配。实现这些环节信息处理的计算机系统就构成了 CAPP 系统和 CAM 系统。

　　CAPP 的含义是:工艺人员利用计算机系统,完成产品加工方法选择、工艺过程规划等从毛坯到成品所需要的制造方法,是将企业产品设计数据转换为产品制造数据的一种技术。CAPP 系统接收来自 CAD 系统的零件信息,包括几何信息和工艺制造信息,再经工艺设计人员运用工艺设计知识,设计合理的加工路线,选择优化的加工参数和加工设备。

　　在 CAPP 技术应用中需要高度关注以下内容:

　　(1) CAPP 智能化技术。工艺规划设计是一项很复杂的高度智能化的活动,经验性强,涉及面广,既与经验性的决策思维相关,又受现场加工环境的限制。设计一个零件时要根据零件最终的形状、精度要求、加工现场的设备情况(如机床和刀、夹、量具),设计它的加工路线,再考虑零件材料的特性、设备的加工能力及加工经济性,优化加工参数,最后向加工车间传送成熟的工艺文件,向管理部门提供加工工时信息和设备利用情况。

　　(2) 利用 CAPP 实现优化工艺设计的目标。在企业中,信息流指导物料流、资金流、人力流,工艺设计是把产品信息转换为组织物料流、资金流、人力流的基本信息,因此必须优化工艺设计,才能为物料流、资金流、人力流提供优化工艺信息。因此 CAPP 系统必须以优化工艺设计为目标,输出经过优化的工艺规程卡片。

　　(3) CAPP 与企业信息系统集成。首先需要解决 CAPP 系统与材料定额、工时定额、工装管理等软件的集成,实现数据共享。同时,要充分考虑 CAPP 与 CAM 的集成、CAD 与 CAPP 的集成、CAPP 与 ERP 的集成,因为 ERP 运行需要 CAPP 输出数字化的工艺路线、工艺规程、材料定额、工时定额、工装等相关数据,CAPP 系统需要 ERP 系统提供库存、价格、成本等数据。

1.2.4　CAM 技术

　　CAM 通常是指利用计算机系统,通过计算机与生产设备直接或间接的联系,进行产品制造的规划、设计、管理和控制产品的生产制造过程。CAM 的核心是计算机数字控制。CAM 作为整个集成系统的重要一环,向上与 CAD 实现无缝集成,向下智能、高效地为数控生产提供服务。

　　CAM 的概念有狭义和广义的两种。

　　狭义 CAM 是指从产品设计到加工制造之间的一切生产准备活动,它包括 CAPP、数控 (numerical control,NC)编程、工时定额的计算、生产计划的制订、资源需求计划的制订等。目前狭义 CAM 的概念进一步缩小,成为 NC 编程的同义词。CAPP 系统已被作为一个专门的功能子系统,而工时定额的计算、生产计划的制订、资源需求计划的制订则由 MRPⅡ/ERP 系统实现。

　　广义的 CAM 除自动编程外,还包括工艺过程设计、制造过程仿真(MPS)、自动化装配 (FA)、车间生产计划控制(SFC)、制造过程检测与故障诊断,涉及制造活动中与物流有关的所有过程(加工、装配、检验、存储、输送)的监视、控制和管理等环节,都属于广义 CAM 的范畴。

　　CAM 技术在 20 世纪 50 年代产生,发展到现在,其功能和特点都发生了较大的变化。从发展历程看,CAM 技术根据其基本处理方式与目标对象主要可分为两个主要发展阶段,相应的 CAM 系统也有其不同的特征。

第一阶段 CAM 系统的典型特征是其属于数控自动编程工具(automatically programmed tool,APT)系统。APT 系统是 20 世纪 50 年代由美国最早研制出来的。现在许多工业发达国家都研制了很多的数控自动编程系统。

20 世纪 60 年代的 CAM 软件主要应用于大型计算机,在专业系统上开发编程机(如FANUC、Siemens 编程机)及部分编程软件,系统结构为专机形式,基本的处理方式以人工或计算机辅助式直接计算数控刀具轨迹为主,而编程目标与对象也都是直接面向数控刀具轨迹。因此其缺点是功能相对比较差,而且操作困难,只能专机专用。

第二阶段 CAM 系统的特征是其主要处理曲面的加工问题。系统结构一般是 CAD/CAM混合系统,利用 CAD 模型,以几何信息作为最终的结果,自动生成刀具轨迹。在此基础上,自动化、智能化程度取得了较大幅度的提高,具有代表性的是 UG、DUCT、Cimatron、MasterCAM 系统等。其基本特点是面向局部曲面的加工方式,表现为编程的难易程度与零件的复杂程度直接相关,而与产品的工艺特征、工艺复杂程度等没有直接的关系。

CAM 技术在不断地发展,智能化水平也不断提高。目前 CAM 系统不仅可继承并智能化判断工艺特征,而且具有模型对比、残余模型分析与判断功能,使刀具轨迹更优,效率更高。同时面向整体模型的形式也具有对工件包括夹具的防过切、防碰撞修理功能,提高了操作的安全性,更符合高速加工的工艺要求,并开放了工艺相关联的工艺库、知识库、材料库和刀具库,使工艺知识积累、学习、运用成为可能。

1.2.5　CAD/CAM 技术

CAD、CAE、CAPP、CAM 独立系统分别对产品设计自动化、产品性能分析计算自动化、工艺过程设计自动化和数控编程自动化起到了重要的作用。从信息处理的角度来看,机械产品设计制造过程是一个关于产品信息的产生、处理、交换和管理的过程。

CAD/CAM 技术是将计算机科学技术、机械工程技术与人类专家的智慧有机结合,在产品设计制造的全过程中各尽所长,尽可能地利用计算机系统来完成那些重复性高、劳动量大、计算复杂以及单纯靠人工难以完成的工作,辅助而非代替工程技术人员完成产品设计制造任务,以期获得最佳效果的先进技术方法。

CAD/CAM 系统以计算机硬件、软件为支撑环境,通过各个功能模块(分系统)实现对产品的描述、计算、分析、优化、绘图、工艺规程设计、仿真以及数控加工,是一种有关产品设计和制造的信息处理系统。

CAD/CAM 系统在制造过程中的应用,不是传统设计、制造流程和方法的简单映像,也不局限于在个别步骤或环节中部分地使用计算机作为工具,因此,对 CAD/CAM 系统功能的要求是:

(1)满足企业当前和未来的各种功能需求;

(2)具有良好的软件系统结构及信息集成方式;

(3)支持面向制造的设计(design for manufacturing,DFM)、面向装配的设计(design for assemblability,DFA)等设计原则和并行工程(concurrent engineering,CE)等新的运行模式;

(4)在重要设计环节上能提供工程决策和知识库,应用专家系统(expert system,ES)技术形成智能化系统;

(5)具有信息共享的工程数据库和在计算机网络环境下的分布式协同设计制造功能。

1.3　CAD/CAM 系统的工作过程与主要任务

1.3.1　CAD/CAM 系统的工作过程

　　CAD/CAM 系统是设计、制造过程中的信息处理系统,它是克服了传统手工设计的缺陷,充分利用计算机高速、准确、高效的计算功能,图形处理和文字处理功能,以及对大量的各类数据的存储、传递、加工功能,在运行过程中结合人的经验、知识及创造性,形成的一个人机交互、各尽所长、紧密配合的系统。CAD/CAM 系统主要研究对象的描述、系统的分析、方案的优化、计算分析、工艺设计、仿真模拟、数据编程及图形处理等理论和工程方法,输入的是系统的设计要求,输出的是制造加工信息,如图 1.3 所示。CAD/CAM 的工作过程包括以下几个步骤:

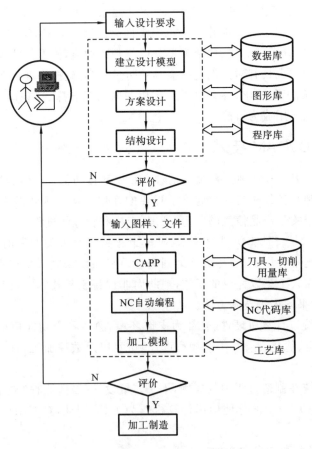

图 1.3　CAD/CAM 系统的工作过程

　　(1) 根据市场需求调研结果及用户对产品性能的要求,向 CAD 系统输入设计要求,利用几何建模功能,构造出产品的几何模型,计算机将此模型转换为内部的数据信息,存储在系统的数据库中。

　　(2) 调用系统程序库中的各种应用程序,对产品模型进行详细设计计算及结构方案优化分析,以确定产品的总体设计方案及零部件的结构和主要参数,同时调用系统中的图形库,将设计的初步结果以图形的方式输出在显示器上。

（3）根据屏幕显示的结果，对设计的初步结果做出判断，如果不满意，可以通过人机交互的方式进行修改，直至满意为止。修改后的数据仍存储在系统的数据库中。

（4）系统从数据库中提取产品的设计制造信息，在分析其几何形状特点及有关技术要求后，对产品进行工艺规程设计。设计的结果存入系统的数据库，同时在屏幕上显示出来。

（5）用户可以对工艺规程设计的结果进行分析、判断，并允许以人机交互的方式对工艺规程设计结果进行修改。最终可以得到生产中需要的工艺卡片；也可以将结果以数据接口文件的形式存入数据库，以供后续模块读取。

（6）利用外部设备输出工艺卡片，使其成为车间生产加工的指导性文件，或者利用 CAM 系统从数据库中读取工艺规程文件，生成数控加工指令，在有关设备上进行加工制造。

（7）在生成了产品加工的工艺规程之后，可利用 CAD/CAM 系统进行仿真、模拟，验证其是否合理、可行。同时，还可以进行刀具、夹具、工件之间的干涉、碰撞检验。

（8）在数控机床或加工中心上制造出有关产品。

1.3.2　CAD/CAM 系统的主要任务

由上述过程可以看出，从初始设计要求的确定、产品设计中间结果的得出到最终加工指令的生成的过程，是信息不断产生、修改、交换、存取的过程，系统应能保证方便用户随时观察、修改阶段性数据，实施编辑处理，直到获得最佳结果，因此 CAD/CAM 系统应当具备支持上述工作过程的基本功能。同时，CAD/CAM 系统需要对产品设计、制造全过程的信息进行处理，涉及设计、制造中的数值计算、设计分析、绘图、工程数据库的管理、工艺设计、加工仿真等各个方面，所以 CAD/CAM 系统的主要任务可以归纳如下。

1. 几何建模

在产品设计构思阶段：系统能够描述基本几何实体及实体间的关系；能够提供基本体素，以便为用户提供所设计产品的几何形状、大小等方面信息，进行零件的结构设计以及零部件的装配；系统能够动态地显示三维图形，解决三维几何建模中复杂的空间布局问题。另外，还能进行消隐、色彩浓淡处理等。利用几何建模的功能，用户不仅能构造各种产品的几何模型，还能够随时观察、修改模型或检验零部件装配的结果。几何建模技术是 CAD/CAM 系统的核心，它为产品的设计、制造提供基本数据，同时也为其他模块提供原始信息，例如几何建模所定义的几何模型的信息，可供有限元分析、绘图、仿真、加工等模块调用。在几何建模模块内，不仅能构造规则形状的产品模型，对于复杂表面的建模，系统还可采用曲面建模或雕塑曲面建模的方法，根据给定的离散数据或有关具体工程问题的边界条件来定义、生成、控制和处理过渡曲面，或用扫描的方法得到扫掠体，建立曲面的模型。汽车车身、飞机机翼、船舶等的设计均采用此种方法。

2. 计算分析

一方面，CAD/CAM 系统在构造了产品的形状模型之后，能够根据产品几何形状，计算出相应的体积、表面积、质量、重心位置、转动惯量等几何特性和物理特性，为工程分析和数值计算提供必要的基本参数。另一方面，在结构分析中需进行应力、温度、位移等的计算，在图形处理中需进行变换矩阵的运算以及体素之间的交、并、差计算等，同时，在工艺规程设计中还有工艺参数的计算，因此要求 CAD/CAM 系统针对各类计算分析所采用的算法要正确、全面，有较高的计算精度。

3. 工程绘图

产品设计的结果往往是以机械图的形式表现出来的,CAD/CAM 中的某些中间结果也是通过图形表达的。CAD/CAM 系统一方面应具备将三维几何模型直接转换为二维图形的功能,另一方面还需有处理二维图形的能力,包括基本图元生成、尺寸标注、图形编辑(比例变换、平移、图形拷贝、图形删除等)以及显示控制、附加技术条件等功能,保证生成满足生产实际要求且符合国家标准的机械图。

4. 结构分析

CAD/CAM 系统中结构分析常用的方法是有限元分析方法,这是一种数值近似解方法,用来解决复杂结构形状零件的静、动态特性,以及强度、振动、热变形、磁场、温度场强度和应力分布状态等的计算分析。在进行静、动态特性分析计算之前,系统根据产品结构特点,划分网格,标出单元号、节点号,并将划分的结果显示在屏幕上。进行分析计算之后,系统又将计算结果以图形、文件的形式输出,例如应力分布图、温度场分布图、位移变形曲线等,使用户方便、直观地看到分析的结果。

5. 优化设计

CAD/CAM 系统应具有优化求解的功能,也就是在某些条件的限制下,使产品或工程设计中的预定指标达到最优。优化包括总体方案的优化、产品零件结构的优化、工艺参数的优化等。优化设计是现代设计方法学中的一个重要的组成部分。

6. 工艺规程设计

设计是为了加工制造,而工艺设计的作用是为产品的加工制造提供指导性的文件,因此 CAPP 是 CAD 与 CAM 的中间环节。CAPP 系统应当根据建模后生成的产品信息及制造要求,自动决策确定加工该产品所采用的加工方法、加工步骤、加工设备及加工参数。CAPP 的设计结果应一方面能应用于生产实际,生成工艺卡片文件,另一方面能被直接输出,为 CAM 中的数控自动编程系统接收、识别,直接转换为刀位文件。

7. 数控功能

在分析零件图和制订出零件的数控加工方案之后要完成以下基本步骤:①采用专门的数控加工语言(如 APT 语言)进行手工编程或计算机辅助编程,生成源程序;②前置处理,将源程序翻译成可执行的计算机指令,经计算求出刀位文件;③后置处理,将刀位文件转换成零件的数控加工程序。

8. 仿真分析

可在 CAD/CAM 系统内部建立一个工程项目的实际系统模型,如机构、机械手、机器人等,通过运行仿真软件,代替、模拟真实系统的运行,用以预测产品的性能、产品的制造过程和产品的可制造性。如利用数控加工仿真系统从软件上实现零件试切加工模拟,可避免现场调试带来的人力、物力的投入及加工设备损坏等风险,从而减少制造费用,缩短产品设计周期。模拟仿真通常有加工轨迹仿真,机械运动学模拟,机器人仿真,工件、刀具、机床的碰撞、干涉检查等。

9. 工程数据库功能

由于 CAD/CAM 系统中数据量大、种类繁多,既有几何图形数据又有属性语义数据,既有产品定义数据又有生产控制数据,既有静态标准数据又有动态过程数据,且数据结构还相当复杂,因此,CAD/CAM 系统应能提供有效的管理手段,支持工程设计与制造全过程的信息流动与交换。通常,CAD/CAM 系统采用工程数据库系统作为统一的数据环境,以实现各种工程数据的管理。

1.4　CAD/CAM 系统的硬件与软件

所谓系统,是指为完成特定任务而由相关部件或要素组成的有机的整体。CAD/CAM 系统是以计算机硬件为基础、以系统软件和支撑软件为主体、以应用软件为核心所组成的面向工程设计问题的信息处理系统。

面对高速发展的计算机技术,CAD/CAM 系统在理论方法、体系结构与实施技术上均在不断更新和发展。本节结合当前计算机技术的特征,介绍 CAD/CAM 系统的结构、组成、功能以及软硬件环境中的共性技术。

1.4.1　CAD/CAM 的体系结构

CAD/CAM 系统可用图 1.4 所示的分层体系结构描述。该系统总体上是由硬件和软件两大部分所组成的(见图 1.5)。硬件是 CAD 系统的物质基础,软件是信息处理的载体。随着CAD/CAM 系统功能的不断完善和提高,软件成本在整个 CAD/CAM 系统中所占比重越来越大。目前从国外引进的一些高档软件,其价格已经远远高于系统硬件的价格。

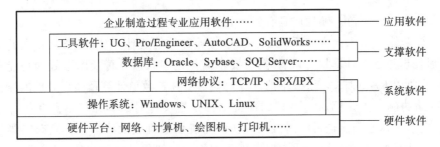

图 1.4　CAD/CAM 系统体系结构

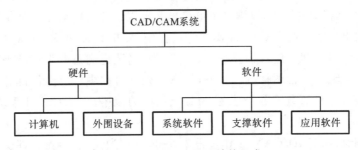

图 1.5　CAD/CAM 系统的组成

1.4.2　CAD/CAM 的硬件设备

硬件是指一切可以触摸到的物理设备。针对一个 CAD/CAM 系统,可以根据系统的应用范围和相应的软件规模,选用不同规模、不同结构、不同功能的计算机、外设及其生产加工设备,如图 1.6 所示。随着微电子技术的迅速发展,以 32/64 位微机构成的 CAD 系统越来越多地受到人们的重视。人们通常将用户进行 CAD 作业的独立硬件环境称为 CAD 工作站,它除有主机外,还配备了图形显示器、数字化仪、绘图机、打印机等交互式输入/输出设备。

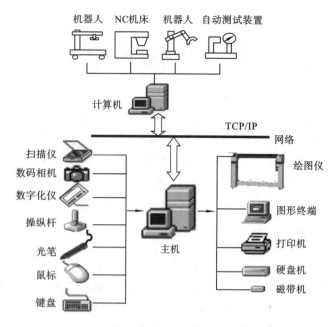

图 1.6　CAD/CAM 硬件系统的组成

在 CAD/CAM 系统中,硬件应具有以下几项基本功能。

(1) 计算功能　CAD/CAM 系统除了要进行各种数值的计算外,还要有较强的图形处理能力。图形处理过程中计算量大,计算精度要求高。这些数值计算及图形处理功能是由计算机来实现的,所以 CAD/CAM 系统中的计算机应具有高速数值计算及图形处理的能力。

(2) 存储功能　实现 CAD/CAM 的前提条件是把设计对象的几何信息和拓扑信息存入计算机,并要求对这些信息进行实时处理。在计算机辅助机械设计中进行复杂三维形体的有限元分析时,计算精度要求较高,需要对有限元网格进行细化,这对存储空间的要求较高,所以 CAD/CAM 系统要求计算机必须具有较大的存储量。以当前的情况看,计算机至少应有 8GB 的内存和 2 GB 以上容量的硬盘,以满足图形信息和有限元分析信息存储对存储空间的要求。

(3) 输入/输出功能　在 CAD/CAM 工作过程中,要把有关的设计信息(几何、拓扑信息等)和各种命令输入计算机。经过计算机的各种处理,当获得满意的设计结果时,就要根据设计要求输出设计结果,如绘出图样等。另外,在系统处理过程中,设计者可能随时需要了解中间结果,这时也需输出计算数据等。总之,为方便用户的使用,CAD/CAM 系统应有较好的输入/输出功能。

(4) 交互功能　在 CAD/CAM 工作过程中,一般总要通过人机对话(即交互作用)进行各种操作,以实现修改、定值及拾取等功能,从而达到设计要求。可以说,人机交互功能是 CAD/CAM 系统的一个主要功能。

1.4.3　CAD/CAM 系统的软件体系结构

软件是用于求解某一问题并充分发挥计算机计算、分析功能和通信功能的程序的总称。这些程序的运行不同于普通数学中的解题过程,它们的作用是利用计算机本身的逻辑功能,合理地组织整个解题流程,简化或者代替在各个环节中人所承担的工作,从而达到充分发挥机器效率、便于用户掌握计算机的目的。软件是整个计算机系统的"灵魂"。CAD/CAM 系统的软件可按层次分为系统软件、支撑软件和应用软件(见图 1.4 与图 1.5)。

1. 系统软件

系统软件主要用于计算机的管理、维护、控制以及计算机程序的翻译、装入与运行,它包括各类操作系统和语言编译系统软件。操作系统如 Windows、Linux、UNIX 等,语言编译系统包括 Visual BASIC、Visual C/C++、Visual J++等。

2. 支撑软件

支撑软件是为满足 CAD/CAM 工作中一些用户的共同需要而开发的通用软件。随着计算机应用领域的迅速扩大,支撑软件的开发研制已有了很大的进展,商品化支撑软件层出不穷,通常可分为下列几类。

1) 计算机图形系统

计算机图形系统(computer graphics system)用来绘制或显示由直线、圆弧或曲线组成的二维、三维图形,如早期美国的 PLOT-10 等。后来此类系统日趋向标准化方向发展,出现了如 GKS、PHIGS 和 GL 等系统。

2) 工程绘图系统

工程绘图系统(drawing systems)支持不同专业的应用图形软件开发,具有基本图形元素绘制(如点、线、圆等)、图形变换(如缩放、平衡、旋转等)、编辑(如增、删、改等)、存储、显示控制,以及人机交互、输入/输出设备驱动等功能。目前,微机上广泛应用的 AutoCAD 就属于这类支撑软件。

3) 几何建模软件

几何建模软件(geometry modeling)软件能为用户提供一个完整、准确地描述和显示三维几何形状的方法和工具,具有消隐、着色、浓淡处理、实体参数计算、质量特性计算等功能。CAD/CAM 中的几何建模软件有 I-DEAS、Pro/ENGINEER、UG-Ⅱ等。

4) 有限元分析软件

有限元分析软件利用有限元分析方法对产品或结构进行静、动态分析和热特性分析,通常包括前置处理(单元自动剖分、显示有限元网格等)、计算分析、后置处理(将计算分析结果形象化为变形图、应力应变色彩浓淡图及应力曲线等)三个部分。目前世界上已投入使用的比较著名的商品化有限元分析软件有 COSMOS、NASTRAN、ANSYS、ADAMS、SAP、MARC、PATRAN、ASKA、DYNA3D 等。这些软件从集成性上可划分为集成型与独立型两大类。集成型主要是指 CAE 软件与 CAD/CAM 软件集成在一起而形成的集设计、分析、制造于一体的综合型 CAD/CAE/CAM 系统软件。目前市场上流行的 CAD/CAM 软件大都具有 CAE 功能,如 SDRC 公司的 I-DEAS,EDS/Unigraphics 公司的 UG-Ⅱ软件等。

5) 优化方法软件

优化方法软件是将优化技术用于工程设计,综合多种优化计算方法,为求解数学模型提供强有力数学工具的软件,其作用是选择最优方案,取得最优解。

6) 数据库系统软件

CAD/CAM 系统上的几乎所有应用都离不开数据,而 CAD/CAM 系统的集成化程度主要取决于数据库系统的水平,所以选择合适的数据库管理系统对 CAD/CAM 较为重要。目前比较流行的数据库管理系统有 Foxpro、ORACLE、INGRES、Informix、Sybase 等。

7) 系统运动学/动力学模拟仿真软件

仿真技术是一种建立真实系统的计算机模型的技术。仿真软件利用模型分析系统的行为而不建立实际系统,在产品设计时,实时、并行地模拟产品生产或各部分运行的全过程,以预测产品的性能、产品的制造过程和产品的可制造性。通过动力学模拟,可以分析、计算机械系统在某一特定质量特性和力学特性作用下运动和力的动态特性参数,通过运动学模拟,可根据系统的机械运动关系来分析计算系统的运动特性参数。这类软件在 CAD/CAM/CAE 技术领域得到了广泛的应用,例如 ADAMS 机械系统动力学自动分析软件。

3. 应用软件

用户利用计算机所提供的各种系统软件、支撑软件编制的解决用户各种实际问题的程序称为应用软件。目前,在模具设计、机械零件设计、机械传动设计、建筑设计、服装设计以及飞机和汽车的外形设计等领域都已开发出相应的应用软件,但这些软件都有一定的专用性。应用软件种类繁多,适用范围不尽相同,但可以逐步将它们标准化、模块化,形成解决各种典型问题的应用程序。这些程序的组合,就是软件包(package)。开发应用软件是 CAD 工作者的一项重要工作。

1.4.4　常用 CAD/CAM 软件系统

目前,基于三维实体建模、参数化建模、特征建模等功能的 CAD/CAM 软件系统在国内已获得广泛的应用。常用 CAD/CAM 系统主要有 AutoCAD、Inventor、SolidWorks、Solid Edge、Pro/ENGINEER、UG 等软件系统。常用的有限元分析和动力学仿真软件有 NASTRAN、ANSYS、COSMOS、ABAQUS、ADAMS 等。CAM 软件中有代表性的是 SURF CAM、SmartCAM、Mastercam、WorkNC、Cimatron 和 DelCAM 等软件。下面简单介绍一些常用的 CAD/CAM 系统功能。

1. Pro/ENGINEER

Pro/ENGINEER 是美国参数技术公司(PTC)开发的 CAD/CAM 软件,在中国也有较多用户。它采用面向对象的统一数据库和全参数化建模技术,为三维实体建模提供了优良的平台。其工业设计方案可以直接读取内部的零件和装配文件,当原始模型被修改后,可自动更新。其 MOLDESIGN 模块用于建立几何外形,产生模具的模芯和腔体,以及精加工零件和完善的模具装配文件。其 2.0 以上版本提供了最佳加工路径控制和智能化加工路径创建功能,允许数控编程人员控制整体的加工路径直到最细节的部分。该软件还支持高速加工和多轴加工,带有多种图形文件接口。

2. UG NX

UG NX(Unigraphics NX)是美国 EDS 公司发布的 CAD/CAE/CAM 一体化软件,采用 Parasolid 实体建模核心技术。UG 可以运行于 Windows NT 平台,无论装配图还是零件图设计,都是从三维实体建模开始,可视化程度很高。三维实体生成后,可自动生成二维视图,如三视图、轴测图、剖视图等。其三维 CAD 是参数化的,一个零件尺寸的修改可带来相关零件的变化。该软件还具有人机交互方式下的有限元求解程序,可以进行应力、应变及位移分析。UG NX 的 CAM 模块功能非常强大,它提供了一种产生精确刀具轨迹的方法,允许用户通过观察刀具运动来图形化地编辑刀具轨迹,如延伸、修剪等,并且它所带的后置处理模块支持多种数控系统。UG NX 具有多种图形文件接口,可用于复杂形体的造型设计,特别适合大型企业和研究所使用,广泛应用在汽车、航空、模具加工及设计、医疗器材等行业。

3. CATIA

CATIA 是法国达索（Dassault）公司开发的高档 CAD/CAM 软件。作为世界领先的 CAD/CAM 软件，CATIA 可以帮助用户完成大到飞机小到旋具的各种产品的设计及制造，它提供了完备的设计功能。从二维设计到三维设计，再到技术指标化建模皆可实现。同时，作为一个完全集成化的软件系统，CATIA 将机械设计、工程分析及仿真和加工等功能有机地结合，可为用户提供严密的无纸化工作环境，从而达到缩短设计生产时间、提高加工质量及降低费用的效果。CATIA 软件以其强大的曲面设计功能，在飞机、汽车、轮船等设计领域内享有很高的声誉。CATIA 的曲面建模功能体现在它提供了极丰富的建模工具来支持用户的建模需求。其特有的高次（次数能达到 15）Bézier 曲线曲面功能能满足特殊行业对曲面光滑性的苛刻要求。

4. SolidWorks

SolidWorks 公司推出的基于 Windows 平台的微机三维设计软件 SolidWorks 使用了特征管理器（feature manager）技术等先进技术，是机械产品三维与二维设计的有效工具。同时，还可以组成一个以 SolidWorks 为核心的、完整的集成环境，实现如动态模拟、结构分析、运动分析、数控加工和工程数据管理等功能。SolidWorks 包括多个功能模块，其中：COSMOS Works 模块作为有限元分析工具，不仅能对单个机械零件进行结构分析，还可以直接对整个装配体进行分析。由于 COSMOS Works 是在 SolidWorks 环境下运行的，因此零部件之间的边界条件是由 SolidWorks 的装配关系自动确定的，无须手工加载。DesignWorks 是专业化的运动学和动力学分析模块，它不仅能直接读取 SolidWorks 的装配关系、自动定义铰链，还可以计算反力并将反力自动加载到零部件上，对零部件进行结构分析。CAMWorks 是世界上第一个基于特征和知识库的加工模块，它能在 SolidWorks 实体上直接提取加工特征，并调用知识库的加工特征，自动产生标准的加工工艺，实现实体切削过程模拟，最终生成机床加工指令。

5. Solid Edge

Solid Edge 是采用 Unigraphics Solutions 的 Parasolid 建模内核作为软件核心、基于 Windows 操作系统的微机平台参数化三维实体建模系统，具有零件设计、装配设计、钣金设计、焊接设计、复杂曲面设计等设计功能以及产品渲染、文本管理能力。Solid Edge 利用 STREAM 技术，通过逻辑推理和决策概念来动态捕捉工程师的设计意图，可提高建模效率和易用性。与 Solid Edge 集成的 PDM 软件 Smart Team 是由 Smart Solutions 公司以面向对象技术为基础开发成功的，具有设计版本、产品结构、产品流程、企业信息安全和多种文档浏览等功能。

6. Inventor

Inventor 是美国 AutoDesk 公司推出的一款三维可视化实体模拟软件，它简化了复杂三维模型的创建，使工程师可专注于设计的功能实现。通过快速创建数字样机，并利用数字样机来验证设计的功能，工程师可方便地在投产前发现设计中的错误。Autodesk Inventor Professional 包括 Autodesk Inventor&reg 三维设计软件，基于 AutoCAD&reg 平台开发的二维机械制图模块，用于缆线和束线设计、管道设计及 PCB IDF 文件输入的专业功能模块，以及由业界领先的 ANSYS&reg 技术支持的有限元分析功能，可以直接在 Autodesk Inventor 软件中进行应力分析。Autodesk Inventor Professional 集所有这些产品于一体，提供了一条无风险的由二维到三维的转换路径。

Inventor 的功能模块包括运动仿真、布管设计、电缆与线束设计、零件设计、钣金设计、装配设计、工程图与其他文档、数据管理与沟通、自定义与自动化、学习资源模块等。

7. Mastercam

Mastercam 是一种应用广泛的中低档 CAD/CAM 软件,由美国 CNC Software 公司开发,其 V5.0 以上版本可运行于 Windows 或 Windows NT 环境。该软件三维建模功能稍差,但操作简便实用,容易学习。新的加工任选项,如多曲面径向切削和将刀具轨迹投影到数量不限的曲面上等功能,为用户的使用提供了更强的灵活性。这个软件还具有新的 C 轴编程功能,可顺利将铣削和车削结合。其他功能,如直径和端面切削、自动 C 轴横向钻孔、自动切削与刀具平面设定等功能,有助于实现高效的零件生产。其后置处理程序支持铣削、车削、线切割、激光加工以及多轴加工。另外,Mastercam 还提供了多种图形文件接口,如 SAT、IGES、VDA、DXF、CADL 以及 STL 文件接口。该软件由于价格便宜、应用广泛,同时具有很强的 CAM 功能,现在已成为应用最广的 CAM 应用软件。

8. SURFCAM

SURFCAM 是美国加州的 Surfware 公司开发的,SURFCAM 是基于 Windows 的数控编程系统,附有全新透视图基底的自动化彩色编辑功能,可迅速而又简捷地将一个模型分解为型芯和型腔,从而节省复杂零件的编程时间。该软件的 CAM 功能具有自动化的恒定 Z 水平粗加工和精加工功能,可以使用圆头、球头和方头立铣刀在一系列 Z 水平面上对零件进行无撞伤的曲面切削。对某些作业来说,采用这种加工方法可以提高粗加工效率和减少精加工时间。其 V7.0 版本完全支持基于微机的实体模型建立。另外 Surfware 公司和 SolidWorks 公司签有合作协议,SolidWorks 的设计部分将成为 SURFCAM 的设计前端,SURFCAM 直接挂在 SolidWorks 的菜单下,二者相辅相成。

9. EdgeCAM

EdgeCAM 是英国 Pathtrace 工程系统公司开发的一套智能数控编程系统,是在 CAM 领域里面非常具有代表性的实体加工编程系统。EdgeCAM 作为新一代的智能数控编程系统,是完全在 Windows 环境下开发出来的,保留了 Windows 应用程序的全部特点和风格,无论从界面布局还是操作习惯上来看,都非常容易为新手所接受。EdgeCAM 软件的应用范围广泛,支持车、铣、车铣复合、线切割的编程操作。

1.5　CAD/CAM 技术的发展历程与趋势

1.5.1　发展历程

加工飞机复杂型面零件的实际需求使世界上第一台数控机床于 1952 年在美国麻省理工学院研制成功并很快投入航空工业使用。数控机床的出现使 CAM 技术先于 CAD 技术诞生,当时的 CAM 侧重于数控加工自动编程。随后,CAD 与 CAM 分别按照各自的技术特征被研究、发展、应用和集成。CAD/CAM 技术的发展历程可分为如下五个阶段。

1. CAD/CAM 技术诞生时期

美麻省理工学院于 20 世纪 50 年代初期研制出"旋风 1 号"计算机,其采用了由阴极射线管(CRT)制成的图形终端,能被动地显示图形。50 年代后期又出现了绘图仪和光笔。图形输出设备的出现,标志着 CAD 发展的开始。

20 世纪 60 年代,CAD 的主要技术特点表现在交互式二维绘图和三维线框模型方面,即利用解析几何的方法定义有关图素（如点、线、圆等），用来绘制或显示由直线、圆弧组成的图形。这一时期里，最有代表意义的事件是 1962 年美国学者 I. E. Sutherland 发表了博士论文《Sketchpad——人机对话系统》，提出了计算机图形学、交互技术、分层存储符号的数据结构等新思想，从而为 CAD 技术的发展打下了理论基础。同时，他研究开发出了名为 Sketchpad 的交互式图形系统，实现了在屏幕上进行图形设计与修改。

1964 年美国通用汽车公司发布了 DAC-1 系统，1965 年洛克希德飞机公司推出了 CADAM 系统，贝尔电话公司发布了 GRAPHIC-1 系统。

初期的图形系统只能表达几何信息，不能描述形体的拓扑关系和表面信息，所以无法实现 CAM 和 CAE。

在制造领域，1962 年人们在机床数控技术的基础上成功研制出第一台工业机器人，实现了物料搬运的自动化。1996 年出现了用大型通用计算机直接控制多台数控机床的直接数字控制（direct numerical control，DNC）系统。

2. CAD/CAM 技术理论发展与初步应用时期

20 世纪 70 年代是计算机图形学及计算机绘图技术获得广泛应用的时代，此时 CAD 的主要技术特征是自由曲线曲面生成算法和表面建模理论。

汽车和飞机工业的发展推动了自由曲线、曲面的研究，促使 Bézier（贝塞尔）算法、B 样条法等算法成功应用于 CAD 系统。法国人提出的 Bézier 算法使得利用计算机处理曲线及曲面问题成为可能，同时也使得法国达索公司的开发者能在二维绘图系统 CADAM 的基础上，开发出以表面模型为特点的自由曲面建模法，推出了三维曲面建模系统——CATIA 系统。该系统的出现，标志着 CAD 技术从单纯模仿工程图纸的三视图模式中解放出来，实现了以计算机完整描述产品零件的主要信息，也使得 CAM 技术开发有了实现的基础。CATIA 系统为人类带来了第一次 CAD 技术革命，改变了以往只能借助油泥模型来近似准确地表达曲面的落后的工作方式。

随着存储管式显示器以其低廉的价格进入市场，CAD 系统的成本大幅下降，出现了所谓的 Turnkey 系统（交钥匙系统），软硬件被放在一起成套出售给用户。

虽然表面建模技术可解决 CAM 表面加工的问题，但不能表达形体的质量、重心等特征，不利于实施 CAE 方法。

20 世纪 60 年代末期到 70 年代初期，英国莫林公司建造了由计算机集中控制的自动化制造系统，其包括六台加工中心和一条由计算机控制的自动运输线，可进行 24 小时连续加工，并可用计算机编制数控程序和作业计划、统计报表。美国的辛辛那提公司研制了柔性制造系统（FMS）。

20 世纪 70 年代 CAD/CAM 技术主要还是以 16 位机上的三维线框系统及二维绘图系统为特征，还只能解决一些简单的产品设计问题，并出现了以小型机为主的 CAD 工作站。但此时的 CAD 软件价格极其昂贵，软件商品化程度低，开发者本身就是 CAD 用户，彼此之间技术保密，且有条件开发 CAD 技术的厂商早期开发与应用 CAD 系统的情况见表 1.1。

表 1.1　CAD 软件系统早期开发与应用情况

软件系统名称	开发/支持公司
UG	美国麦道（MD）公司开发
I-DEAS	美国国家航空航天局（NASA）支持

续表

软件系统名称	开发/支持公司
CV	美国波音(Boeing)公司支持
CALMA	美国通用电气(GE)公司开发
CADAM	美国洛克希德(Lockheed)公司支持
CATIA	法国达索(Dassault)公司开发

3. CAD/CAM 技术成熟与应用时期

20 世纪 80 年代,CAD 的主要技术特征是实体建模(solid modeling)理论和几何建模(geometric modeling)方法。产品设计和制造对 CAD/CAM 提出了各种各样的要求,促使新理论、新算法不断涌现。实体建模的边界表示(B-rep)法和构造实体几何(GSG)表示法在软件开发上得到应用。

SDRC 公司推出的 I-DEAS 是基于实体建模技术的 CAD/CAM 软件,能进行三维建模、自由曲面设计和有限元分析等工程应用。实体建模技术能够表达零件的全部形体信息,有助于 CAD、CAM、CAE 技术的集成,被认为是新一代 CAD 系统在技术上的突破性进展。

与此同时,计算机硬件及输出设备也有很大发展,工程工作站及微机得到广泛应用,形成了许多工程工作站和网络环境下的高性能的 CAD/CAM 集成系统,其中有代表性的系统是 CADDS5、UG Ⅱ、Intergraph、CATIA、EUCLID、Pro/ENGINEER 等。

在微机上运行的 CAD 系统有 1982 年出现的 AutoCAD、Microstation 等。同时,相应的软件技术如数据库技术、有限元分析、优化设计等技术也迅速发展。与这些技术相关的商品化软件的出现,促进了 CAD/CAM 技术的推广及应用,使其应用范围从大中型企业向小企业扩展。

在此期间,还相应出现了一些与制造过程相关的计算机辅助技术,如 CAPP、CAE 和计算机辅助质量控制(CAQ)等技术。然而,这些单项技术只能带来局部效益。进入 20 世纪 80 年代中期以后,出现了工作站和网络环境下的高性能的 CAD/CAM 系统。

人们在上述计算机辅助技术的基础上,又致力于计算机集成制造系统(CIMS)的研究,这是一种总体高效益、高柔性的智能化制造系统。

4. CAD/CAM 技术集成发展与广泛应用时期

20 世纪 90 年代以来,CAD 技术基础理论主要是基于 PTC 公司的 Pro/ENGINEER 的参数化建模理论和基于美国 SDRC 公司的 I-DEAS 的变量化建模理论,形成了基于特征的实体建模技术,为建立产品信息模型奠定了基础。

SDRC 公司于 1993 年 3 月正式公布了一个集成化 CAD/CAM/CAE 系统的最新版本 Master Series,它以实体建模系统为核心,集设计、仿真、加工、测试功能及数据库为一体,可以实现比较完美的集成。

Pro/ENGINEER 系统以统一的数据库为轴线,以实体建模为核心,把与从设计到生产的全过程相关的各模块(包括建模、装配、布线、绘图、标准件库、特征库、数控编程、有限元分析、电器设计、钣金设计、曲面设计、工程管理等模块)集成在一起。Pro/ENGINEER 的建模系统综合考虑了线框模型、表面模型、实体模型、参数化建模及特征建模,能直接从实体模型上产生双向一致的标准工程图,并具有标注尺寸和公差等的能力。

CAD/CAM 技术已不停留在过去模式单一、功能单一、领域单一的水平,而向着标准化、集成化、智能化的方向发展。为了实现系统的集成，实现资源共享及产品生产与组织管理的高度自动化，提高产品的竞争能力，就需在企业、集团内的 CAD/CAM 系统之间或各个子系统之间进行统一的数据交换。为此，一些工业先进国家和国际标准化组织都在从事标准接口的开发工作。与此同时，面向对象技术、并行工程思想、分布式环境技术及人工智能技术的研究，都有利于 CAD/CAM 技术朝高水平方向发展。

CAD/CAM 技术发展的另一个特点是从零部件 CAD 建模发展到面向产品的 CAD 建模。为满足用户多样化的要求，常常需要改动产品的一个或几个主要参数，也就是所谓的系列化、多样化的设计。例如，对轿车来说，车门数、轴距、车身长是全局参数，如果这些总体参数的其中一个发生了改变，譬如对同一类型的小轿车，将每侧双门改为单门，尽管只改变了其中个别的总体参数，但无疑都要引起该产品从上向下的整个变动。这种更改和对新方案的评估，在采用传统的设计方案时需要消耗大量的人力、物力和时间。

为了提高企业的产品更新开发能力，缩短产品的开发周期，UGS 公司在 UG 软件采用了复合建模技术后，提出了针对产品级参数化建模技术——WAVE（what alternative value engineering）技术，它是参数化建模技术与系统工程的有机结合，能提供实际工程产品设计中所需要的自顶向下的全相关产品级设计环境。具体操作方法是：①定义产品的总体参数（或称全局参数）表；②定义该产品中零件间的控制结构关系（类似于装配结构关系）；③建立该产品零部件之间的相关性，即几何形体元素的链接性。由此可见，利用 WAVE 技术，可基于产品的总体设计和零部件的详细设计组成一个全相关的整体，在某个总体参数改变后，产品会按照原来设定的控制结构、几何关联性和设计准则，自动地更新相关的零部件，以适应市场快速变化的要求。

现在主流的高端 CAD/CAM/CAE 集成软件系统主要是 PTC 公司的 Pro/ENGINEER、UGS 公司的 UG NX、IBM/Dassault 公司的 CATIA 系统等集成化软件系统。

5. 制造业信息化工程技术发展时期

20 世纪 90 年代后期，CAD/CAM 系统的集成化、网络化、智能化以及企业应用的深入发展，促使企业从发展战略的高度来思考和实施企业级的信息化系统建设，构建数字化企业的技术问题，从而使企业迈进了实施现代集成制造、制造业信息化工程的新阶段。

我国 CAD 技术的开发和应用起步于 20 世纪 60 年代，主要涉及科学计算、工程图的绘制、数控加工、船体放样、飞机设计及集成电路的版图设计，等等。随着国家"七五""八五"科技攻关和技术改造、技术引进和消化吸收，CAD 技术在硬件环境、支撑软件、应用开发、基地建设和人才培训等方面都取得了较大的进展。"CAD 工程技术开发和应用示范"成为"九五"国家科技攻关重点项目，我国开始实施《1995—2000 年我国 CAD 应用工程发展纲要》，全面开展 CAD 技术的推广应用工作。

1986 年 3 月，我国提出 863/CIMS 主题计划项目，从而开始了对 CIMS 的全面研究和实施。863/CIMS 主题研究和实施技术的核心是现代集成制造，其中集成分为信息集成、过程集成（如并行工程）和企业集成（如敏捷制造）三个阶段。我国在"九五"期间组织实施了 CAD/CIMS 应用工程，极大地促进了 CAD/CAM/CAE 技术在制造业中的推广应用，取得了一系列显著的成效。

进入 21 世纪后，我国在"十五"期间实施了制造业信息化工程，在"十一五"期间持续大力推进制造业信息化，以企业为主体，开展设计、制造、管理的集成应用示范，实施制造业信息化工程，提升企业集成应用水平。

在"十二五"期间,我国重点加强综合运用现代信息技术,加快产业升级改造和装备制造的信息化综合集成能力提升,支持跨部门、跨地区业务协同,促进设计、制造与经营一体化、数字化和智能化管理的实现,推进信息化与工业化深度融合。通过近年来的努力,信息技术在企业生产经营和管理的主要领域、主要环节得到充分有效应用,业务流程优化再造和产业链协同能力显著增强,重点骨干企业实现向综合集成应用的转变,研发设计创新能力、生产集约化和管理现代化水平有很大的提升,推动了设计数字化、制造装备数字化、生产过程数字化、管理数字化和企业数字化等的发展。

6. 发展智能制造模式的新阶段

近年来,围绕推动我国工业产品从价值链低端向高端跃升,我国组织实施了"高档数控机床与基础制造装备"等科技重大专项、智能制造装备发展专项、物联网发展专项,以及"数控一代"装备创新工程行动计划,引导和支持信息通信技术融入重大装备和成套装备,推动产品结构优化升级。我国制造业的重大装备自主创新能力日渐增强,智能仪表、智能机器人、增材制造等新兴产业快速发展。

《中国制造2025》战略规划提出,我国要"加快推动新一代信息技术与制造技术融合发展,把智能制造作为两化深度融合的主攻方向;着力发展智能装备和智能产品,推进生产过程智能化,培育新型生产方式,全面提升企业研发、生产、管理和服务的智能化水平。"今后一个时期我国制造业的重点是推行数字化、网络化、智能化制造。

1.5.2　CAD/CAM 技术的发展趋势

为适应当今激烈的市场竞争和社会需求快速发展、变化的需要,CAD/CAM 系统也呈现出日新月异的局面。CAD/CAM 技术的主要发展趋势如下。

1. 集成化

从集成的深度和广度来看,CAD/CAM 从以零部件为主要对象发展成面向企业、面向产品全过程的 CAD/CAM/CAE/PDM 体系,也就是为用户提供了一个企业级的协同工作的虚拟产品开发(virtual product development,VPD)环境。这种企业级的协同工作环境需要将工业工程原理、产品建模与分析技术、分布式 PDM 技术、Web 技术和可视化技术集成在一起,形成一体化的虚拟产品开发环境。虚拟产品是一种数字产品模型,它具有所代表产品应具有的各种性能和特征。这种虚拟产品在投入生产以前已存在,具有明显的可观性,可方便用户同时进行协作设计分析,与供应商、合作者交换信息,同时用户可进行评估并做出反应,这样就把产品开发者、供应商和用户之间的固定链接变得不那么明确,而更具流动性,一旦接受新的开发业务和新的要求,就可以做出快速有效的反应。

2. 智能化

设计是一个含有高度智能的人类创造性活动领域。智能 CAD/CAM 不仅仅是简单地将现有的智能技术与 CAD/CAM 技术相结合,更重要的是深入研究人类设计的思维模型,最终用信息技术来表达和模拟它,形成高效的 CAD/CAM 系统,为人工智能领域提供新的理论和方法。

3. 数字样机技术

基于虚拟现实技术的 CAD/CAM 系统是一种在计算机网络环境实现异地、异构系统的集成技术,虚拟设计、虚拟制造、虚拟企业在这一集成环境层次上有广泛的应用前景。数字化设计制造系统平台将成为面向企业、面向产品全过程的 CAD/CAM/CAE/PDM 体系,建立企业级的协同工作的虚拟产品开发环境。这种企业级的协同工作环境需要将工业工程原理、产品建模与分析技术、PDM 技术以及 PLM 技术集成在一起,形成一体化的数字样机产品开发环境。

4. 多学科协同设计与仿真技术及其集成平台

复杂产品开发是机械、电子、控制等多学科交叉和协作的系统工程,实现多学科设计综合和优化、建立多学科协同设计与仿真平台是 CAD/CAM 技术发展的重要方向。机电产品的开发设计不仅用到机械科学的理论与知识(力学、材料、工艺等),而且还用到电磁学、光学理论和控制理论等;不仅要考虑技术因素,还必须考虑到经济、心理、环境、卫生及社会等方面因素。多学科、多功能综合产品开发技术强调多学科协作,通过集成相关领域的多种设计与仿真工具,进行多目标、全性能的优化设计,以追求机电产品动/静态热特性、效率、精度、使用寿命、可靠性、制造成本与制造周期的最佳组合,实现产品开发的多目标全性能优化设计。

5. 面向产品全生命周期的数字化技术

随着网络协同技术和增强现实技术的发展,数字化设计制造系统将更加广泛地采用越来越开放的体系结构,以及基于大数据的信息管理和智能化设计制造等技术,最终发展成为集设计绘图、分析计算、智能决策、产品可视化、数据交换、远程异地协同作业功能于一体的综合型系统。对 CAD/CAM 系统的应用将从单纯的产品设计制造演化到对产品全生命周期的设计与管理,CAD/CAM 技术也必将走向更多工程技术人员的桌面。

6. 智能工厂技术

发展集成数字化制造与控制技术的智能工厂是制造业发展的重要趋势。智能工厂在数字化工厂的基础上,利用物联网技术和设备监控技术来加强信息管理和服务。未来可实现通过大数据与分析平台,将云计算中由大型工业机器产生的数据转化为实时信息(云端智能工厂),并集绿色智能的手段和智能系统等相关的新兴技术于一体,构建一个高效节能、绿色环保、环境舒适的人性化工厂。

习　题

1. 分析 CAD、CAPP、CAE、CAM 技术的含义与特征。在 CAD 系统中,人与计算机的作用分别是什么?

2. CAD/CAM 的定义是什么? CAD/CAM 系统应具备哪些主要功能?

3. 收集整理最新 CAD/CAM 技术文献资料,总结 CAD/CAM 技术的最新进展特征与发展方向。

4. 结合你所了解的工厂企业应用 CAD/CAM 技术和软件系统的实例,具体分析 CAD/CAM 系统的工作流程。

5. CAD/CAM 支撑软件应包含哪些功能模块? 请结合市场上商品化的 CAD/CAM 软件系统(如 Pro/ENGINEER、UG 等),分析讨论该软件系统技术的特征和发展历程,写出相应的分析评述报告。

6. 通过市场调查,设计适用于中小型制造企业的 CAD/CAM 系统方案,并说明其中应当考虑的主要问题。

7. 通过了解你所在地区机械制造企业信息化工程实施的进展情况,选择一家实施制造业信息化工程的示范企业,分析该企业信息化系统建设的历程、总体系统架构、所选用的软硬件系统、实施的成效和经验教训,写出分析总结报告。

计算机图形处理技术及其应用

计算机图形学(computer graphics,CG)在 CAD 中起着举足轻重的作用。本章介绍有关计算机图形学的基本概念和基础知识,包括图形的概念、图形系统、图形标准和图形变换(二维图形和三维图形的几何变换)等内容,以及工程上自由曲线的计算机描述、分析、生成的数学原理和处理方法。

2.1 计算机图形学概述

在 CAD 设计中,对象的几何表示是以计算机图形学为基础的。计算机图形学是一种使用数学算法将二维或三维图形转化为计算机显示器能显示的栅格图形的科学。简单地说,计算机图形学的主要研究内容就是研究在计算机中表示图形的方法,以及利用计算机进行图形的计算、处理和显示的相关原理与算法。

1963 年 1 月,美国麻省理工学院(MIT)林肯实验室的萨瑟兰完成了关于人机通信的图形系统的博士论文。萨瑟兰引入了分层存储符号的数据结构,开发了交互技术,可以用键盘和光笔实现定位、选项和绘图,还提出了至今仍在沿用的许多图形学的其他基本思想和技术。萨瑟兰的博士论文被认为是计算机图形学的奠基之作。

20 世纪 70 年代,由于光栅显示器的诞生,光栅图形学算法迅速发展起来,基本图形操作和相应的算法纷纷出现,图形学进入兴盛时期。很多国家应用计算机图形学开发 CAD 图形系统,并应用于设计、过程控制和管理、教育等方面。

进入 20 世纪 80 年代中期后,大规模集成电路使计算机硬件性能提高,计算机图形学进一步飞速发展。1980 年,光线跟踪算法被提出,真实感图形算法逐渐成熟。

20 世纪 80—90 年代,计算机图形学更加广泛地应用于动画、科学计算可视化、CAD/CAM、虚拟现实等领域。这向计算机图形学提出了更高、更新的要求——真实性和实时性。

计算机图形学的工程应用领域很宽广。利用计算机图形学,可以增强用户与计算机之间的交互能力。计算机图形学是简化了的可视化输出与复杂数据以及科学计算之间的连接桥梁。一幅简单的图形可以代替大量的数据表格,能够使用户快速解释数量与特性等信息。例如人们能够在计算机上模拟并预测汽车的碰撞问题,模拟减速器在不同速度、载荷和不同工程环境下的性能等。

2.2 图形的概念

从图形的实际形成来看,可称为图形的有:人类眼睛所看到的景物;用摄影机、录像机等装置获得的照片;用绘图仪器绘制的工程图、设计图、方框图;各种人工美术绘图和雕塑;用数学方法描述的图形(包括几何图形、代数方程或分析表达式所确定的图形);等等。狭义地说,只有最后一类才被称为图形,而前面一些则分别称为景象、图像、图画和形象等。因计算机所处理的图形范围早已超出用数学方法描述的图形,故若要用一个统一的名称来表达各类景物、图片、图画、形象等所蕴涵的内容,则"图形"比较合适,它既包含图像的含义,又包括几何形状的含义。

从构成图形的要素来看,图形是由点、线、面、体等几何要素和明暗、灰度、色彩等非几何要素构成的。例如,一幅黑白照片上的图像是由不同灰度的点构成的,几何方程 $x^2 + y^2 = R^2$ 确定的图形则是用一定灰度、色彩且满足这个方程的点所构成的。因此,计算机图形学研究的图形不但有形状,而且还有明暗、灰度和色彩,这是与数学中研究的图形的不同之处,它比数学中描述的图形更为具体。但它又仍是抽象的,因为一只玻璃杯与一只塑料杯只要形状一样、透明度一样,从计算机图形学的观点来看,它们的图形就是一样的。

因此,计算机图形学中所研究的图形是从客观世界物体中抽象出来的带有灰度或色彩、具有特定形状的图或形。在计算机中表示一个图形常用的方法有点阵法和参数法两种。

点阵法是用具有灰度或色彩的点阵来表示图形的一种方法,它强调图形由哪些点组成,具有什么灰度或色彩。例如,通常的二维灰度图像可用矩阵 $[P]_{n \times m}$ 表示,其中的元素 P_{ij}($i=1$, $2,\cdots,n;j=1,2,\cdots,m$)表示图像在($x_i,y_j$)处的灰度。

参数法是以计算机中所记录图形的形状参数与属性参数表示图形的一种方法。形状参数可以是描述图形形状的方程的系数、线段的起点和终点等,属性参数则包括灰度、色彩、线型等非几何属性。

人们通常把用参数法描述的图形称为参数图形(简称图形),而把用点阵法描述的图形称为像素图形(简称图像)。习惯上也把图形称为矢量图形(vector graphics),把图像称为光栅图形(raster graphics)。CAD 系统从发展之初到现在都保留了以矢量图形的形式存储图形信息的特色,其他的图像处理软件(如 PAINT 和 PhotoShop)都以光栅图形的形式存储图形信息。光栅图形与矢量图形的区别可由图 2.1 看出。图 2.1(a)和 2.1(b)分别是用 WORD 绘制的矢量图形和用 PAINT 绘制的光栅图形,从中看不出它们有多大的区别。但是将图形放大五倍后(见图 2.1(c)(d)),光栅图形变得模糊,而矢量图形可以任意缩放,图形的输出质量不会受到影响。

(a)矢量图形　(b)光栅图形　　　(c)放大5倍后的矢量图形　　　(d)放大5倍后的光栅图形

图 2.1　矢量图形与光栅图形的对比

计算机图形学的研究任务就是利用计算机来处理图形的输入、生成、显示、输出、变换以及图形的组合、分解和运算。

2.3　图形系统与图形标准

计算机图形系统是 CAD 软件或其他图形应用软件系统的重要组成部分。计算机图形系统包括硬件和软件两大部分,硬件部分包括图形的输入、输出设备和图形控制器等,软件部分主要涉及图形的显示、交互技术,以及模型管理和数据存取交换等方面。图形应用程序用户面对的是在特定图形系统环境上开发的一个具体的应用系统。图形应用程序开发人员一般面对的是三种不同的界面,有三种不同的任务:①设备相关界面,需要开发一个与设备无关的图形服务软件;②与设备无关的系统环境,需要开发一个应用系统支持工具包;③应用环境,应据此开发一个实用的图形应用系统。

2.3.1　图形系统的基本功能与层次结构

一个计算机图形应用系统应该具有以下几种最基本的功能:

(1) 运算功能,包括定义图形的各种元素属性、各种坐标系及几何变换等。

(2) 数据交换功能,包括图形数据的存储与恢复、图形数据的编辑以及不同系统之间的图形数据交换等。

(3) 交互功能,提供人机对话的手段,使图形能够实时、动态地交互生成。

(4) 输入功能,接收图形数据的输入,而且输入设备应该是多种多样的。

(5) 输出功能,实现在图形输出设备上产生逼真的图形。

不同的计算机图形系统根据应用要求的不同,在结构和配置上有一定的差别。早期的图形系统没有层次,应用程序人员开发图形软件受系统的配置影响很大,从而导致图形系统的开发周期长,而且不便于移植。计算机图形标准化的发展使得图形系统逐步层次化,并且各层具有标准的接口形式,从而提高了图形应用系统的研制速度和使用效益。图 2.2 是基于图形标准化形式而得出的一个图形系统的层次图。

应用程序接口(application programmers interface,API)是一个与设备无关的图形软件工具,它提供丰富的图形操作(包括图形的输出元素及元素属性、图形的数据结构及编辑图形的各种变换、图形的输入和输出等操作)功能。API 通常是用诸如 C、PASCAL、FORTRAN 等高级编程语言编写的子程序包。语言连接(language binding)是一个十分有用的接口,它使得用单一语言编写的 API 子程序包能被其他语言所调用。计算机图形接口(computer graphics interface,CGI)是设备相关图形服务与设备无关图形操作之间的接口,它提供一系列与标准设备无关的图形操作命令。CGI 通常直接制作在图形卡上,它的实现一般是与设备相关的。计算机图元文件(computer graphics metafile,CGM)定义了一个标准的图形元文件(Metafile)格式,用 CGM 格式存储的图形数据可以在不同的图形系统之间进行交换。基于图 2.2 所示的标准化应用图形系统的层次结构,CAD 应用系统开发人员就可以在对系统环境不甚了解情况下高效地开发应用系统,同时采用层次结构也便于人们移植已经开发的应用系统,甚至可以对 API 系统进行移植。同样,只要图形硬件的驱动程序是标准的,CGI 系统就也可以移植。

2.3.2　图形系统标准

图形系统标准化一直是计算机图形学的重要研究课题。由于图形是一种范围很宽而又很复杂的数据,因而对它的描述和处理也是复杂的。图形系统的作用是简化应用程序的设计。

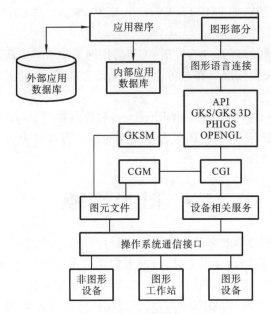

图 2.2　图形系统的层次结构

由于图形系统较难独立于 I/O 设备、主机、工作语言和应用领域之外,因此图形系统研制成本高、可移植性差成为一个严重的问题。为使图形系统可移植,必须实现以下目标:

(1) 使图形系统独立于设备之外。交互式图形系统中有多种输入、输出设备,作为标准的通用图形系统,其在应用程序设计这一级应具有对图形设备的相对无关性。

(2) 使图形系统独立于机器之外。图形系统应能在不同类型的计算机主机上运行。

(3) 使图形系统独立于语言之外。程序员在编写应用程序来表达算法和数据结构时,通常采用高级语言,通用图形系统应是具有图形功能的子程序组,以便不同的高级语言调用。

(4) 使图形系统独立于不同的应用领域之外。图形系统的应用范围十分宽广,若所开发系统只适用于某一领域的应用,在其他场合下使用就要做很大的修改,需要付出巨大的代价,为此要求通用图形系统标准独立于不同的应用领域之外,即提供一个不同层次的图形功能组。

实现绝对的程序可移植性(使一个图形系统不经任何修改即可在任意设备上运行)是很困难的,但只做少量修改即可运行是能够做到的,标准化的图形系统为解决上述几个问题打下了良好的基础。国际组织已从 20 世纪 70 年代中期开始着手进行图形系统的标准化工作。制定图形系统标准的目的在于:

(1) 解决图形系统的可移植性问题,使涉及图形的应用程序易于在不同的系统环境间移植,便于图形数据的变换和传送,降低图形软件研制的成本,缩短研制周期。

(2) 便于应用程序员理解和使用图形学方法,并方便用户的使用。

(3) 为厂家设计制造智能工作站提供指南,使其可依据标准决定将哪些图形功能组合到智能工作站中,从而避免软件开发工作者的重复劳动。

图形标准化工作历经十余年,主要收获是确定了为进行图形标准化而必须遵循的若干准则,并在图形学的各个领域(如图形应用程序的用户接口、图形数据的传输、图形设备接口等)进行了标准化的研究。从目前来看,计算机图形标准化主要包括以下几个方面的内容:

(1) 建立应用程序接口标准。ISO 提供了三个标准,它们是 GKS(图形核心系统)、GKS 3D 和 PHIGS(程序员的层次交互式图形系统)标准。

（2）建立语言连接规范，如 FORTRAN、C、Ada、PASCAL 与 GKS、GKS 3D、PHIGS 的连接标准。

（3）建立计算机图形接口的标准，包括 CGI(通用网关接口)、CGI-3D 标准。

（4）建立图形数据交换标准。在这方面引入了元文件概念，定义了 CGM(图形元文件)、CGM-3D 标准。

在不久的将来，操作员接口(operater interface)和硬件接口(harder interface)的标准化将成为图形标准化研究的目标。同时，图形数据交换的标准将演变为集文字、图像、语言和图形于一体的多媒体信息交换标准。

2.4　图形变换

图形变换是计算机图形学的基础内容之一，指对图形的几何信息进行几何变换而生成新的图形。例如：将图形投影到计算机上时，通常人们希望可以改变图形的显示比例，更清晰地看到某些细节；也可能需要将图形旋转一定角度，得到对象的更佳视图；或者需要将一个图形平移到另一位置，以便在不同环境中显示。对于装配体的动态运动，在每一运动中需要不同的平移和转动。通过图形变换也可由简单图形生成复杂图形，可用二维图形表示三维形体。图形变换既可以看作是图形不动而坐标系变动，变动后该图形在新的坐标系下具有新的坐标值；也可以看作是坐标系不动而图形变动，变动后的图形在坐标系中的坐标值发生变化。而这两种情况本质上是一样的，两种变换矩阵互为逆矩阵。本节所讨论的几何变换属于后一种情况。

对于线框图形的变换，通常是以点变换为基础，对图形的一系列顶点做几何变换后，连接新的顶点序列即可产生新的变换后的图形。连接这些点时，必须保持原来的拓扑关系。对于用参数方程描述的图形，可以通过参数方程进行几何变换，实现对图形的变换。

2.4.1　坐标系

从定义零件的几何形状到图形设备生成相应图形，一般都需要建立相应的坐标系来描述图形，并通过坐标变换来实现图形的表达(见图 2.3)。按形体结构特点建立的坐标系统称为世界坐标系，多采用右手直角坐标系。图形设备、绘图机、显示器等有自己相对独立的坐标系，用来绘制或显示图形，通常采用左手直角坐标系。坐标轴的单位与图形设备本身有关，例如图形显示器使用光栅单位，绘图机使用长度单位。在三维形体透视图的生成过程中，还需要使用视点坐标系，它也是一个左手直角坐标系，坐标原点位于视点位置，其中的一个坐标方向与视线方向一致。

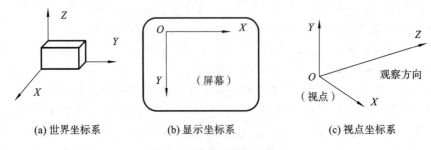

(a) 世界坐标系　　　　　　(b) 显示坐标系　　　　　　(c) 视点坐标系

图 2.3　常见的三种坐标系

2.4.2　齐次坐标

在图形学中,在实现图形变换时通常采用齐次坐标来表示坐标值,这样可方便地用变换矩阵实现对图形的变换。所谓齐次坐标表示法就是由 $n+1$ 维矢量表示一个 n 维空间的点。即 n 维空间的一个点通常采用位置矢量的形式表示为 $\boldsymbol{P}(P_1 \quad P_2 \quad \cdots \quad P_n)$,它唯一地对应了 n 维空间的一个点。此时点 $\boldsymbol{P}$ 的齐次坐标表示为 $\boldsymbol{P}(hP_1 \quad hP_2 \quad \cdots \quad hP_n \quad h)$,其中 $h \neq 0$。由于 h 可取不同值,一个 n 维空间位置的点在 $n+1$ 维齐次空间内对应无穷多个位置矢量(如[12　8　4]、[6　4　2]、[3　2　1]均表示[3,2]这一点的齐次坐标)。从 n 维空间映射到 $n+1$ 维空间是一对多的变换。假设二维图形变换前点的坐标为 $[x \quad y \quad 1]$,变换后为 $[x^* \quad y^* \quad 1]$;三维图形变换前点的坐标为 $[x\,y\,z\,1]$,变换后为 $[x^* \quad y^* \quad z^* \quad 1]$。

当取 $h=1$ 时,空间位置矢量 $(P_1 \quad P_2 \quad \cdots \quad P_n \quad 1)$ 称为齐次坐标的规格化形式。例如,二维空间直角坐标系内点的位置矢量 $[x \quad y]$,用三维齐次空间直角坐标系内对应点的位置矢量 $[x \quad y \quad 1]$ 表示。在图形变换中一般都选取这种齐次坐标的规格化形式,使正常坐标和齐次坐标表示的点一一对应,其几何意义是将二维平面上的点 (x,y) 平移到三维齐次空间 $h=1$ 的平面上。从图 2.4 可以看出规格化三维齐次坐标的几何意义。

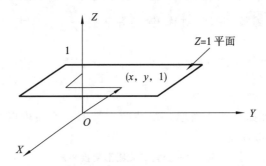

图 2.4　规格化三维齐次坐标系的几何意义

在图形变换中引入齐次坐标表示的好处:

(1) 使各种变换具有统一的变换矩阵格式,并可以将这些变换结合在一起进行组合变换,同时也便于计算。例如,二维的变换矩阵为

$$\boldsymbol{T}_{2D} = \begin{bmatrix} a & d & g \\ b & e & h \\ c & f & i \end{bmatrix}$$

三维的变换矩阵为

$$\boldsymbol{T}_{3D} = \begin{bmatrix} a_{11} & a_{12} & a_{13} & a_{14} \\ a_{21} & a_{22} & a_{23} & a_{24} \\ a_{31} & a_{32} & a_{33} & a_{34} \\ a_{41} & a_{42} & a_{43} & a_{44} \end{bmatrix}$$

(2) 齐次坐标可以表示无穷远点。例如 $n+1$ 维中,$h=0$ 的齐次坐标实际上表示了一个 n 维的无穷远点。如二维的齐次坐标 $[a,b,h]$,当 $h \rightarrow 0$ 时,表示直线 $ax+by=0$ 上的连续点 $[x, y]$ 逐渐趋于无穷远。在三维情况下,利用齐次坐标可以表示视点在世界坐标系原点时的投影变换,其几何意义会更加清晰。

2.4.3　变换矩阵

一个对象或几何体可以用位于若干平面上的一系列点来表示。设矩阵 $\boldsymbol{C}_{\text{old}}$ 表示一组数据,现在定义一个操作数 T,使其与矩阵 $\boldsymbol{C}_{\text{old}}$ 相乘而得到一个新矩阵 $\boldsymbol{C}_{\text{new}}$,即

$$\boldsymbol{C}_{\text{new}} = \boldsymbol{T} \cdot \boldsymbol{C}_{\text{old}} \tag{2-1}$$

T 称为变换矩阵。该矩阵可以表示绕一点或轴的旋转、平移至指定的目的地、缩放、投影,或者是这些变换的组合。变换的基本原则是矩阵相乘,但是只有当第一个矩阵的列数与第二个矩阵的行数相等时,这两个矩阵才能相乘。

2.4.4　二维图形基本变换

二维图形几何变换矩阵可表示为

$$[x^* \quad y^* \quad 1] = [x \quad y \quad 1]\boldsymbol{T}_{\text{2D}} \tag{2-2}$$

式中

$$\boldsymbol{T}_{\text{2D}} = \begin{bmatrix} a & d & g \\ b & e & h \\ c & f & i \end{bmatrix}$$

$\begin{bmatrix} a & d \\ b & e \end{bmatrix}$ 表示对图形进行缩放、旋转、对称、错切等变换;$[c \quad f]$ 表示对图形进行平移变换;$\begin{bmatrix} g \\ h \end{bmatrix}$ 表示对图形进行投影变换,X 轴在 l/g 处产生一个灭点,Y 轴在 l/h 处产生一个灭点;$[i]$ 表示对整个图形做伸缩变换。

常用的几种变换矩阵如表 2.1 所示。复杂的二维图形变换可以由表中矩阵乘积组合而成,变换的结果与组合的顺序有关。

表 2.1　典型二维图形变换矩阵

矩　　阵	说　　明	变换名称	示　意　图
$\begin{bmatrix} 1 & 0 & 0 \\ 0 & 1 & 0 \\ 0 & 0 & 1 \end{bmatrix}$	定义二维空间的直角坐标系;$[1\,0\,0]$ 表示沿 X 轴的无穷远点;$[0\,1\,0]$ 表示沿 Y 轴的无穷远点;$[0\,0\,1]$ 表示坐标原点	恒等变换	
$\begin{bmatrix} 1 & 0 & 0 \\ 0 & 1 & 0 \\ T_x & T_y & 1 \end{bmatrix}$	沿 X 轴平移 T_x,沿 Y 轴平移 T_y	平移变换	
$\begin{bmatrix} S_x & 0 & 0 \\ 0 & S_y & 0 \\ 0 & 0 & 1 \end{bmatrix}$	$S_x = S_y = 1$ 时表示恒等变换;$S_x = S_y > 1$ 时表示沿 X、Y 方向等比例放大;$S_x = S_y < 1$ 时表示缩小;$S_x \neq S_y$ 时,沿各方向不等比例缩放	比例变换	

续表

矩　阵	说　明	变换名称	示　意　图
$\begin{bmatrix} a & d & 0 \\ b & e & 0 \\ 0 & 0 & 1 \end{bmatrix}$	$b=d=0, a=-1, e=1$	关于 Y 轴的对移变换	图形 2 由图形 1 关于直线 $Y=X$ 做对称变换而来 图形 3 由图形 1 关于 X 轴做对称变换而来
	$b=d=0, a=1, e=-1$	关于 X 轴的对称变换	
	$b=d=0, a=e=-1$	关于原点的对称变换	
	$b=d=1, a=e=0$	关于直线 $Y=X$ 的对称变换	
	$b=d=-1, a=e=0$	关于直线 $Y=-X$ 的对称变换	
$\begin{bmatrix} \cos\theta & \sin\theta & 0 \\ -\sin\theta & \cos\theta & 0 \\ 0 & 0 & 1 \end{bmatrix}$	θ 为二维图形在 OXY 平面中旋转的角度（逆时针为正）	旋转变换	
$\begin{bmatrix} 1 & d & 0 \\ b & 1 & 0 \\ 0 & 0 & 1 \end{bmatrix}$	$d=0, b\neq0$，沿 X 方向错切；$d\neq0, b=0$，沿 Y 方向错切；$d\neq0, b\neq0$，沿 X、Y 两方向同时错切	错切变换	

2.4.5　三维图形基本变换

三维图形几何变换矩阵可表示为

$$[X^* \quad Y^* \quad Z^* \quad 1]=[X \quad Y \quad Z \quad 1]\boldsymbol{T}_{3D} \tag{2-3}$$

式中

$$\boldsymbol{T}_{3D}=\begin{bmatrix} a_{11} & a_{12} & a_{13} & a_{14} \\ a_{21} & a_{22} & a_{23} & a_{24} \\ a_{31} & a_{32} & a_{33} & a_{34} \\ a_{41} & a_{42} & a_{43} & a_{44} \end{bmatrix}$$

$\begin{bmatrix} a_{11} & a_{12} & a_{13} \\ a_{21} & a_{22} & a_{23} \\ a_{31} & a_{32} & a_{33} \end{bmatrix}$ 表示比例、旋转、错切变换；$[a_{41} \quad a_{42} \quad a_{43}]$ 表示平移变换，$\begin{bmatrix} a_{14} \\ a_{24} \\ a_{34} \end{bmatrix}$ 表示投影变换，$[a_{44}]$ 表示整体比例变换。

常用的几种三维图形变换矩阵列于表 2.2,其中省略了变换的示意图,可参见二维变换示意图(见表 2.1)。在表 2.2 中也列出了三维形体的投影变换矩阵。所谓投影变换就是把三维物体变为二维图形的过程。

表 2.2　典型三维图形变换矩阵

矩　阵	说　明	变换名称
$\begin{bmatrix} 1 & 0 & 0 & 0 \\ 0 & 1 & 0 & 0 \\ 0 & 0 & 1 & 0 \\ T_x & T_y & T_z & 1 \end{bmatrix}$	沿 X 轴移动 T_x；沿 Y 轴移动 T_y；沿 Z 轴平移 T_z。$T_x = T_y = T_z$ 时，为恒等变换矩阵，代表三维空间坐系，意义同二维图形变换	平移变换
$\begin{bmatrix} S_x & 0 & 0 & 0 \\ 0 & S_y & 0 & 0 \\ 0 & 0 & S_z & 0 \\ 0 & 0 & 0 & 1 \end{bmatrix}$	沿 X 轴方向放缩 S_x 倍；沿 Y 方向放缩 S_y 倍；沿 Z 轴方向放缩 S_z 倍	比例变换
$\begin{bmatrix} 1 & 0 & 0 & 0 \\ 0 & \cos\theta & \sin\theta & 0 \\ 0 & -\sin\theta & \cos\theta & 0 \\ 0 & 0 & 0 & 1 \end{bmatrix}$	绕 X 轴旋转角度 θ，以右手螺旋方向为正	绕 X 轴的旋转变换
$\begin{bmatrix} \cos\theta & 0 & -\sin\theta & 0 \\ 0 & 1 & 0 & 0 \\ \sin\theta & 0 & \cos\theta & 0 \\ 0 & 0 & 0 & 1 \end{bmatrix}$	绕 Y 轴旋转角度 θ，以右手螺旋方向为正	绕 Y 轴的旋转变换
$\begin{bmatrix} \cos\theta & \sin\theta & 0 & 0 \\ -\sin\theta & \cos\theta & 0 & 0 \\ 0 & 0 & 1 & 0 \\ 0 & 0 & 0 & 1 \end{bmatrix}$	绕 Z 轴旋转角度 θ，以右手螺旋方向为正	绕 Z 轴的旋转变换
$\begin{bmatrix} -1 & 0 & 0 & 0 \\ 0 & 0 & 0 & 0 \\ 0 & 1 & 0 & 0 \\ a-t_x & b-t_z & 0 & 1 \end{bmatrix}$	正投影到 OXZ 平面中，并且分别沿 X 和 Z 方向移动 t_x、t_z 以便观察，中心在 (a,b) 处	主视图
$\begin{bmatrix} -1 & 0 & 0 & 0 \\ 0 & -1 & 0 & 0 \\ 0 & 0 & 0 & 0 \\ a+t_x & b+t_y & 0 & 1 \end{bmatrix}$	正投影到 OXY 平面中，并且分别沿 X 和 Y 方向移动 t_x、t_y 以便观察，中心在 (a,b) 处	俯视图
$\begin{bmatrix} 0 & 0 & 0 & 0 \\ 1 & 0 & 0 & 0 \\ 0 & 1 & 0 & 0 \\ a+t_y & b+t_z & 0 & 1 \end{bmatrix}$	正投影到 OYZ 平面中，并且分别沿 Y 和 Z 方向移动 t_y、t_z 以便观察，中心在 (a,b) 处	侧视图
$\begin{bmatrix} \cos\theta & 0 & -\sin\theta\sin\varphi & 0 \\ -\sin\theta & 0 & -\cos\theta\sin\varphi & 0 \\ 0 & 0 & \cos\varphi & 0 \\ 0 & 0 & 0 & 1 \end{bmatrix}$	θ 是立体绕 Z 轴正时针旋转的角度，φ 是立体绕 X 轴逆时针旋转的角度。当 $\theta = 45°$，$\varphi = 35°15'$ 时为正等轴测变换；当 $\theta = 45°$，$\varphi = 19°28'$ 时为正二等轴测变换	正等轴测投影变换

矩　　　阵	说　　　明	变 换 名 称
$\begin{bmatrix} 1 & 0 & 0 & 0 \\ -0.3535 & 0 & -0.3535 & 0 \\ 0 & 0 & 1 & 0 \\ 0 & 0 & 0 & 1 \end{bmatrix}$	沿 Y 轴缩短至原来的 $\dfrac{1}{2}$，轴测轴 Y 与水平线的夹角为 $45°$	斜二测投影变换
$\begin{bmatrix} 1 & 0 & 0 & 0 \\ 0 & 1 & 0 & 0 \\ -\dfrac{x_c}{z_c} & -\dfrac{y_c}{z_c} & 0 & -\dfrac{1}{z_c} \\ 0 & 0 & 0 & 1 \end{bmatrix}$	视点为 $P_c(X_c,Y_c,Z_c)$，投影平面为 OXY，形体上一点 $P(X,Y,Z)$ 投影为 (X_s,Y_s)	一点透视投影变换

2.5　曲线描述基本原理

　　工程上常用的曲线有两种类型：一种是规则曲线，另一种是自由曲线。常用的规则曲线有圆锥曲线、摆线和渐开线等，它们都可以用函数或参数方程来表示。有了函数方程，就能很容易地应用计算机来绘制和显示这些曲线。自由曲线通常是指不能用直线、圆弧和二次圆锥曲线描述，而只能用一定数量的离散点来描述的任意形状的曲线。在实际应用中往往是已知型值点列及其走向和连接条件，利用数学方法构造出能完全通过或者比较接近给定型值点的曲线（曲线拟合），再计算出拟合曲线上位于给定型值点之间的若干点（插值点），从而生成相应的参数曲线。本节将讨论自由曲线的计算机描述、分析、生成的数学原理及处理方法。

2.5.1　建模空间与参数空间坐标系统

　　建模空间是指曲面、曲线等几何实体所在的三维空间。可通过坐标系，用数学模型来精确地描述几何实体。如图 2.5 所示，曲线上每一位置点的 (x,y,z) 坐标都可由一个含单变量 u 的方程来定义。曲面上任意位置点的坐标 (x,y,z) 都可由一个含双变量 u 和 v 的方程来定义。参数域上的一对值 (u,v) 确定曲面上的一个三维点。

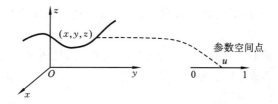

图 2.5　曲线的建模空间和参数空间

2.5.2　曲线的数学描述方法

1. 参数曲线和参数曲面

　　曲线和曲面可以用隐函数、显函数或参数方程来表示。用隐函数表示曲线和曲面不直观，作图也不方便，而用显函数表示又存在多值性和斜率无穷大等问题。因此，隐函数和显函数只适合用来表达简单、规则的曲线和曲面(例如二次圆锥曲线)。自由曲线和自由曲面多用参数方程(parametric representation)表示,相应地被称为参数曲线(parametric curve)或参数曲面。

空间的一条曲线可以表示成随参数 u 变化的运动点的轨迹(见图 2.5),其矢量函数为

$$P(u) = P(x(u), y(u), z(u)) \quad (u \in [0,1]) \tag{2-4}$$

其中 $[0,1]$ 为参数域,对于参数域中的每一个参数点,都可以通过曲线方程计算得出一个对应的曲线空间点。

2. 曲线次数

样条曲线中的每一段曲线都由一个多项式来定义,它们都有相同的次数,即样条曲线的次数。曲线的次数决定了曲线的柔韧性。一次样条曲线是连接所有控制顶点的直线段,它至少需要两个控制顶点。二次样条曲线至少需要三个控制顶点,三次样条曲线至少需要四个控制顶点,依次类推。但次数高于 3 的样条曲线有可能出现难以控制的振荡。在各系统中,B 样条曲线的缺省次数为 3,这样能够满足绝大多数情况的需求。

2.5.3　几何设计的基本概念

在自由曲线和曲面描述中常用到以下三种类型的点:

(1) 特征点,用来确定曲线或曲面的形状位置的点,相应曲线或曲面不一定会经过特征点;

(2) 型值点,用于确定曲线或曲面的位置与形状的点,相应曲线或曲面会经过型值点;

(3) 插值点,为提高曲线或曲面的输出精度,在型值点之间插入的一系列点。

设计中通常是用一组离散的型值点或特征点来定义和构造几何形状,且所构造的曲线或曲面应满足光顺的要求。这种定义曲线和曲面的方法有插值、拟合或逼近。

(1) 插值:对于一组精确的数据点,构造一个函数,使之严格地依次通过全部型值点,且函数曲线或曲面满足光顺要求,如图 2.6(a)所示。

(2) 拟合:对于一组具有误差的数据点,构造一个函数,使之在整体上最接近这些数据点而不必通过全部数据点,并使所构造的函数与所有数据点的误差在某种意义上最小。

(3) 逼近:用特征多边形或网格来定义和控制曲线或曲面,如图 2.6(b)所示。虚线上的点是特征点,形成的多边形称为特征多边形或控制多边形(control polygon)。

注意:光顺与光滑要求是不同的。从数学意义上讲,光滑是指曲线或曲面具有至少一阶的连续导数。

光顺是指曲线或曲面不仅具有至少一阶的连续导数,而且还满足设计要求。例如,一般机械零件外形只要求一阶导数连续就够了,而叶片、汽车车身等产品不但要求二阶导数连续,而且曲线的凹凸走向需满足功能要求。

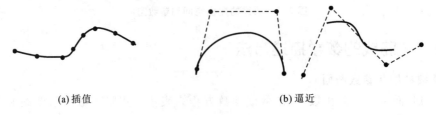

(a) 插值　　　　　　　　　　　　　　　(b) 逼近

图 2.6　型值点、特征点与曲线的关系

2.6　曲 线 设 计

自由曲线可以是由一系列的曲线小段连接而成的,因此,对曲线的研究重点就可放在曲线段的描述以及它们的拼接方法上。

2.6.1　曲线插值

所谓插值就是给定一组精确的数据点,要求构造一个函数,使之严格地依次通过全部型值点,且曲线满足光顺要求。工程上常用的插值方法为线性插值和抛物线插值。

1. 线性插值

线性插值是过两节点(x_i,y_i)及(x_{i+1},y_{i+1})两点的直线方程 $g(x)$ 来代替原来的列表函数 $f(x)$。设插值点为(x,y),满足条件 $x_i< x< x_{i+1}$,其线性插值公式为

$$y = g(x) = \frac{x-x_{i+1}}{x_i-x_{i+1}}y_i + \frac{x-x_i}{x_{i+1}-x_i}y_{i+1} \quad (2\text{-}5)$$

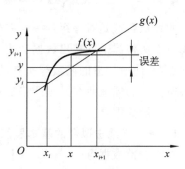

图 2.7 表示了线性插值原理,从图中可以看出线性插值存在一定的误差,但当自变量取值间隔较小而插值精度又不要求很高时,可以采用此种方法。

线性插值可应用到工程数据表的数据查找中。如表 2.3 所示为机械设计手册中的带轮包角影响系数表,通过带轮包角即可查到包角影响系数以便进行 V 带传动设计。

图 2.7　线性插值

但在实际的设计中,计算出的实际包角 α 可能不会正好是表 2.3 中所列的值,相应的 K_a 也不会正好是表中的值。带轮任意包角下的包角影响系数即可采用线性插值方法来求得。例如为求得带轮包角为 105° 时的包角影响系数,我们可以通过包角为 110° 和 100° 时的包角影响系数值构造直线方程:

表 2-3　包角影响系数 K_a

包角 $\alpha/(°)$	180	170	160	150	140	130	120	110	100	90
K_a	1.00	0.98	0.95	0.92	0.89	0.86	0.82	0.78	0.74	0.69

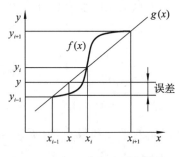

图 2.8　抛物线插值

$$y = \frac{0.74(x-110)}{100-110} + \frac{0.78(x-100)}{110-100} \quad (2\text{-}6)$$

将 $x=105°$ 代入式(2-6)即可求出,当包角 $\alpha=105°$ 时,包角影响系数的值为 0.76。

2. 抛物线插值

图 2.8 中抛物线插值是利用 $f(x)$ 的三节点$(x_{i-1}$, $y_{i-1})$、(x_i,y_i)及(x_{i+1},y_{i+1}),过三点作抛物线 $g(x)$,以 $g(x)$替代 $f(x)$可获得比线性插值精度高的结果。如插值点为(x,y),则抛物线插值公式为

$$y = g(x) = \frac{(x - x_i)(x - x_{i+1})}{(x_{i-1} - x_i)(x_{i-1} - x_{i+1})} y_{i-1} + \frac{(x - x_{i-1})(x - x_{i+1})}{(x_i - x_{i-1})(x_i - x_{i+1})} y_i + \frac{(x - x_{i-1})(x - x_i)}{(x_{i+1} - x_{i-1})(x_{i+1} - x_i)} y_{i+1}$$

$$(2-7)$$

$\alpha = 105°$ 时的包角影响系数值也可以采用抛物线插值方法来得到,读者可自行求解并比较由两种方法所得的结果。

3. $n-1$ 次多项式插值

依照上述方法,过 n 个节点作 $n-1$ 次曲线 $g(x)$ 替代原函数 $f(x)$,则 n 个节点的 $n-1$ 次插值函数为

$$y = \sum_{j=1}^{n} \left(\prod_{\substack{i=1 \\ i \neq j}}^{n} \frac{x - x_i}{x_j - x_i} \right) y_i \tag{2-8}$$

应当指出:当 $n=1$ 时为线性插值,当 $n=2$ 时为抛物线插值。

2.6.2　曲线拟合

曲线拟合就是对一组具有误差的数据点,构造一个拟合函数来近似地代替原函数。拟合曲线只需从整体上反映出数据变化的一般趋势,在整体上最接近那些数据点而不必通过全部数据点,并使所构造的函数与所有数据点的误差在某种意义上最小。这样就可避免曲线插值方法所具有的插值曲线必须严格通过各节点、插值误差较大的缺点。最小二乘法是曲线拟合最常用的函数拟合方法。

1. 最小二乘法拟合的基本思想

对于一批数据点 $(x_i, y_i)(t = 1, 2, \cdots, m)$,用公式 $y = f(x)$ 来进行曲线拟合,因此每一节点处的偏差为

$$e_i = f(x_i) - y_i \quad (i = 1, 2, \cdots, m) \tag{2-9}$$

e_i 的值有正有负。最小二乘原理就是使所有数据点误差的绝对值平方之和最小,即

$$\sum_{i=1}^{m} e_i^2 = \sum_{i=1}^{m} (f(x_i) - y_i)^2 \tag{2-10}$$

拟合公式通常选取初等函数,如对数函数、指数函数、代数多项式等。可先把数据画在方格纸上,根据曲线形态来确定函数类型。下面讨论在选定函数类型后如何确定系数的问题。

2. 多项式最小二乘拟合

设拟合公式为 n 次多项式:

$$y = f(x) = a_0 + a_1 x + a_2 x^2 + \cdots + a_n x^{n-1} \tag{2-11}$$

已知 m 个点的值 $(x_1, y_1), (x_2, y_2), \cdots, (x_m, y_m)$,且 $m \gg n$,节点偏差的平方和为

$$\begin{aligned}
\sum_{i=1}^{m} e_i^2 &= \sum_{i=1}^{m} (f(x_i) - y_i)^2 \\
&= \sum_{i=1}^{m} [(a_0 + a_1 x_i + a_2 x_i^2 + \cdots + a_n x_i^n) - y_i]^2 \\
&= F(a_0, a_1, \cdots, a_n)
\end{aligned} \tag{2-12}$$

这表明偏差平方和是 $a_0, a_1, \cdots, a_n$ 的函数。为使其节点偏差的平方和最小,取 $F(a_0, a_1, \cdots, a_n)$ 对各自变量的偏导数等于零,求偏导

$$\frac{\partial F}{\partial a_j} = 0 \quad (j = 0, 1, \cdots, n)$$

即

$$\dfrac{\partial \sum\limits_{i=1}^{m} \left[(a_0 + a_1 x_i + a_2 x_i^2 + \cdots + a_n x_i^n) - y_i \right]^2}{\partial a_j} = 0 \tag{2-13}$$

经整理得到

$$(\sum_{i=1}^{m} x_i^j)a_0 + (\sum_{i=1}^{m} x_i^{j+1})a_1 + \cdots + (\sum_{i=1}^{m} x_i^{j+m})a_n = \sum_{i=1}^{m} x_i^j y_i \tag{2-14}$$

其中 $\sum\limits_{i=1}^{m}$ 表示对 $i = 0,1,2,\cdots,m$ 求和。式(2-14)中待求系数$(a_0,a_1,\cdots,a_n)$ 共 $n+1$ 个,方程也是 $n+1$ 个,解此联立方程,即可求得各系数值。

　　例如工程设计手册中附有许多曲线图,为查询方便,通常处理的办法就是将线图离散化,转换成数表的格式。图 2.9 所示为齿轮载荷分布系数(K_j)曲线图(图中:1—齿轮在轴上对称布置;2—非对称布置,轴刚性大;3—非对称布置,轴刚性小;4—悬臂布置;b—齿宽;d_2—分度圆直径,mm),可根据齿轮在轴上不同的布置方式和齿宽系数大小由图确定齿轮载荷系数。可以在曲线上取若干个点,用曲线拟合的方法求出曲线图的近似公式,并用拟合曲线代替原来的实验曲线。我们以硬齿面的数据为准,对曲线 1(即齿轮在轴上对称布置时的曲线)进行公式化处理,在曲线上取 15 个点,分别为 $A_1(0.4,1.0)$,$A_2(0.5,1.01)$,$A_3(0.6,1.015)$,A_4 $(0.7,1.02)$,$A_5(0.8,1.025)$,$A_6(0.9,1.03)$,$A_7(1.0,1.04)$,$A_8(1.1,1.05)$,$A_9(1.2,1.06)$,$A_{10}(1.3,1.075)$,$A_{11}(1.4,1.085)$,$A_{12}(1.5,1.11)$,$A_{13}(1.6,1.125)$,$A_{14}(1.7,1.145)$,$A_{15}(1.8,1.17)$,如图 2.10 所示。

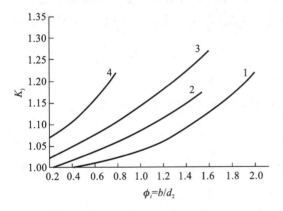

图 2.9　齿轮载荷分布系数　　　　　　　　图 2.10　对应曲线上的离散点

　　设拟合曲线公式为五次多项式,采用计算机编程和列主元高斯消去法可得该五次多项式的各系数的值为:

$$a_0 = 0.963338, a_1 = 0.963338, a_2 = 0.223178$$
$$a_3 = -0.151713, a_4 = 0.045781, a_5 = 0.000198$$

则用拟合公式 $y = 0.963338 + 0.963338x + 0.223178x^2 - 0.151713x^3 + 0.045781x^4 + 0.000198x^5$ 近似代替图中的曲线 1,图中其余曲线可采用同样的方法求出。根据拟合公式绘制的载荷系数分布曲线能很好地满足曲线精度的要求。

2.6.3　Bézier 曲线

1962 年,法国雷诺汽车公司的 P. E. Bézier 构造了一种以逼近为基础的参数曲线和曲面的设计方法,后来该方法被称为 Bézier 方法。该方法将函数逼近同几何表示结合起来,使得设计师在计算机上作图就像使用作图工具作图一样得心应手。其具体设计过程是:先从模型或手绘草图上取得数据,用绘图工具绘出曲线图;然后从这张图上大致定出 Bézier 特征多边形各顶点的坐标值,并输入计算机进行交互式的几何设计,调整特征多边形的顶点位置,直到得出满意的结果为止;最后用绘图机绘出曲线样图。用该方法构成的曲线即 Bézier 曲线,其形状是通过一组多边折线(特征多边形)的各顶点唯一地定义出来的。

1. Bézier 曲线定义

用 Bézier 方法构造曲线的基本思想是:由曲线的两个端点和若干个不在曲线上的点来唯一地确定曲线的形状。这两个端点和其他若干点被称为 Bézier 特征多边形的顶点。设给定空间特征多边形的 $n+1$ 个顶点 $P_i(i=0,1,\cdots,n)$,则定义 n 次 Bézier 曲线的矢量函数为

$$P(t) = \sum_{i=0}^{n} B_{i,n}(t)P_i \quad (0 \leqslant t \leqslant 1) \tag{2-15}$$

式中:$B_{i,n}(t)$ 称为 Bernstein 基函数,有

$$B_{i,n} = C_n^i(1-t)^{n-i}t^i \quad (0 \leqslant t \leqslant 1) \tag{2-16}$$

$$C_n^i = \frac{n!}{i!\,(n-i)!} \tag{2-17}$$

式(2-15)表明 Bézier 曲线上的点 $P(t)$ 是数据点 P_i 与相应的函数 $B_{i,n}(t)$ 的乘积的总和。因此,函数 $B_{i,n}(t)$ 反映了数据点 P_i 对曲线上点的影响,当 t 取不同数值时,各数据点对曲线上点的影响是不同的。

2. Bézier 曲线的主要性质

1) 端点位置

由 Bernstein 基函数 $B_{i,n}(t)$ 的端点性质可以推得,Bézier 曲线的起点、终点与相应的特征多边形的起点、终点重合。

2) 端点切线

Bézier 曲线起点处的切线方向是特征多边形第一个边矢量的方向,终点处的切线方向是特征多边形最末一个边矢量的方向。

3) 几何不变性

几何不变性是指某些几何特性不随坐标变换而变化的性质。Bézier 曲线的位置、形状与其特征多边形的顶点的位置有关,而与坐标系的选择无关,即 Bézier 曲线具有几何不变性。

4) 曲线的整体逼近性

由 $B_{i,n}(t) \equiv 1$ 可知,Bernstein 基函数具有权性。那么当 $0<t<1$ 时,所有的权函数的值均不为零。这意味着除了 Bézier 曲线的首、末两端点外,曲线上的每个点都将受到所有 P_i 点的影响,任何一个 P_i 点的改变都会使整段 Bézier 曲线随着改变。这是 Bézier 曲线的不足之处,因为它排除了对一段 Bézier 曲线做局部修改的可能。

3. 工程中常用的 Bézier 曲线

1) 三次 Bézier 曲线

常用的三次 Bézier 曲线(见图 2.6(b))由四个控制点确定($n=3$),由式(2-17)可以得到

$$C_3^0 = \frac{3!}{3! \times 0!} = 1, \quad C_3^1 = \frac{3!}{2! \times 1!} = 3, \quad C_3^2 = \frac{3!}{1! \times 2!} = 3, \quad C_3^3 = \frac{3!}{0! \times 3!} = 1$$

由式(2-16)可知基函数为

$$B_{0,3} = (1-t)^3, \quad B_{1,3} = 3t(1-t)^2, \quad B_{2,3} = 3t^2(1-t), \quad B_{3,3} = t^3$$

代入 Bézier 曲线表达式(2-15)得

$$\boldsymbol{P}(t) = (1-t)^3 \boldsymbol{P}_0 + 3t(1-t)^2 \boldsymbol{P}_1 + 3t^2(1-t)\boldsymbol{P}_2 + t^3 \boldsymbol{P}_3 \quad (0 \leqslant t \leqslant 1) \quad (2\text{-}18)$$

将式(2-18)写成矩阵形式,得

$$\boldsymbol{P}(t) = \begin{bmatrix} t^3 & t^2 & t & 1 \end{bmatrix} \begin{bmatrix} 1 & 3 & 3 & 1 \\ 3 & 6 & 3 & 0 \\ 3 & 3 & 0 & 0 \\ 1 & 0 & 0 & 0 \end{bmatrix} \begin{bmatrix} \boldsymbol{P}_0 \\ \boldsymbol{P}_1 \\ \boldsymbol{P}_2 \\ \boldsymbol{P}_3 \end{bmatrix}$$

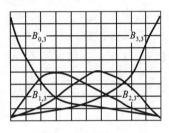

式(2-18)是三次 Bézier 曲线表达式。利用此式,在 t 取(0,1)区间内的若干个值时得到一系列点,从而绘制出三次 Bézier 曲线来。取 $t = 0, \frac{1}{3}, \frac{2}{3}, 1$,求出 $B_{1,3}(t)$ 对应的曲线,如图 2.11 所示。它们构成了三次 Bézier 曲线空间的一组基,任何三次 Bézier 曲线都是这四条曲线的线性组合。

图 2.11　Bézier 基函数图形

2) 二次 Bézier 曲线

当 Bézier 曲线由三个控制点确定($n = 2$)时,式(2-18)转化为如下的二次 Bézier 曲线表达式:

$$\boldsymbol{P}(t) = (1-t)^2 \boldsymbol{P}_0 + 2t(1-t)\boldsymbol{P}_1 + t^2 \boldsymbol{P}_1$$

$$= \begin{bmatrix} t^2 & t & 1 \end{bmatrix} \begin{bmatrix} 1 & -2 & 1 \\ -2 & 2 & 0 \\ 1 & 0 & 0 \end{bmatrix} \begin{bmatrix} \boldsymbol{P}_0 \\ \boldsymbol{P}_1 \\ \boldsymbol{P}_2 \end{bmatrix} \quad (0 \leqslant t \leqslant 1) \quad (2\text{-}19)$$

由式(2-19)可知,当 $t = \frac{1}{2}$ 时,有

$$\boldsymbol{P}\left(\frac{1}{2}\right) = \frac{1}{2}\left[\boldsymbol{P}_1 + \frac{1}{2}(\boldsymbol{P}_0 + \boldsymbol{P}_2)\right]$$

该式对应于一条抛物线。

3) Bézier 曲线的程序设计

实际中主要应用三次 Bézier 曲线。利用三次 Bézier 曲线的表达式(2-18)在区间(0,1)内取多个值,例如取 100 个,计算出这 100 个值对应的坐标点,然后用一条曲线拟合,就得到一条 Bézier 曲线。为方便程序设计,把式(2-18)转变为直角坐标系中的参数方程,即

$$\begin{cases} x(t) = (1-t)^3 x_0 + 3t(1-t)^2 x_1 + 3t^2(1-t)x_2 + t^3 x_3 \\ y(t) = (1-t)^3 y_0 + 3t(1-t)^2 y_1 + 3t^2(1-t)y_2 + t^3 y_3 \end{cases}$$

或写成

$$\begin{cases} x(t) = A_0 + A_1 t + A_2 t^2 + A_3 t^3 \\ y(t) = B_0 + B_1 t + B_2 t^2 + B_3 t^3 \end{cases}$$

其中

$$\begin{cases} B_0 = y_0 \\ B_1 = -3y_0 + 3y_1 \\ B_2 = 3y_0 - 6y_1 + 3y_2 \\ B_3 = -y_0 + 3y_1 - 3y_2 + y_3 \end{cases}, \quad \begin{cases} A_0 = x_0 \\ A_1 = -3x_0 + 3x_1 \\ A_2 = 3x_0 - 6x_1 + 3x_2 \\ A_3 = -x_0 + 3x_1 - 3x_2 + x_3 \end{cases}$$

按上述表达式,读者可以自己编写 Bézier 曲线的通用生成程序。

4. Bézier 曲线的拼接

常用的三次 Bézier 曲线由四个控制点确定。多控制点($n > 4$)的三次 Bézier 曲线存在着几条曲线的拼接问题,其关键问题是拼接处的连续性。由 Bézier 曲线的性质可知:一段 Bézier 曲线一定通过控制多边形的起始点和终止点,并且在这两点处与起始边和终止边相切。由此可以证明所拼接的两曲线应具有一个公共点。第一条曲线的终点一定是第二条曲线的起点,但第一条曲线的后两个控制点和第二条曲线的前两个控制点应在一条直线上(见图2.12)。对于第一条曲线,有 $P_1'(3) = 3(P_3 - P_2)$;而对于第二条曲线,有 $P_2'(4) = 3(P_5 - P_4)$。由拼接原理可知 $P_1'(3) = P_2'(4)$,所以 $3(P_3 - P_2) = 3(P_5 - P_4)$。如令 $P_3 = P_4 = P$,则有 $P_2 + P_5 = P$,故 P_2,P_3,P_4,P_5 共线。应用这一原理编写 Bézier 曲线的拼接程序。

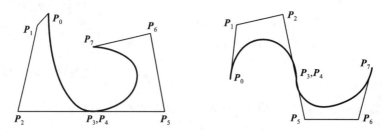

图 2.12　Bézier 曲线拼接

2.6.4　B 样条曲线

Bézier 曲线是通过逼近特征多边形而获得的,具有直观、计算简单等许多优点。特征多边形顶点的个数决定了曲线的阶次,顶点越多,曲线的阶次越高,多边形对曲线的控制能力越弱。另外它是整体构造的,每个基函数的值在整个曲线段范围内都不为零,故不便于修改,改变某一控制点对整个曲线都有影响。1972 年 Riesenfeld 等人在 Bézier 基础上提出了 B 样条曲线。用 B 样条基函数代替 Bernstein 基函数组,不仅保持了 Bézier 曲线的特性,而且逼近特征多边形时精度更高。在 Bézier 方法中,特征多边形的边数与 Bernstein 多项式的项数相等;而在 B 样条方法中,特征多边形的边数与 B 样条基函数的次数无关。Bézier 方法是通过整体逼近来构造曲线的;而 B 样条方法则是局部逼近,修改多边形顶点,对曲线的影响只是局部的。

1. B 样条的定义

设有控制顶点 P_0,P_1,$\cdots$,P_n,则 n 次 B 样条曲线的数学表达式为

$$P(t) = \sum_{i=0}^{n} N_{i,n}(t) P_i \tag{2-20}$$

式中:P_i 为特征多边形控制点;$N_{i,n}(t)$ 是 n 次 B 样条曲线基函数,有

$$N_{i,n}(t) = \frac{1}{n!} \sum_{j=0}^{n-i} (-1)^j C_{n+1}^j (t+n-i-j)^n \quad (0 \leqslant t \leqslant 1) \tag{2-21}$$

将 B 样条曲线与 Bézier 曲线进行比较:

（1）Bézier 曲线的阶次与控制顶点数有关；B 样条曲线的阶次与控制顶点数无关，这样就避免了 Bézier 曲线次数随控制点数增加而增加的弊端。

（2）Bézier 曲线所用的基函数是多项式函数；B 样条曲线的基函数是多项式样条函数。

（3）Bézier 曲线缺乏局部控制能力；B 样条曲线的基函数 $N_{i,k}(t)$ 仅在某个局部不等于零，改变控制点 $\boldsymbol{P}_i$ 也只对这个局部发生影响，从而使 B 样条曲线具有局部可修改性，更适合于几何设计。

2. 工程中常用的三次 B 样条曲线

1）三次 B 样条曲线的生成

对于 $n+1$ 个特征多边形顶点 $\boldsymbol{P}_0,\boldsymbol{P}_1,\cdots\boldsymbol{P}_n$，每四个顺序点一组，其线性组合可以构成 $n-2$ 段三次 B 样条曲线，即由四个控制点确定一段三次 B 样条曲线。由式（2-21）可以得到

$$N_{0,3}(t)=\frac{1}{6}(-t^3+3t^2-3t+1)，\quad N_{1,3}(t)=\frac{1}{6}(3t^3-6t^2+4)$$

$$N_{2,3}(t)=\frac{1}{6}(-3t^3+3t^2+3t+1)，\quad N_{3,3}(t)=\frac{1}{6}t^3$$

代入 B 样条曲线表达式（2-20）得到

$$\boldsymbol{P}(t)=\frac{1}{6}\big[(-\boldsymbol{P}_0+3\boldsymbol{P}_1-3\boldsymbol{P}_2+\boldsymbol{P}_3)t^3+(3\boldsymbol{P}_0-6\boldsymbol{P}_1+3\boldsymbol{P}_2)t^2$$

$$+(-3\boldsymbol{P}_0+3\boldsymbol{P}_2)t+(\boldsymbol{P}_0+4\boldsymbol{P}_1+\boldsymbol{P}_2)\big]_。 \tag{2-22}$$

将式（2-22）写成矩阵形式，得

$$\boldsymbol{P}(t)=\frac{1}{6}\begin{bmatrix}t^3 & t^2 & t & 1\end{bmatrix}\begin{bmatrix}-1 & 3 & -3 & 1\\ 3 & -6 & 3 & 0\\ -3 & 0 & 3 & 0\\ 1 & 4 & 1 & 0\end{bmatrix}\begin{bmatrix}\boldsymbol{P}_0\\ \boldsymbol{P}_1\\ \boldsymbol{P}_2\\ \boldsymbol{P}_3\end{bmatrix} \tag{2-23}$$

当 $t=0$ 时，

$$\boldsymbol{P}(0)=\frac{1}{6}(\boldsymbol{P}_0+4\boldsymbol{P}_1+\boldsymbol{P}_2)=\frac{1}{3}\left(\frac{\boldsymbol{P}_0+\boldsymbol{P}_2}{2}\right)+\frac{2}{3}\boldsymbol{P}_1$$

当 $t=1$ 时，

$$\boldsymbol{P}(1)=\frac{1}{6}(\boldsymbol{P}_1+4\boldsymbol{P}_2+\boldsymbol{P}_3)=\frac{1}{3}\left(\frac{\boldsymbol{P}_1+\boldsymbol{P}_3}{2}\right)+\frac{2}{3}\boldsymbol{P}_2$$

这表明，三次 B 样条曲线段的起点 $\boldsymbol{P}(0)$ 落在 $\triangle\boldsymbol{P}_0\boldsymbol{P}_1\boldsymbol{P}_2$ 的中线 $\boldsymbol{P}_1\boldsymbol{P}_1^*$ 上到 $\boldsymbol{P}_1$ 的距离为 $|\boldsymbol{P}_1\boldsymbol{P}_1^*|/3$ 处，终点 $\boldsymbol{P}(1)$ 落在 $\triangle\boldsymbol{P}_1\boldsymbol{P}_2\boldsymbol{P}_3$ 的中线 $\boldsymbol{P}_2\boldsymbol{P}_2^*$ 上到 $\boldsymbol{P}_2$ 的距离为 $|\boldsymbol{P}_2\boldsymbol{P}_2^*|/3$ 处，如图 2.7 所示。

将式（2-19）对 t 求导，则得：

当 $t=0$ 时，

$$\boldsymbol{P}'(0)=\frac{1}{2}(\boldsymbol{P}_2-\boldsymbol{P}_0)$$

当 $t=1$ 时，

$$\boldsymbol{P}'(1)=\frac{1}{2}(\boldsymbol{P}_3-\boldsymbol{P}_1)$$

这表明三次 B 样条曲线段始点处的切矢量 $\boldsymbol{P}'(0)$ 平行于 $\triangle\boldsymbol{P}_0\boldsymbol{P}_1\boldsymbol{P}_2$ 的边 $\boldsymbol{P}_0\boldsymbol{P}_2$，长度为它的二分之一；终点处的切矢量 $\boldsymbol{P}'(1)$ 平行于 $\triangle\boldsymbol{P}_1\boldsymbol{P}_2\boldsymbol{P}_3$ 的边 $\boldsymbol{P}_1\boldsymbol{P}_3$，长度为它的二分之一，如图 2.13

所示。

2) 三次样条特征多边形顶点的特殊情形

(1) 两顶点重合　两顶点 P_1、P_2 重合,可看作是 $\triangle P_0P_1P_2$ 的顶点 P_1 趋于 P_2 时的极限情形,即曲线段的端点 P 位于到 P_2 点的距离等于 $|P_0P_2|/6$ 处,如图 2.14 所示。

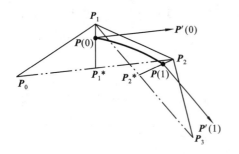

图 2.13　三次 B 样条曲线

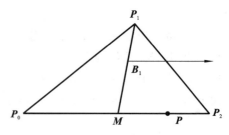

图 2.14　两顶点重合图

(2) 三顶点重合　图 2.15 所示为由 P_0,P_1,$\cdots$,P_6 七个顶点构成的 B 样条曲线特征多边形(简称 B 特征多边形),其中 P_2、P_3、P_4 三顶点重合。由此特征多边形决定的三次 B 样条曲线由四段组成。在三重顶点附近的两段,即 B_1B_2 和 B_3B_4 是两段直线,它们形成一个尖角,如图 2.15 所示。可见,运用三顶点重合的技巧可在样条曲线上形成一个尖角。

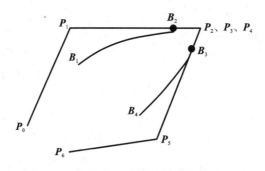

图 2.15　三顶点重合图

(3) 三顶点共线　三顶点共线可看作三角形退化的情形,如图 2.16 (a) 所示,将顶点 P_1 垂直地压缩到 P_0P_2 上,即得三顶点共线的情形。不难看出,曲线端点 B_1 位于 P_0P_2 中点 M 和 P_1 之间、到 P_1 的距离为 $MP_1/3$ 处。而且,此时该点的一阶导矢 B' 与二阶导矢 B'' 共线,B_1 处的曲率 $k=0$。B_1 点可能是一个拐点。如图 2.16(b) 所示,由 B 特征多边形 $P_0P_1P_2P_3P_4$ 所决定的三次 B 样条曲线中,B_2 是一个拐点。

(4) 四顶点共线　四顶点 P_0、P_1、P_2、P_3 共线时,由三顶点 P_0、P_1、P_2 共线和 P_1、P_2、P_3 共线可求得两个节点 B_1 和 B_2。B_1、B_2 之间是一段直线,如图 2.17 所示。运用四顶点共线的技巧可在 B 样条曲线中嵌入一段直线。

3. 工程中常用的二次 B 样条曲线

1) 二次 B 样条曲线的生成

由三个控制点确定二次 B 样条曲线,由式(2-21)可以得到

$$N_{0,2}(t)=\frac{1}{2}(t-1)^2,\quad N_{1,2}(t)=\frac{1}{2}(-2t^2+2t+1),\quad N_{2,2}(t)=\frac{1}{2}t^2$$

代入 B 样条曲线表达式(2-20)得到

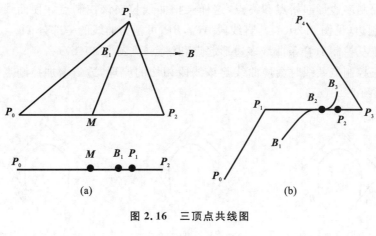

图 2.16　三顶点共线图

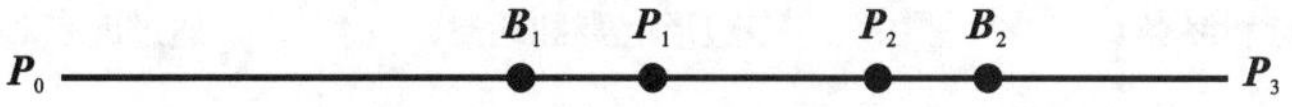

图 2.17　四顶点共线图

$$P(t) = \frac{1}{2}\left[(P_0 - 2P_1 + P_2)t^2 + (-2P_0 + 2P_1)t + (P_0 + P_1)\right] \qquad (2\text{-}24)$$

将式(2-24)写成矩阵形式为

$$P(t) = \frac{1}{2}(t^2 \quad t \quad 1)\begin{bmatrix} 1 & -2 & 1 \\ -2 & 2 & 0 \\ 1 & 0 & 0 \end{bmatrix}$$

当 $t = 0$ 时,得

$$P(0) = \frac{1}{2}(P_0 + P_1), \quad P'(0) = P_1 - P_0$$

当 $t = 1$ 时,得

$$P(1) = \frac{1}{2}(P_1 + P_2), \quad P'(1) = P_2 - P_1$$

这表明曲线段的两端点是二次 B 特征二边形两边的中点,曲线段两端点的切矢就是 B 特征二边形的两个边矢量,如图 2.18 所示。

如继 P_0、P_1、P_2 之后还有一些点 P_3、P_4……,那么依次每取三点,例如 P_0、P_1、P_2,P_1、P_2、P_3 ……,都可以得到一段二次 B 样条曲线段,合起来就得到二次 B 样条曲线,如图 2.19 所示。

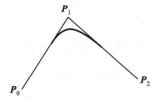

图 2.18　二次 B 样条曲线

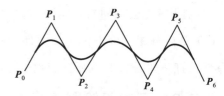

图 2.19　二次 B 样条曲线的拼接

2) B 样条的边界处理

在实际应用中,往往需要所设计的 B 样条曲线通过指定的位置或通过控制多边形的起点和终点,这就需要对曲线进行边界处理,其主要方法是:

（1）重复控制多边形起始点和终点,这样会把曲线拉向该控制点并使曲线相切于与该控制点相连的控制边（见图 2.20(a)),直线段 AP_0,BP_4 可视为曲线的一部分;

（2）两次重复控制 B 样条曲线多边形起点和终点（见图 2.20(b)）;

（3）根据三控制点共线时会使曲线与该线段相切的原理,适当增加控制点而使曲线通过起点和终点（见图 2.20(c)）。

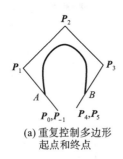
(a) 重复控制多边形
起点和终点

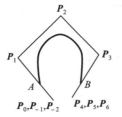
(b) 重复控制B样条曲线
多边形起点和终点

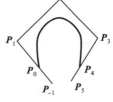
(c) 增加控制点,使曲线
通过起点和终点

图 2.20　B 样条的边界处理

2.7　Pro/ENGINEER 二维绘图

二维草图绘制是 Pro/ENGINEER 的一项基本功能,在三维建模中具有非常重要的作用,也是使用零件模块进行三维建模时的一个重要步骤。二维草图绘制主要是使用几何图形按钮来绘制二维平面图形,以表达比较简单的设计方案。在使用零件模块建立三维特征时,需要通过草绘来定义特征的剖面图,然后由剖面图生成各种三维特征。在 Pro/ENGINEER 环境中,如果需要绘制二维草图,系统会自动切换至草绘模块。同时,在零件模块中绘制二维草图时,也可以直接读取在草绘模块下绘制并存储的文件。本节以 Pro/ENGINEER Wildfire 5.0 为例,介绍建构 Pro/ENGINEER 特征时常用的几何图形创建方法以及相关的设计技巧。

2.7.1　Pro/ENGINEER 草绘的步骤

在 Pro/ENGINEER 中进行草绘的步骤如下:

（1）进入草绘界面。单击“New”（创建新对象）按钮 ▯,弹出如图 2.21 所示的“New”（新建）对话框,在该对话框的“Type”（类型）选项卡中选择“Sketch”（草绘）选项,建立后缀名为 sec 的草绘文件,然后单击“OK”（确定）按钮,进入草绘环境。

（2）使用草绘工具进行草绘。

（3）保存草图。单击“file”（文件）按钮 File,在弹出的界面中选择“save”（保存）按钮 Save,打开如图 2.22 所示的界面。在该界面中输入草图名称并选择保存位置。

2.7.2　二维草绘界面

进入草绘环境的途径有多种,不管是哪一种途径,Pro/ENGINEER 启动后都会进入如图 2.23 所示的二维草绘界面。

由图 2.23 可以看到,Pro/ENGINEER 的草绘界面主要由标题栏、菜单栏、图标按钮工具栏、消息区、设计工作区等组成。标题栏的左端一般显示软件的标志和当前文件的名称;菜单

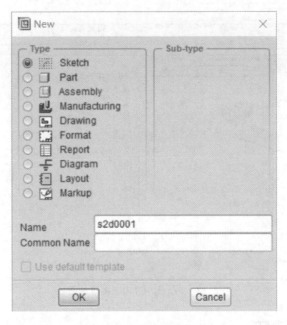

图 2.21　"New"对话框

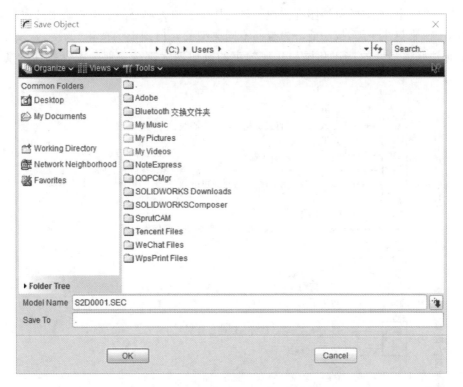

图 2.22　Pro/ENGINEER 草图保存界面

栏提供了文件管理、图形编辑、显示控制、参数设置等功能命令;图标按钮工具栏是通过将常用的命令制成工具条后组合在一起而形成的,可方便调用,每个工具条上排列着若干代表不同命令的图标按钮;消息区一般位于窗口的下部,显示常用的信息;设计工作区是 CAD 系统最重要的区域,一般占据屏幕中心的大部分,设计和分析对象以图形方式显示在图形区中。

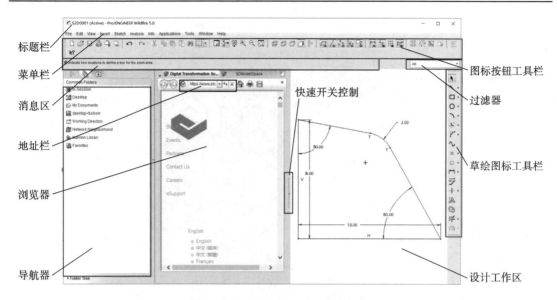

图 2.23　Pro/ENGINEER 草绘界面

2.7.3　图标按钮

在草绘界面中,右侧的草绘图标按钮工具栏提供了绝大部分的剖面绘制工具,若干功能相似的图标按钮聚集在一起,按功能分为绘制不同类型的几何图形的按钮,调整、修改几何元素的按钮,标注修改尺寸的按钮和添加几何约束的按钮四大部分。部分图标按钮的功能如图 2.24 所示。

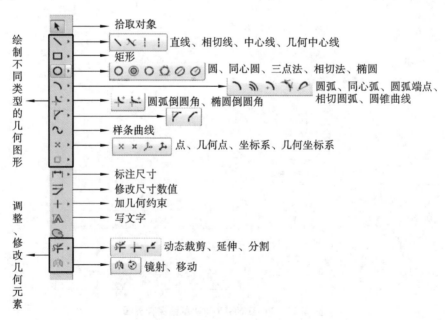

图 2.24　草绘图标按钮的功能

2.7.4　几何元素的绘制

几何元素主要包括直线、矩形、圆、圆弧、倒圆角、样条曲线等几何图形以及文本。如写文字,应先用鼠标单击图标按钮，以鼠标指定文字的起点并用左键拉出一条线段决定文字的高度和方位(见图 2.25(a))，这时会弹出如图 2.25(b)所示的"Text"(文本)对话框,利用"Text"对话框控制输入的文字内容、字型、字宽与字高比例、倾斜角度。可勾选"Text"对话框左下角的"Place Along Curve",将文字沿着曲线摆放。

图 2.25　输入文字与"Text"对话框

2.7.5　几何元素的编辑修改

在绘制二维剖面时,剖面草绘往往无法利用单纯的几何图形完成。有时必须对几何图形进行调整、修改,或是进行特殊的处理,这样才能得到所需的图形。Pro/ENGINEER 提供的处理方式有裁剪、分割、镜射、移动、复制几种。

(1)裁剪　裁剪分为两种:一是动态删除线段,单击图标按钮，被选取到的线段即被删除;二是在角落处进行裁剪,单击图标按钮，点选两条线,则系统自动修剪或延伸两条线。

(2)分割　单击图标按钮，点选两条线的交点,则两条线分别在交点处被切成两段。

(3)镜射　选取一个或多个图素,单击图标按钮，选取中心线,即可使所选的图素镜射至中心线另一侧。

(4)线条的缩放与旋转　选取一条或数条几何线条,单击图标按钮，进行线条的移动、缩放或旋转。

(5)复制　选取一个或数个几何图素,单击图标按钮后即复制出图素,再对所复制的图素进行图形的移动、缩放或旋转。

2.7.6　尺寸的标注及修改

几何图形绘制完成后,Pro/ENGINEER 会自动标示尺寸,所标示尺寸称为弱尺寸;若系统自动标示的尺寸与设计者要求标示的尺寸有出入,则必须自行变更尺寸标注。可单击图标按钮来标注所需的尺寸,标示出来的尺寸称为强尺寸。当用户利用图标按钮加入一个强尺寸时,Pro/ENGINEER 系统会自动删除一个现有的弱尺寸。在 Pro/ENGINEER 绘图中,有直线的尺寸标注、圆的尺寸标注(见图 2.26)、角度尺寸的标注(见图 2.27)、圆锥曲线的尺寸标注(见图 2.28)、样条曲线的尺寸标注(见图 2.29)。

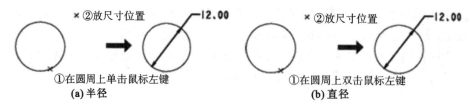

图 2.26　圆的半径与直径尺寸标注

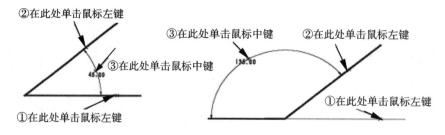

图 2.27　角度尺寸标注

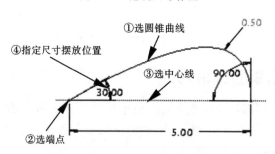

图 2.28　圆锥曲线尺寸标注

单击图标按钮 ⌒ ,画出圆锥曲线后,Pro/ENGINEER 会自动标注其尺寸,尺寸包括两端点间的相对位置尺寸、两端点间的角度尺寸和 rho 值。若欲改变两端点间角度尺寸的标注方式,则操作步骤(见图 2.28)为:①选曲线;②选曲线的一个端点(作为旋转轴);③选中心线(作为角度标注参考线);④以鼠标中键指定角度尺寸摆放的位置。

单击图标按钮 ∿ ,画出样条曲线后,Pro/ENGINEER 会自动标注曲线头尾两端点的相对位置尺寸。若欲改变给定两端点的角度尺寸标注方式,则操作步骤(见图 2.29)为:①选曲线;②选曲线的一个端点(作为旋转轴);③选中心线(作为角度标注参考线);④以鼠标中键指定角度尺寸摆放的位置。

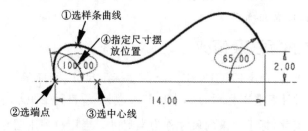

图 2.29　样条曲线的尺寸标注

在草图中添加了所有的尺寸标注后,可以修改尺寸。修改尺寸数值可采用单个修改、多个修改及比例修改三种方式。以鼠标左键选取一个或数个尺寸,单击图标按钮 ⇨ ,弹出如图

2.30所示的对话框。这样就可以在对话框中改变一个或者多个尺寸的数值。

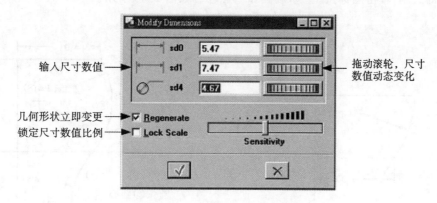

图 2.30   修改尺寸数值对话框

2.7.7   几何约束的添加

几何图形绘制完后,Pro/ENGINEER 除自动标注尺寸外,还会自动给定几何约束(constraint)。若系统提供的约束条件不满足要求,用户可在几何图形生成后再加上适当的约束条件。给几何图形添加约束条件,可单击图标按钮 ,即弹出如图 2.31 所示的几何约束对话框。

注意:在剖面绘制过程中,若加入任意约束条件或加入尺寸时,所加约束或尺寸与现有的尺寸或约束条件相互抵触,使用者必须删除某些尺寸或约束条件,以使剖面能有合理的尺寸及约束条件。

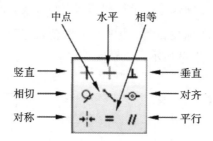

图 2.31   几何约束对话框

2.7.8   草绘剖面的方法

二维草绘剖面是利用几何元素、几何约束及尺寸标注形成的一个截面。完成一个草绘剖面的流程步骤为:首先利用图标按钮 、 、 、 、 、 、 等画出剖面的几何外形;接着用图标按钮 标注尺寸或利用图标按钮 添加几何约束;最后利用图标按钮 更改尺寸数值。二维草绘是 Pro/ENGINEER 系统很重要的功能。在前面介绍的草绘功能的基础上,我们用图 2.32 所示的实例来说明草绘工具的使用方法。

图 2.32 所示草图的具体绘制步骤如下:

(1) 单击图标按钮 ,先在"Type"选项中选"Sketch",然后输入文件名,单击"OK"按钮,进入二维草绘环境。

(2) 单击图标按钮 ,画水平中心线①;单击图标按钮 ,画直线②、③、④,按鼠标中键,终止直线的绘制;单击图标按钮 ⌐,画圆弧⑤和⑥。如图 2.33 所示。

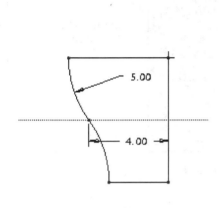

图 2.32　二维草绘实例

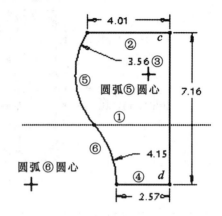

图 2.33　绘制几何元素

（3）单击图标按钮 ╋,按约束对齐的图标按钮 ◉。选中图中圆弧⑥的圆心和直线④,使圆弧⑥的圆心落于直线④上;再选中图中圆弧⑤的圆心和点 c,使圆弧⑤的圆心落于直线②与③的交点 c 上;按对称约束图标按钮 ╬,选图中交点 c 和 d 以及中心线①,使直线②、④关于中心线①对称;最后按相切约束图标按钮 ⚲,选图中的圆弧⑤和圆弧⑥,使二者相切。新增的几何约束如图 2.34 所示。

（4）单击图标按钮 ⌐,标注圆弧⑤的半径和相切点与直线③间的尺寸,如图 2.35 所示;

（5）选所有的尺寸,单击图标按钮 ➥,更改尺寸数值,然后单击按钮 ✓,完成剖面的绘制。最后得到的二维剖面如图2.32所示。

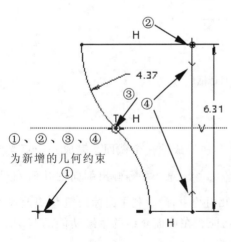

图 2.34　给定几何约束

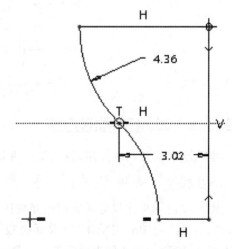

图 2.35　标注尺寸

习　　题

1. 图形的概念及描述图形的方法有哪些?

2. 指出图形系统应该实现的功能。

3. 为什么要制定和采用计算机图形标准？已经由 ISO 批准的计算机图形标准软件有哪些？

4. 推导三次 Bézier 曲线的参数方程。按公式(2-18)编制三次 Bézier 曲线生成与绘图程序。

5. 比较三次 B 样条曲线与三次 Bézier 曲线的特性。

6. 齐次坐标表示法有什么优越性？

7. 试证明下述几何变换的矩阵运算具有互换性：

(1) 两个连续的旋转变换；

(2) 两个连续的平移变换；

(3) 两个连续的变比例变换；

(4) 当比例系数相等时的旋转和比例变换。

8. 证明 $\boldsymbol{T} = \begin{bmatrix} \dfrac{1+t^2}{1+t^2} & \dfrac{2t}{1+t^2} \\ \dfrac{-2t}{1+t^2} & \dfrac{1-t^2}{1+t^2} \end{bmatrix}$ 完全表示一个旋转变换。

9. 利用 Pro/ENGINEER 软件绘制图 2.36 所示的二维剖面。

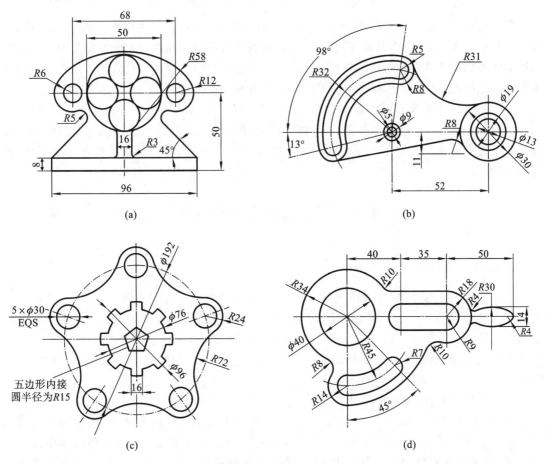

(a)

(b)

(c)

(d)

图 2.36 绘图练习题图

CAD/CAM 三维建模技术及其应用

现实世界中的产品是由不同类型的几何形体、属性以及形体之间的相互关系构成的集合体。几何建模是一种用计算机描述、控制、分析和生成输出几何实体的方法，是 CAD/CAM 系统的关键技术。本章从机械产品设计制造环境的要求出发，讨论三维实体建模等几何建模与建模的技术方法，并且介绍了参数化特征建模技术常用的建模方法、装配和工程图制作的基本操作方法与技巧。

3.1　几何模型概念

数学模型是实际或想象中的物体或现象的数学表示，它给出对象的行为和特征的描述。数学模型包括用方程、几何图形、代数、拓扑、数理逻辑等描述的模型。几何模型是用几何概念描述的物理物体或者数学物体的形状。产品模型是在三维欧氏空间中建立的实际产品或将要投产的产品的几何模型，是对产品进行计算、分析和模拟的基础。

一个完整的几何模型包括两个主要元素，即拓扑元素（topological element）和几何元素（geometric element）。拓扑元素表示几何模型的拓扑信息，包括点、线、面之间的连接关系、邻近关系及边界关系。几何元素具有几何意义，包括点、线、面等，具有确定的位置和度量值（长度、面积等）。

3.2　几何建模理论基础

3.2.1　形体的定义

形体是对实体的形状和结构的描述。任一实体均可由空间封闭面组成，面由一个或多个封闭环确定，而环又由一组相邻的边组成，边由两点确定。点是最基本的结构。几何模型的所有拓扑信息构成其拓扑结构（数据结构），它反映了产品对象几何信息之间的连接关系。图 3.1 描述了构成三维几何形体的几何元素及其层次结构。下面讨论图 3.1 中几何元素的定义和性质。

点通常分为端点、交点、切点和孤立点等。二维坐标系中的点可用 (x,y) 或 $(x(t),y(t))$ 表示，三维空间中的点可用 (x,y,z) 或 $(x(t),y(t),z(t))$ 来表示。以此类推，N 维空间中的点在各次坐标系下可用 $(x_1,x_2,\cdots,x_n)$ 或 $(x_1(t),x_2(t),\cdots,x_n(t))$ 来表示。点是几何模型中最基本的元素，任何形体都可用有序的点集表示，计算机处理形体的实质是对点集与连接关系进行处理。

边是两邻面(正则形体)或多个邻面(非正则形体)的交线。直线边由两个端点确定;曲线边由一系列型值点或控制点描述,也可用方程表示。

面是二维几何元素,是形体上一个有限、非零的区域,其范围由一个外环和若干个内环界定(也可以无内环)。面有方向性,一般以其外法矢方向作为该面的正向,反之为反向。区分正、反向在面面求交、交线分类、真实图形显示等应用中是很重要的。几何模型中的面常分平面、二次面、双三次参数曲面等形式。

环是由有序、有向边组成的面的封闭边界。环有内外之分,确定面的最大外边界的环称为外环,通常其边按逆时针方向排序。确定面中内孔等边界的环称为内环,与外环排序方向相反,它按顺时针方向

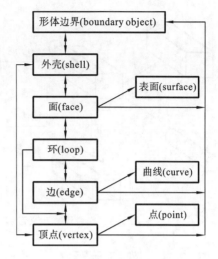

图 3.1　形体层次结构

排序。按这一定义,在面上沿一个环前进,其左侧总是面内,右侧是面外。

体是由封闭曲面围成的空间,也是三维空间中非空、有界的封闭子集,其边界是有限面的并集。为保证几何建模的可靠性和可加工性,要求形体上任意一点的足够小的邻域在拓扑上应是一个等价的封闭圆,即围绕该点的形体邻域在二维空间中可构成一个连通域。满足这一定义的形体称为正则形体。图 3.2 所示的形体不满足上述要求,这类形体称为非正则形体。

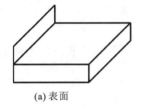
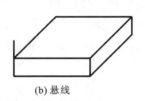
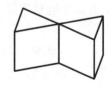

(a) 表面　　　　　　　　　(b) 悬线　　　　　　　(c) 一条边有两个以上的邻面

图 3.2　非正则形体示例

3.2.2　集合运算

几何建模中集合运算(boolean set-operations)的理论依据是集合论中的交(intersection)、并(union)、差(difference)等运算。集合运算是用来把简单形体(体素)组合成复杂形体的工具。设有形体 A 和 B,则集合运算定义如下(见图 3.3):

$C=A\bigcap B=B\bigcap A$,交集,形体 C 包含 A、B 的所有共同点;

$C=A\bigcup B=B\bigcup A$,并集,形体 C 包含 A 与 B 的所有点;

$C=A-B$,差集,形体 C 包含从 A 中减去 A 和 B 共同点后剩余的点;

$C=B-A$,差集,形体 C 包含从 B 中减去 A 和 B 共同点后剩余的点。

进行集合操作后几何形体应保持边界良好,并应保持初始形状的维数。图 3.4 所示的 A 和 B 是具有良好边界的体素,但经过交运算后,得到一条没有内部点集的直线,它不再是二维实体。尽管这样的集合运算在数学上是正确的,但有时在几何上是不适当的。运用正则集合和正则集合运算理论可以有效解决上述问题。总之,集合运算仍是几何建模的基本运算方法,我们可用它去构造较复杂的形体,这也是目前许多几何建模系统采用的基本方法。

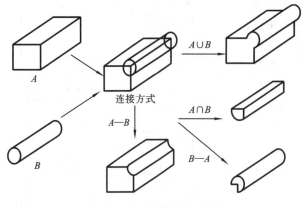

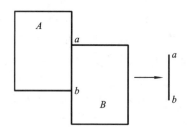

图 3.3 集合运算定义示例　　　　　图 3.4 $A \bigcap B$ 产生退化的结果

3.2.3 欧拉运算

符合欧拉公式的形体称为欧拉形体(Euler shape),欧拉公式即

$$V - E + F = 2$$

式中:V 为形体的顶点数;E 为边数;F 为面数。

增加或删除点、边、面而产生新形体的处理称为欧拉运算,这种运算提供了构造形体的合理性检验方法。符合这一公式的形体的特点是:面中无孔洞,边界是面的单环;每条边有两邻面,且有两个端点;顶点至少是三条边的交点。

对于具有有限个孔的形体,相应的欧拉公式为

$$V - E + F - H + 2P = 2B$$

式中:V、E、F 分别为形体的顶点、边、面数;H 为面上的孔穴数(不穿透的孔);P 为面上的孔洞数(穿透的孔);B 为形体数。

3.3 几何建模方法

几何建模技术研究几何外形的数学描述、三维几何形体的计算机表示与建立、几何信息处理与几何数据管理,以及几何图形显示的理论、方法和技术。通常把能够定义、描述、生成几何模型,并能交互地进行编辑的系统称为几何建模系统。几何建模技术通常分为线框建模技术、曲面建模技术、实体建模技术和特征建模技术。在产品几何建模时,多种建模技术常需要交替配合使用。

3.3.1 线框建模技术

线框模型(wire frame modeling)是最简单的一种几何模型,如图 3.5(a)所示,它由物体上的点、直线和曲线组成,在计算机内部形成相应的三维映像,并可通过修改点和边来改变形体的形状。

建立线框模型数据结构的关键在于正确地描述每一线框的棱边,它在计算机内部是以点表和边表的形式来表达和存储的。点表描述每个顶点的编号和坐标,边表说明每一棱边起点和终点的编号。图 3.6 记录了线框模型的数据结构,表 3.1 和 3.2 分别为图 3.6 所示形体的顶点表和棱线表。

(a)线框模型　　　**(b)表面模型**　　　**(c)实体模型**

图 3.5　三种三维模型的比较

　　线框模型具有很好的交互作图功能,用于构图的图素是点、线、圆、圆弧、B 样条曲线等。线框模型还具有数据结构简单、运算速度快的特点,但表示的图形有时含义不确切。例如,在一个立方体上如果存在孔,则孔是盲孔还是通孔就不清楚,也不能进行物体几何特性(如体积、面积、重量、惯性矩等)计算,不能满足曲面特性的组合和存储及多坐标数控加工刀具轨迹生成等方面的要求。另外,由于它仅仅给出了物体的框架结构,没有曲面信息,故不能进行隐藏线面的消除。

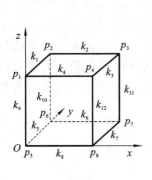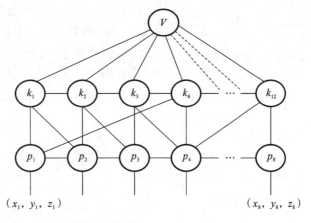

图 3.6　形体的线框模型

表 3.1　顶点表

顶点号	x	y	z
p_1	0	0	1
p_2	0	1	1
p_3	1	1	1
p_4	1	0	1
p_5	0	0	0
p_6	0	1	0
p_7	1	1	0
p_8	1	0	0

表 3.2　棱线表

棱线号	顶点号	棱线号	顶点号
k_1	p_1、p_2	k_7	p_7、p_8
k_2	p_2、p_3	k_8	p_5、p_8

续表

棱线号	顶点号	棱线号	顶点号
k_3	p_3、p_4	k_9	p_1、p_5
k_4	p_1、p_4	k_{10}	p_2、p_6
k_5	p_5、p_6	k_{11}	p_3、p_7
k_6	p_6、p_7	k_{12}	p_4、P_8

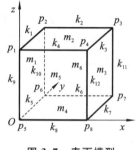

图 3.7　表面模型

3.3.2　曲面建模技术

曲面建模(surface modeling)是以物体的各个曲面为单位来表示其形体特征。图 3.5(b)所示为曲面模型,它在线框模型的基础上增加了有关面与边的拓扑信息,给出了点的几何信息及边与点、面与边之间的拓扑信息。曲面模型的数据结构是在线框模型数据结构的基础上增加面的有关信息与连接指针而形成的,其中还有曲面特征码。各条边除了给出连接指针外,还给出了方向及其他可见或不可见信息。表 3.3 即为图 3.7 所示物体的表面模型中的面表,表中记录了面号,组成面素的线数及线号等构成几何面的信息。

表 3.3　面表

面号	面上线号	线数
m_1	k_1,k_5,k_9,k_{10}	4
m_2	k_1,k_2,k_3,k_4	4
m_3	k_3,k_7,k_{11},k_{12}	4
m_4	k_5,k_6,k_7,k_8	4
m_5	k_4,k_8,k_9,k_{12}	4
m_6	k_2,k_6,k_{10},k_{11}	4

曲面模型中的几何形体曲面可以由若干块面片组成,这些面片可以是平面、解析曲面(如球面、柱面、锥面等)和参数曲面。利用曲面模型,可以对物体做剖面、消隐、着色等处理,并可进行曲面面积计算、曲面求交、数控刀具轨迹生成和获得数控加工所需要的曲面信息等工作。曲面模型虽然比线框模型具有更为丰富的形体信息,但它并未指出该物体是实心还是空心的,哪里是物体的内部和外部,因此,曲面模型仅适用于表示物体的外轮廓特征,例如飞机机身、汽车车身、轮船船体和涡轮叶片等。

常见的参数曲面面片有 Bézier 曲面、B 样条曲面和非均匀有理 B 样条(NURBS)曲面。

1. Bézier 曲面

将 Bézier 曲线参数维度扩展到二维,就可以得到 Bézier 曲面。定义二维参数(u,v),点 $\boldsymbol{P}$ 是(u,v)的函数,$\boldsymbol{P}_{i,j}$ 是控制点矢量,则 Bézier 曲面可以被定义为

$$\boldsymbol{P}(u,v) = \sum_{i=0}^{n} \sum_{j=0}^{m} B_i^n(u) B_j^m(v) \boldsymbol{P}_{i,j}$$

$$B_i^n(u) = \binom{n}{i} u^i (1-u)^{n-i}$$

$$\binom{n}{i} = \frac{n!}{i!(n-i)!}$$

式中：$u \in [0,1]$，$v \in [0,1]$，且 $\boldsymbol{P}(u,v) = (x_p, y_p, z_p)$，$\boldsymbol{P}_{i,j} = (x_k, y_k, z_k)$ 都是位置矢量。在控制点的位置已知时，给定一个 u 值和 v 值后就可以得到 Bézier 曲面上的一个点 $\boldsymbol{P}$ 的位置矢量。

Bézier 曲面的矩阵表示形式为

$$\boldsymbol{P}(u,v) = \begin{bmatrix} B_0^n(u) & B_1^n(u) & \cdots & B_n^n(u) \end{bmatrix} \begin{bmatrix} P_{0,0} & P_{0,1} & \cdots & P_{0,m} \\ P_{1,0} & P_{1,1} & \cdots & P_{1,m} \\ \vdots & \vdots & & \vdots \\ P_{n,0} & P_{n,1} & \cdots & P_{n,m} \end{bmatrix} \begin{bmatrix} B_0^m(v) \\ B_1^m(v) \\ \vdots \\ B_m^m(v) \end{bmatrix}$$

一个 (n,m) 自由度的 Bézier 曲面由 $(n+1)(m+1)$ 个点控制，这些点将单位正方形映射为一个连续平滑的表面。如图 3.8 所示，16 个控制点将单位正方形映射为一个曲面块。通常双三次（$n = m = 3$）Bézier 曲面可为大多数应用提供足够的自由度。

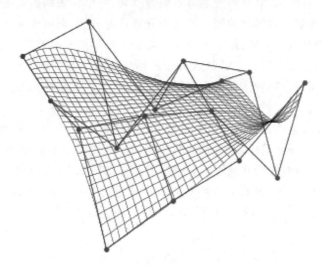

图 3.8　Bézier 曲面控制点及网格

Bézier 曲面有如下性质：

（1）在所有线性变换和平移下，Bézier 曲面将以与其控制点相同的方式进行变换。

（2）(u,v) 空间中的所有 u 为常数且 v 为常数，尤其是以 (u,v) 表示的单位正方形对应的所有四个边都是 Bézier 曲线。

（3）Bézier 曲面完全位于其控制点的凸包内，因此也将完全位于任意给定的笛卡儿坐标系中其控制点的边界框内。

（4）曲面中与单位正方形的角相对应的点与四个控制点重合，但通常不会穿过其他控制点。

使用两组控制点可以得到两个 Bézier 曲面，相邻两组控制点对应的 Bézier 曲面可以拼接在一起，如图 3.9 所示。

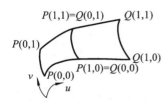

图 3.9　Bézier 曲面的拼接

2. B 样条曲面

B 样条曲面同样是在 B 样条曲线的基础上对参数进行扩展而形成的。在 B 样条中阶数可以与控制点数目无关。u 方向 k 阶、v 方向 q 阶的 B 样条曲面定义为

$$P(u,v) = \sum_{i=0}^{n} \sum_{j=0}^{m} N_{i,k}(u)\, P_{i,j} N_{j,q}(v)$$

其中基函数可以通过 Cox-de Boor 递归公式定义:

$$N_{i,0}(u) = \begin{cases} 1 & (u_i \leqslant u \leqslant u_{i+1}) \\ 0 & (u < u_i \text{ 或 } u > u_{i+1}) \end{cases}$$

$$N_{i,k}(u) = \frac{(u - u_i)N_{i,k-1}(u)}{u_{i+k} - u_i} + \frac{(u_{i+k} - u)N_{i+1,k-1}(u)}{u_{i+k} - u_i}$$

u_i 是对 $u \in [0,1]$ 区间进行划分得到的 $n+1$ 个节点中的第 i 个节点。节点是控制基函数的重要参数,控制点位置相同而节点位置不同,曲面形状也会不同。通常节点元素单调递增,节点分布方式有均匀(uniform)分布、开放均匀(open uniform)分布和非均匀(nonuniform)分布三种。

均匀分布时节点在区域[0,1]内按照等差级数排列,每个样条曲面基函数是其他基函数的平移拷贝,得到的全部基函数形状相同。若节点开放均匀分布,则对于 k 阶样条曲面,在[0,1]区间划分节点时应满足以下条件:最前 k 个节点元素为最小的 k 个重复值,最后 k 个节点元素为最大的 k 个重复值。非均匀分布时节点矢量所形成的基函数的形状较不易预期,对于第 k 阶基函数,非零值区间的边界皆落在节点矢量的元素值上,因此非均匀节点矢量常形成许多形状不同的基函数曲线。

节点矢量中的元素值使参数空间被划分成几个子区间。一个基函数具有非零值的区域,落在该函数所属的参数子区间中,而各基函数所属的子区间可以彼此重叠。故当 B 样条参数值由小增大时,控制点对曲线形状的影响会依序发生。如图 3.10 所示为 6 行 6 列控制点定义的 B 样条开放均匀分布曲面,其在 u 方向上的节点矢量为{ 0,0,0,0.25,0.5,0.75,1,1,1}且阶数为 2,在 v 方向上的节点矢量为{0,0,0,0,0.33,0.66,1,1,1,1}且阶数为 3。

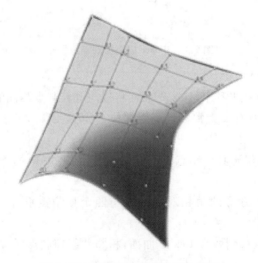

图 3.10　开放均匀分布 B 样条曲面

3. 非均匀有理 B 样条曲面

非均匀有理 B 样条曲面(NURBS)是两条非均匀有理 B 样条曲线的张量乘积,定义为

$$P(u,v) = \sum_{i=1}^{k}\sum_{j=1}^{l} R_{i,j}(u,v)\, P_{i,j}$$

其中有理基函数为

$$R_{i,j}(u,v) = \frac{N_{i,n}(u)N_{j,m}(v)w_{i,j}}{\displaystyle\sum_{p=1}^{k}\sum_{q=1}^{l} N_{p,n}(u)N_{q,m}(v)w_{p,q}}$$

式中:$N_{i,n}(u)$ 和 B 样条曲面中定义相同;$w_{i,j}$ 是每个控制点对应的权重。不同权重的非均匀有理 B 样条曲面如图 3.11 所示。

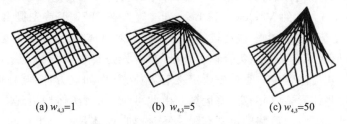

(a) $w_{4,3}=1$　　　　　(b) $w_{4,3}=5$　　　　　(c) $w_{4,3}=50$

图 3.11　非均匀有理 B 样条曲面

3.3.3　实体建模技术

实体建模(solid modeling)是指三维形体几何信息的计算机表示方法,这种表示方法要能区分出三维形体的内部和外部,方便地定义形状简单的几何形体(即体素),能经过适当的布尔集合运算构造出所需的复杂形体,并能实现在图形设备上输出其各种视图。实体模型的数据结构较复杂,其与线框模型和曲面模型的根本区别在于不仅记录了全部几何信息,而且记录了全部点、线、面、体的拓扑信息。对于立方体,实体模型不仅包含面的棱线信息,还包含面的方向信息(见图 3.12 和表 3.4),以面向外为正方向。常用的三维实体建模方法有 CSG 表示法、B-rep 表示法、扫描表示法、参数形体调用法和单元分解法。

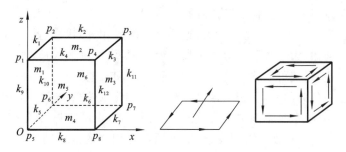

图 3.12　实体模型

表 3.4　实体模型数据表

表面编号	棱线编号
m_1	k_1, k_5, k_9, k_{10}
m_2	k_1, k_2, k_3, k_4

表面编号	棱线编号
m_3	k_3,k_7,k_{11},k_{12}
m_4	k_5,k_6,k_7,k_8
m_5	k_4,k_8,k_9,k_{12}
m_6	k_2,k_6,k_{10},k_{11}

3.3.3.1　CSG 表示法

CSG 表示法也称几何体素构造法,是一种用简单几何体素构造复杂实体的建模方法,由罗切斯特(Rochester)大学的 Voelcker 和 Bequicha 等人在 1977 年首先提出。CSG 表示法的基本思想是:一个复杂物体可由一些比较简单、规则的形体(体素)经过布尔运算得到。在几何实体构造中,物体形状的定义是以集合论为基础的,首先是集合本身的定义,其次是集合之间的运算,所以,进行几何体素构造时首先要定义有界体素(例如立方体、圆柱体、球体、锥体、环状体等),然后对这些体素施以并、交、差运算。由此可见,几何实体构造建立在两级模式的基础之上。第一级是以半空间为基础定义有限体系,例如,球体是一个半空间,圆柱体是两个半空间,立方体则是六个半空间(因其存在域是六个半空间的交集)。第二级是对这些体素施以交、并、差运算,生成一个二叉树结构,树的叶节点是体素或变换参数,中间节点是集合运算符号,树根是生成的几何实体。在 CSG 表示法中,几何体素可看成物体的单元分解的结果。在模型被分解为单元以后,通过拼合运算(并集)能使各单元结合为一体,其中,组件只能在匹配的面上进行拼接。几何实体构造过程中可以有正则布尔运算(并、交、差运算),从而既可以增加体素,又可以移去体素。

在图 3.13 中,五个叶节点代表体素和平移量,四个内部节点表示运算结果,“树根”表示最终得到的物体。值得注意的是,最初各中间的物体都是有效的有界实体。此外,变换并不限于刚性运动,各种放大和相似变换在理论上都是可能实现的,只是要受布尔运算功能的限制。如果建模系统中的基本体素是由系统定义的有效的有界实体,且拼合运算是正则运算,那么拼合运算得到的最终实体模型也是有效和有界的。

现有建模系统为用户提供了基本体素,这些体素的尺寸、形状、位置、方向由用户输入较少的参数值来确定。例如,大多数系统提供了长方形体素,用户可输入长、宽、高和原始位置参数来确定其大小和位置,系统可以检查这些参数的正确性和有效性。

体素的定义方法分为两类,分别为定义无界体素和定义有界体素。无界体素用半空间域定义,这时体素是在有限个半空间内集合组成的。例如,一个圆柱体可以表示为三个半空间的交集。有界体素可用 B-rep 数据结构表示,也可用与之相似的数据结构表示。它们均可以清楚地表示出组合成体素的面、边、点等。

形体的边界可通过边界定值计算的方法描述。边界定值决定哪些组成面应被截去,哪些棱边或顶点应被生成或被删除。边界元素重叠或位置一致时,就通过边界定值计算把它们拼合成一个简单体素。这样,就能用一个前后一致、无冗余的数据结构描述一个实体边界。两个相连实体的相交处会产生新的交线,通过边界定值能找出这条交线,并对新实体实际棱边的构造线(新的交线在棱边与曲面的交点处终止)进行分类定义,然后对各顶点进行重新分类。

CSG 表示法与机械装配的方法类似。机械装配时要先设计制造零件,然后将零件装配成

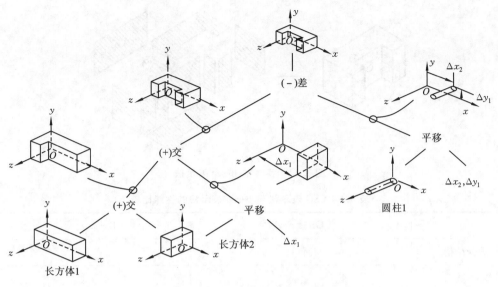

图 3.13　CGS 法构造实体的过程

产品;用 CSG 表示法构造几何形体时,则是先定义体素,然后通过布尔运算将体素拼合成所需要的几何体。因此,一个几何形体可视为拼合过程中的半成品,其特点是信息简单、无冗余,处理方便,并且其详细记录了构成几何体的原始特征和全部定义参数,必要时还可以附加几何体体素的各种属性。用 CSG 表示法构造的几何体具有唯一性和明确性,但一个几何体的 CSG 表示和描述方式却不是唯一的,即可以用几种不同的 CSG 树表示。

3.3.3.2　B-rep 表示法

B-rep 表示法是以物体边界曲面为基础定义和描述几何形体的方法。这种方法能给出物体完整的、可显示的边界描述。其原理是:物体都由有限个面构成,每个面(平面或曲面)由有限条边围成的有限个封闭域定义。换言之,物体的边界是有限个单元面的并集,而每一个单元面也必须是有界的。用 B-rep 表示法描述实体时,实体须满足这样一个条件,即封闭、有向、不自交、有限和相连接,并能区分实体边界内、边界外和边界上的点。

根据 B-rep 法原理,对图 3.14 所示的实体,可用一系列点和边有序地将其边界划分成许多单元面。该实体可以方便地分成 12 个单元面,各个单元面由有向、有序的边组成,每条边则由两个点定义。圆柱体底面和顶面自然也是单元面。圆柱面的分割方法有多种,图中划分为前、后两个圆柱面。每个圆柱面由有向、有序的直线和圆弧线构成,而圆弧线则由三个点定义圆的方法描述。用 B-rep 表示法描述曲面实体时需要更多条件,例如一个 Bézier 曲面就需由其特征多边形顶点网格定义,该曲面上的曲线则用特征多边形顶点定义。

B-rep 表示法以边界为基础,CSG 表示法以体素为基础,在实际使用中它们各有优缺点,很难用一种方法代替。CSG 表示法与 B-rep 表示法的性能比较见表 3.5。B-rep 表示法在图形处理上有明显的优点,因为这种方法与工程图的表示法相近,B-rep 数据可以迅速转换为线框模型,尤其在曲面建模领域,便于工程技术人员利用计算机对工程图进行交互设计、处理与修改。此外,B-rep 多面体系统在生成浓淡图时也有其自身的特点。例如在用像素操作法和填充法进行浓淡处理时,在显示速度和质量方面 B-rep 表示法也有明显的优点。用 B-rep 表示法描述平面和自由曲面(B 样条曲面、Bézier 曲面、Coons 曲面)都是可行的。

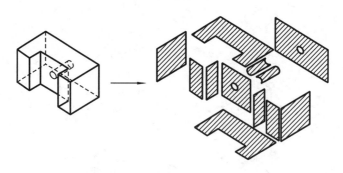

图 3.14　实体的 B-rep 表示法

表 3.5　CSG 表示法与 B-rep 表示法的性能比较

项目	CGS 表示法	B-rep 表示法
数据结构	简单	复杂
数据数量	小	大
有效性	能保证基本体素的有效性	能保证任何物体的有效性
数据交换	转换成 B-rep 数据可行	转换成 CGS 数据困难
局部修改	困难	容易
显示速度	慢	快
曲面表示	困难	相对容易

　　CSG 表示法的几何形体定义单位是体素和面,但不具备面、环、边、点的拓扑关系信息,因此其数据结构包含在判别函数方程组中。显然,CSG 模型误差很小。从 CAD/ CAPP/CAM 的集成和发展角度来看,单纯的几何模型已不能满足设计应用的要求,需要将几何模型发展成为产品模型,即将设计制造信息加到几何模型上,这样,模型信息量将大大增加。由于 CSG 表示法未建立完整的边界信息,因此,CSG 既不可能向线框模型转换,也不能用来直接显示工程图。同样,对 CSG 模型不能做局部修改,因为其可修改的最小单元是体素。

　　CSG 表示法和 B-rep 表示法各有所长,许多系统综合采用两种表示方法来进行实体建模。现在许多 CAD 系统均采用 CSG 模型为系统外部模型,而采用 B-rep 模型为系统内部模型。综合 CSG 表示法和 B-rep 表示法的长处,同时保留 CSG 和 B-rep 模型的数据是十分必要的。CSG 模型与 B-rep 模型组合在一起可以作为一个完整的几何数据模型,这样,当面临复杂的问题时,各应用程序可并行进行,时间和空间效率都可以提高。同时,CSG 信息和 B-rep 信息可以互补,确保了几何模型信息的完整性与精确性。

3.3.3.3　扫描表示法

　　扫描表示(sweep representation)法的基本原理是用曲线、曲面或形体沿某一路径运动后生成二维或三维的物体。这种表示方法的实施需要两个条件。一个条件是给出一个称为基体的运动形体,基体可以是曲线、曲面或实体,即要先定义一个 $n-1$ 维($n=1,2,3$)的变换对象,这是该表示方法实施的关键;另一个条件是指定形体运动的轨迹,该轨迹是可用解析式来定义的路径。

由于扫描表示法容易理解和实现,因此被广泛用在许多建模系统中,并公认为是对在某一方向具有固定剖面产品形体建模的一种实用而有效的方法,它可用来检测机械部件之间的潜在冲突,还可以用来模拟和分析加工过程中挖去物体上某些部件的操作。扫描表示法有两种主要的基本类型——平行扫描和旋转扫描,AutoCAD 和其他一些 CAD 系统均采用这种方式构造实体,如 AutoCAD 中的拉伸体和旋转体等就是采用这种方式构造的。

1. 旋转扫描

在旋转扫描时,运动物体上的每一点均在通过该点且与旋转轴正交的平面上做圆周运动,类似于用车床车零件。旋转扫描是以轴与平面的交点为圆心,以该点到圆心距离为半径确定的圆上运动。用这种方法得到的形体的曲面是旋转面。当被旋转的是二维封闭曲线时,旋转扫描所得到的的是一个三维实体。先定义一个二维截面(见图 3.15(a)),它绕三维直线轴 AB 旋转扫描,这样就可以构造出一种回转体(见图 3.15(b))。旋转扫描法只限于用来生成具有旋转对称性的实体。

2. 平移扫描

平移扫描是将一个二维形体平面沿着某个指定的方向平移一段距离后,得到相应的三维实体,因此这种方法实际上只要指定相应物体截面的平移方向和平移距离就可以了。如图 3.16(a)所示,先定义一个二维截面,再沿三维直线轨迹移动一段距离,就得到图 3.16(b)所示的实体。平移扫描只限于具有平移对称性的一些实体。

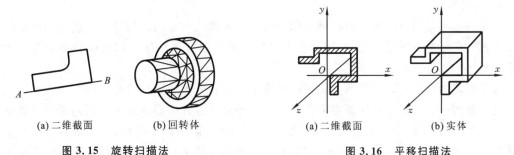

| (a) 二维截面 | (b) 回转体 | (a) 二维截面 | (b) 实体 |

图 3.15　旋转扫描法　　　　　　　图 3.16　平移扫描法

3.3.3.4　参数形体调用法

参数形体调用法(pure primitive instancing)是基于成组技术原理的一种方法。因为可以将机械零件根据形状相似性划分成类,每一类又可以由基本形体或形体的线性变换而构造生成。例如,对一个单位立方体做等比例或变比例变换会产生平行六面体,这些平行六面体都可看作是对原始立方体的某种调用。一些基本形体如正方体、球体、圆柱体、棱锥体等,称为基本体素。对这些基本体素做简单的比例变换,就可产生各种新的形体。从图 3.17 可以看出,通过变换得到的形体与原形体之间的拓扑性质没有改

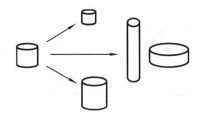

图 3.17　图例引用

变,但几何性质发生了变化。这一方法常用来生成形状类似但大小不同的物体。它适用于工业上已定型的标准件,而有关参数值可在数据库中查找。

3.3.3.5　单元分解法

单元分解(cell decomposition)是将三维形体分解为比原物体小的子物体,可以进行多层分解,直到每一子物体满足可描述标准。这种方法一般用于内部结构分析,是工程分析的基础。在单元分解中,单元可有较复杂的形状,但它们具有准不连接(quasi-disjoint)性,换句话说,不同的单元不共享体积。对分解后实体单元的唯一组合操作是粘接(glue)。

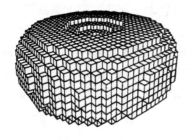

图 3.18　完全枚举法

最简单的完全枚举法是将欲表示的实体沿着直角坐标平面的方向分割为大小形状一致的立方块,如图3.18所示。完全枚举法的概念比较清晰,对模型进行操作简单,但是要求系统有很大的存储量,而且该方法精度不高。为了克服这些缺点,后来出现了更有效、实用的分解方法——空间分解法。

空间分解法在计算机的内部通过定义各单元的位置是否填充来建立整个实体的数据结构。用空间分解法表示实体有两个优点:①可以较容易地存取一个给定的点;②可以保证空间的唯一性。同时也有缺点:物体的零件之间没有明显的关系,需要大量的存储空间。空间分解法中常用的数据结构表示有四叉树和八叉树。

1. 四叉树

四叉树表示是以将二维几何区域递归细分成小方域为基础的。每个节点代表平面上的一个小方域。在计算机图像应用中,这个平面是图形显示的屏幕平面。四叉树的每个节点就有四个分枝。

二维形体的四叉树表示是通过将形体所在的外接正方形递归地等分成四个正方形来实现的。这种分解一般是在显示屏幕空间进行的。这种分解过程所形成的一棵树的每个节点有四个子节点,除非到了叶子节点。图3.19表示任意一个二维形体的四叉树。首先将二维形体的外接正方形一分为四,如果子正方形是空的(没有形体在其中)或足满的(此子正方形完全充满形体),则不需要对这类子正方形再做分解;如果一个子正方形部分地被形体占有,则需要对它再进行一分为四的分解。这样递归地分解下去,直到子正方形要么满、要么空,或已达到预先规定的分解精度。

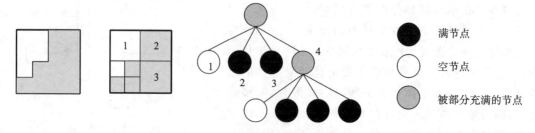

图 3.19　二维形体的四叉树表达

四叉树的根节点表示整个形体所占的正方形区域。其叶子节点表示不需要再分解的区域,这种区域的大小和位置可用2的方次表示。从给定节点到根节点的递归分解深度取决于该节点在四叉树中的层次,也取决于该节点所代表区域的大小。设该树的高度为 n,子正方形最多有 $2^n \times 2^n$ 个。对图3.19所示的例子,$n=3$,由四叉树表示的精度可知,此例只需要33个节点而不是 64 个节点。用四叉树表示形体的精度取决于形体的大小、形体特征及其边界曲率。n 的数值越大,精度越高,处理的时间越长,所需的存储空间也越大。将物体的模型简化为四叉树表示的过程也称为四叉树编码。

2. 八叉树

八叉树编码是四叉树编码的三维扩充。八叉树是一种用于描述三位空间的树状数据结构。在八叉树数据结构中,将所要表示的三维空间按 x、y、z 三个方向从中间进行分割(见图 3.20(a)),把三维空间分割成八个立方体,然后根据每个立方体中所含的目标来决定是否对各立方体继续进行八等分的划分,一直划分到每个立方体被一个目标所充满,或没有目标,或其大小已成为预先定义的不可再分的体素为止。例如,图 3.20(b)所示的三维实体的八叉树的逻辑结构可按图 3.20(c)表示。

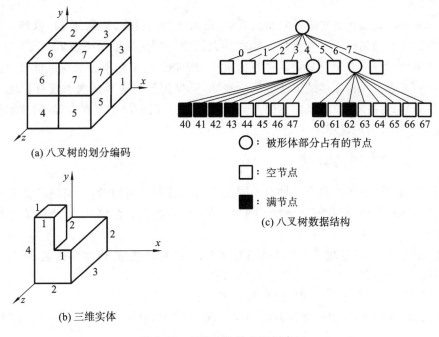

(a) 八叉树的划分编码

(b) 三维实体

○: 被形体部分占有的节点

□: 空节点

■: 满节点

(c) 八叉树数据结构

图 3.20 三维实体的八叉树表示

八叉树的主要优点在于可以非常方便地实现集合运算(例如两个物体的并、交、差等运算),而集合运算恰是其他表示方法比较难以处理或者需要耗费许多计算资源才能实现的。此外,由于这种方法具有有序性及分层性,因而给显示精度和速度的平衡、隐线和隐面的消除等带来了很大的方便。

3.3.4 特征建模技术

产品设计的过程也是信息处理的过程。设计过程中产品信息的表达方式与计算机产品建模技术紧密相关。采用前面介绍的三维实体建模方法能正确地描述机械零件的实体几何模型,但它们也存在以下不足之处。

(1) 实体模型仅提供产品的几何形状信息,但不能显式地标注尺寸,不能提供公差、表面粗糙度、材料性能和加工要求等重要的产品制造信息。

(2) B-rep 实体模型仅存储面、边和点的几何信息及有关的拓扑信息,CSG 模型也仅存储

基本几何体几何信息和布尔运算的二叉树信息,这些存储信息不具备高级的工程意义;

(3) 利用实体建模软件构造好几何模型后,对模型进行修改很不方便,而产品的设计是一个反复修改、逐步求精的过程,所以实体建模软件不能提供一个灵活而富有创造性的设计环境。

显然,几何实体模型与产品模型之间还存在一定的差距。但从 CAD/CAM 集成的角度出发,要求从产品整个生命周期各阶段的不同需求来描述产品,使得各应用系统可以直接从该产品模型中抽取所需的信息。目前,能实现这一技术目标的模型是特征模型(feature model),相应的建模技术称为产品建模或特征建模。特征建模技术被认为是目前最适合于 CAD/CAM 集成系统的产品表达方法。

3.3.4.1　特征的定义

特征(feature)是设计者对设计对象的功能、形状、结构、制造、装配、检验、管理与使用信息及其关系等的具有确切的工程含义的高层次抽象描述。特征模型是用逻辑上相互关联、互相影响的语义网络对特征事例及其关系进行的描述和表达。特征建模方法与以低层次的几何元素(面、边、点)来表示几何实体的方法的区别在于,其仅用于表达高层次的具有功能意义的实体(如孔、槽等),其操作对象不是原始的几何元素,而是产品的功能要素、产品的技术信息和管理信息,体现了设计者的意图。

3.3.4.2　特征的分类

特征是产品描述信息的集合。针对不同的应用领域和不同的对象,特征的抽象和分类方法有所不同。通过分析机械产品大量的零件图样信息和加工工艺信息,可将构成零件的特征分为五大类:

(1) 管理特征,即与零件管理有关的信息集合,包括标题栏信息(如零件名、图号、设计者、设计日期等)、零件材料和未注表面粗糙度等信息;

(2) 技术特征,即描述零件的性能和技术要求的信息集合;

(3) 材料热处理特征,即与零件材料和热处理有关的信息集合,如材料性能、热处理方式、硬度值等;

(4) 精度特征,即描述零件几何形状、尺寸的许可变动量的信息集合,包括公差(尺寸公差和几何公差)和曲面粗糙度;

(5) 形状特征,即与零件几何形状、尺寸相关的信息集合,包括功能形状、加工工艺形状和装配辅助形状;

(6) 装配特征,即零件的相关方向、相互作用面和配合关系。

上述特征中,形状特征是描述零件或产品的最重要特征,它又可分为主特征(base form feature)和辅特征(additional form feature),前者用来描述、构造物体的基本几何形状,后者是对物体局部形状进行表示的特征。主特征和辅特征还可进一步细分(见图 3.21)。典型轴类零件的部分特征归纳如图 3.22 所示。

3.3.4.3　特征的联系

为了描述特征之间的联系,可应用特征类、特征实例的概念。特征类是关于特征类型的描述,是所有相同信息属性的特征概括。特征实例是对特征属性赋值后的特定特征,是特征类的

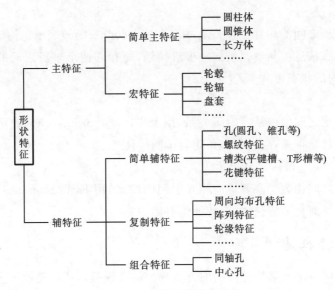

图 3.21　零件形状特征分类

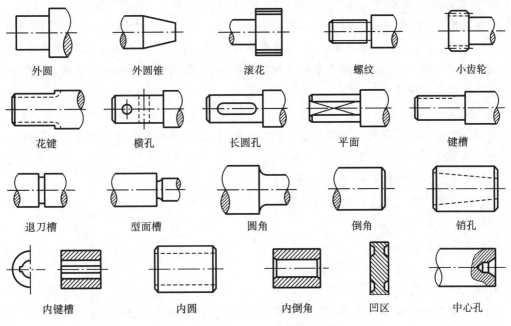

图 3.22　回转体零件的基本特征

成员。特征类之间、特征实例之间、特征类与特征实例之间有如下的联系。

1. 继承联系

它构成了特征之间的层次联系,位于上层的称为超类特征,位于下层的称为亚类特征。亚类特征可继承超类特征的属性和方法,这种继承联系称为 AKO(a kind of)联系。

另一种继承联系是特征类与该类特征实例之间的联系,这种联系称为 INS(instance,实例)联系。如某一具体的圆柱体是圆柱体特征类的一个实例,该圆柱体与圆柱体特征类之间的联系为 INS 联系。

2. 邻接联系

它反映形状特征之间的相互位置关系,用 CONT(connect to)表示。构成邻接联系的形状特征之间的邻接状态信息可共享。例如一根阶梯轴,每相邻两个轴段之间的关系就是邻接联系,其中每个邻接面的状态可共享。

3. 从属联系

它描述形状特征之间的依从或附属关系,用 IST(is subordinate to)表示。从属的形状特征依赖被从属的形状特征而存在,如倒角附属于圆柱体。

4. 引用联系

它描述特征类之间作为关联属性而相互引用的联系,用 REF(reference)表示。引用联系主要存在于形状特征对精度特征、材料特征的引用中。

3.3.4.4　特征建模

以特征作为建模基本元素描述产品的方法称为特征建模。特征建模可大致归纳为交互式特征定义、特征识别和基于特征设计三种模式。

1. 交互式特征定义

交互式特征定义是指利用现有的几何建模系统建立产品的几何模型,用户在图形交互式绘制过程中,定义特征的几何要素,并将特征参数或精度、技术要求、材料热处理等信息作为属性添加到几何模型中。这种建模方法自动化程度低,产品数据的共享也难以实现,信息处理过程中容易产生人为的错误。

2. 特征识别

特征识别是指将几何模型与预先定义的特征进行比较,确定特征的具体类型及其他信息。特征识别通常由下列步骤组成:

(1) 搜索产品几何数据库,匹配特征的拓扑几何模型;

(2) 从数据库中提取已识别的特征信息;

(3) 确定特征参数;

(4) 完成特征几何模型;

(5) 将简单特征组合为新的特征。

3. 基于特征设计

基于特征设计是指用户直接用特征来定义零件几何体,即将特征库中预定义的特征实例化后,以实例特征为基本单元建立特征模型,从而完成产品的设计。

与几何建模方法相比,特征建模具有如下特点:

(1) 特征建模着眼于表达产品的技术和生产管理信息,目的是用计算机理解和处理统一的产品模型,替代传统的产品设计图纸和技术文档;

(2) 特征的引用体现了设计意图,使得建立的产品模型容易为人所理解和组织生产,设计的图样容易修改,设计人员也可以将更多的精力用在创造性构思上;

(3) 有助于加强产品设计、分析、工艺准备、加工检验等各个部门间的联系,更好地将产品的设计意图贯彻到各个后续环节中,并且及时得到反馈意见,为开发新一代基于统一产品信息模型的 CAD/CAPP/CAM 集成系统创造条件。

3.4 参数化与变量化设计方法

3.4.1 参数化设计的概念

参数化设计是指先用一组参数来定义几何图形(体素)尺寸数值并约定尺寸关系,然后提供给设计者进行几何建模使用。参数的求解较简单,参数与设计对象的控制尺寸有显式的对应关系,设计结果的修改受到尺寸的驱动。生产中参数设计常用于设计对象的结构形状已基本定型的产品(实例),系列化标准件就是属于这一类型。参数化设计系统的原理如图3.23所示。计算方程组中的方程是根据设计对象的工程原理而建立的,用于求解参数,例如根据齿轮组的齿数与模数计算中心距等。

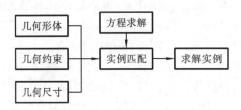

图3.23 参数设计系统原理框图

参数化建模的主要技术特点体现在以下方面。

(1) 约束 约束是指利用一些法则或限制条件来规定构成实体的元素之间的关系。约束可分为尺寸约束和几何拓扑约束。尺寸约束一般指对大小、角度、直径、半径、位置坐标等这些可以具体测量的数值量进行限制。几何拓扑约束一般指对非数值的几何关系的限制,如平行、垂直、共线、相切等约束;几何拓扑约束也可以是简单的关系约束,如一条边与另一条边的长度相等,某圆心的坐标分别等于矩形的长、宽,等等。全尺寸约束是将形状和尺寸联合起来考虑,通过尺寸约束来实现对几何形状的控制。建模必须以完整的尺寸参数为出发点(全约束),既不能漏注尺寸(欠约束),又不能多注尺寸(过约束)。

(2) 尺寸驱动原理 通过约束推理确定需要修改某一尺寸参数时,系统自动检索出此尺寸参数对应的数据结构,找出相关参数计算的方程组并计算出参数,驱动几何图形形状改变,此即尺寸驱动原理(dimension driven)。

(3) 数据相关 通常,对形体某一模块尺寸参数的修改将导致其他相关模块中的相关尺寸得以全盘更新。采用这种计算的理由在于:它彻底克服了自由建模的无约束状态,几何形状均通过尺寸的形式而被牢牢地控制住。如欲修改零件形状,只需调整尺寸数值即可。尺寸驱动很容易理解,尤其适合那些习惯于看图纸和以尺寸来描述零件的设计者。

(4) 基于特征的设计 将某些具有代表性的平面几何形状定义为特征,并将其所有尺寸存为可调参数,进而形成实体,以此为基础来进行更为复杂的几何形体的构造。

参数化设计的基本要求是:

(1) 能够检查出约束条件的不一致,即是否有过约束和欠约束情况出现;

(2) 算法可靠,即对给定一组约束和物体的拓扑进行描述后能够解出存在的解;

(3) 交互操作的求解速度快,每一步设计操作都能得到及时的响应;

(4) 在构造形体的过程中允许修改约束;

（5）能容许广泛的尺寸约束类型并且容易针对某些特殊应用加入新的约束类型；

（6）能满足二维和三维几何建模的需要；

（7）能处理常规 CAD 数据库中的图样，必要时允许人工干预。

3.4.2　参数化设计方法

在参数化设计过程中，可以从已有 CAD 图形文件中查找约束关系，并将固定尺寸的图形自动转换成参数化图形。新开发的参数绘图软件的算法应有利于旧图的参数化重建。目前，这是参数化设计中应用最多的方法。

对于系列化、通用化和标准化的定型产品，如模具、夹具、液压缸、组合机床、阀门等，这些产品设计所采用的数学模型及产品的结构都是相对固定不变的，所不同的只是产品的结构尺寸有所差异，而结构尺寸的差异是在数目及类型相同的条件下，已知量在不同规格的产品设计中取不同值而造成的。对这类产品进行设计时，可以将已知条件和随着产品规格而变化的基本参数用相应的变量代替，然后根据这些已知条件和基本参数由计算机自动查询图形数据库，再由专门的绘图生成软件自动地设计出图形并输出到屏幕上。

例如，图 3.24(a)所示开圆形孔的正方形垫片和图 3.24(b)所示开方形孔的圆形垫片，这两个零件虽然看上去结构差异很大，但通过改变圆的直径 D 及正方形边长 L 这两个变量，可以实现这两种结构的相互转化，即它们可以采用同一个参数化绘图程序进行设计。另外，如图 3.24(c)和 3.24(d)所示，通过设置参数可以改变法兰盘上的孔的数目和排列类型，甚至用圆周均匀分布的其他元素替代孔，并且孔或其他元素是否在同一圆周上，是否均匀分布，都可以通过参数来设置。又例如：图 3.25 所示图形以 P 为基点，如以常数 H、W、$H/2$、R、α 标注后，图形将被唯一地确定；而将它们作为变量后对其赋予不同的常数值，即改变图形元素间的尺寸约束时，将得到由四段直线和一段圆弧确定的不同形状的图形，但直线间的相交关系、垂直关系、平行关系及直线与圆弧间的相切关系保持不变，即结构约束不变。注意：圆弧的圆心无须标注，否则，图形将被过约束；而如果上述五个变量缺少任意一个或基点不定，图形将欠约束。过约束和欠约束均会导致图形的结构约束和尺寸约束不一致，因而不能正确建立参数化模型。

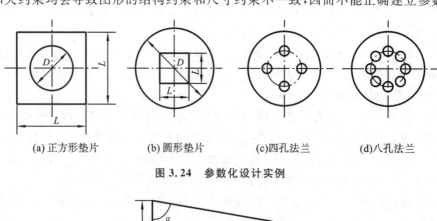

(a) 正方形垫片　　(b) 圆形垫片　　(c)四孔法兰　　(d)八孔法兰

图 3.24　参数化设计实例

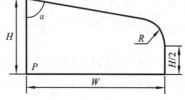

图 3.25　参数化设计图例

3.4.3　变量化设计方法

从 3.4.2 节的分析可知,参数化设计的基本步骤是:用户先给定几个参数,系统再根据这些参数解算结果并绘图。例如,当向计算机输入长方体的长、高、宽后即可生成一个具体的长方体。这种设计方法依赖于一个潜在的约束,可以说"长方体"本身就是一个约束。在这种潜在约束下,参数化设计受到制约,无法修改约束,也无法通过施加约束来实现特定的目标,例如要利用长方体的设计程序生成一个六面体是无法实现的。变量化设计的研究目标则是通过主动施加约束而实现设计目的,并且变量化设计还能解决欠约束和过约束的问题。

变量化设计的原理如图 3.26 所示。图中:几何形体指构成物体的直线、圆等几何图素;几何约束包括尺寸约束及拓扑约束;几何尺寸指每次赋给系统的一组具体尺寸值;工程约束用于表达设计对象的原理、性能等;约束管理用来确定约束状态,识别约束不足或过约束等问题;约束分解是指将多个约束方程划分为较小的方程组,通过联立求解得到每个几何元素特定点(如直线上的两端点)的坐标,从而得到一个具体的计划模型。几何元素特定点坐标除了采用代数方法即联立方程求解外,还可采用推理方法逐步求解。

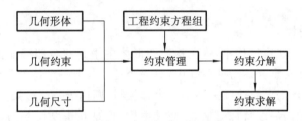

图 3.26　变量化设计系统原理框图

变量化建模技术的主要特点体现在如下几个方面。

1. 几何约束(geometry constrain)

变量化建模技术是对参数化建模技术进一步改进后提出的设计思想。变量化建模技术保留了参数化设计基于特征、全数据相关和尺寸驱动设计修改的优点,但在约束定义方面做了根本改变。变量化建模技术将参数化建模中所需定义的尺寸参数进一步区分为形状约束和尺寸约束,而不是像参数化建模技术那样只用尺寸进行几何约束。采用这种技术的理由在于:在大量的新产品开发的概念设计阶段,设计者首先考虑的是设计思想及概念,并将其体现在某些几何形状之中。这些几何形状的准确尺寸和各形状之间严格的尺寸定位关系在设计的初始阶段还很难完全确定,所以自然希望在设计的初始阶段允许尺寸约束存在。此外,在设计的初始阶段,整个零件的尺寸基准及参数控制方式还很难决定,只有在获得更多具体信息后,一步步借助已知条件逐步确定怎样处理才是最佳方法。

2. 工程关系(engineering relationship)

工程关系中,如重量、载荷、力、可靠度等关键设计参数约束,在参数化系统中不能作为约束条件直接与几何方程联立求解,需另外的手段处理,而变量化设计则可针对工程关系建立约束方程与几何方程联立求解,无须另外建模处理。

3. 动态导航器(dynamic navigator)

美国 SDRC 公司于 1991 年在其 I-DEAS 第六版的 Draft 模块中首先采用了动态导航技术,该技术利用从工程制图标准中抽象出来的规则预测下一步操作的可能,大大方便了操作。动态导航和参数化设计目前已成为大多数 CAD 系统的主要功能或目标。在现有的三维 CAD

系统中,利用动态导航技术或其他草图技术可以迅速生成用以构造三维特征的二维轮廓(这个轮廓准确的位置和尺寸都不必在草图输入时给出,而可以在以后的参数化设计过程中得到),再利用系统的拉伸或回转等手段来生成三维特征。有了这个基础,再加上记录建模过程的特征员管理树,就可完成对模型的参数化设计。

采用动态导航技术的另一优点是当光标到达图形的一些特征位置时,屏幕上会自动出现相应的信息以利于设计者进行设计。特征位置信息包括特征点位置坐标、方向和已有图素的关系,如已有图素的中点、端点、圆心位置坐标,水平、垂直关系及与某一图素平行(相切、垂直)的关系等。在标注时,可利用动态导航器进行对齐标注尺寸;在写入文字时,可利用动态导航器对齐文本;绘制多视图时,可以利用动态导航器导出特征点。由此可见,动态导航器是一个智能化的操作参谋,它以直观的交互形式与用户的操作同步运行。在光标所指之处,它能自动拾取、判断所有的模型元素的种类及相对空间位置,自动增加有利约束,理解设计者的设计意图,记忆常用的步骤,并预计下一步要做的工作。动态导航器的另一更具前景的应用是实现拖动式建模(drag and drop modeling),具体包括拖动式线框建模(drag and drop wire frame modeling)、拖动式零件建模(drag and drop part modeling)、拖动式装配建模(drag and drop assembly modeling)。

4. 特征管理历史树

参数化技术在整个建模过程中,将所构造的形体中用到的全部特征按先后顺序串联式排列,其作用主要是方便检索。在特征序列中,每一个特征与前一个特征都建立了明确的依附关系,但是,当因设计要求需要修改或去掉前一个特征时,则前子特征被架空,这样极易引起数据库混乱,导致与其相关的后续特征受损失,究其原因,还是在于全尺寸约束的条件不满足及特征管理不完善。这是参数化技术目前所存在的一个比较大的缺陷。

变量化技术突破了这种限制。它采用历史树表达方式,各特征以树状结构挂在零件的"根"上,每个特征除了与前一特征保持关联外,还与系统全局坐标系建立联系,前一特征更改时,后面特征会自动更改,故而能始终保持全过程的相关性。所以,一旦前一特征被删除、后面特征失去定位基准,两特征之间的约束关系就自动解除,系统会通过求解联立方程组自动在全局坐标系下给后面特征确定位置,后面特征不会受任何影响。这是针对参数化技术的缺陷进行深入研究后提出的更好的解决方案。树状结构还许可将复杂零件拆分成数个零件然后并到一起。它清楚地记录了设计过程,便于进行修改,有利于多人的协同设计。

5. 装配设计和管理

装配设计(assembly design)是指系统同时完成产品装配部件的设计。由于涉及多零件的装配关系,需要考虑的因素更多。参数化、变量化和约束管理设计等方法是实现装配设计的重要技术途径。同时,系统还需提供装配管理的能力,如规定装配零件的逻辑关系,进行装配件的干涉检查,生成装配材料表(bill of materials,BOM)和零件装配关系轴测图(exploded view)以及测算装配零件的质量等。

6. 约束模型的求解方法

变量几何法是一种约束模型的代数求解方法,它将几何模型定义成一系列特征点,并以特征点坐标为变量形成一个非线性约束方程组。当约束发生变化时,利用迭代方法求解方程组,就可求出一系列新的特征点,从而生成新的几何模型。模型越复杂,约束越多,非线性方程组的规模越大,约束变化时,求解方程组就越困难,而且构造具有唯一解的约束也不容易,故该法常用于较简单的平面模型。

变量几何法的两个重要概念是约束和自由度。约束的概念与参数化设计中相同。图 3.27 表示出了常见的约束类型。自由度用来衡量模型的约束是否充分。如果自由度大于零,则表明约束不足,或没有足够的约束方程使约束方程组有唯一解,这时几何模型存在多种变化形式。

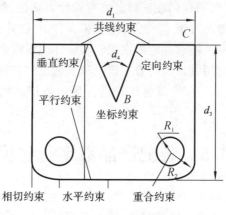

图 3.27　常见约束类型

3.4.4　参数化与变量化技术的区别

参数化与变量化技术的共同点在于它们都属于基于约束的实体建模技术,都强调基于特征的设计和全数据相关,并可实现尺寸驱动设计修改,也都提供了方法与手段来解决设计时所必须考虑的几何约束和动词关系等方面问题。

1. 约束的处理

在设计全过程中,参数化技术将形状和尺寸联合起来一并考虑,通过尺寸约束来实现对几何形状的控制,变量化技术则将形状约束和尺寸约束分开处理。

在非全约束时:采用参数化技术的建模系统不许可执行后续操作;采用变量化技术的建模系统由于可适应各种约束状况,操作者可以先确定感兴趣的形状,然后给一些必要的尺寸,尺寸是否注全并不影响后续操作。

参数化技术的工程关系不直接参与约束管理,而是另由单独的处理器外置处理;而在变量化技术中,工程关系可以作为约束直接与几何方程耦合,再通过约束解算器统一解算。

由于参数化技术苛求全约束,每个方程都必须是显函数,即所使用的变量必须在前面的方程内已经定义过并赋值于某尺寸参数,几何方程只能是顺序求解;变量化技术为适应各种约束条件,采用联立求解的数学手段,方程求解无所谓顺序。

参数化技术解决的是特定情况(全约束)下的几何图形问题,表现形式是尺寸驱动几何形状修改;变量化技术解决的是任意约束情况下的产品设计问题,不仅可以做到尺寸驱动(dimension driven),亦可实现约束驱动(constraint driven),即由工程关系来驱动几何形状的改变,这对产品结构优化是十分有益的。

2. 处理方式的区别

参数化系统的建模过程是一个类似模拟工程师读图纸的过程,待将关键尺寸、形体尺寸、定位尺寸一直到参考尺寸无一遗漏全部看懂(输入计算机)后,形体自然在脑海中(在屏幕上)形成。建模过程严格遵循软件运行机制,不允许尺寸欠约束,亦不可逆序求解。由于只有尺寸驱动这一种修改手段,那么究竟改变哪一个(或哪几个)尺寸会使形状朝着自己满意的方向改变呢?这并不容易判断。

　　变量化系统的指导思想是:设计者可以采用先形状后尺寸的设计方式,允许采用不完全尺寸约束,只给出必要的设计条件,能保证设计的正确性及效率,因为系统先进,分担了很多繁杂的工作。建模过程是一个类似工程师在脑海里思考设计方案的过程,首先设计出满足设计要求的几何形状,然后逐步完善尺寸细节。设计过程相当自由,设计者可以有更多的时间和精力去考虑设计方案,而无须过多关心软件的内在机制和设计规则限制,这符合工程师的创造性思维规律,所以变量化系统的应用领域也更为广阔。除了一般的系列化零件设计,变量化系统在做概念设计时显得特别得心应手,所以也比较适合用于新产品的开发和老产品的改型创新设计。

3.5　装配产品数字化建模

　　传统的产品装配设计过程不仅要求设计产品的各个组成零件,而且要求建立装配结构中各零件间的连接关系和配合关系。因此,新一代的 CAD/CAM 系统必须具备装配层次上的产品建模功能,即装配建模。装配建模和装配模型是 CAD/CAM 建模技术领域的一个重要发展方向。

3.5.1　装配建模的定义及作用

　　在 CAD/CAM 系统中,可以在完成零件建模的同时,采用装配设计的原理和方法在计算机中形成一个完整的数字化装配方案,建立产品装配模型,实现数字化预装配。可以一边进行虚拟装配,一边不断对产品进行修改、编辑,直至满意为止。这种在计算机上将产品的零部件装配在一起形成一个完整装配体的过程称为装配建模或装配设计。

　　装配设计是产品设计过程中至关重要的一环,是一项涉及零部件构型与布局、材料选择、装配工艺规划、公差分析与综合等众多内容的复杂、综合性工作,在产品设计中具有重要的意义,主要表现以下几个方面:

　　(1)优化装配结构。装配设计的基本任务是从原理方案出发,在各种因素制约下寻求装配结构的最优解,由此拟定装配方案。

　　(2)改进装配性能,降低装配成本。装配的基本要求是确保产品的零部件能够装配正确,同时确保产品装配过程简单,从而尽可能降低装配的成本。

　　(3)装配设计是产品可制造性实现的基础和依据。制造的最终目的是能够形成满足用户要求的产品,必须先考虑可装配性,再考虑可制造性。一旦离开了产品可装配性这一前提,谈论可制造性便毫无意义。

　　(4)装配设计为产品并行设计提供了技术支持和保障。产品并行设计是一种对产品及其相关过程(包括设计制造过程和相关的支持过程)进行并行和集成设计的系统化工作模式。并行设计强调在产品开发的初期阶段,就要考虑产品整个生命周期(从产品工艺规划、制造、装配、检验、销售、使用、维修到产品报废为止)的所有环节,建立产品整个生命周期中各个阶段性能的继承和约束关系及产品各个方面属性间的关系,以追求产品在整个生命周期过程中其性能最优,从而更好地满足客户对产品综合性能的要求,并减少开发过程中产品的反复,进而提高产品的质量、缩短开发周期并大大降低产品的成本。产品并行设计过程是通过 DFA、DFM

等设计技术来实现和保证的,装配在生产过程中的支持地位确定了装配设计的主导作用。

3.5.2　装配模型的特点与结构

装配模型是装配建模的基础,建立产品装配模型的目的在于实现完整的产品装配信息表达。装配模型的作用是:一方面使系统能对产品设计进行全方位支持,另一方面为新型 CAD 系统中的装配自动化和装配工艺规划提供信息源,并方便对设计进行分析和评价。

1. 装配模型的特点

产品装配模型是一个支持产品从概念设计到零件设计,并能完整、正确地传递不同装配体设计参数、装配层次和装配信息的产品模型。它是产品设计过程中数据管理的核心,是产品开发和支持设计灵活变动的强有力工具。装配模型具有以下特点:

(1) 能完整地表达产品装配信息。装配模型不仅描述了零部件本身的信息,而且还描述了零部件之间的装配关系及拓扑结构。

(2) 支持并行设计。装配模型描述了产品设计参数的继承关系及其变化约束机制,保证了设计参数的一致性,从而支持产品的并行设计。

2. 装配模型的结构

产品中零部件的装配设计往往是通过相互之间的装配关系表现出来的,因此装配模型的结构应能有效地描述产品零部件之间的装配关系。产品零部件之间的装配关系主要有以下几种。

1) 层次关系

产品是由具有层次关系的零部件组成的系统,表现在装配次序上,就是先由零件组装成装配体(部件),装配体参与整机的装配。产品零部件之间的层次关系可以表示成如图 3.28 所示的树结构。

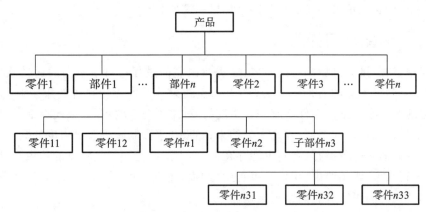

图 3.28　产品零部件之间的层次关系

2) 装配关系

装配关系是零部件之间的相对位置和配合关系的描述,它反映了零件之间的相互约束关系。装配关系的描述是建立产品装配模型的基础和关键。根据产品的特点,可以将产品的装配关系分为三类,即几何关系、连接关系和运动关系,如图 3.29 所示。几何关系主要描述的是实体模型的几何元素(点、线、面)之间的相互位置和约束关系。几何关系分为四类:贴合、对齐、相切和接触。连接关系描述的是零部件之间的相互位置和约束关系,主要包括螺纹连接、键连接、销连接、联轴器连接、焊接、粘接等。运动关系主要描述的是零部件之间的相对运动关系和传动关系。

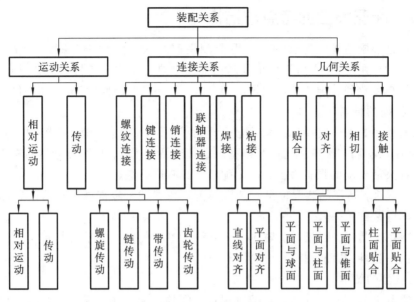

图 3.29　装配关系

3) 参数约束关系

设计过程中有两类参数:一类称为继承参数,这类参数是由上层传递下来的,本层设计部门无权直接修改;另一类称为生成参数,该类参数既可以是从继承参数中导出的,也可以是根据当前的设计需要确定的。当继承参数有所改变时,相关的生成参数也要随之改变。产品的装配模型需要记录参数之间的这种约束关系和参数的制定依据。根据这些信息,当参数变化时,其传播过程能够显示出来或由特定的推理机制完成。

3.5.3　装配几何约束

装配建模过程可以看成对零件的自由度进行限制的过程。对于不同的建模软件,装配约束类型各有不同,最常见的有面约束、线约束和点约束等几大类。每种约束限制的自由度不同。当设定的约束刚好抵消零件所有的自由度时,称之为完全约束;如果还有部分自由度没有限制,那么零件还有活动的余地,称之为欠约束;如果约束限制超过了自由度的数量,称之为过约束。在过约束的情况下,约束之间可能存在冲突,需加以消除。最常见的约束类型主要包括重合约束、平行约束、距离约束、相切约束、垂直约束、角度约束、同轴/心约束等。表 3.6 列举了不同几何特征之间可能具有的约束类型。

表 3.6　特征之间的约束类型

特征	点	直线	圆弧	平面	圆柱与圆锥
点	重合、距离	重合、距离	重合	重合、距离	重合、同轴或同心、距离
直线	重合、距离	重合、平行、垂直、距离、角度	同轴或同心	重合、平行、垂直、距离	重合、平行、垂直、距离、角度、同轴或同心、相切
圆弧	重合	同轴或同心	重合、同轴或同心	重合	同轴或同心

续表

特征	点	直线	圆弧	平面	圆柱与圆锥
平面	*	*	*	重合、平行、垂直、距离、角度	相切、距离
圆柱与圆锥	*	*	*	*	重合、平行、垂直、距离、角度、同轴或同心、相切

注：*表示不同几何实体之间的装配无先后次序。

（1）重合约束　重合约束是一种最常见的装配约束，它可以用在所有类型物体的定位安装中。使用重合约束可以使一个零件上的点、线、面与另一个零件的点、线、面重合在一起。

实际装配过程中零件大多采用面进行约束，所以面的重合约束应用最为普遍。两个面重合时，它们的法线方向相同或相反，如图 3.30 所示面 1 和面 2。图 3.31 为线-线重合的实例。

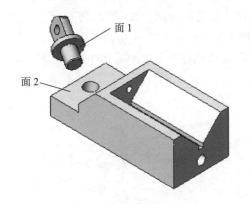

图 3.30　面-面重合

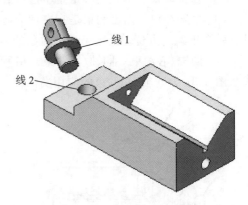

图 3.31　线-线重合

（2）平行约束　平行约束用于定位所选项目，使其保持同向、等距。平行约束规定平面的方向，但并不规定平面在其垂直方向上的位置。平行约束主要包括面-面、面-线、线-线配合约束，如图 3.32 所示为面-面平行约束的应用实例。

（3）距离约束　距离约束是指将所选项目（点、线、面）以彼此间指定的距离定位。当距离为 0 时，该约束与重合约束相同，也就是说，距离约束可以转化重合约束，但重合约束不能转化为距离约束。如图 3.33 所示为面-面距离约束。

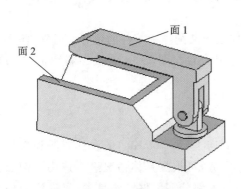

图 3.32　平行约束

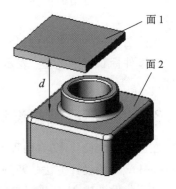

图 3.33　距离约束

（4）相切约束　相切约束是指两个面（其中必有一个是圆柱面、圆锥面或球面）以相切的方式进行配合,如图 3.34 所示。

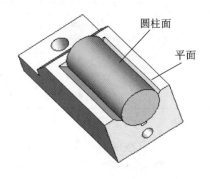

图 3.34　相切约束

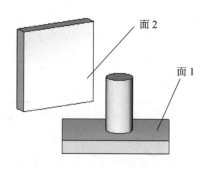

图 3.35　垂直约束

　　(5) 垂直约束　垂直约束是指所选对象相互垂直,图 3.35 所示为面-面垂直配合约束。

　　(6) 角度约束　角度约束是指在两个零件的相应对象之间定义角度约束,使相配合零件具有一个正确的方位。角度是两个对象的方向矢量的夹角,如图 3.36 所示。

　　(7) 同轴/心约束　同轴/心约束是指所选对象(圆弧或圆柱面等)定位于同一点或同一轴线。图 3.37 为同轴/心约束的应用实例。

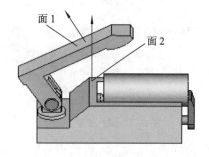

图 3.36　角度约束

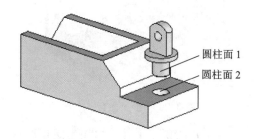

图 3.37　同轴/心约束

3.5.4　装配爆炸图

　　爆炸图是一种表示机械零件或其他零件的预期组装效果的视图,显示了装配的所有零件。从爆炸图中可以看出装配体中各零件是如何组装在一起的,也可以看出装配体中各零件的拆卸顺序。

　　爆炸图在描述性手册中很常见,用来显示装配体或子装配体中零件的位置。通常,此类图表具有零件标识号和标签,表示零件在图表中的特定位置。图 3.38 为氟塑料离心泵的爆炸图。

3.5.5　产品装配设计方法

　　在产品装配设计中,有两种典型的设计方法:自底向上(bottom-up)的设计方法和自顶向下(top-down)的设计方法。两种装配设计方法各有优势,可根据具体情况进行选用。例如在产品系列化设计中,由于产品的零部件结构相对稳定,大部分零部件已经具备,只需添加部分设计或修改部分零部件模型,这时采用自底向上的设计方法比较合理。但对于创新性设计,设计时需从抽象的模型开始,边设计边细化、边修改,逐步到位,这时常采用自顶向下的设计方

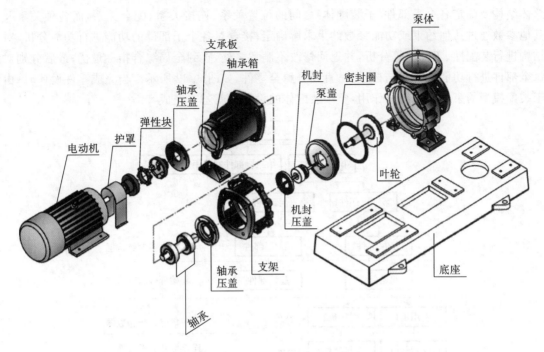

图 3.38　氟塑料离心泵爆炸图

法。自顶向下的设计方法更易于反映真实的设计过程,并能方便设计人员及时发现问题、调整和灵活地修改设计,从而避免不必要的重复劳动,提高设计效率。

1. 自底向上的设计方法

自底向上的设计方法是传统的 CAD/CAM 软件中通常使用的一种装配设计方法。该方法是由最底层的零件开始装配,然后逐级逐层向上进行装配,直到完成产品的总装配。如果在装配时发现某些零件不符合要求,如零件与零件之间产生干涉、某一零件根本无法进行安装等,就要对零件进行重新设计、重新装配,再发现问题,重新进行修改。

自底向上的设计方法思路简单,操作快捷、方便,容易被大多数设计人员所理解和接受,其特点如下:

(1)零部件文件独立于装配体文件存在;

(2)零部件的相互关系及重建行为更为简单;

(3)可以专注于单个零部件的设计工作;

(4)可以使用以前生成的不在线的零部件设计装配体;

(5)当不需要建立控制零件大小和尺寸的参考关系时,该方法较为适用。

由于自底向上的设计方法事先缺少良好的规划和对产品设计全局的考虑,设计阶段的重复工作较多,会造成时间和人力资源的浪费,工作效率较低。同时这种设计方法是从零件设计到总体装配设计,不支持产品从概念设计到详细设计的过程,零部件之间内在联系和约束不完整,产品的设计意图、功能要求以及许多装配语义信息都得不到必要的描述。

2. 自顶向下的设计方法

自顶向下的设计方法是模仿实际产品的开发过程,由产品装配开始,逐级逐层向下进行设计的装配设计方法。其过程为:首先进行功能分解,即通过设计计算将总功能分解成一系列的子功能,确定每个子功能参数;然后进行结构设计,即根据总的功能及各个子功能要求,确定出总体结构及确定各个子部件(子装配体)之间的位置关系、连接关系、配合关系,而各种关系及其他参数通过几何约束或功能参数约束求解确定;接着对各个子部件的功能进行功能分析,对结构进行装配性、工艺性等分析,并返回修改不满意之处,直到全局综合指标最优;最后分别对每个部件进行功能分解和结构设计,直到分解至零件,如图 3.39 所示。当完成零件设计时,由于装配模型约束求解机制的作用,整个装配体的设计也就基本完成。

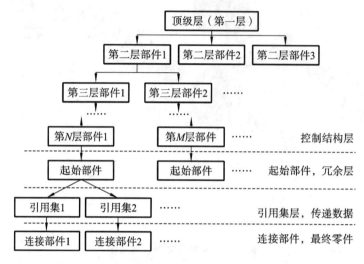

图 3.39　自顶向下的分解层次

自顶向下的设计方法的特点如下。

(1) 可以首先确定各个子装配体或零件的空间位置和体积、全局性的关键参数,这些参数将被装配体中的子装配体和零件所引用。这样,当总体参数在随后的设计中逐渐确定并发生改变时,各个零件和子装配体将随之改变,能更好地发挥参数化设计的优势。

(2) 可使各个装配部件之间的关系变得更加密切。如轴与孔的配合、装配后配钻的孔,若各自分别设计,则既费时,又容易发生错误。通过自顶向下的设计,一个零件上的尺寸发生变化,对应的零件也将自动更新。

(3) 有利于不同的设计人员共同设计。在设计方案确定以后,所有承担设计任务的小组和个人可以依据总装设计迅速开展工作,从而可以大大加快设计进程,做到高效、快捷和方便。

3.6　基于 Pro/ENGINEER 的参数化建模技术

Pro/ENGINEER 是参数化技术和行为建模技术互相渗透的结果,基于 Pro/ENGINEER 的参数化建模技术的建模特点如下。

1. 基于特征的参数化建模

用一些基本的特征,如圆角、倒角、壳体等作为产品的几何建模构造要素,通过加入必要的参数形成特征。在创建特征时遵循整体的设计意图,一个一个地创建特征,然后将特征组合起来,组成零件,再将零件组装起来,这样即可实现完整的设计意图。利用 Pro/ENGINEER 进行参数化建模时,需要注意尽量使用简单的特征来组合模型。由于 Pro/ENGINEER 的尺寸驱动特点,特征越简单,尺寸就越少,越容易修改,这就使得设计意图更有弹性。特征的次序很重要,基础特征是其他特征的基础,必须作为模型设计的中心。

2. 全尺寸约束

全尺寸约束是指任何特征的约束尺寸都不能少于要求的约束尺寸数,否则会形成欠约束。Pro/ENGINEER 在生成模型时,会因为驱动尺寸不足而不能形成特征实体。约束过多,则会形成过约束。

3. 尺寸驱动

Pro/ENGINEER 使用尺寸驱动特征,已建立的模型可以随尺寸的改变而改变,这就为修改设计带来了方便。

4. 单一数据库的全相关数据

Pro/ENGINEER 将所有数据放置在同一数据库中,即在整个设计过程中任何一处发生参数改动,都可以反映到整个设计过程的相关环节上。Pro/ENGINEER 所有模块都是全相关的,这意味着在产品开发过程中某一处进行的修改能扩展到整个设计中,同时所有的工程文档,如装配体、设计图以及制造数据都将自动更新,从而大大提高设计效率。

3.6.1 Pro/ENGINEER 操作界面和特征管理树

1. Pro/ENGINEER 操作界面

Pro/ENGINEER 的操作界面具有以下特点:

(1) 采用了独特的窗口界面。图 3.40 所示为 Pro/ENGINEER 的零件模块工作界面,窗口上方为主菜单和常用工具栏,窗口左侧为隐藏/显示切换的导航栏。单击导航栏右侧边缘的"＞"符号,将显示 Model Tree(模型树)、Layer Tree(层树)、Folder Browser(资源管理目录)等面板。窗口右侧为常用特征命令的快捷工具栏。常用工具栏下方是信息、状态显示区和特征选择过滤栏。

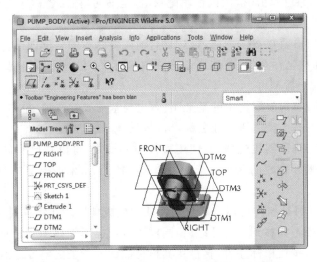

图 3.40 Pro/ENGINEER 的零件模块工作界面

(2) 可动态即时调整模型尺寸或特征生成方向。在特征建立过程中,可使用光标拖动尺寸手柄,动态调整相关尺寸或者动态改变特征生成方向,并即时观看模型效果。

(3) 可实现多窗口化交互式曲面设计。其交互式曲面设计工作界面如图 3.41 所示。

2. 特征管理树

Pro/ENGINEER 采用模型树对特征进行管理。模型树包含活动文件中所有特征或零件

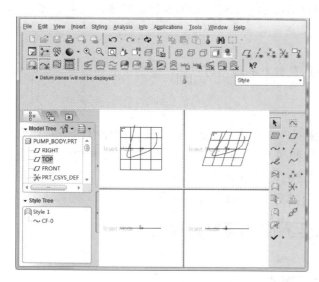

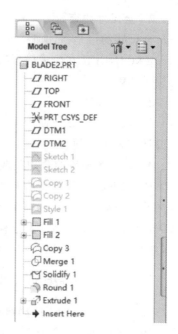

图 3.41 交互式曲面设计的工作界面　　　　　图 3.42　实体零件特征管理树

的列表,并以树的形式显示模型结构,如图 3.42 所示。模型树在树的顶部显示根对象(活动零件或组件),并将从属对象(零件或特征)置于根对象之下。可以通过单击(指用鼠标左键单击,全书同)工具栏上的模型树显示/隐藏图标按钮 ,显示或隐藏模型树窗口。单击特征名称或基准图标都可以选中所对应的特征或基准。

在模型树中可以通过双击(指用鼠标左键双击,全书同)特征名称或右击(指用鼠标右键单击,全书同)实现以下几种功能。

(1) 修改特征名称:直接双击特征名称图标,输入要修改的名称即可。

(2) 移动基准面和坐标系文字:选择基准面或坐标系,右击选择出现的选项,再在窗口中单击选择要移动到的位置即可。

(3) 修改基准面:右击模型树中的基准图标,出现基准属性选项,单击修改。

(4) 重定义特征:右击模型树特征名称,出现特征修改选项。

(5) 插入特征:在特征创建过程中,使用特征插入模式,可以在已有的特征顺序队列中插入新特征,从而改变模型创建的顺序。选中要插入的特征后,单击模型树最下方"Insert Here"(在此插入)即可。

(6) 特征排序:在特征树中可以重新排列特征的生成顺序。在特征排序时,应注意特征之间的父子关系,父特征不能移到子特征之后,同样子特征也不能移到父特征之前。将光标移至某个要移动的特征处,按住鼠标左键,直接将其拖至欲插入特征之前或之后即可。

(7) 特征的隐含、恢复、删除:Pro/ENGINEER Wildfire 允许用户将产生的特征设置为隐含特征,允许恢复或删除特征。隐含的特征可通过恢复命令进行恢复,而删除的特征将不可恢复。通过在模型树中右击相应的特征名称,选中该特征,即可进行相应操作。

3.6.2　Pro/ENGINEER 的实体建模

Pro/ENGINEER 的实体建模通过基本特征(即基础建模特征和基准特征)、工程特征的建立和特征的编辑和操作以及高级特征的创建来实现。

1. 基础建模特征

基础特征是建模时的基础结构要素,其他特征的创建往往依赖于基础特征。创建基础特征时,必须选取合适的草绘平面和参考平面,其中参考平面必须垂直于草绘平面。草绘平面和参考平面通常选取基准平面或零件表面。需要注意几点:使用基础建模特征时,需要指定得到的结果(是实体还是曲面),与已有特征的关系(是添加材料还是去除材料,是否要加厚等等)。这是特征创建成功与否的关键。

基础特征包括 Extrude(拉伸)、Revolve(旋转)、Sweep(扫描)与 Blend(混合)特征。基础特征命令图标按钮如图 3.43 所示。

图 3.43　基础特征命令图标按钮

1) 拉伸特征

将绘制的截面沿给定方向和给定深度平移而生成的三维特征称为拉伸特征。拉伸功能适用于构造等截面的实体特征。单击右侧工具面板拉伸图标按钮 ,弹出拉伸特征操控板,如图 3.44 所示,各选项的功能分别如下。

图 3.44　拉伸特征操控板

(1) Placement(放置):在拉伸特征操控板中单击"Placement"按钮,显示"Placement"面板,单击其中的"Define"(定义)按钮或"Edit"(编辑)按钮,打开"Sketch"(草绘)对话框,可定义草绘平面或重定义拉伸截面。

(2) Option(选项):在拉伸特征操控板中单击"Option"按钮,显示如图 3.45 所示的面板。面板中的"Side1"(第 1 侧)、"Side2"(第 2 侧)栏供用户选择拉伸特征的方式,并显示当前的拉伸尺寸,用户也可直接更改拉伸尺寸。

图 3.45　选项面板

(3) Capped ends(封闭端):建立曲面拉伸特征时该项会被激活,以选择拉伸曲面的端口是封闭的还是开口的。

(4) Properties(属性):在拉伸特征操控板中单击"Properties"按钮,打开如图 3.46 所示的面板,显示当前特征的名称,用户可在"Name"(名称)栏修改特征的名称。

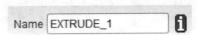

图 3.46　属性面板

拉伸需要设立深度,即拉伸到什么地方,有如下几种类型:

(1) Blind(盲孔)：通过具体数值控制拉伸深度。

(2) Symmetric(对称)：与盲孔相似,以草绘面为基准,向两侧对称拉伸,要注意输入尺寸表示的是总长度。

(3) To Selected(到选定的)：拉伸截面到一个选定的点、曲线、平面或曲面。

(4) To Next(到下一个)：拉伸截面到下一曲面。注意基准平面不能被用作终止曲面。

(5) Through All(穿透)：拉伸截面,使之与所有曲面相交,在特征到达最后一个曲面时终止拉伸。

(6) Through Until(穿至)：拉伸截面,使其与选定曲面或平面相交。

减速齿轮箱中箱盖和下箱体是使用拉伸特征最多的零部件。以箱盖创建为例,先拉伸中间的主体部分,然后用到壳特征,再在两侧面拉伸齿轮轴孔。拉伸齿轮轴孔的步骤如下:先拉伸两个半圆台,拉伸到指定深度,方向背离侧表面;再用拉伸的减材料功能拉伸出轴孔(通孔);再拉伸边沿,深度设为到另一侧面;最后拉伸两侧面凸台到指定深度,如图3.47所示。

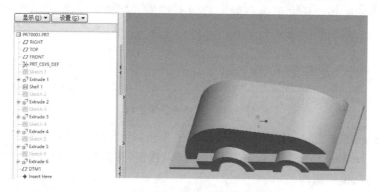

图3.47 齿轮减速箱箱盖拉伸特征

2) 旋转特征

旋转特征是将草绘截面按指定的旋转方向,以某一旋转角度绕中心线旋转而成的一类特征,适合用于创建回转体,如减速箱的轴、端盖、齿轮等的创建,都要以旋转特征为基础。

旋转特征需要指定的深度和拉伸基本是一样的,只是深度方向的定义有所区别,旋转的深度方向是沿着轴线的。旋转特征还需要指定旋转的角度。

旋转特征中必须有一条作为旋转轴的中心线,旋转截面在中心线一侧,截面必须是封闭的几何曲线。以减速齿轮箱中低速轴为例,选择右侧工具面板旋转图标按钮，选择绘图平面绘制好草图,然后修改旋转角度,默认为360°,确认即可,如图3.48所示。旋转特征的创建比较简单。

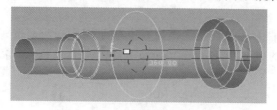

图3.48 齿轮减速箱低速轴盖旋转特征

3）基准特征

基准特征是用于辅助建立几何特征的特征，它在零件的装配或者工程图中也有重要作用。基准特征包括基准平面、基准轴、基准点、基准曲线、坐标系。常用的有基准平面和基准轴。

基准平面不是几何实体的一部分，只起参考作用。基准平面的作用是：

（1）用作特征的草图平面、草绘时的方向参考面、标注的参考面；

（2）在视图改变时用作视图的参照；

（3）作为镜像特征的参考面；

（4）在装配模式下，作为在对齐、匹配和定向等装配约束条件下装配时的参考面；

（5）在工程图模式下，作为建立剖面图时的参考面。

基准平面创建有以下的约束条件选项。

（1）Through（通过）：基准平面可通过选取的基准点、定点、轴线、实体边线、曲线平面、曲面等，必须选择平面作为参照才能直接建立。

（2）Normal（法向）：基准平面垂直于轴线、实体边线、曲线、平面。

（3）Parallel（平行）：基准平面平行于选取的平面。该约束条件需要与其他约束一起使用。

（4）Offset（偏移）：基准平面与选取的平面或坐标系偏离一个给定的距离。

（5）Angle（角度）：基准平面与选取的平面成给定的夹角。

只有将这些约束条件搭配使用才能成功建立基准平面。一般需要由两种约束来确定一个唯一的基准平面。

在创建圆锥曲面、旋转体特征、孔特征或其他圆弧截面特征后，Pro/ENGINEER 会自动添加它们的回转轴，也可以手动添加基准轴。基准轴的建立方法选项有：

（1）边：沿某一条直线的边建立基准轴。

（2）旋转面：在圆锥曲面或旋转特征中心建立基准轴。

（3）平面法向：选择一个平面，沿其法线方向建立基准轴，除选择平面外，还要给定基准轴到邻近边或面的距离。

（4）两个平面：选择不相交的平面，可以建立相交线。

（5）两点：选择两个点，可建立连接两点的基准轴。

（6）曲线及点：选择一曲线和一个点，可以建立过点且与曲线相切的基准轴。

以减速箱盖的建模过程为例，在创建镜像侧面的拉伸特征时：先建立相对 FRONT 平面偏移二分之一总宽度的基准平面，以此平面作为镜像侧面的参照平面；再按轴承端面孔建立轴承孔的基准轴；在箱盖面上创建孔，自动获得孔基准轴，如图 3.49 所示，A-1、A-2……即为各基准轴。

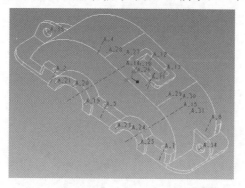

图 3.49　齿轮减速箱箱盖中的基准轴线

2. 工程特征

工程特征包括 Hole(孔)、Shell(壳)、Rib(肋)、Draft(拔模)、Round(倒圆角)和 Edge Chamfer(倒角)特征。工程特征几何形状是确定的,可以改变其尺寸得到相似形状的几何特征。建立工程特征时,一般需要提供工程特征的位置和工程特征的尺寸。建立孔特征时需指定钻孔平面、孔放置的方式、孔的大小和深度;建立抽壳特征时去除实体的一个或几个表面,掏空实体内部,留下一定壁厚的壳,可以指定几个表面同等厚度,也可以单独指定需要选择要去除的表面。注塑零件和铸造零件一般需要一个脱模斜面,以便顺利脱模;拔模特征可以通过指定参照平面,在选定零件表面上生成;倒角特征分为边倒角和拐角倒角两种,边倒角是从选定边中截掉一块平直剖面材料,在共有选定边的曲面之间创建斜角曲面,而拐角倒角是从零件的拐角处去除材料;建立圆角特征时,是在两个相邻曲面间创建圆角,实现平滑过渡,使相邻曲面间的锐边变得光滑。如图 3.50 所示,齿轮减速箱在轴承孔凸台上有三个夹角为 60°的孔,先在轴承孔凸台侧表面放置孔,放置类型选为径向,与轴承孔中心轴的距离为半径值,与水平线夹角为 30°,确认后即可创建需要的孔;在箱盖的四边需创建圆角,选取四个角的边,修改圆角尺寸为 50,确认即完成;对于箱盖的加强肋,在指定绘图平面后,绘出其截面草图,给定加强肋厚度即可完成。

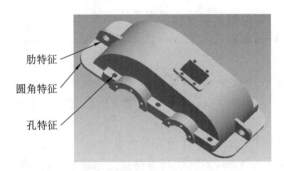

肋特征
圆角特征
孔特征

图 3.50　齿轮减速箱箱盖中的工程特征

3. 实体建模示例

齿轮泵是依靠泵缸与啮合齿轮间所形成的工作容积变化和移动来输送液体或使之增压的回转泵。两个齿轮、泵体与前、后盖组成两个封闭空间。当齿轮转动时,齿轮脱开侧的空间的体积从小变大,形成真空,将液体吸入,齿轮啮合侧的空间的体积从大变小,而将液体挤入管路。下面以齿轮泵的泵体零件进行实体模型创建示例,如图 3.51 所示,具体建模步骤如下。

图 3.51　齿轮泵泵体模型

1) 软件界面模型和草图显示设置

在菜单栏单击"View"(视图)→"Display Settings"(显示设置)→"System Colors"(系统颜色),在弹出的"System Colors"(系统颜色)对话框中选择"Scheme"(布置)→"Black on White"(白底黑色)。在"System Colors"对话框中,选择菜单栏下的"Sketcher"(草绘器)选项,将下方选项中的黄色调色板按钮颜色均设置为黑色,单击"OK"按钮,保存草图显示设置。

2) 开始泵体零件建模

(1) 拉伸操作 1:单击新建文件图标按钮 □,在弹出的"New"(新建)对话框的"Type"(类型)下拉列表中选择"Part"(零件),"Name"(文件名)设置为"pump_body",确认后进入三维建模界面。在右侧工具栏选中草绘图标按钮 ⌖,在弹出的"Sketch"(草绘)对话框中,"Sketch Plane"(草绘平面)选择 FRONT 平面,"Reference"(参照)选择 RIGHT 平面。单击"Sketch"按钮进入草绘模式,绘制草图 1,如图 3.52 所示。

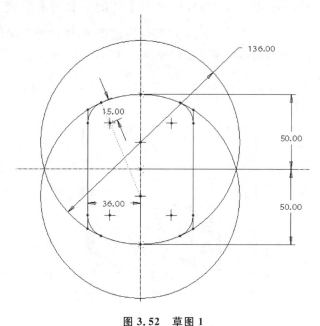

图 3.52　草图 1

单击右侧工具栏拉伸图标按钮 ◱,在弹出的拉伸特征操控板中选择"Placement"→"Define"(定义),在弹出的"Sketch"对话框中,"Sketch Plan"选择 FRONT 平面,"Reference"选择 RIGHT 平面。单击"Sketch"按钮进入草绘模式。

单击右侧工具栏边创建图元(Use)按钮 □,选择草图 1 中的部分曲线,形成如图 3.53(a)所示的封闭轮廓。确认后回到拉伸特征操控板,将拉伸长度设置为 36mm(注意箭头方向为 FRONT 正方向),完成泵体主体部分的拉伸操作,如图 3.53(b)所示。在左侧模型树中右击"Sketch1",然后选择"Hide",可以隐藏草图 1。

(2) 拉伸操作 2:选择右侧创建基准平面图标按钮 ▱,弹出中"Datum Plane Tool"(基准平面)对话框。在"Datum Plane Tool"对话框中,"Reference"选择 TOP 平面,"Offset"(偏移量)设置为−52.78mm,单击"OK"按钮完成 DTM1(基准平面 1)的创建。单击右侧草绘图标按钮 ⌖,在弹出的"Sketch"对话框中,"Sketch Plane"选择 DTM1 平面,"Reference"选择

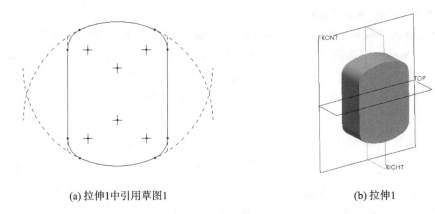

(a) 拉伸1中引用草图1　　　　　　　　　　　　(b) 拉伸1

图 3.53　拉伸操作 1

RIGHT 平面。单击"Sketch"按钮进入草绘模式,绘制草图 2,如图 3.54 所示。

单击右侧工具栏拉伸图标按钮⬚,在拉伸特征操控板中,将拉伸长度设置为 10mm(注意箭头方向为 TOP 正方向),完成齿轮泵底板拉伸操作,如图 3.55 所示。

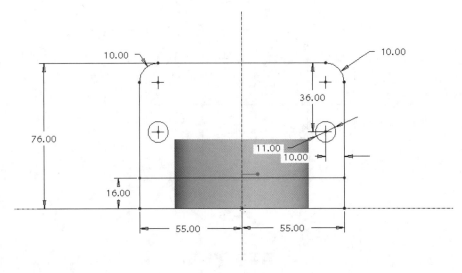

图 3.54　草图 2

图 3.55　拉伸生成底板

注意:快捷键 Ctrl+D 可以让模型回到默认的视角。

(3) 拉伸操作 3:单击右侧工具栏拉伸图标按钮⬚,在弹出的拉伸特征操控板中选择

"Placement"→"Define",弹出"Sketch"对话框。在"Sketch"对话框中,"Sketch Plane"选择拉伸操作 2 中所创建的齿轮泵底板的上表面,"Reference"选择 RIGHT 平面,单击选中"Sketch"按钮进入草绘模式,绘制草图 3,如图 3.56(a)所示。确认后返回拉伸特征操控板,将拉伸长度设置为 12mm(注意箭头方向为 TOP 正方向),完成 U 形小凸台拉伸操作,如图 3.56(b)所示。

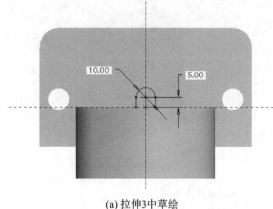

(a) 拉伸3中草绘   (b) 拉伸生成U形小凸台

图 3.56 拉伸操作 3

(5) 拉伸操作 4:单击右侧工具栏中的草绘图标按钮 ,弹出"Sketch"对话框。在"Sketch"对话框中,"Sketch Plane"选择泵体主体部分的后面,"Reference"选择 RIGHT 平面。单击"Sketch"按钮进入草绘模式,绘制图 3.57 所示的草图 4。

单击右侧工具栏中的拉伸图标按钮 ,在弹出的拉伸特征操控板中选择"Placement"→"Define",弹出"Sketch"对话框。在"Sketch"对话框中,"Sketch Plane"选择泵体主体部分的后面,"Reference"选择 RIGHT 平面。单击"Sketch"按钮进入草绘模式。单击右侧工具栏边创建图元按钮 ,选择图 3.57 所示草图 4 中的部分曲线,形成封闭轮廓,完成重叠圆柱凸台草图绘制。确认后返回拉伸特征操控板,将拉伸长度设置为 28mm(注意箭头方向为 FRONT 正方向),如图 3.58 所示。

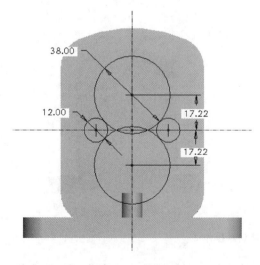

图 3.57 草图 4   图 3.58 拉伸生成重叠圆柱凸台

（6）拉伸切除操作 1：单击右侧工具栏中的草绘图标按钮 ，在弹出的"Sketch"对话框中，"Sketch Plane"选择 FRONT 平面，"Reference"选择 RIGHT 平面。单击"Sketch"按钮，进入草绘模式，绘制图 3.59(a)所示的草图 5。

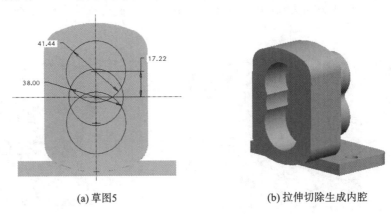

(a) 草图5 　　　　　　　　　 (b) 拉伸切除生成内腔

图 3.59　拉伸切除操作 1

单击右侧工具栏中的拉伸图标按钮 ，在弹出的拉伸特征操控板中选择"Placement"→"Define"，弹出"Sketch"对话框。在"Sketch"对话框中，"Sketch Plane"选择 FRONT 平面，"Reference"选择 RIGHT 平面。单击"Sketch"按钮进入草绘模式。单击右侧工具栏边创建图元按钮 ，选择图 3.59(a)所示草图 5 中的部分曲线，形成封闭轮廓，完成草绘。确认后返回拉伸特征操控板，单击切除材料图标按钮 ，将切除深度设置为 25mm，完成拉伸切除操作 1，如图 3.59(b)所示。

（7）拉伸切除操作 2：单击右侧工具栏中的草绘图标按钮 ，在弹出的"Sketch"对话框中，"Sketch Plane"选择 FRONT 平面，"Reference"选择 RIGHT 平面。单击"Sketch"按钮，进入草绘模式，草绘图 3.60(a)中的两个圆。确认后返回拉伸特征操控板，单击切除材料图标按钮 ，切除深度选择"Through All"，完成拉伸切除操作 2，如图 3.60(b)所示。注意：两个小通孔也可通过创建孔特征得到。

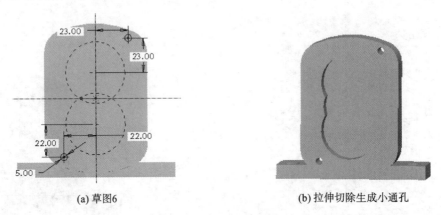

(a) 草图6 　　　　　　　　　 (b) 拉伸切除生成小通孔

图 3.60　拉伸切除操作 2

（8）螺纹孔创建及阵列：单击右侧工具栏中的孔创建图标按钮 ，在弹出的钻孔特征操控板中选中创建螺纹孔(create standard hole)图标按钮 ，在 选项后选择“M6x.5”，将孔的深度设置为 15mm；单击“Shape”(形状)按钮，将螺纹深度(Variable(可变)项)设置为 12mm。单击“Placement”按钮，选择 FRONT 平面作为放置平面。在视图区域中分别拖动参考点到 TOP 和 RIGHT 平面，距离分别为 25mm 和 25mm，确认后完成螺纹孔创建。

　　选中模型树中刚创建的螺纹孔，点选右侧阵列(Patten)图标按钮 。在弹出的阵列特征操控板中，单击左边第一个可框选小三角，选择“Direction”(方向)，如图 3.61 中箭头 1 所示。在第 1 个选项的“Select Item”(选择项目)中选择 TOP 平面；在第 2 个选项的“Select Item”中，选择 FRONT 平面。注意：只有选中模型树中的特征后，才能选中“阵列”。

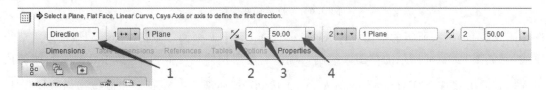

图 3.61　阵列特征操控板

　　在图 3.61 所示的阵列特征操控板中，单击箭头 2 所示图标改变阵列的方向，在箭头 3 所指框内输入阵列的个数 2，在箭头 4 所指框内输入阵列的距离值 50。第 2 个选项的设置与第 1 个选项相同。完成螺纹孔阵列，如图 3.62 所示。

　　(9) 简单孔创建：单击右侧工具栏中的基准轴工具图标按钮 ，在弹出的“Datum Axis”对话框的“References”选项中选择图 3.59 中内腔下方的圆弧边，完成基准轴 1 的创建。

　　单击右侧工具栏中的孔创建图标按钮 ，在状态栏中，“Placement”选择基准轴 1 和图 3.59 中内腔下方圆弧边的相邻平面，在孔定位“Type”栏中选择“Coaxial”(同轴)后，在操控板中将孔的直径设置为 16mm，深度设置为 22mm，完成简单孔的创建，如图 3.63 所示。

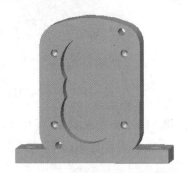

图 3.62　阵列特征操控板

图 3.63　简单孔创建

　　(10) 拉伸切除操作 3：单击右侧工具栏中的拉伸图标按钮 ，在弹出的拉伸特征操控板中选择“Placement”→“Define”，弹出“Sketch”对话框。在“Sketch”对话框中，“Sketch Plane”选择如图 3.64(a)箭头所指平面，“Reference”选择 RIGHT 平面。单击“Sketch”按钮进入草绘模式，完成图 3.64(b)所示的草图 7 绘制。确认后返回拉伸特征操控板，单击切除材料图标按钮 ，将切除深度设置为 22mm，完成拉伸切除操作 3，如图3.64(c)所示。

　　(11) 拉伸切除操作 4：单击右侧工具栏中的拉伸图标按钮 ，在弹出的拉伸特征操控板中选择“Placement”→“Define”，弹出“Sketch”对话框。在“Sketch”对话框中，“Sketch Plane”

(a) 草绘平面　　　　　　　　(b) 草图7　　　　　　　　(c) 拉伸生成上部通孔

图 3.64　　拉伸切除操作 3

选择图 3.64(c)箭头所指的平面,"Reference"选择 RIGHT 平面。单击"Sketch"按钮进入草绘模式,完成图 3.65(a)所示的草图 8 绘制。确认后返回拉伸特征操控板,单击切除材料图标按钮 ◰ ,切除方式选择"Extrude up to next surface"(拉伸至下一表面),完成拉伸切除操作 4,如图3.65(b)所示。

　　(12) 边倒角:单击右侧工具栏中的边倒角图标按钮 ◝ ,然后在视图区域中选择如图 3.66 所示箭头所指的边,在边倒角特征操控板中选择倒角方式为"45xD",将 D 值设置为 4.30mm,完成边倒角。

(a) 草图8　　　　　　　　　(b) 拉伸生成通孔

图 3.65　拉伸切除操作 4　　　　　　　　　　　图 3.66　倒边角的边

　　(13) 单击右侧工具栏中的拉伸图标按钮 ◰ ,在弹出的拉伸特征操控板中选择"Placement"→"Define",弹出"Sketch"对话框。在"Sketch"对话框中,"Sketch Plane"选择 RIGHT 平面,"Reference"选择 TOP 平面。单击"Sketch"按钮进入草绘模式,绘制图 3.67 所示的草图 9。

　　确认后返回拉伸特征操控板,单击切除材料图标按钮 ◰ ,切除方式选择对称拉伸,输入拉伸深度 120mm,完成拉伸切除。

　　(14) 倒圆角:单击右侧工具栏中的倒圆角(Round Tool)图标按钮 ◝ ,按住 Ctrl 键然后选中图 3.68 中 1、2、3 和 4 箭头所指边,在倒圆角特征操控板中将倒圆半径设置为 3mm。

　　至此完成齿轮泵泵体零件三维模型创建,如图 3.69 所示。

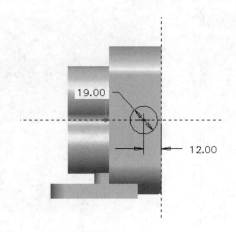

图 3.67　草图 9

图 3.68　倒圆角边

图 3.69　倒圆角

3.6.3　Pro/ENGINEER 的曲面建模

Pro/ENGINEER 中曲面的生成、编辑是主要的曲面建模,可以用于构造表面模型、实体模型,并且可以在实体上生成任意凹下或凸起物等。本节主要介绍一般曲面和 ISDX 曲面建模特征。一般曲面建模比较简单,ISDX 是交互式曲面设计(interactive surface design extensions)模块,可以实现动态拖动曲线,不受尺寸标注的约束。ISDX 建模有如下特点:

(1)建立的曲线、曲面等几何图形都是建模特征,一个特征可以包含数条曲线、数个曲面和基准面;

(2)具有四视图显示功能;

(3)基于所选曲面的曲线命令,可以用于在现有曲面的任意点沿着曲面的等参数线创建自由曲线或 COS 类型曲线。

(4)可与参数化特征整合应用。

1.一般曲面建模

1)简单曲面创建

简单曲面创建功能主要包括:曲面网格的显示设置、填充曲面创建、拉伸和旋转曲面创建、偏移和复制曲面。

(1)曲面网格显示设置:在主菜单中单击"View"(视图)→"Model　Setup"(模型设置),弹出图 3.70 所示的"Mesh"对话框,按照图中所示各选项设置,可使图 3.71 所示减速器下箱底曲面以网格形式显示。

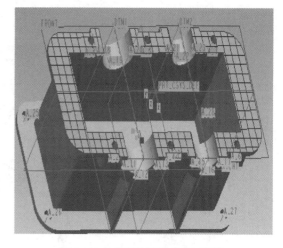

图 3.70 "Mesh"对话框　　　　　图 3.71 减速器下箱底曲面网格

（2）填充曲面创建：在主菜单中选择"Edit"→"Fill"（填充）。利用填充特征创建的截面草图必须是封闭的，创建得到的是一个二维的平面特征。

（3）拉伸和旋转曲面创建：拉伸、旋转曲面等的创建与实体创建基本相同，只需要在操控板或菜单选项中选择曲面选项（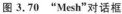）即可。

（4）偏移曲面（Offset Surface）：在主菜单中选择"Edit"→"Offset"。要激活"Offset"（偏移）工具，必须先选择一个曲面。偏移类型有标准偏移和拔模偏移。

2）复杂曲面创建

复杂曲面创建功能包括：创建边界曲面、截面到混合曲面、两曲面间的混合、从切面混合到曲面、创建圆锥曲面和 N 侧曲面、创建自由形状曲面、曲面扭曲、环形折弯、展开曲组、创建"带"曲面、可变截面扫描、扫描混合、三维扫描、螺旋扫描。扫描曲面和混合曲面的创建与实体的创建类似，只需要选择相应的曲面选项即可。

边界混合曲面是指在参照图元之间创建的混合曲面。以在每个方向上选定的第一个和最后一个图元定义曲面的边界。选择参照图元时应遵循如下规则：曲线、模型边、基准点、曲线或边的端点可作为参照图元使用；在每个方向上，都必须按连续的顺序选择参照图元；对于在两个方向上定义的混合曲面，其外部边界必须形成一个封闭的环。图 3.72 所示为创建的鼠标盖曲面，曲线①、②、③所围成的框架即为草绘的基准曲线。将曲线①作为第一方向曲线，曲线③作为第二方向曲线，即可创建边界混合曲面。

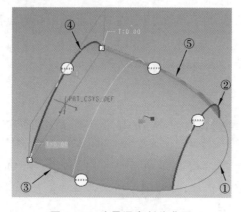

图 3.72 边界混合创建曲面

2. ISDX 曲面建模

1) ISDX 曲线点类型

ISDX 模块中有自由点、软点、固定点和相交点四种类型的点。

(1) 自由点：没有落在空间其他点、线、面元素上的点。

(2) 软点：位于空间其他曲线、模型边、模型表面或曲面等元素上的点。允许对软点进行拖移，但只限于在其所在的线、面上移动，且显示样式取决于其"参照"元素的类型。位于曲线、模型边上的，软点显示为小圆圈；位于曲面、模型表面上时，当软点显示为小方框。

(3) 固定点：位于空间的某个基准点或模型的顶点。不允许对固定点进行拖移。固定点显示为小叉。

(4) 相交点：既位于活动平面上，又位于空间的某曲线或模型边上。不允许对相交点进行拖移。相交点显示样式为小叉。

2) ISDX 曲线类型

一条 ISDX 曲线是由两个端点及多个内部点组成的样条光滑线，如果只有两个端点没有内部点，则 ISDX 曲线为一条直线。在 ISDX 模块中可以创建自由曲线、平面曲线、COS 曲线和落下曲线。

(1) 自由曲线：曲线可以在三维空间自由创建，不受任何约束。

(2) 平面曲线：在指定的平面上创建的曲线(2D 曲线)。

(3) COS 曲线：在某个曲面上绘制的曲线。

(4) 落下曲线：沿某个选定平面的法线方向，将曲线投影到指定的曲面上生成新的曲线。

3) ISDX 曲线创建

ISDX 曲线创建步骤如下：

(1) 在主菜单中单击"Insert"(插入)→"Style"(建模)命令，系统即进入 ISDX 设计环境，如图 3.73 所示。

图 3.73　ISDX 设计环境

(2) 设置活动平面(⌨)，选择 Front 面。

(3) 单击建模工具栏的创建曲线(Curve)图标按钮，显示出曲线创建操控板，如图3.74所示。

(4) 在曲线创建操控板中选择"Creat a Free Curve"(创建自由曲线)、"Create a Planar

Curve"(创建平面曲线)或"Create a Curve On Surface"(创建曲面上的曲线),然后在模型中拾取各个连续点的位置即可预览曲线。创建曲面上的曲线时需要选择一个曲面。

图 3.74　Curve 命令

(5) 单击菜单栏"Show All Views"(显示所有视图),切换到多视图状态,查看所创建的曲线。使用建模工具栏中的"Curve Edit"(曲线编辑)按钮 ，可编辑调整点的位置。

(6) 单击曲线创建操控板中的按钮 ，生成 ISDX 曲线。

4) ISDX 曲面创建

图 3.75　简化叶片模型

单击建模工具栏中的曲面创建图标按钮 ，与曲面连接(Surface Connect)类似,选择曲线即可创建曲面。

3. 曲面建模示例

叶片是燃气涡轮发动机中涡轮的重要组成部件。高速旋转的叶片负责将高温高压的气流吸入燃烧器,以维持引擎的工作。下面以简化叶片模型(见图 3.75)的建模过程为例介绍由线框建模到曲面建模,再到实体模型的模型创建过程。建模步骤如下。

(1) 创建基准面 1 和基准面 2:单击右侧工具栏创建基准平面图标按钮 ，弹出"Datum Plane"(基准平面创建)对话框。在"Datum Plane"对话框中,"References"选择 TOP 平面,"constraint"选择"Offset";将"Offset Translation"(偏移量)设置为 8mm,单击"OK"按钮,完成基准面 1(DTM1)创建。同样以 TOP 平面为参考,将"Offset Translation"设置为 146mm,单击"OK"按钮,完成基准面 2(DTM2)创建。

(2) 草绘曲线 1 和草绘曲线 2:单击工具栏中的草绘图标按钮 ，在弹出的"Sketch"对话框中选择基准面 1 为草绘平面,草绘如图 3.76(a)所示的曲线 1。按同样的步骤在基准面 2 上草绘如图 3.76(b)所示的曲线 2。(注:草绘曲线 1 中,线段 1 和线段 2 同时和圆弧 1 相切,记曲线 1 的四个端点分别为点 1、点 2、点 3 和点 4,如图 3.77(a)所示;草绘曲线 2 中,线段 3 和线段 4 同时和圆弧 2 相切,记草绘曲线 2 的四个端点分别为点 5、点 6、点 7 和点 8,如图 3.77(b)所示。)

(3) 复制曲线 1 和复制曲线 2:在工具栏右上方将工作模式由"Smart"(智能)切换到"Geometry"(几何),如图 3.78 所示。然后选择图 3.76(a)所示的曲线 1,在菜单栏中选择"Edit"→"Copy"(复制),然后选择"Edit"→"Paste"(粘贴),弹出图 3.79 所示的对话框。在该对话框中,"Curve type"(曲线类型)选择"Approximate"(逼近),然后单击"Details"(细节)按钮。在随后弹出的"Chain"(链)对话框中,"References"选择"Rule-based"(部分环),"Anchor"(锚点)选项选中线段 1,在"Extent Reference"(范围参照)选项选中线段 2。单击"Ok"按钮完成设置,得到复制曲线 1,如图 3.80(a)所示。用同样的方法复制图 3.76(b)草绘曲线 2 中线段 3 和线段 4,得到复制曲线 2,如图 3.80(b)所示。(注:复制曲线的作用是将两个线段合并为一条线,在后续操作中用边界混合生成曲面,这样得到的曲面更光滑。)

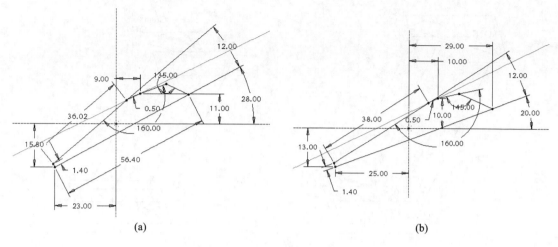

(a)　　　　　　　　　　　　　　　　　(b)

图 3.76　草绘曲线 1 和草绘曲线 2

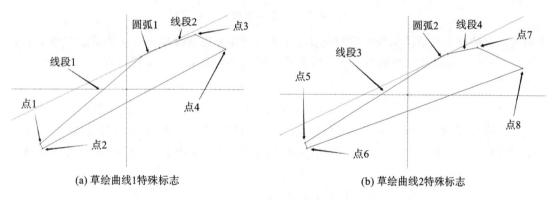

(a) 草绘曲线1特殊标志　　　　　　　　　(b) 草绘曲线2特殊标志

图 3.77　草绘曲线特殊标志

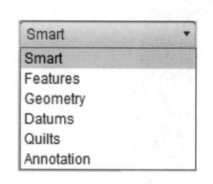

图 3.78　模式选择

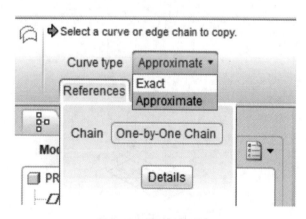

图 3.79　曲线类型选择

（4）生成放样曲面:选择工具栏中的曲面创建模图标按钮 ⌓ ,进入 ISDX 曲面建模模块。在工具栏中单击"Curve"图标按钮 ～ ,在弹出的菜单管理器（Menu Manager）的"CRV OPTION"（曲线选项）窗口中,选择"Thru Points"（通过点）,单击"Done"（完成）按钮。在菜单管理器中,接受"CONNECT TYPE"（连接类型）的默认选项,依次选中草绘曲线 2 中的点 5 和草绘曲线 1 中的点 1,单击"Done"按钮,完成直线 1 的创建。以同样的方法完成直线 2(连接草

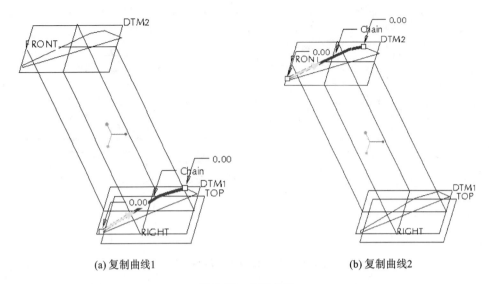

(a) 复制曲线1　　　　　　　　　　　(b) 复制曲线2

图 3.80　复制曲线

绘曲线 2 中的点 6 和草绘曲线 1 中的点 2)、直线 3(连草绘曲线 2 中的点 7 和草绘曲线 1 中的点 3)、直线 4(草绘曲线 2 中的点 8 和草绘曲线 1 中的点 4)的创建。完成各直线创建后的效果如图 3.81(a)所示。

(5) 生成叶片四周的面:在工具栏中单击曲面创建图标按钮　,在弹出的对话框中单击"Details"按钮,选中步骤(4)中生成的复制曲线 1,再单击"Add"(添加),选中复制曲线 2,单击"OK"按钮,生成叶片曲面。叶片四周其他面的创建步骤与前述相同。最终得到叶片四周的曲面,如图 3.81(b)所示。

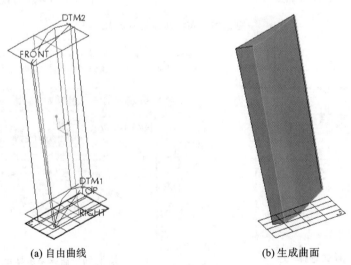

(a) 自由曲线　　　　　　　　　(b) 生成曲面

图 3.81　生成 ISDX 曲线和曲面

(6) 填充底面 1 和填充底面 2。在菜单栏中选择"Edit"→"Fill",在模型树中选择"Sketch1"(草绘曲线 1),完成填充曲面 1 的创建。然后选择"Sketch2"(草绘曲线 2),完成填充曲面 2 的创建。

(7) 复制曲面 3。由"Smart"工作模式切换到"Geometry"模式,单击步骤(5)中所创建的叶片四周的任意一个面,按住 Ctrl 键,用鼠标依次选中步骤(5) 中的叶片四周其他面,然后利用 Edit、Copy、Paste 命令完成曲面 3 的复制。

(8)合并:选择填充底面 1、填充底面 2 及复制曲面 3,单击工具栏中的合并(Merge)图标按钮 🔲,确认后完成叶片曲面模型创建。

(9)实体化。在模型树中选中步骤(8) 中生成的合并曲面特征,在菜单栏中选择"Edit"→"Solidify"(实体化),确认后完成曲面的实体化。

(10) 倒圆角。选中叶片曲面上的棱边,单击建模工具栏中的倒圆角图标按钮 ⌒,设定圆角半径为 8 mm。

(11) 拉伸下凸台:单击右侧工具栏中的草绘图标按钮 ⚒,弹出"Sketch"对话框。在"Sketch"对话框中,"Sketch Plane"选择 TOP 平面,"Reference"选择 RIGHT 平面,绘制如图 3.82 所示的矩形。单击右侧工具栏中的拉伸图标按钮 🗗,选择拉伸到指定的面(🖵)后,选择基准平面 1。完成叶片实体模型的创建,如图 3.83 所示。

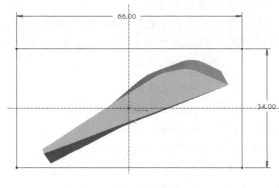

图 3.82　拉伸 1 草绘

图 3.83　渲染后的叶片

3.6.4　Pro/ENGINEER 的装配

在 Pro/ENGINEER 的装配模式下,可以将元件组合成装配件,然后对该装配件进行修改、分析或重新定向。

一个装配体必须有三个正交的装配基准平面或基本元件,这样才能添加其他元件。装配功能分为四部分介绍,即添加装配体元件、放置装配体元件、改变装配体元件和新建装配体元件。

1. 添加装配体元件

新建一个组件(Assembly),在"Insert"(插入)菜单选择"Component"(元件),有五种添加元件的类型。

(1) Assemble(装配):用于将已有元件装配到装配环境中,使用"Placement"(元件放置)对话框可以将元件完整地约束在装配件中。

(2) Creat(创建):用于创建不同类型的元件,如零件、子装配件、骨架模型,也可以是空元件。

(3) Package(封装):用于将元件不加装配约束放置在装配环境中。

(4) Include(包括):使活动组件中包括未放置的元件。

(5) Flexible(挠性):用于向所选组件添加挠性元件。

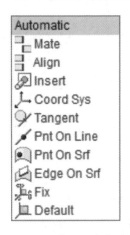

图 3.84　装配约束类型

2. 放置装配体元件

通过选择装配约束,可以指定一个元件相对另一个元件的放置方式和位置,对各约束进行组合,达到元件的完全约束放置。

在"Placement"选项中可以指定组件与元件的约束类型,一个放置约束包括组件的约束参照与待装配件的约束参照,这两种参照重合或存在着一定的偏距关系。有以下约束类型可供选择(见图 3.84):

(1) "Automatic"(自动)约束:系统根据情况自动判断如何使用何种约束,对于简单的装配可以使用该约束类型。

(2) "Mate"(匹配)约束:用于将选定的两个平面贴合,使贴合的两个平面的法线方向相反。

(3) "Align"(对齐)约束:用于使两条轴线或两个平面重合,也可以使两条边或两个旋转曲面对齐。

(4) "Insert"(插入)约束:用于将一个旋转曲面插入另一个旋转曲面,使两曲面同轴。

(5) "Coord Sys"(坐标系)约束:用于将被装配件的坐标系与装配件的坐标系对齐,坐标系可以是组件的坐标系,也可以是已经装配好的零件的坐标系。

(6) "Tangent"(相切)约束:用于控制两个对象在其切点处接触。

(7) "Pnt On Line"(线上点)约束:用于控制边、轴线或基准曲面与点之间的约束。

(8) "Pnt On Srf"(曲面上的点)约束:用于使曲面与点接触。

(9) "Edge On Srf"(曲面上的边)约束:用于使一个面与边线接触。

(10) "Default"(缺省)约束:按元件的缺省坐标系与组件的缺省坐标系对齐来放置元件。

(11) "Fix"(固定)约束:将被移动或封装的元件固定到当前位置。

注意:在添加"Mate"或"Align"约束时,对于要配合的两个零件,必须选择相同的几何特征,如平面对平面、旋转曲面对旋转曲面等。

图 3.85 所示为减速器中齿轮与低速轴的装配效果。轴带有键槽的圆柱面与齿轮轴孔内圆柱面以插入方式结合,键的表面与齿轮键槽底面以匹配方式结合,轴的轴肩右端面与齿轮轴孔外端面以匹配方式放置。图 3.86 为整个减速器装配完成后的效果图。

3. 改变装配体元件

装配体创建完成后,可以对装配体中任意元件进行以下操作:元件的打开与删除、元件尺寸的修改、元件装配约束的偏距修改。

4. 新建装配体元件

创建产品组成元件就是在产品的装配中创建产品的零件和子组件,并将这些零部件装配到产品的组成结构中,定义产品的组成结构。

5. 产品装配和设计示例

1) 自底向上装配

齿轮泵已是成熟的产品,因此采用自底向上的方法装配更为恰当。齿轮泵中包含 13 种零件:泵盖、从动齿轮轴、泵体、主动齿轮轴、垫片、密封填料、密封螺母、填料压盖、螺栓、销、钢珠、弹簧和螺塞如图 3.87 所示。

装配方法如下:

图 3.85　齿轮与低速轴装配效果

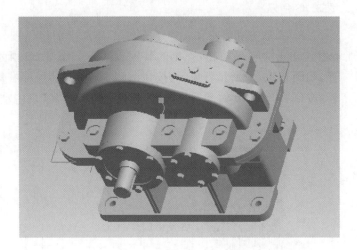

图 3.86　完成后的装配体

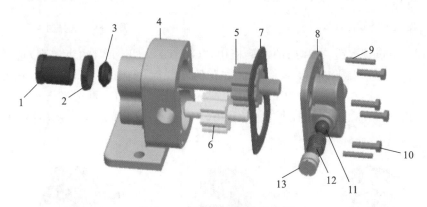

图 3.87　齿轮泵装配体爆炸图

1—填料压盖;2—密封螺母;3—密封填料;4—泵体;5—主动齿轮轴;6—从动齿轮轴;
7—垫片;8—泵盖;9—销;10—螺栓;11—钢珠;12—弹簧;13—螺塞;

　　先装配左边的部分,装配顺序为:泵体→主动齿轮轴→从动齿轮轴→密封填料→密封螺母
→填料压盖。

　　再装配右边的部分:泵盖→钢珠→弹簧→螺塞。

　　最后将所有零部件装配到一起,装配顺序为:左边部分→垫片→右边部分→销→螺栓。

　　下面按照齿轮泵的装配顺序进行装配。

　　(1) 打开 Pro/ENGINEER 软件后,选择菜单栏中"File"→"New"(新建),在弹出的
"New"窗口中选择"Assembly",输入文件名为"pump_left",取消勾选"Use default template"
(使用缺省模板)。单击"OK"按钮,在新窗口中选择"mmns_asm_design";再次单击"OK"按
钮,进入装配模式。

　　提示:在模型树中,单击设置(Settings)图标按钮 ,选择"Tree Filters"(树过滤器),在
弹出的窗口中,勾选"Display"(显示)下方"Features"(特征),然后单击"Apply"(应用)按钮,最
后单击"OK"按钮,即可显示特征。

　　(2) 添加泵体。单击右侧工具栏中的组件图标按钮 ,打开文件"pump_body. prt",在操控
板中选择"Default"( ),完成泵体的完全约束。单击操控板右侧按钮 ,完成泵体添加,如

图 3.88 所示。

（3）添加主动齿轮轴。单击右侧工具栏中的组件图标按钮，打开文件"driving_gear.prt"。单击"Open"按钮，弹出的装配操控板如图 3.89 所示。将主动齿轮轴调整到合适的位置，如图 3.90（a）所示。提示：按住 Ctrl＋Alt 键和鼠标右键，拖动鼠标，可实现主动齿轮轴平移；按住 Ctrl＋Alt 键和鼠标滚轮，拖动鼠标，可以实现主动齿轮轴的旋转。

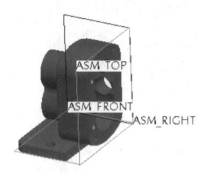

图 3.88　添加泵体

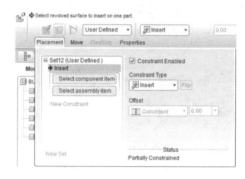

图 3.89　选择约束

单击"Placement"按钮，在弹出的对话框中，"Constraint Type"（约束类型）选择"Insert"，随后选择主动齿轮轴的圆柱面及泵体中上方孔的圆柱面（见图 3.90（b））；点选 Set12 下的"New Constraint"（新约束设置），"Constraint Type"选择"Align"，再选择齿轮侧面及泵体内表面见图（3.90（c））。在装配操控板提示"Fully Constrainted"（完全约束）后单击右侧按钮，完成主动齿轮轴添加。

(a) 添加元件

(b) "Insert" 约束

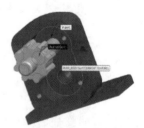
(c) "Align" 约束

图 3.90　添加主动齿轮轴

（4）添加从动齿轮轴。单击右侧工具栏中的组件图标按钮，然后打开文件"gear_chaft.prt"并添加"Insert"约束和"Align"约束，完成从动齿轮轴添加，如图 3.91 所示。

(a) 添加元件

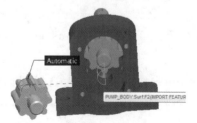
(b) "Insert" 约束

(c) "Align" 约束

图 3.91　添加从动齿轮轴

（5）添加密封填料。单击右侧工具栏中的组件图标按钮 ⬚，然后打开文件"sealing_packing. prt"，并添加"Insert"约束、"Pnt On line"约束和"Fix"约束，如图 3.92 所示。先添加"Insert"约束；然后添加"Pnt On line"约束，需先选中泵体内侧边缘线，再选中密封填料外侧边缘上一点；接着添加"Fix"约束，将密封填料固定在泵体上对应位置，以实现完全约束（Fully Constrainted），完成密封填料添加。

(a) 添加元件　　　　　　(b) "Insert" 约束　　　　　　(c) "Pnt On line" 约束

图 3.92　添加密封材料

（6）添加密封螺母。单击右侧工具栏中的组件图标按钮 ⬚，然后打开"packing_nut. prt"文件，并添加"Insert"约束和"Align"约束。

（7）添加填料压盖。单击右侧工具栏中的组件图标按钮 ⬚，然后打开"packing_gland. prt"文件，并添加"Insert"约束和"Align"约束。至此左半部分装配完成，如图 3.93 所示。保存文件，将文件命名为"pump_left.asm"。

（8）新建装配文件，将文件命名为"pump_right"。添加泵盖。单击右侧工具栏中的组件图标按钮 ⬚，然后打开"pump_cover. prt"文件，并添加"Default"约束（⬚）。

（9）添加钢珠。单击右侧工具栏中的组件图标按钮 ⬚，然后打开"steel_bal. prt"文件，添加"Insert"和"Align"约束，添加过程如图 3.94 所示。添加"Align"约束时将两平面距离设置为 16 mm。

图 3.93　pump_left. asm 文件

(a) 添加元件　　　　　　(b) "Insert" 约束　　　　　　(c) "Align" 约束

图 3.94　添加钢珠

（10）添加弹簧。单击右侧工具栏中的组件图标按钮 ⬚，然后打开文件"spring. prt"，添加"Align"约束和"Mate"约束。添加"Align"约束时选择两条轴线对齐，添加"Mate"约束时将两平面距离设置为 20 mm。

(11) 添加螺塞。单击右侧工具栏中的组件图标按钮，在工作目录中打开文件"rose. prt"，添加"Insert"约束和"Align"约束。完成右半边泵体的装配，以文件名"pump_right. asm"保存文件。

(12) 新建装配文件，文件名为"pump"。单击右侧工具栏中的组件图标按钮，先打开"pump_left. asm"文件，添加"Default. prt"约束。然后打开"gasket. prt"文件，如图 3.95 所示。对右上角销孔添加"Insert"约束，对左下角销孔添加"Insert"约束，对两平面添加"Align"约束。

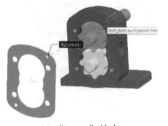 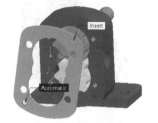 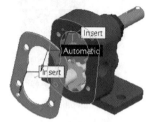

    (a) "Insert"约束1   (b) "Insert"约束2   (c) "Align"约束

图 3.95 添加垫片

(13) 添加右半边装配体。单击右侧工具栏中的组件图标按钮，打开"pump_right. asm"文件，添加"Align"约束和"Insert"约束，如图 3.96 所示。

    (a) 添加元件   (b) "Insert"约束   (c) "Align"约束

图 3.96 添加右半边装配体

(14) 添加销钉和螺栓。单击右侧工具栏中的组件图标按钮，然后打开"pin. prt"文件和"bolt. prt"文件，分别添加"Insert"约束和"Mate"约束，如图 3.97 所示。最终装配后的效果如图 3.98 所示。

    (a) "Insert"约束   (b) "Mate"约束

图 3.97 添加销钉和螺栓   图 3.98 齿轮泵装配体

2) 自顶向下设计

对于不成熟的产品或者全新产品设计，需要采用自顶向下的方法设计装配体产品。以仪器板设计为例，在 Pro/ENGINEER 中进行设计的步骤如下。

(1) 打开 Pro/ENGINEER,新建装配体文件,将文件命名为"instrument_board"。在工具栏中单击元件创建图标按钮，弹出"Component Create"(元件创建)对话框,如图 3.99 所示。在"Component Create"对话框中选择"Skeleton Model"(骨架模型),单击"OK"按钮,关闭对话框。然后在模型树中右击"instrument_board_skel.prt"文件,在弹出的选项中选择"Active"激活,完成骨架模型的初步布局。

(2) 布局草图。在骨架模型中打开"instrument_board_skel.prt"文件,绘制如图 3.100 所示的草图。完成后激活"instrument_board.asm"文件,返回装配环境。

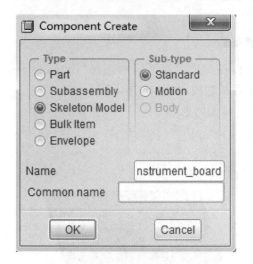

图 3.99　"Component Create"对话框

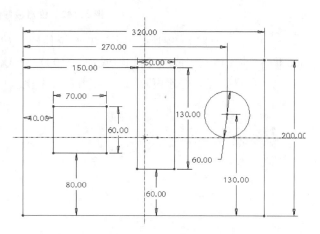

图 3.100　布局草图

(3) 新建元件 board(仪器板)。在装配环境下,在工具栏中选择元件创建图标按钮，弹出"Component Create"对话框。在"Component Create"对话框中选择"Part"(零件),将文件名设置为"board",在"Creation Options"(创建选项)中选择"Empty"(空),然后激活"board.prt"文件。在模型树中,单击设置图标按钮，选择"Tree Filters"(树过滤器),弹出"Model Tree Items"(模型树项目)对话框。如图 3.101 所示,在"Model Tree Items"对话框中,勾选"Display"(显示)目录下方的"Features"(特征)选项。依次单击"Apply"和"OK"按钮,完成模型树设置。

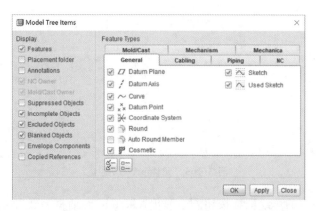

图 3.101　模型树设置

（4）单击工具栏中的草绘图标按钮 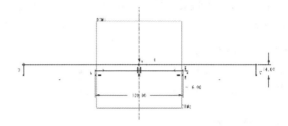，在弹出的"Sketch"对话框中选择"Front"面为草绘平面，绘制如图 3.102 所示的截面草图。

图 3.102　仪器板截面草图

（5）选择步骤（4）中所绘草图，单击拉伸图标按钮，在弹出的对话框中选择"Extrude as solid"（拉伸实体），完成深度设置（见图 3.103），完成仪器板建模，如图 3.104 所示。

提示：对新建元件建模时，充分利用在骨架模型中的相关约束。

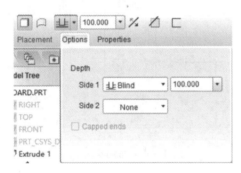

图 3.103　拉伸设置

图 3.104　仪器板模型

（6）新建元件 prt1。按步骤（3）所述方法新建元件，将其命名为"prt1"，然后激活文件"prt1. prt"。单击工具栏中的草绘图标按钮 ，弹出"Sketch"对话框。在"Sketch"对话框中选择仪器板上表面为草绘平面，绘制如图 3.105 所示的截面草图。选中元件 prt1 草图 1，单击拉伸图标按钮，在弹出的"Extrude"对话框中，选择"Extrude as solid"，将拉伸高度设置为16 mm。

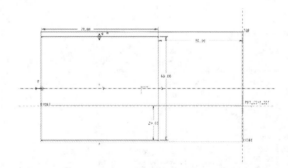

图 3.105　元件 prt1 草图 1

（7）单击工具栏中的草绘图标按钮 ，弹出"Sketch"对话框。在"Sketch"对话框中选择步骤（6）中所得拉伸体上表面为草绘平面，绘制元件 prt1 草图 2（一个直径为 28 mm 的圆），如

图 3.106 所示。选中元件 prt1 草图 2，单击拉伸图标按钮，在弹出的"Extrude"对话框中，选择"Extrude as solid"，将拉伸高度设置为 6 mm。

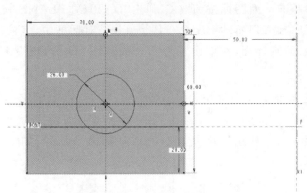

图 3.106　元件 prt1 草图 2

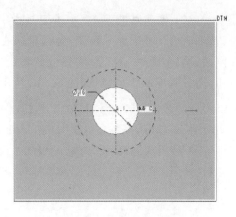

图 3.107　元件 prt1 草图 3

（8）单击工具栏中的草绘图标按钮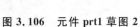，弹出"Sketch"对话框。在"Sketch"对话框中选择步骤（7）中所得拉伸体上表面为草绘平面，绘制元件 prt1 草图 3（一个直径为 16mm 的圆），如图 3.107 所示。选中元件 prt1 草图 3，单击拉伸图标按钮，在弹出的"Extrude"对话框中，选择"Remove Material"（去除材料），进行拉伸参数设置，如图 3.108 所示。完成的元件 part1 模型如图 3.109 所示。

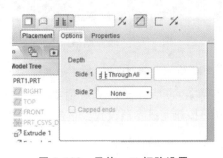

图 3.108　元件 prt1 切除设置

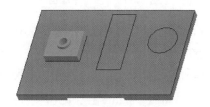

图 3.109　元件 prt1 模型

（9）新建元件 prt2。按步骤（3）所述方法新建元件，将其命名为"prt2"。然后激活"prt2.prt"文件，利用拉伸功能进行方形凸台建模，将拉伸高度设置为 34 mm，如图 3.110 所示。

（10）新建元件 prt3。按步骤（3）所述方法新建元件，将其命名为"prt3"，然后激活"prt3.prt"文件，利用拉伸功能创建圆柱模型，然后利用拉伸切除功能打孔，将管子外径设置为 60 mm，内径设置为 46 mm，如图 3.111 所示。

图 3.110　元件 prt2 模型

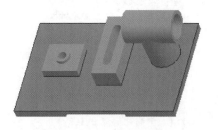

图 3.111　元件 prt3 模型

(11) 新建元件 prt4。按步骤(3)所述方法新建元件,将其命名为"prt4",然后激活"prt4. prt"文件。

(12) 创建基准面 1。单击工具栏中的基准平面图标按钮"▱",弹出"DATUM PLANE—Placement"(基准面—设置)对话框。在弹出"DATUM PLANE—Placement"对话框中,将参照面设置为元件 prt3 左侧靠近仪器板中心的圆环面,约束设置为"Through"。单击"OK"按钮,完成基准面 1 创建,如图 3.112 所示。

(13) 创建基准面 2。单击工具栏中的基准平面图标按钮▱,弹出"DATUM PLANE—Placement"对话框。在弹出"DATUM PLANE—Placement"对话框中,将参考照面设置为元件 prt1 最顶部圆环面,约束设置为"Through"。单击"OK"按钮,完成基准面 2 创建,如图 3.113 所示。

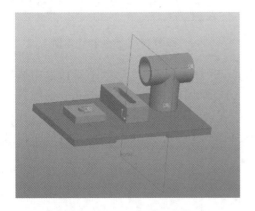

图 3.112　创建基准面 1

图 3.113　创建基准面 2

(14) 创建几何点 0、1、2、3。选中基准面 1,单击工具栏中的草绘图标按钮▨,进入草绘环境。在菜单栏中中选择"Sketch"→"Reference"命令,在弹出的"References"对话框中,选中图 3.114 所示的象限点 0、1、2、3 作为参照,单击"Close"(关闭)按钮完成参照设置。单击工具栏中几何点(Geometry Point)图标按钮✖,在象限点 0、1、2、3 处打点,确认后完成几何点创建,如图 3.114 所示。

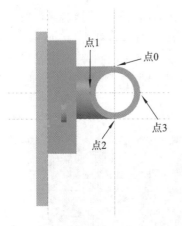

图 3.114　创建几何点 0、1、2、3

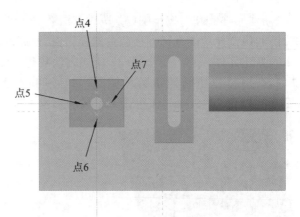

图 3.115　创建几何点 4、5、6、7

（15）创建几何点 4、5、6、7。选中基准面 2，单击工具栏中的草绘图标按钮 ，进入草绘环境；再单击工具栏中轴线（Axis）图标按钮 ，过元件 prt1 顶部圆环中心绘制两条相互垂直的中心线，如图 3.115 所示。在菜单栏中选择"Sketch"命令，在弹出的"References"对话框中，选中 prt1 元件顶部圆环面的四个象限点作为参照，单击"Close"按钮完成参照设置。单击工具栏中几何点图标按钮 ，然后在四个象限点处打点，确认后完成点 4、5、6、7 对应的几何点创建，如图 3.115 所示。

（16）创建辅助线 1、2、3、4。单击工具栏中的曲线图标按钮 ，在弹出的"Menu Manager-CRV OPTION"（菜单管理器-曲线选项）对话框中选择"Thru Points"（通过点），单击"Done"按钮；在弹出的"Menu Manager-CONNECT TYPE"（菜单管理器-连接类型）对话框中选择接受默认设置（见图 3.116（a））后，依次选择几何点 0 和 4，单击"Done"按钮；接着在"Curve：Through Points"（曲线：通过点）对话框中选择"Tangent"选项，单击"Define"按钮；在弹出的"Menu Manager-DEF TAN"（菜单管理器-定义相切）对话框中选择"Start"（起始）→"Surface"（曲面）→"Normal"（法向）（见图 3.116（b）），然后选中几何点 0；接着选择"End"（终止）→"Surface"→"Normal"，选中几何点 1，完成辅助线 1 的创建。采用同样的步骤分别选择几何点 1 和 5、2 和 6 以及 3 和 7，完成辅助线 2、辅助线 3、辅助线 4 的创建，如图 3.117 所示。

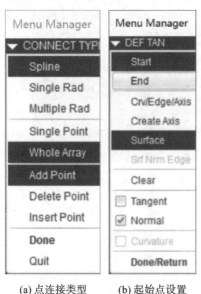

(a) 点连接类型　　(b) 起始点设置

图 3.116　连接类型

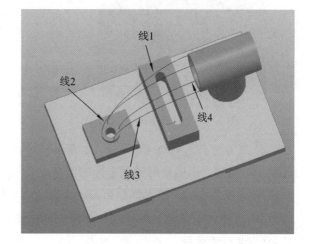

图 3.117　辅助线 1、2、3、4

（17）可变截面扫描 1。单击工具栏中的可变截面扫描图标按钮 ，在弹出的"Variable Section Sweep"（可变截面扫描）对话框中选择"Sweep as surface"（扫描为曲面）。点选"Reference"选项，接受默认的设置后，选中图 3.117 所示的辅助线 4 为扫描轨迹后；点选"Details"选项，在弹出的"Chain"对话框中选中"Add"选项添加辅助线 1、辅助线 2 和辅助线 3。在"Variable Section Sweep"对话框中选择"Create or edit sweep section"（创建或编辑扫描剖面）选项，进入草绘环境，然后单击工具栏中的 3 点画圆（3 Point）图标按钮 ，依次单击几何点 0、2 和 3，完成扫描面 1 的创建，如图 3.118 所示。

（18）可变截面扫描 2。可变截面扫描 2 的创建步骤与可变截面扫描 1 相同，但是扫描截

图 3.118　扫描面 1

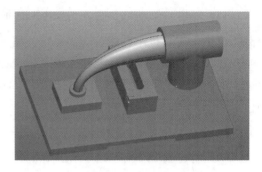

图 3.119　扫描面 2

面的起始面为元件 prt3 左侧靠近仪器板中心的圆环内圆,终止面为 prt1 元件顶部圆环的内圆,重复步骤(12)～(17)完成扫描面 2 的创建,如图 3.119 所示。

　　(19)创建曲面草图 1 和曲面草图 4。选中基准面 1 为草绘平面,单击草绘图标按钮 ,进入草绘环境,绘出元件 prt1 顶部圆环的内外圆,即曲面草图 1,如图 3.120 所示。选中基准面 2 为草绘平面,单击草绘图标按钮 ,进入草绘环境,绘出元件 prt3 左侧靠近仪器板中心的圆环的内外圆,即曲面草图 2,如图 3.121 所示。

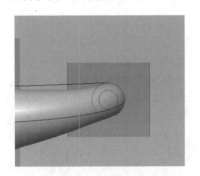

图 3.120　曲面草图 1

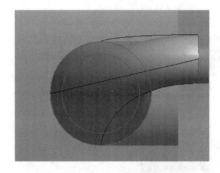

图 3.121　曲面草图 2

　　(20)填充底面 1 和填充底面 2。在菜单栏中选择"Edit"→"Fill",选择曲面草图 1,完成填充底面 1 的创建。以同样的步骤选择曲面草图 2,完成填充底面 2 的创建。

　　(21)实体化。选择填充底面 1、填充底面 2、扫描面 1 和扫描面 2,选择工具栏中的合并图标按钮 ,完成曲面合并。选中模型中的合并曲面特征,选择菜单栏"Edit"→"Solidify(实体化)",完成曲面实体化。

　　最终得到的仪器板如图 3.122 所示。

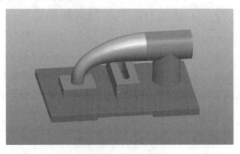

图 3.122　仪器板

3.6.5 Pro/ENGINEER 的工程图

任何机器和部件都是由零件装配而成的,表达单个零件的图样称为零件图,它是制造和检验零件的主要依据,是设计和生产过程中的主要技术资料。完整的零件图一般应给出针对零件加工和检验所提出的所有要求。零件图通常包括以下内容:

(1)图形:根据零件特征选择必要的视图数量,选用合适的表达方法,用一组图形(如一般视图、剖视图、断面图等)正确、完整、清晰地表达出零件各部分的内外结构形状。

(2)尺寸:标注出零件的全部尺寸,以确定零件各部分结构的形状、大小和相对位置。

(3)技术要求:必须用规定的方法表示出零件在制造和检验时应该达到的几何形状和尺寸的精度要求、表面质量要求和材料性能要求等。

(4)标题栏:一般绘制在图框的右下角,通常包括使用该零件图的单位名称、技术人员的姓名、零件名称、比例、材料等内容。

在 Pro/ENGINEER 中,可以直接根据实体模型按各种标准生成工程图,并自动标注尺寸,添加注释,使用层来管理不同类型内容并支持多文档等。工程图中所有视图都是相互关联的,修改一个视图的一个尺寸时,其他视图会自动得到更新。单击新建文件图标按钮 □,在"Type"栏中选择"Drawing"(绘图),在"Name"文本框中输入工程图文件名,取消勾选"Use Default Template"(使用缺省的模板),单击"OK"按钮,弹出"New Drawing"(新制图)对话框,如图3.123所示。如果当前系统打开了一个零件或组件,该零件或组件的名称将在"Default Model"(缺省模型)栏中显示;如果没有打开任何零件或组件,则"Default Model"显示栏"None"(无),此时可以单击"Browse"(浏览)按钮,查找需要的零件或组件。按图3.123所示设定好指定的项目后,进入图3.124所示的绘制工程图的工作界面。(注意:与草绘、实体建模操作界面不同的是工程图绘制命令图标按钮布置在图3.124粗线框中的视图选项中,需要使用绘制命令时,需要切换到对应的视图选项才能找到。)

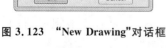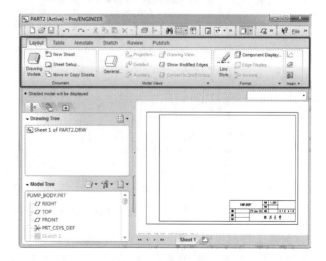

图3.123 "New Drawing"对话框　　　图3.124 工程图工作界面

1. 工程图制作步骤

工程图的制作一般采用以下步骤:

(1)新建工程图。设置生成工程图的类型(零件或组件)、设置工程图使用的模型文件、设置工程图模块或格式文件等。

（2）修改工程图配置文件或选项。工程图的标注样式和图纸规格等均有严格的规定,在 Pro/ENGINEER 工程图模块中,工程图标注样式由工程图配置文件中的选项所控制。

（3）创建工程图视图。视图是工程图的核心。

（4）添加尺寸标注和注释。Pro/ENGINEER 提供了两种标注方式,一种是自动生成模型尺寸,另一种是手工添加尺寸。标注中往往将两种方式结合起来使用。

（5）输入和编辑表格内容。包括输入标题栏内容以及输入和编辑装配图材料清单等表格中的内容。

2. 工程图选项设置

在工程图环境中,需要配置两个非常重要的设置文件。

（1）系统配置文件 Config. Pro,用于配置整个 PRO/ENGINEER 系统,包含使用环境、使用单位、文件交换等选项以及工程图部分设置选项。

（2）工程图配置文件 *. dtl,包含如箭头样式、剖面样式、标注样式、BOM 样式等设置项目。

图 3.125 所示为工程图设置选项。

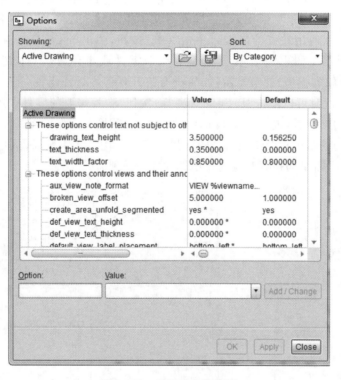

图 3.125　工程图设置选项

3. 创建工程图视图

视图是工程图的主要组成部分。在工程图中可建立多种视图,主要有一般视图、投影视图、详细视图、辅助视图、旋转视图等,这些视图支持各种绘图标准。

决定视图的四个要素是视图类型、视图的可见区域、比例设置和是否需要剖切。将视图的四个要素互相组合,可以生成不同的视图,如表 3.7 所示。

表 3.7　视图命令组合方式列表

决定视图的要素		一般视图	投影视图	详细视图	辅助视图	选择视图
可见区域	全视图	√	√	√	√	√
	半视图	√	√		√	
	局部视图	√	√			
	断面图	√	√		√	√
剖切	无剖面	√	√		√	
	剖面	√	√		√	√
	单个零件曲面	√	√		√	
比例	有比例	√		√	√	
	无比例	√	√		√	√

　　一般视图是所有视图基础，也是唯一不存在父视图的视图类型。完成一般视图的定向后，可以将它作为基础在适当位置创建投影视图、剖视图、辅助视图、局部视图等。全视图、半视图、局部视图和断面图的建立步骤是相似的。

　　与一般视图创建选项基本相同，投影视图不能设置视图比例，此外还要指定一个视图作为父视图，也不能设置透视图。

　　辅助视图是与某个斜曲面、基准平面同呈 90°夹角，或者是沿某个轴的另一视图的投影，是非固定角度上的投影。与右侧、左侧、顶部或底部投影不同，当选取不同的投影参照时，情况有所不同（选择边作为参照，视图将平行于屏幕显示包含该边的曲面。选择基准平面为参照，视图将平行于屏幕显示基准平面；选择旋转基准轴为参照，将沿基准轴显示视图）。放置好一个辅助视图后，系统会将它与被投影视图相关联。

　　详细视图以较大的比例显示已有视图的一部分，以便查看几何尺寸。详细视图与创建它的视图相关联，但可以独立移动。建立详细视图需要指定详细视图的位置、模型上的参照点，以定义重要位置、视图边界，以及围绕要显示的区域草绘样条、标注注释的位置。

　　旋转视图是围绕剖面线旋转 90°并沿其长度方向偏移的剖视图，截面是一个区域横截面，仅显示被切割平面的材料。剖视图的剖面是一个假想平面，它穿过零件，并带有与其相关的剖面线图案，在视图中定义平面为剖面之前，必须定向该视图，以使剖面平面平行于屏幕平面。

4. 尺寸标注

　　图样中的视图只能表示出零件的结构形状，有关各部分的确切大小与相对位置是由所标注的尺寸确定的。尺寸标注有自动和手动两种方式。

　　1）自动尺寸标注

　　在主菜单中选择"Annotate"（注释）选项，然后单击"Show Model Annotations"（显示模型注释）图标按钮 ，就可以在工程图中显示零件已有的 3D 尺寸，还能显示从实体模型输入的其余详图项目，显示的尺寸位置由方向决定。

　　为了避免重复标注尺寸，并且保持相关性，在绘图中创建新尺寸前，先使用"Show Model Annotations"命令查看注释情况，如图 3.126 所示。

　　显示零件工程图中特征尺寸和组件工程图中零件尺寸最方便的方法是在"Annotate"选项下，在模型树中右击特征或零件，在弹出的"Show Model Annotations"对话框中勾选对应尺寸

图 3.126 显示模型注释

选项。

2) 手动尺寸标注

自动标注的尺寸可能不能满足标注方案,Pro/ENGINEER 允许在工程图上直接创建尺寸,所创建的尺寸是驱动尺寸,不能被修改。在"Annotate"选项中,单击尺寸标注图标按钮 |—| ,可以手工添加尺寸。

5. 几何公差

几何公差表示特征的形状、轮廓、方向、位置和跳动的允许偏差。

可以使用特征控制框添加几何公差。这些框中包含单个标注的所有公差信息。特征控制框由至少两个框格组成。在"Annotate"选项中,点选几何公差图标按钮 图标,弹出如图 3.127 所示的"Geometric Tolerance"(几何公差)对话框。该对话框左边列出了公差符号,例如位置、轮廓、形状、方向和跳动公差符号;右边包括"Modle Refs"(模型参照)、"Datum Refs"(基准参照)、"Tol Value"(公差值)、"Symbols"(符号)、"Additional Text"(附加文本)选项卡,用于进行几何公差相关设置。

图 3.127 几何公差对话框

6. 创建格式文档

创建格式文档主要是指创建不同图幅的图框和标题栏。图框和标题栏应该按国家标准进行设计。可以将所创建的格式文档保存为模板,以便以后创建工程图时使用。

1) 创建图纸

单击新建文件图标按钮 口 ,在"Type"栏中选择"Format"(格式),在"Name"文本框中输入格式文件名,单击"OK"按钮,弹出图 3.128 所示的"New Format"(新格式)对话框。设定好模板、图幅方向和图幅大小后,进入新格式界面。在工作区中的线框表示图纸幅面大小,相当于图纸外框,图纸的内框线需要使用画线的命令手动绘制。为了定位,在"Sketch"视图选项中单击草绘设置图标按钮 + ,在弹出的图 3.129 所示的"Sketch Preferences"(草绘参数)对话框中设置捕捉类型。通过双击图框线,可以修改图框线颜色。根据国家标准,图纸幅面布局如图 3.130 所示,各图框尺寸及布局距离如表 3.8 所示(注:当图纸不需要装订时,用尺寸 e 代替尺寸 c 和 a)。

图 3.128　"New Format"对话框

图 3.129　"Sketch Preferences"对话框

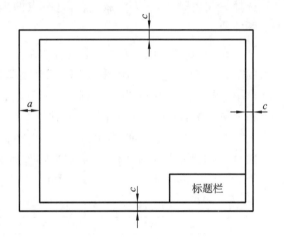

图 3.130　图纸幅面

表 3.8　各图框尺寸及布局距离

幅面代号	尺寸 $B \times L$	e	c	a
A0	841×1189	20	10	25
A1	594×841	20	10	25
A2	420×594	10	10	25
A3	297×420	10	5	25
A4	210×297	10	5	25

2）创建标题栏

标题栏位于图框的右下角。标题栏分为零件标题栏和装配标题栏两类。在零件标题栏中有零件的名称、数量、材料、比例、所属装配部件、质量、张数、序号、设计、审核、工艺、批准人员的签名和日期、设计单位等。标题栏的格式一般都由各单位根据国家标准自行制定。由于不同的国家和单位采用的标准图样各不相同,所以用户可以定制适宜本单位使用的标准图样供设计人员采用。

图 3.131　菜单管理器

创建标题栏时,在"Table"(表)选项中单击通过指定表的行、列值创建表图标按钮 ⊞ ,弹出如图 3.131 所示的"Menu Manager"(菜单管理器)。

在该对话框中可以选择排序方式、对齐方式,以及创建时按长度还是字符数来确定表格尺寸。"By Num Chars"(按字符数)是指按表格可以容纳的字符数来确定表格尺寸。

选择要创建表的位置,即在菜单管理器中"GET POINT"项目下的五个选项中选择所需要的一种。然后单击"Done"按钮,系统会提示输入表各列宽度及各行宽度。

选中窗口中的表格,在"Table"视图选项中单击移动至特殊位置图标按钮 ⊡→ ,弹出"Move Special"(移动至特殊位置)对话框,通过在该对话框中进行相关设置可以精确确定表格放置位置。注意选择表格时选择的点是哪一点,这一点的坐标值才是确定表格位置的值。

在"Table"视图选项中,单击合并单元格图标按钮 ⊟ ,在弹出的"Menu Manager-TABLE MERGE"(菜单管理-合并单元格)对话框中选择"Row&Cols"(行和列)选项,随后在表格中选择要合并的相邻单元格,即可实现单元格的合并。

在表中双击选中的单元格,会弹出"Note Properties"(注释属性)对话框,可以在对话框中输入文本,设置文本样式。图 3.132 所示为 A4 图纸的标题栏。

		比例		图号	
		数量		材料	
设计					
绘图					
审阅					

图 3.132　A4 图纸的图框和标题栏

在单元格中还可以输入注释标签,注释标签相当于系统的变量,在生成工程图时这些"标签"会自动更新,无须再手动更改。常用的"注释标签"如下。

&todays_date:显示当前日期。

&model_name:显示模型名称。

&scale:显示绘图比例。

&dwg_name:显示工程图的名称。

&type:显示模型类型(装配图或零件)。

&format:显示图纸具体规格。

&current_sheet:显示图纸页码。

&total_sheets:显示图纸总页码数。

&dtm_name：显示基准平面名称。

7. 工程图创建示例

下面以泵体零件为例介绍如何在 Pro/ENGINEER 中生成工程图。泵体零件如图 3.51 所示。

（1）打开 Pro/ENGINEER，在菜单栏中选择"File"→"New"，弹出"New"对话框。在该对话框中，"Type"选择"Drawing"，在"Name"文本框中输入文件名字"pump_body"，取消勾选"Use default template"（使用缺省模板），单击"OK"按钮完成设置。在弹出的"New Drawing"（新建图样）对话框中，模板选择"Empty with format"（格式为空），然后在"Format"栏中单击"Browse"按钮，在工作目录中找到创建的文件"A4. frm"，单击"OK"按钮，进入工程图绘制模式。

（2）主视图绘制：选择"Layout"（布局）视图选项，单击创建一般视图图标按钮⬚，在弹出的对话框中找到文件"pump_body. prt"并打开。在图纸的左上角的合适区域单击鼠标，出现"pump_body. prt"零件三维模型及"Drawing view"（绘制视图）对话框。在"Drawing view"对话框中的"Categories"（类别）栏中选择"View Type"（视图类型），在"Model view names"（模型视图名）栏中选择"FRONT"，然后单击"Apply"按钮；"Categories"（类别）选择"Scale"（比例），在"Scale and perspective option"（比例和视图选项）栏中选择"Custom Scale"（定制比例），并将尺度因子设置为 0.6，然后单击"Apply"按钮；"Categories"选择"View Display"（视图显示），在"View display option"（视图显示选项）栏的"Display Style"（显示样式）选项中选择"Hidden"（隐藏线）、"Tangent edges display style"（相切边显示样式）选择"None"（无），然后单击"Apply"按钮。最后单击"Close"按钮，完成主视图的绘制设置。

（3）投影视图的绘制。选择"Layout"（布局）视图选项，在绘图区单击选中主视图后，在工具栏单击创建投影视图图标按钮⬚⬚，将投影视图拖到合适位置，单击鼠标左键即可获得投影视图的三维模型视图。双击投影视图的三维模型视图，弹出"Drawing view"的对话框。按步骤（2）主视图绘制中视图显示设置方法，完成投影视图的绘制设置，得到的视图如图 3.133 所示。

（4）剖视图的绘制。选择"Layout"选项，双击左视图，在弹出的"Drawing view"对话框中，"Categories"选择"Sections"（截面），"Section options"（截面选项）选择"2D cross-section"（2D 剖面），然后单击按钮➕（添加剖切平面），选择 Right 平面，并将"Sectioned Area"（剖切区域）设置为"Full"（全剖），如图 3.134 所示。最后单击"Close"按钮，完成剖视图的绘制。

（5）显示中心线。选择"Annotate"（注释）视图选项，单击显示注释图标按钮▦，在弹出的对话框中单击显示基准图标按钮▦，"Type"选择"Axes"（轴）。然后单击主视图边框，在"Show Model Annotations"（显示模型注释）对话框中设置显示出主视图中所有的轴线，勾选需要显示的基准轴（对应到视图中即为中心线）。单击"Apply"按钮，完成中心线显示设置。左视图和俯视图中心线显示操作步骤相同。

（6）添加尺寸标注。选择"Annotate"选项，单击尺寸标注图标按钮↦，在视图区域单击确定几何图元尺寸线放置位置，将光标放在尺寸线附近合适位置单击鼠标中键即可标注尺寸。尺寸标注完毕后的效果如图 3.135 所示。

（7）添加表面粗糙度标注。在"Annotate"（注释）栏下，单击表面粗糙度标注图标按钮

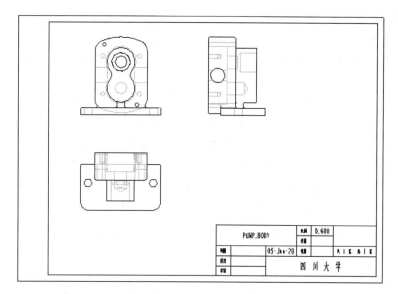

图 3.133　主视图和投影视图

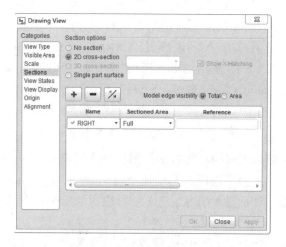

图 3.134　剖面视图设置

³²✓,在弹出的"Menu Manager-GET SYMBOL"对话框中,选择"Retrieve"(检索),然后依次选择"Machined"→"standard1.sym",单击"Open"按钮,在弹出的"Menu Manager-INST ATTACH"对话框中选择"No Leader"(无引线),再在主视图、左视图或俯视图中选择合适的表面粗糙度符号放置位置,在随后弹出的"Enter value for roughness_height"(输入粗糙度值)对话框中输入粗糙度值,完成表面粗糙度标注。

　　(8)添加技术要求。在"Annotate"栏下,单击文字注释图标按钮𝐀≣,在弹出的"Menu Manager-NOTE TYPES"菜单中选择"Make Note"(编辑注释),在接下来弹出的"Menu Manager-GET POINT"菜单中选择"Pick Pnt"(选出点),然后在绘图区中的合适位置单击,在弹出的"Enter Note"(输入注解)对话框中输入技术要求文字即可。

　　(9)将工程图保存为 PDF 文件。在菜单栏中依次单击"File"→"Save as a copy"(保存副本),在弹出的"Save as a copy"对话框中的"Type"选项中选择"PDF",单击"OK"按钮后进入"PDF Export Settings"(PDF 导出设置)界面,将"Resolution"(分辨率)设置为"600dpi",将"Color"(颜色)

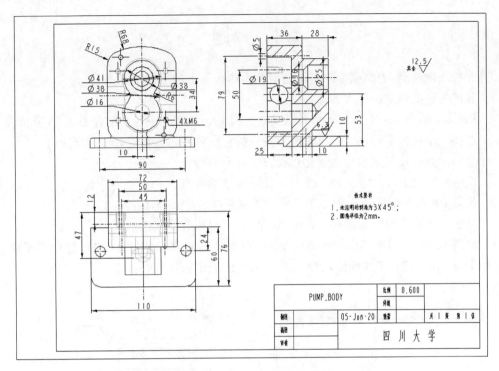

图 3.135　工程图尺寸标注效果

设置为"Monochrome"（黑白）。为了显示中文，将"Font"（字体）设置为"Stroke All Fonts"（勾画所有字体），然后单击"OK"按钮。最后生成 PDF 格式的工程图，如图 3.136 所示。

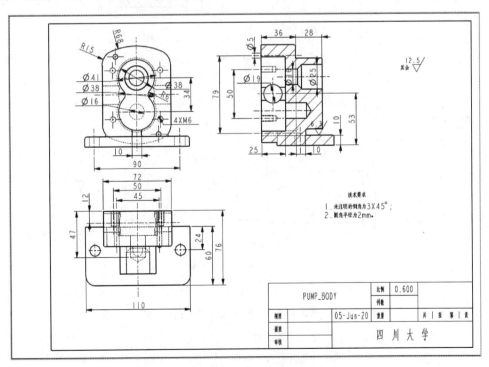

图 3.136　泵体零件工程图

习　　题

1. 分析线框模型、表曲模型与实体模型在形体表示上的不同特点。

2. 分析各种实体建模技术的优缺点。

3. 用 CSG 树表示一个几何形体及其描述方式是否具有唯一性？结合图 3.13 分析说明。

4. 选择一个机械零件,试用 CSG 表示法分析它由哪些体素构成,画出 CSG 树。

5. 说明参数化建模技术与变量化建模技术各自的特点。

6. 说明自底向上设计方法和自顶向下设计方法的特点。

7. 收集 Pro/ENGINEER 和 I-DEAS 软件的资料,分析它们的特点。

8. 基于三维实体建模生成的工程图与绘制的工程图有什么区别？

9. 使用 Pro/ENGINEER 软件完成图 3.137 所示齿轮和轴的特征建模,进行装配后生成工程图(掌握草图绘制、实体特征、装配建模、生成工程图等创建过程)。

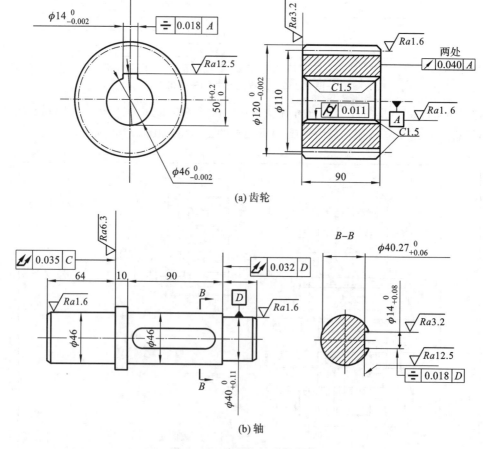

图 3.137　齿轮和轴的零件图

第 4 章

计算机辅助工程分析技术

计算机辅助工程(CAE)是一个很广的概念,主要指用计算机对工程和产品进行性能与安全可靠性分析,对其未来的工作状态和运行行为进行模拟,尽早发现设计缺陷,并证实未来工程、产品功能的可用性与性能的可靠性。计算机辅助工程分析是机械产品设计过程中的一个重要环节,运用 CAE 分析方法可以对产品进行动/静态分析、过程模拟及优化设计。通过分析可以及早发现产品设计中的缺陷,减少设计的盲目性,使产品设计由经验设计向优化设计转变,从而提高产品的竞争力。

4.1　CAE 技术概述

在实际工程问题中,大都存在多个参数和因素间的相互影响和相互作用。依据科学理论,建立反映这些参数和因素间的相互影响和相互作用的关系式并进行分解,称为工程分析。现代设计理论要求采用尽可能符合真实条件的计算模型进行分析计算,其内容包括静态和动态分析计算,由于计算工作量非常大,往往无法用手工计算完成。

CAE 作为一项跨学科的数值模拟分析技术,是迅速发展中的计算力学、计算数学、相关的工程科学、工程管理学与现代计算机技术相结合而形成的一种综合性、知识密集型的科学,是实现重大工程和工业产品设计分析、模拟仿真与优化的核心技术,是支持工程师、科学家进行理论研究、产品创新设计最重要的工具和手段。随着计算机技术的高速发展,从对产品性能的简单校核,逐步发展到对产品性能的优化和准确预测,再到产品运行过程的精确模拟,CAE 发挥着越来越重要的作用,也越来越受到科技界和工程界的重视。经过几十年的发展,CAE 技术已在航空航天、核工业、兵器、造船、汽车、机械、电子、土木工程、材料等领域获得了成功的应用,正在逐步成为制造企业深化应用的关键技术。

在 CAD/CAM 领域,CAE 是一种有效的近似数值分析方法,可以对产品结构强度、刚度、屈曲稳定性、动力特性、弹塑性等力学性能进行分析计算,并可以对结构性能进行优化设计。目前,CAE 分析模块已经是 CAD/CAM 系统中不可缺少的重要组成部分。只有借助 CAE 分析,才能使设计制造工作建立在科学理论基础之上,满足高效、高速、高精度、低成本等现代设计要求。

CAE 是包括产品设计、工程分析、数据管理、实验、仿真和制造的一个综合过程,关键是在三维实体建模的基础上,从产品的设计阶段开始,按实际条件进行仿真和结构分析,按性能要求进行设计和综合评价,以便从多个方案中选择最佳方案,或者直接进行设计优化。

应用 CAE 软件对工程或产品进行性能分析和模拟时,一般要经历如图 4.1 所示的过程。

(1)前置处理。应用图形软件对工程或产品进行实体建模,进而建立有限元分析模型。

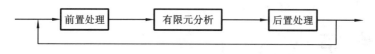

图 4.1　CAE 的一般步骤

(2) 有限元分析。针对有限元模型进行单元分析、有限元系统组装、有限元系统求解,并生成有限元结果。

(3) 后置处理。根据工程或产品模型与设计要求,对有限元分析结果进行用户所要求的加工、检查,并以图形方式提供给用户,辅助用户判定计算结果与设计方案的合理性。

4.1.1　CAE 软件概述及其基本结构

CAE 软件通常可以分为通用 CAE 软件和行业专业软件。通用软件可对多种类型的工程和产品的物理力学性能进行分析、模拟、预测、评价和优化,其覆盖的应用范围比较广。目前,国际上应用的通用 CAE 软件主要包括:MSC Software 公司的 MSC. Nastran、MSC. Marc、MSC. Dytran,ANSYS 公司的 ANSYS,HKS 公司的 ABAQUS,LSTC 公司的 LS-Dyna,NEI Software 公司的 NEI. Nastran,ADINA 公司的 ADINA,比利时 Samtech 公司的 Semcef、EDS 公司的 I-DEAS,SRAC 公司的 COSMOS,ALGOR 公司的 ALGOR 等。

在行业内,CAE 软件一般分为线性分析软件、非线性分析软件和显式高度非线性分析软件。例如,Nastran、ANSYS、Samcef、I-DEAS 都在线性分析方面具有自己的优势,Marc、ABAQUS/Standard、Samcef/Mecano 和 ADINA 在隐式非线性(imlicit nonlinear)分析方面各有特点；MSC. Dytran、LS-Dyna、ABAQUS/Explicit、Pam-Crash、和 Radioss 是显式非线性(explicit nonlinear)分析软件的代表；LS-Dyna 在结构分析方面见长,是汽车碰撞(crash)分析和安全性(safety)分析的首选工具；而 MSC. Dytran 在流-固耦合分析方面见长,在汽车缓冲气囊研究和国防领域应用广泛。

分析以上流行的 CAE 软件,将 CAE 软件分为以下三种类型:

(1) 具有前、后置处理两方面功能的专用软件,如 Patran、Marc. Mentat、HyperWorks 等；

(2) 只具备求解功能的软件,如 Marc、Ls-Dyna、MSC. Nastran 等；

(3) 前、后置处理和求解器连为一体的软件,如 Deform、Cosmos、ABAQUS、ANSYS 等。

除此之外,在 CAD/CAM 领域,将 CAE 系统与 CAD/CAM 系统联合协同工作,进行分析决策成为趋势。目前,一些著名的商品化集成 CAD/CAM 系统,如 Pro/ENGINEER、UG、CATIA 等都已将工程分析软件集成在本系统内部。

现行 CAE 软件的基本结构如图 4.2 所示,所包含的算法和软件模块分类如下。

(1) 前置处理模块　它具有直接实体建模与参数化建模、构件的布尔运算、单元自动剖分、节点自动编号与节点参数自动生成、载荷、材料参数直接输入与公式参数化导入、节点载荷自动生成、有限元模型信息自动生成等功能。

(2) 有限元分析模块　它具有有限单元库、材料库及相关算法、约束处理算法、有限元系统组装模块,以及静力、动力、振动、线性与非线性解法库等模块。大型通用 CAE 软件在实施有限元分析时,大都要根据工程问题的物理、力学和数学特征,将工程问题分解成若干个子问题,由不同的有限元分析子系统来解决各个子问题。一般有线性静力分析、动力分析、振动模态分析、热分析等子系统。

(3) 后置处理模块　它具有对有限元分析结果的数据平滑、各种物理量的加工与显示、针

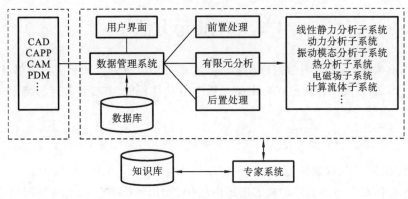

图 4.2　CAE 的软件结构

对工程或产品设计要求的数据检验与工程规范校核、设计优化与模型修改等功能。

(4) 用户界面模块　它具有用户友好界面,能够高效方便地实现 CAE 软件与设计师交互信息,具有弹出式下拉菜单、数据导入与导出宏命令,以及相关的 GUI(图形用户界面)图符等。

(5) 数据管理系统与数据库　不同的 CAE 软件所采用的数据管理技术差异较大。数据管理系统有文件管理系统、关系型数据库管理系统及面向对象的工程数据库管理系统。数据库应该包括构件与模型的图形和特征数据库,标准、规范及有关知识库等。

(6) 共享的基础算法模块　它包括图形算法、数据平滑算法等。

经过几十年的发展,CAE 软件分析的对象逐渐由线性系统发展到非线性系统,由单一的物理场发展到多场耦合系统,并在航空航天、机械、建筑、土木工程、爆破等领域获得了成功的应用。同时,随着计算机技术、CAD 技术、CAPP 技术、CAM 技术、PDM 技术和 ERP 技术的发展,CAE 技术逐渐与它们相互渗透,向多种信息技术集成的方向发展。

4.1.2　CAE 技术的现状与发展趋势

CAE 从 60 年代初在工程上开始应用到今天,已经历了 50 多年的发展历史,其理论和算法都经历了从蓬勃发展到日趋成熟的过程,现已成为工程和产品结构分析中(如航空航天、机械、土木结构等领域)必不可少的数值计算工具,同时也是分析连续力学各类问题的一种重要手段。计算机辅助工程(CAE)是使用计算机系统来分析 CAD 几何模型,允许设计者模拟并研究产品的行为,以便进行改进和优化产品设计。

当前 CAE 的研究热点与未来发展趋势集中在以下方面:

(1) 计算流体力学、结构力学、材料力学、仿生力学等方面的新进展;

(2) 新材料与新工艺、生物材料、微纳米、复合材料的 CAE 应用技术;

(3) 高性能计算(HPC)与 CAE;

(4) 智能化 CAD/CAE 集成;

(5) 多学科、多尺度 CAE 仿真技术;

(6) 可靠性分析与 CAE 工程稳健设计;

(7) 非线性有限元进展及应用;

(8) 有限元网格自动生成技术;

(9) 智能仿真技术;

(10) 虚拟现实、增强现实技术。

4.2　有限元方法

在科学技术领域内,许多力学问题和物理问题都可用微分方程和相应的边界条件来描述。例如,一个长为 l 的等截面悬臂梁在自由端受集中力 F 作用时,其变形挠度 y 满足的微分方程和边界条件为

$$\frac{\mathrm{d}^2 y}{\mathrm{d}x^2} = \frac{F}{EI}(l-x), \quad y|_{x=0} = 0, \quad \frac{\mathrm{d}y}{\mathrm{d}x}\bigg|_{x=0} = 0 \tag{4-1}$$

式中:E 为弹性模量;I 为截面惯量。

由微分方程和相应边界条件构成的定解问题中,能用解析方法求出精确解的只是少数方程比较简单,且求解区域几何形状相当规则的问题。对于大多数问题,由于方程的某些特征的非线性性质,或求解区域的几何形状比较复杂,则不能得到解析解。解决这类问题通常有两种途径:一是引入简化假设,将方程和几何边界简化为能够处理的情况,从而得到问题在简化状态下的解答,但是这种方法只在有限的情况下可行,因为过多的简化可能导致误差很大甚至错误的解答;二是通过数值方法求解,这是人们为了避免简化假设方法的不足,多年来寻找和开发的另一种求解途径。特别是近 30 多年来,随着电子计算机的飞速发展和广泛应用,数值分析方法已成为求解科学技术问题的主要工具。而有限元方法就是一种十分有效的求解微分方程边值问题的数值方法,也是关于制造设备和零件设计过程数值模拟的主要方法之一。有限元方法的出现,是数值分析方法研究领域内突破性的重大进展。有限元技术已成为 CAE 软件的核心技术之一。

4.2.1　有限元方法概述

1960 年,美国 Clough 教授首次提出"finite element method,FEM(有限元方法)"这个名词。从此,有限元方法正式作为一种数值分析方法出现在工程技术领域,成为求解工程实际问题的一种有力的数值计算工具。在过去的几十年中,有限元分析技术得到了迅速发展,其应用日益普及,数值分析在工程中的作用也日益增长。近 40 年来,有限元方法的应用已由弹性力学平面问题扩展到空间问题、板壳问题,由静力问题扩展到稳定性问题、动力问题和波动问题,由固体力学扩展到流体力学、传热学、电磁学等领域,分析的对象也已从弹性材料扩展到塑性、黏弹性、黏塑性和复合材料等。随着其在各个工程领域中不断得到深入应用,有限元方法现已遍及宇航工业、核工业、机电工业、化工业、建筑工业、海洋工业等工业领域。

利用有限元分析这一先进的技术,在设计阶段就可以预测产品的性能,减少许多原型制造及测试实验工作,这样既可以缩短产品设计周期、节省实验费用,又可以优化产品的设计,避免产品的大储备设计及不足设计。有限元方法在产品结构设计中的应用,使机电产品设计产生了革命性的变化,促使理论设计代替了经验类比设计。目前,有限元方法仍在不断发展,理论也不断完善,各种有限元分析程序包的功能越来越强大,使用越来越方便。

4.2.2　有限元方法的基本原理

有限元方法是一种数值离散化方法,根据变分原理进行数值求解。它将一个连续的求解域离散化,即分割成彼此用节点(离散点)互相联系的有限个单元,如图 4.3 所示为通过离散化

建立的准双曲面锥齿轮有限元模型。一个连续弹性体被看作有限个单元体的组合,根据一定精度要求,用有限个参数来描述各单元体的力学特性,而整个连续体的力学特性就是构成它的全部单元体的力学特性的总和。基于这一原理及各种物理量的平衡关系,建立起弹性体的刚度方程(即一个线性代数方程组),求解该刚度方程,即可得出欲求的参量,适应各种复杂的边界形状和边界条件。由于单元的个数是有限的,节点数目也是有限的,所以此方法称为有限元方法。

图 4.3　准双曲面锥齿轮的有限元模型

用有限元方法解决问题时采用的是近似物理模型。有限元方法概念清晰,通用性与灵活性兼备,能妥善处理各种复杂情况,只要改变单元的数目就可以使解的精确度改变,得到与真实情况无限接近的解。因此,有限元方法适用于结构形状及边界条件比较复杂、材料特性不均匀等力学状况,能够解决几乎所有工程领域中各种边值问题(平衡或定常问题、特征值问题、动态或非定常问题),如弹性力学、弹塑性与黏弹性、疲劳与断裂分析、动力响应分析、流体力学、传热、电磁场等问题。图 4.4 和图 4.5 所示为有限元方法在温度场以及磁场分析中的应用。图 4.4 显示了铸件应力框在浇注后分别经过 300 s 和 1800 s 得到的温度场,可以看出在粗杆和横梁的交接处存在热节。图 4.5 显示了单对磁体磁场强度大小和磁场方向,可以看出磁场方向基本沿着径向分布,但有个别部位有所偏离,磁铁各个部位的漏磁情况不完全一致,但偏差较小,可以忽略。

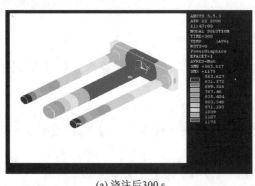　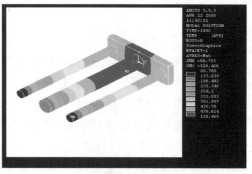

(a) 浇注后300 s　　　　　　　　　　(b) 浇注后1800 s

图 4.4　铸件应力框在凝固过程中的温度场

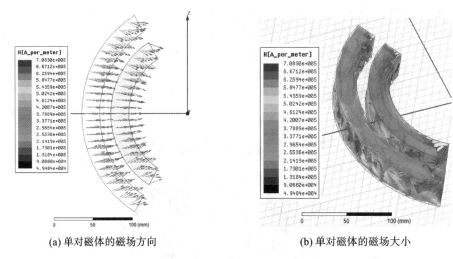

　　　　(a) 单对磁体的磁场方向　　　　　　　　　　　　(b) 单对磁体的磁场大小

图 4.5　单对磁体的磁场分析

4.2.3　有限元方法的基本步骤

　　有限元方法是指已知物体区域边界上的约束条件及所受的作用力,求解区域内各点的位移和应力等的方法。对于具有不同物理性质和数学模型的问题,有限元方法的求解基本步骤是相同的,只是具体的公式推导和运算过程不同。有限元方法的求解基本步骤是有限元方法的核心,对于二维、三维问题中的任何结构都是适用的,因此具有一般性。不同有限元方法问题的主要差别在于划分的单元类型不同,从而影响到单元分析和单元等效节点载荷求法的选择。用有限元方法进行结构分析的过程是:结构和受力分析→离散化处理→单元分析→整体分析→引入边界条件求解。

1. 有限元分析中的离散化处理

　　有限元分析的核心是要将连续的弹性体离散化为有限多个有限大小的有限单元的组合体。由于实际机械结构常常很复杂,即使对结构进行了简化处理,仍难用单一的单元来描述。因此在对机械结构进行有限元分析时,必须选用合适的单元并进行合理的搭配,对连续结构进行离散化处理,以使所建立的计算力学模型能在工程意义上尽量接近实际结构,提高计算精度。在结构离散化处理中需要解决的主要问题是:单元类型选择、单元划分、单元编号和节点编号。

　　1) 单元类型选择的原则

　　在进行有限元分析时,正确选择单元类型对分析结果的正确性和计算精度具有重要的作用。选择单元类型时通常应遵循以下原则。

　　(1) 所选单元类型应对结构的几何形状有良好的逼近程度。

　　(2) 要真实地反映分析对象的工作状态。例如机床基础大件在受力时,弯曲变形很小,可以忽略,这时宜采用平面应力单元。

　　(3) 根据计算精度的要求,并考虑计算工作量的大小,恰当选用线性或高次单元。

　　2) 单元的类型

　　在采用有限元方法对结构进行分析计算时,依据分析对象的不同,采用的单元类型也不同,常见的有以下几种单元。

（1）杆、梁单元　这是最简单的一维单元，单元内任意点的变形和应力由沿轴线的坐标确定。

（2）板单元　这类单元内任意点的变形和应力由 x、y 坐标确定，这是应用最广泛的基本单元，有三角形单元和矩形板单元两种。

（3）多面体单元　它可分为四面体单元和六面体单元。

（4）薄壳单元　它是由曲面组成的壳单元。

3）离散化处理

在完成单元类型选择之后，便可对分析模型进行离散化处理，将分析模型划分为有限个单元。各单元仅在节点上连接，单元之间仅通过节点传递载荷。在进行离散化处理时，一方面应将物体分解成充分小的单元，使得简化的位移模型能够在单元内足够近似地表示精确解，从而在整体上获得满意的计算结果，另一方面又必须注意到单元不能分得太细，以免使计算工作量过大。充分小而有限小，这是离散化的基本原则。

在保证离散化的基本原则的基础上，应根据要求的计算精度、计算机硬件性能等确定单元的数量。同时，还应注意下述要点：

（1）任意一个单元的顶点必须同时是相邻单元的顶点，而不能是相邻单元的内点，如图 4.6(a) 所示的划分方式正确，图 4.6(b) 所示的划分方式错误。

（2）应尽可能使单元的各边长度相差不要太大。在三角形单元中最好不要出现钝角，如图 4.7(a) 所示的划分方式合适，图 4.7(b) 所示的划分方式不妥。

（3）在结构的不同部位应采用不同大小的单元来划分。重要部位网格密、单元小，次要部位网格稀疏、单元大。

（4）对具有不同厚度或由几种材料组合而成的构件，必须把厚度突变线或不同材料的交界线取为单元的分界线，即同一单元只能有一种厚度或一种材料常数。

（5）如果构件受集中载荷作用或承受有突变的分布载荷作用，应当把受集中载荷作用的部位或承受有突变的分布载荷作用的部位划分得更细，并且在集中载荷作用点或载荷突变处设置节点。

（6）若结构和载荷都是对称的，则可只取一部分来分析，以减小计算量。

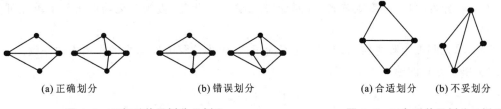

| (a) 正确划分 | (b) 错误划分 | (a) 合适划分 | (b) 不妥划分 |

图 4.6　三角形单元划分示例Ⅰ　　　　　图 4.7　三角形单元划分示例Ⅱ

2. 单元分析

单元分析的目的是通过对单元的物理特性分析，建立单元的有限元平衡方程。

1）单元位移插值函数

在完成结构的离散化后，就可以分析单元的特性。为了能用节点位移表示单元体内的位移、应变和应力等，在分析连续体的问题时，必须对单元内的位移分布做出一定的假设，即假定位移是坐标的某种简单函数。这种函数就称为单元的位移插值函数，简称位移函数。

选择适当的位移函数是有限元分析的关键。位移函数应尽可能地逼近实际的位移，以保证计算结果收敛于精确解。位移函数必须具备三个条件：

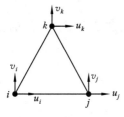

图 4.8　三角形单元

(1) 位移函数在单元内必须连续，相邻单元之间的位移必须协调；

(2) 位移函数必须包含单元的刚体位移；

(3) 位移函数必须包含单元的常应变状态。

以图 4.8 所示的三角形单元为例。节点 i、j、k 的坐标分别为 (x_i,y_i)、(x_j,y_j)、(x_k,y_k)，每个节点有两个位移分量，即 u_i，v_i，记 $\boldsymbol{\delta}_i=[u_i\quad v_i]^T (i=i,j,k)$，单元内任一点 (x,y) 的位移为 $\boldsymbol{f}=[u\quad v]^T$。以 $\boldsymbol{\delta}^{(e)}=[u_i\quad v_i\quad u_j\quad v_j\quad u_k\quad v_k]^T$ 表示单元节点位移列阵。取线性函数

$$\begin{cases} u = a_1 + a_2 x + a_3 y \\ v = a_4 + a_5 x + a_6 y \end{cases} \tag{4-2}$$

作为单元的位移函数。将边界条件代入后可得

$$\begin{cases} u = N_i^e u_i + N_j^e u_j + N_k^e u_k \\ v = N_i^e v_i + N_j^e v_j + N_k^e v_k \end{cases} \tag{4-3}$$

写成矩阵形式为

$$\boldsymbol{f} = \begin{bmatrix} N_i^e & 0 & N_j^e & 0 & N_k^e & 0 \\ 0 & N_i^e & 0 & N_j^e & 0 & N_k^e \end{bmatrix} \boldsymbol{\delta}^{(e)} = \boldsymbol{N}\boldsymbol{\delta}^{(e)} \tag{4-4}$$

2) 单元刚度矩阵

单元刚度矩阵由单元类型决定，可用虚功原理或变分原理等导出。前述三角形单元的单元刚度矩阵为

$$\boldsymbol{K}^{(e)} = \begin{bmatrix} k_{ii}^e & k_{ij}^e & k_{ik}^e \\ k_{ji}^e & k_{jj}^e & k_{jk}^e \\ k_{ki}^e & k_{kj}^e & k_{kk}^e \end{bmatrix} \tag{4-5}$$

单元刚度矩阵的各元素与单元的几何形状和材料特性有关，表示由单位节点位移所引起的节点力分量。单元刚度矩阵具有以下三种性质：

(1) 对称性，单元刚度矩阵是一个对称矩阵；

(2) 奇异性，单元刚度矩阵各行(列)的各元素之和为零，因为在无约束条件下单元可做刚体运动；

(3) 单元刚度矩阵主对角线上的元素为正值，因为位移方向与力的作用方向一致。

3) 单元方程的建立

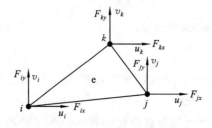

图 4.9　单元的节点力

建立有限元分析单元平衡方程的方法有虚功原理、变分原理等。下面以虚功原理为例来说明建立有限元分析单元方程的基本方法。

图 4.9 所示三节点三角形单元三个节点 i、j、k 上的节点力分别为(F_{ix}, F_{iy})、(F_{jx}, F_{jy})、(F_{kx}, F_{ky})。记节点力列阵为 $\boldsymbol{F}^{(e)}$，且

$$\boldsymbol{F}^{(e)} = \begin{bmatrix} F_{ix} & F_{iy} & F_{jx} & F_{jy} & F_{kx} & F_{ky} \end{bmatrix}^{\mathrm{T}}$$

设在节点上产生虚位移 $\boldsymbol{\delta}^{*(e)}$，则 $\boldsymbol{F}^{(e)}$ 所做的虚功为

$$W^{(e)} = \left[\boldsymbol{\delta}^{*(e)} \right]^{\mathrm{T}} \boldsymbol{F}^{(e)} \tag{4-6}$$

整个单元体的虚应变能为

$$U^{(e)} = \iiint_v (\varepsilon_x^* \sigma_x + \varepsilon_y^* \sigma_y + \gamma_{xy}^* \tau_{xy}) \mathrm{d}v = \iint (\boldsymbol{\varepsilon}^*)^{\mathrm{T}} \boldsymbol{\sigma}^{(e)} t \mathrm{d}x \mathrm{d}y \tag{4-7}$$

式中：t 为单元的厚度。

由虚功原理有　　　　　　　　　　$W^{(e)} = U^{(e)}$

将 $W^{(e)}$、$U^{(e)}$ 代入该式，并经整理可得

$$\boldsymbol{K}^{(e)} \boldsymbol{\delta}^{(e)} = \boldsymbol{F}^{(e)} \tag{4-8}$$

这就是有限元单元方程。

3. 整体分析

显然，由单元分析得出的仅仅是局部的信息，各个单元靠节点连接起来组成整体，因而必须从全局出发进行分析。也就是说，将各个单元的方程（单元刚度矩阵）按照保持节点处位移连续性的方式组合起来，就可得到整个物体的平衡方程（整体刚度矩阵），再按照给定的位移边界条件修改这些方程，使平衡方程组有解。

"积零为整"是由单元方程建立整体方程的集合过程，应遵循以下原则：根据节点的平衡条件，相应的刚度和载荷必须相加。这个过程包括由各个单元刚度矩阵 $\boldsymbol{K}^{(e)}$ 集合成整体的刚度矩阵 $\boldsymbol{K}$，以及由各单元节点力矢量 $\boldsymbol{F}^{(e)}$ 集合成总的载荷矢量 $\boldsymbol{F}$。本节运用的集合法是最常用的直接刚度法。集合所依据的原理是：各单元在公共节点处相互连接，因而要求在公共节点处连接的单元在该节点上的位移相同。集合而成的矩阵方程反映了整体的平衡关系，即

$$\boldsymbol{K}\boldsymbol{\delta} = \boldsymbol{F} \tag{4-9}$$

其中，整体刚度矩阵 $\boldsymbol{K}$ 仍是奇异的。为使式(4-9)有唯一解，必须利用几何边界条件（即在物体边界处给定某些位移约束条件），对式(4-9)予以适当修正。

为了将单元刚度矩阵叠加到整体刚度矩阵中，需要将单元刚度矩阵中的局部节点编号转换成结构的统一编号，这样，各单元刚度矩阵中的各子块的下标就表示它在整体矩阵的位置。由于单元刚度矩阵都是在统一的直角坐标系中建立的，故可以直接叠加。分别按各单元元素的下标分块加到整体刚度矩阵中，即可得整体刚度矩阵。

4. 引入边界条件求解

式(4-9)只反映了物体内部的关系，并未反映物体与边界支承等的关系。在未引入约束条件之前，其整体刚度矩阵 $\boldsymbol{K}$ 是奇异的，式(4-9)的解不唯一。这是因为弹性体在力 $\boldsymbol{F}$ 的作用下虽处于平衡状态状态，但仍可做刚性位移。为了求得式(4-9)中节点位移的唯一解，必须根据结构与外界支承的关系引入边界条件，消除刚度矩阵 $\boldsymbol{K}$ 的奇异性，使方程得以求解，进而再将求出的节点位移 $\boldsymbol{\delta}^{(e)}$ 代入各单元的物理方程，求得各单元的应力。求解结果是单元节点处状态变量的近似值。计算结果的质量将通过与设计准则提供的允许值相比较来评价，并确定是否需要重复计算。

4.2.4　有限元方法基本原理和步骤举例

下面以图 4-10(a)所示的两段截面大小不同的悬臂梁为例来说明有限元方法的基本原理和步骤。该梁一端固定,另一端受一轴向载荷 $F_3=10$ N 作用,已知两段的横截面分别为 $A^{(1)}=2$ cm^2 和 $A^{(2)}=1$ cm^2,长度为 $L^{(1)}=L^{(2)}=10$ cm,所用材料的弹性模量 $E^{(1)}=E^{(2)}=1.96\times10^7$ N/cm^2。以下是用有限元方法求解这两段轴的应力和应变的过程。

1. 结构和受力分析

图 4.10(a)所示结构和受力情况均较简单,可直接将此悬臂梁简化为由两根杆件组成的结构,一端受集中力 F_3 作用,另一端为固定约束,如图 4.10(b)所示。

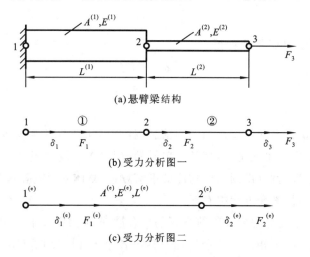

图 4.10　悬臂梁结构及受力分析图

2. 离散化处理

将这两根杆分别取为两个单元,单元之间通过节点 2 相连接。这样,整个结构就离散为两个单元、三个节点。由于结构仅受轴向载荷,因此各单元内只有轴向位移。现将三个节点的位移量分别记为 δ_1、δ_2、δ_3。

3. 单元分析

单元分析的目的是建立单元刚度矩阵。现取任一单元 e 进行分析。当单元两端分别受两个轴向力 $F_1^{(e)}$ 和 $F_2^{(e)}$ 的作用时(见图 4.10(c)),$F_1^{(e)}$、$F_2^{(e)}$ 与两端节点 $1^{(e)}$ 和 $2^{(e)}$ 处的位移量 $\delta_1^{(e)}$ 和 $\delta_2^{(e)}$ 之间存在一定的关系,根据材料力学知识可知:

$$\begin{cases} F_1^{(e)} = \dfrac{E^{(e)}A^{(e)}}{l^{(e)}}(\delta_1^{(e)}-\delta_2^{(e)}) \\ F_2^{(e)} = \dfrac{E^{(e)}A^{(e)}}{l^{(e)}}(-\delta_1^{(e)}-\delta_2^{(e)}) \end{cases} \tag{4-10}$$

可将式(4-10)写成矩阵形式:

$$\begin{bmatrix} F_1 \\ F_2 \end{bmatrix}^{(e)} = \frac{E^{(e)}A^{(e)}}{l^{(e)}}\begin{bmatrix} 1 & -1 \\ -1 & 1 \end{bmatrix}\begin{bmatrix} \delta_1 \\ \delta_2 \end{bmatrix}^{(e)} \tag{4-11}$$

或简记为

$$\boldsymbol{F}^{(e)} = \boldsymbol{K}^{(e)}\boldsymbol{\delta}^{(e)} \tag{4-12}$$

式中:$\boldsymbol{F}^{(e)}$ 为节点力矢量;$\boldsymbol{\delta}^{(e)}$ 为节点位移矢量;$\boldsymbol{K}^{(e)}$ 为单元刚度矩阵。

单元刚度矩阵可改写为标准形式:

$$\boldsymbol{K}^{(e)} = \frac{E^{(e)}A^{(e)}}{l^{(e)}}\begin{bmatrix} 1 & -1 \\ -1 & 1 \end{bmatrix} = \begin{bmatrix} \dfrac{EA}{l} & -\dfrac{EA}{l} \\ -\dfrac{EA}{l} & \dfrac{EA}{l} \end{bmatrix}^{(e)} = \begin{bmatrix} k_{11} & k_{12} \\ k_{21} & k_{22} \end{bmatrix} \tag{4-13}$$

该矩阵中任一元素 $k_{ij}(i=1,2;j=1,2)$ 都称为单元刚度系数。它表示该单元内节点 j 处产生单位位移时,在节点 i 处该单元所承受的载荷。

4. 组合单元形成总体刚度方程

在整体结构中,三个节点的位移矢量和载荷矢量分别为 $\boldsymbol{\delta}=\begin{bmatrix} \delta_1 & \delta_2 & \delta_3 \end{bmatrix}^{\mathrm{T}}$ 和 $\boldsymbol{F}=\begin{bmatrix} F_1 & F_2 & F_3 \end{bmatrix}^{\mathrm{T}}$。仿照式(4-12),有

$$\boldsymbol{F} = \boldsymbol{K}\boldsymbol{\delta} \tag{4-14}$$

式中:$\boldsymbol{K}$ 为总体刚度矩阵,有

$$\boldsymbol{K} = \begin{bmatrix} k_{11} & k_{12} & k_{13} \\ k_{21} & k_{22} & k_{23} \\ k_{31} & k_{32} & k_{33} \end{bmatrix}$$

而该矩阵中的各元素 k_{ij} 称为总体刚度系数,式(4-14)称为总体平衡方程。

求出总体刚度矩阵是进行整体分析的主要任务。获得总体刚度矩阵的方法主要有两种:一种是直接根据刚度系数的定义求得每个矩阵元素,从而得到总体刚度矩阵。另一种是先分别求出各单元刚度矩阵,再利用集成法求出总体刚度矩阵。这里采用后一种方法。组合总体刚度之前,要先将各单元节点的局部编号转化为总体编号,再将单元刚度矩阵按总体自由度进行扩容,并将原单元刚度矩阵中的各系数按总码重新标记,如:

$$\boldsymbol{K}^{(1)} = \begin{bmatrix} k_{11} & k_{12} \\ k_{21} & k_{22} \end{bmatrix}^{(1)} \rightarrow \boldsymbol{K}^{(1)} = \begin{bmatrix} k_{11} & k_{12} & 0 \\ k_{21} & k_{22} & 0 \\ 0 & 0 & 0 \end{bmatrix}^{(1)}$$

$$\boldsymbol{K}^{(2)} = \begin{bmatrix} k_{11} & k_{12} \\ k_{21} & k_{22} \end{bmatrix}^{(2)} \rightarrow \boldsymbol{K}^{(2)} = \begin{bmatrix} 0 & 0 & 0 \\ 0 & k_{22} & k_{23} \\ 0 & k_{32} & k_{33} \end{bmatrix}^{(2)}$$

将脚标相同的系数相加,并按总体编码的顺序排列,即可求得总体刚度矩阵:

$$\boldsymbol{K} = \boldsymbol{K}^{(1)} + \boldsymbol{K}^{(2)} = \begin{bmatrix} k_{11}^{(1)} & k_{12}^{(1)} & 0 \\ k_{21}^{(1)} & k_{22}^{(1)} + k_{22}^{(2)} & k_{23}^{(2)} \\ 0 & k_{32}^{(2)} & k_{33}^{(2)} \end{bmatrix} \tag{4-15}$$

5. 引入边界条件求解

本例的边界条件是节点 1 的位移为 0,即 $\delta_1=0$。若将已知数据代入公式,经计算可得总体平衡方程为

$$1.96\times10^6 \times \begin{bmatrix} 2 & -2 & 0 \\ -2 & 3 & -1 \\ 0 & -1 & 1 \end{bmatrix}\begin{bmatrix} 0 \\ \delta_2 \\ \delta_3 \end{bmatrix} = \begin{bmatrix} F_1 \\ 0 \\ 10 \end{bmatrix} \tag{4-16}$$

求解式(4-16)可得:$\delta_2=0.255\times10^{-5}$ cm,$\delta_3=0.765\times10^{-5}$ cm。

6. 各单元应力和应变的计算

(1) 各单元的应变:

$$\varepsilon^{(1)} = \frac{\delta_2 - \delta_1}{L^{(1)}} = 0.255 \times 10^{-6}, \quad \varepsilon^{(2)} = \frac{\delta_3 - \delta_2}{L^{(2)}} = 0.51 \times 10^{-6}$$

（2）各单元的应力：

$$\sigma^{(1)} = E^{(1)}\varepsilon^{(1)} = 4.998 \text{ N/cm}^2, \quad \sigma^{(2)} = E^{(2)}\varepsilon^{(2)} = 9.996 \text{ N/cm}^2$$

4.2.5　有限元方法的基本流程

可以简单理解有限元分析软件就是基于有限元分析思想，借助于有限元方法这一数学工具和计算机语言而程序化的结果。不论我们使用哪一种有限元分析软件，建模与分析主要都包括前置处理、方程组求解和后置处理三个阶段，如图 4.11 所示。在前置处理阶段，主要工作是提供分析对象的信息，如有限单元的节点与单元数据、材料参数、边界条件和外载荷等。在求解阶段，主要工作是根据问题的特点选择计算方法。在后置处理阶段，主要工作是显示与分析计算结果。

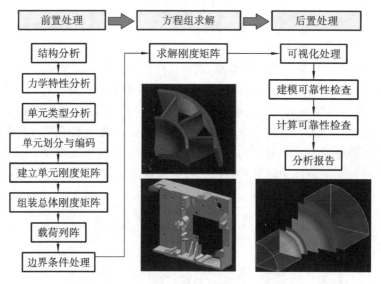

图 4.11　有限元方法的基本流程

CAE 工程师的工作重点在于前、后置处理，而有限元分析的求解过程依靠 CAE 软件自动完成。

4.3　有限元分析的前、后置处理

运用有限元方法进行计算的重要步骤是对具体结构进行离散化处理，即对结构进行单元的几何剖分，将结构划分成网格，并得到各节点的坐标和各单元的节点编号等有关的输入数据信息，这些数据如果采用人工输入，则工作量大、烦琐枯燥且易出错。当对结构进行有限元分析后需要分析整理计算结果，也会输出大量数据，如静态受力分析计算后各节点的位移量、固有频率计算之后的振型等，对这些输出数据的观察和分析也是一项细致而难度较大的工作。因此，要求有限元计算程序应具备前置处理和后置处理的功能。目前常用的有限元分析软件均带有完善的前、后置处理程序，大大减少了各种重复性工作，提高了分析效率，并提高了分析的直观性和形象性。

4.3.1　有限元分析的前置处理

在进行有限元分析前,需要输入大量的数据,包括各个节点和单元的编号及坐标、载荷、材料和边界条件描述数据等,这些工作称为有限元前置处理。有限元方法应用于结构设计时,有限元前置处理的主要工作内容包括:建立几何模型、有限元网格的自动生成、有限元属性数据的生成、数据自动检查。

1. 建立几何模型

这个环节主要是生成有限元计算的结构模型,有了结构模型后,可以按照许多方法生成有限元的计算数据。一种途径是设计专用的有限元模型交互生成软件,实现建模与有限元前置处理一体化;另一种方法是利用目前已有的商品化的图形软件生成模型,再通过数据转换将模型与有限元网格划分软件相连接。但是,实际的工程问题往往很复杂,需要通过简化模型在计算精度和计算规模之间取得平衡。

2. 有限元网格的自动生成

要求生成各种类型的单元及其组合而成的网格,产生节点坐标、节点编号、单元拓扑等数据。网格的疏密分布应能由用户来控制,对生成的节点应能进行优序编号以减少总刚度矩阵带宽。利用计算机交互图形功能,显示网格划分情况,以便用户检查和修改。网格生成算法很多,由计算机程序自动划分网格的方法大致分为两类:基于规则形体的网格划分方法和直接对原始模型进行网格划分的方法。

基于规则形体的网格划分方法是一种半自动的方法,即先将几何模型剖分为若干个规则形体,分别对每个规则形体进行网格划分,然后将各规则形体拼装起来,得到完整模型的网格。这类方法算法简单,易于实现,计算效率高,网格及单元容易控制。其缺点是规则形体剖分工作对用户技术水平有较高要求,数据准备量大。

直接对原始几何模型进行网格划分的方法是全自动的方法,包括四分法、八分法和拓扑分解法、几何分解法等。这类方法只要求用户描述几何模型边界,数据准备量小,网格局部加密比较方便。这类方法目前发展很快,正成为主流网格划分方法。但其缺点是算法较复杂、编程难度大、计算效率较低。

从原则上讲,有限元分析的精度取决于网格划分的密度,网格划分得越密,每个单元越小,则分析精度越高。但网格划分过细会使计算量太大,占用的计算机容量过大且占用的机时过多,经济性差。网格划分的密度应取决于物体承载情况和几何特点。实际上,物体在承载后,其应力分布往往不均匀,最高应力区总是集中在具有某种几何特点的小区域内。因此,利用前置处理程序,采用有限元网格的局部加密办法比较好。

3. 有限元属性数据的生成

有限元属性数据主要包括载荷、材料数据及边界条件描述数据。这些数据是和网格划分相联系的,因此要结合网格划分的方法来定义、计算和生成属性数据,最后将载荷、材料和边界约束条件等属性数据放入数据文件。

4. 数据自动检查

有限元分析中的数据量大,易于出错,因此在数据前置处理中应利用计算机将网格化的力学模型显示出来,以便对各种数据及时进行检查和修正,确保各种数据正确无误。此过程主要是发现并解决重复单元、重复节点、孤立单元、孤立节点、单元翘曲、单元法线不一致、单元内角与长度比异常、单元方向与自由面定义异常等问题。

4.3.2　有限元分析的后置处理

对有限元分析后产生的大量结果数据,需要予以筛选或进一步转换为设计人员所需要的数据,如危险截面应力值、应力集中区域相关数据等。

后置处理主要是对分析结果进行综合归纳,利用计算机的图形功能将有限元计算分析结果进行加工处理,采用可视化方法(等值线、等值面或彩色云图等)进行显示,更加形象、有效地表示有限元分析的结果数据,使设计人员可以直观、迅速地了解有限元分析计算结果。

后置处理的目的在于确定计算模型是否合理、计算结果是否合理,检验和校核产品设计的合理性。后置处理结果最终应达到指导产品设计和改进设计的目的。有限元分析数据后置处理包括:

(1)结果数据的编辑输出。提供多种结果数据编辑功能,有选择地组织、处理、输出有关数据,并按照用户的要求输出规格化的数据文件。例如找出应力值高于某一阈值的节点或单元,输出某一区域内的应力等。

(2)有限元数据的图形显示。利用计算机的图形功能,以图形方式绘制、显示计算结果,直观形象地反映出大批量数据的特性及其分布状况。图形显示可帮助设计者迅速了解研究对象的特征,从而对如何修改模型做出判断。用于表示和记录有限元数据的图形主要有有限元网格图、结构变形图、等值线图、振型图、彩色填充图(云图)、应力矢量图和动画模拟等。等值线有应力等值线图、位移等值线图、等高线图和温度等值线图等,其中在工程结构分析中,以应力等值线图应用最多。等值线图可在彩色显示屏上用不同的颜色加以形象化。图 4.12 和 4.13 分别为轴承座的有限元模型和应力等值线图。

 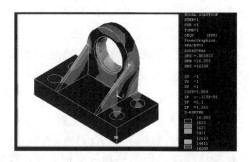

图 4.12　轴承座的有限元模型　　　　　图 4.13　轴承座的应力等值线图

实践表明,前、后置处理程序的功能是有限元分析软件能否真正发挥作用、得到推广应用的关键,同时也是评价 CAD/CAM 系统的一项指标。

4.4　CAD 与 CAE 的集成

当今有限元分析软件的一个发展趋势是与通用的 CAD 软件的集成使用,即在用 CAD 软件完成部件和零件的建模设计后,直接将模型传送到 CAE 软件中进行有限元网格划分并进行分析计算,如果分析的结果不满足设计要求则重新进行设计和分析,直到满意为止,因而极大地提高了设计水平和效率。

为了满足工程师快捷地解决复杂工程问题的要求,许多商业化有限元分析软件企业都开发了有限元分析软件与 CAD 软件(例如 Pro/ENGINEER、UG、CATIA、MDT、I-DEAS 和

AutoCAD 等)连接的专用接口,同时,开发了协同仿真系统,以解决企业产品研发过程中 CAE 软件的异构问题。所有与仿真工作相关的人、技术、数据都可在这个统一环境中协同工作,各类数据之间的交流、通信和共享皆可在这个环境中完成。通用协同仿真环境的平台结构如图 4.14 所示。

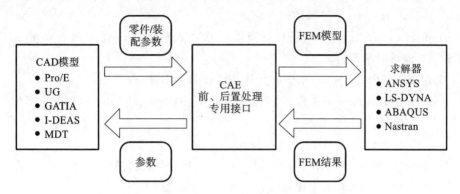

图 4.14　通用 CAD/CAE 协同仿真平台结构示意图

4.5　ANSYS Workbench 软件

ANSYS Workbench 软件提供了一个独特的 CAD 与 CAE 集成协同仿真平台。下面就通过对 ANSYS Workbench 的详细讲解,帮助读者深入了解 ANSYS Workbench 的各项功能和特性以及 CAD/CAE 集成的过程。

4.5.1　ANSYS Workbench 概述

ANSYS 软件是美国 ANSYS 公司研制的大型通用有限元分析软件,是世界范围内增长较快的计算机辅助工程(CAE)软件,能与多数 CAD 软件(如 Creo、Nastran、ALGOR、I-DEAS、AutoCAD 等)连接,实现数据的共享和交换,是融结构、流体、电场、磁场、声场分析于一体的大型通用有限元分析软件,在核工业、铁道、石油化工、航空航天、机械制造、能源、汽车交通、国防军工、电子、土木工程、造船、生物医学、轻工、地矿、水利、日用家电等领域有着广泛的应用。ANSYS 软件功能强大,操作简单方便,现在已成为国际较流行的有限元分析软件。

自 ANSYS 7.0 开始,ANSYS 公司推出了 ANSYS 经典版(Mechanical APDL)和 ANSYS Workbench 版两个版本,并且目前均已开发至 2020 R1 版本。Workbench 是 ANSYS 公司提出的全功能协同仿真环境,是全新的 ANSYS 运行环境。它是一个 CAE 软件(比如三维建模软件、流体力学计算软件)整合平台,也是进行有限元分析的前、后置处理平台,能通过简单的拖放操作指导用户进行复杂的多物理分析。

ANSYS Workbench 能与 CAD 软件无缝集成,提供了与 ANSYS 系统求解器的强大交互功能,能对复杂机械系统进行结构静力学、结构动力学、刚体动力学、流体动力学、结构热、电磁场、耦合场优化分析模拟。

ANSYS Workbench 由多种应用模块组成。

(1) Mechanical:利用 ANSYS 系统求解器进行结构和热分析。Mechanical 的分析类型包括:结构(静态和瞬态)分析,分为线性和非线性结构分析;动态能力分析,如模态分析、谐波分析、随机振动分析、柔体和刚体动力学分析;热传递(稳态和瞬态)分析,如求解温度场和热流以及材料的导热系数、对流系数；磁场分析，如三维静磁场分析；形状优化，使用拓扑优化技术显示体积可能减小的区域。

(2) Mechanical APDL：Mechanical APDL 是 ANSYS 的经典界面，采用传统的 ANSYS 用户界面对高级机械和多物理场进行分析，主要注重使用 ANSYS 参数化设计语言 (parametric design language)进行建模与求解。

(3) Fluid Flow(CFX)：用于进行计算流体动力学(computational fluid dynamics, CFD)分析，主要是三维流场的解算器。

(4) Fluid Flow(FLUENT)：用于进行计算流体动力学分析。

(5) Geometry(DesignModeler)：用于创建几何模型(DesignModeler)和进行 CAD 几何模型的修改。

(6) Engineering Data：用于定义材料特性。

(7) Meshing Application：用于生成 CFD 结果和显示动态网格。

(8) Design Application：用于探索设计工具，进行优化分析。

(9) Finite Element Modeler(FE Modeler)：用于对 Nastran 和 ABAQUS 的网格进行转化以进行 ANSYS 分析。

(10) BladeGen (Blade Geometry)：用于创建叶片几何模型。

(11) Explicit Dynamics：具有非线性动力学特色的模型，用于显式动力学模拟。

4.5.2　ANSYS Workbench 基本操作

1. ANSYS Workbench 的启动方式

ANSYS Workbench 的启动方式有从 Windows 开始菜单启动和从 CAD 系统中启动两种。从 CAD 软件中启动 ANSYS Workbench，必须将 ANSYS Workbench 与 CAD 软件进行集成，实现与 CAD 软件的数据交换，从而可在 Workbench 中直接读取 CAD 软件中的模型数据。

以三维软件 SolidWorks 启动 ANSYS Workbench 为例说明其集成的配置过程。如图 4.15所示，首先在 Windows 的开始菜单中找到 ANSYS 软件的启动程序图标，在 Utilities 文件夹中右击 CAD Configuration Manager，以管理员身份打开"ANSYS CAD Configuration Manager"，如图 4.16 所示。在"CAD Selection"选项卡中列出了 ANSYS 支持的所有 CAD 软件(见图 4.16)，勾选需要集成的三维 CAD 软件。如果选择"Reader"，则不需要安装相应的 CAD 软件，只是用 ANSYS 读取对应 CAD 软件的模型；如果选择"Workbench Associative Interface"，则需安装对应的 CAD 软件，设置此选项后不但 ANSYS Workbench 可以读取相应 CAD 软件的模型，在对应的 CAD 软件中也会出现用来与 ANSYS Workbench 进行数据交互的菜单。如图 4.16 所示，勾选"Workbench and ANSYS Geometry Interfaces"→"SolidWorks"→"Workbench Associative Interface"，完成 CAD 软件的选择。单击"Next"按钮，会出现对应 CAD 的配置界面，如图 4.17 所示。依次单击"Display Configuration Log File"和"Configure Selected CAD Interfaces"按钮进行 CAD 配置，配置完成后会显示"Configure success"提示，表示配置成功。配置成功后，对应的 CAD 软件"工具"菜单中便会出现 ANSYS 运行程序的菜单选项，如图 4.18 所示，单击"ANSYS Workbench"即可启动该软件。

 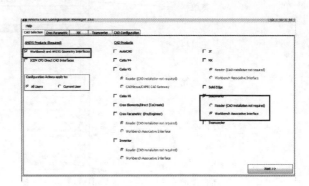

图 4.15 ANSYS 与 SolidWorks 集成配置　　　　　　图 4.16 CAD 软件选择

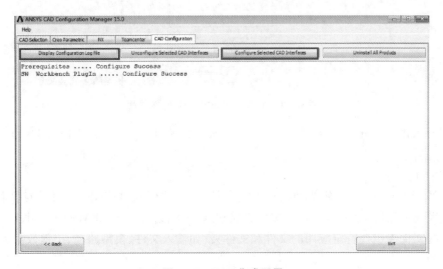

图 4.17 CAD 集成配置

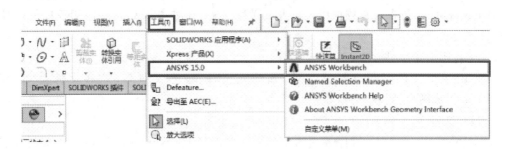

图 4.18 ANSYS 与 CAD 软件的集成结果

2. ANSYS Workbench 软件界面

启动 ANSYS Workbench 软件后,在默认状态下,界面布局如图 4.19 所示。

3. ANSYS Workbench 文件管理

ANSYS Workbench 文件管理系统是储存不同的项目文件,以目录树的形式管理每个系统及与系统中的应用程序对应的文件的系统。

创建项目文件(文件名. wbpj)时,ANSYS Workbench 也会同时生成一个同名文件夹,所

图 4.19　ANSYS Workbench 软件界面

有和项目有关的文件都保存在该文件夹中。该文件夹下主要的子文件夹为 dp0 和 user_files。

1）dp0 子文件夹

ANSYS Workbench 指定当前项目为零设计点，生成子文件夹 dp0。设计点文件夹包含每个分析系统的系统文件夹，而系统文件夹又包含每个应用系统，如 Mechanical、Fluent 等的文件。这些文件夹包含特定应用的文件和文件夹，如输入文件、模型路径、工程数据、源数据等相关文件和文件夹。

除了系统文件夹以外，dp0 文件夹也包括 global 文件夹，其下的子文件夹用于所有系统，可由多个系统共享，包含所有数据库文件及其关联文件，比如 Mechanical 应用程序的图片和接触工具等。

2）user_files 子文件夹

user_files 子文件夹包含任意文件，如输入文件、参考文件等，这些文件由 ANSYS Workbench 生成图片、图表、动画等。

3）显示文件

在 ANSYS Workbench 程序界面的菜单栏中单击"View "→"Files"，可以查看项目中所创建的所有文件及其文件属性，包括名称、大小、类型、创建时间等。

4）文件归档及复原

在 ANSYS Workbench 程序界面的菜单栏中单击"File"→"Archive"，可以将项目中所有的文件进行打包，生成.wbpz 压缩文件。同时可在"Archive Options"栏中选择所要打包的文件。在项目中也可以通过单击"File"→"Restore Archive"对归档的.wbpz 压缩文件进行恢复。

4. ANSYS Workbench 分析流程

使用 ANSYS Workbench 进行有限元分析的具体流程如图 4.20 所示。

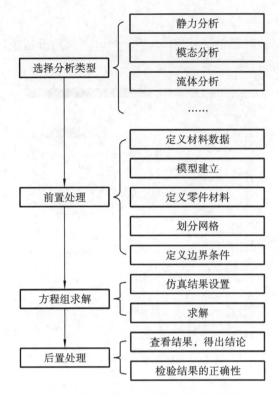

图 4.20　ANSYS Workbench 分析流程图

4.5.3　ANSYS Workbench 分析过程举例

1. ANSYS Workbench 静力学分析

ANSYS Workbench 静力学分析用于静态载荷。可以考虑结构的线性及非线性行为,如大变形、大应变、应力刚化、接触变形、塑性变形、超弹性变形及蠕变等。以图 4.21 所示的底座为例,在受到底面接触约束和重力约束情况下,分析其上表面受到大小为 $F=500$ N 向下作用力时,其变形过程及等效应力、等效应变。材料为结构钢,弹性模量 $E=206.8$ GPa,密度 $\rho=7850$ kg/m³,泊松比 $\mu=0.3$。

图 4.21　底座

ANSYS Workbench 软件本身具有三维建模的能力,但建模功能没有专业的三维建模软件强大。本实例采用 SolidWorks 软件建立底座的模型,保存为 STEP 或 IGES 格式文件,再通过 ANSYS Workbench 提供的接口将模型导入。表 4.1 给出了部分 CAD 软件与 ANSYS Workbench 进行模型交换的推荐接口。

表 4.1　部分 CAD 软件与 ANSYS Workbench 的推荐接口

CAD 软件	文件类型	首选的接口产品
AutoCAD	. sat	适用于 SAT 文件的 ANSYS 接口
Pro/ENGINEER	. prt	适用 Pro/ENGINEER 软件的 ANSYS 接口
SolidWorks	. x_t	适用于 Parasolid 文件的 ANSYS 接口

1) 创建分析项目

在"Toolbox"(工具箱)列表中双击"Static Structural"结构分析模块,生成图 4.22 所示的静力学分析项目工程图。

图 4.22　静力学分析项目工程图

2) 定义材料数据

双击图 4.22 中的"Static Structural",在打开的窗口中选择"Engineering Data"选项,进入材料数据选择与定义界面,如图 4.23 所示。打开"Engineering Data Source"选项卡,先选择"General materials"和"Structural steel"选项,然后选择结构钢材料。在"Properties of Outline Row13"栏中设置材料的属性,包括弹性模量、泊松比、屈服强度、拉伸强度等。设置完成后关闭"Engineering Data"窗口,返回 ANSYS Workbench 主界面。

图 4.23　材料数据选择与定义界面

3）模型建立

模型建立有两种方式。一种是通过在"Static Structural"列表中右击"Geometry"，在弹出的菜单中选择"New Geometry"，进入"DesignModeler"界面，使用 ANSYS Workbench 提供的建模工具新建模型，如图 4.24 所示；第二种是先通过在"Static Structural"中右击"Geometry"，在弹出的菜单中选择"Import Geometry"，进入"DesignModeler"界面，再在"DesignModeler"界面中通过单击"file"→"import External Geometry File"导入已经创建好的 IGES 模型，如图 4.25 所示。本例采用第二种方式，外部模型导入后的界面如图 4.26 所示。

图 4.24　选择内部模型

图 4.25　从外部导入模型

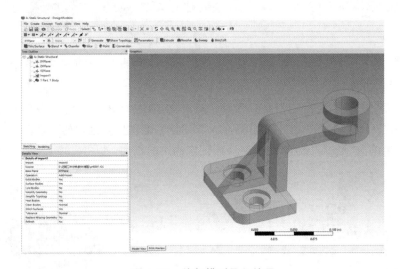

图 4.26　外部模型导入结果

4）定义零件材料

双击"Static Structural"列表中的"Model"，进入"Mechanical"界面。单击"Solid"，在弹出的"Details of 'Solid'"对话框中单击"Assignment"，进行零件材料的定义。本例采用系统默

认的结构钢,如图 4.27 所示。

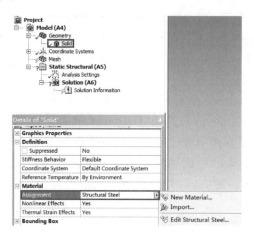

图 4.27　定义零件材料

5）划分网格

在"Mechanical"界面左侧右击"Mesh",在弹出的菜单中单击"Generate Mesh",进行模型网格自动划分,如图 4.28 所示。网格划分结果显示如图 4.29 所示。

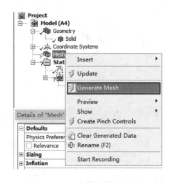

图 4.28　划分网格命令

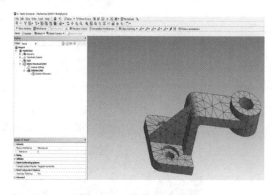

图 4.29　网格划分结果

6）定义边界条件

在 Mechanical 界面左侧右击"Static Structural",在随之打开的右键菜单中单击"Insert"→"Fixed Support",弹出"Details of 'Fixed Support'"对话框后选中要固定的下底面,在"Scope"项的"Geometry"栏中单击"Apply"按钮,完成下底面固定约束的添加,如图 4.30 所示。

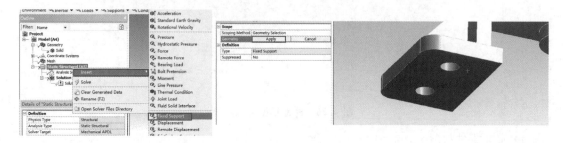

图 4.30　添加下底面的固定约束

在"Mechanical"界 面 左 侧 右 击"Static Structural",在 右 键 菜 单 中 单 击"Insert"→

"Standard Earth Gravity"添加重力。在弹出的"Details of 'Standard Earth Gravity'"对话框中的"Direction"下拉列表中选择重力的作用方向，本例重力方向为"－Y Direction"，如图 4.31 所示。

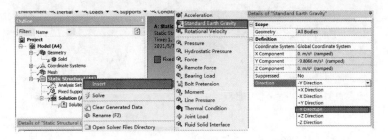

图 4.31　添加重力及重力方向

在"Mechanical"界面左侧右击"Static Structural"，在右键菜单中单击"Insert"→"Force"添加载荷，如图 4.32 所示。在弹出的"Details of 'Force'"对话框中，选择载荷的作用面，在"Magnitude"栏设置载荷大小为 500 N，点击方向箭头 进行载荷方向的更改。最后单击"Apply"按钮，完成载荷的设置，如图 4.33 所示。载荷添加完成后的效果如图 4.34 所示。

图 4.32　添加载荷

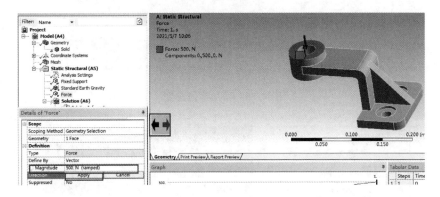

图 4.33　载荷设置

7）仿真结果设置

在"Mechanical"界面左侧右击"Solution"，在右键菜单中：单击"Insert"→"Deformation"→"Total"，添加总变形，如图 4.35 所示；单击"Insert"→"Strain"→"Equivalent(von Mises)"，添加等效应变，如图 4.36 所示；单击"Insert"→"Stress"→"Equivalent(von Mises)"，添加等效应力，如图 4.37 所示。

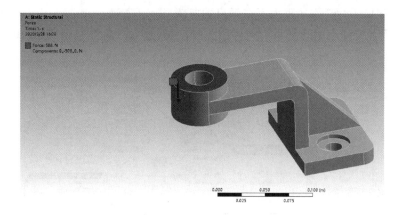

图 4.34　载荷添加完成后的效果

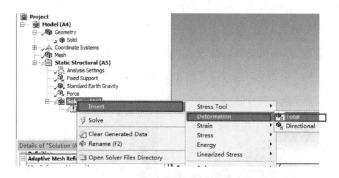

图 4.35　添加总变形

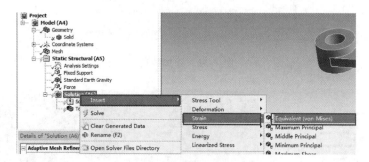

图 4.36　添加等效应变

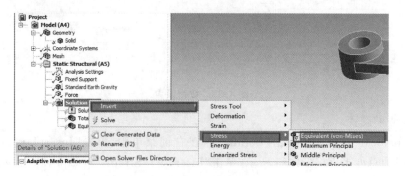

图 4.37　添加等效应力

8）求解

在"Mechanical"界面左侧右击"Solution"，在右键菜单中单击"Solve"进行求解，如图4.38所示。单击"Solution"下的"Total Deformation""Equivalent Elastic Strain""Equivalent Stress 2"分别可以查看零件的总变形、等效应变、等效应力分布云图，如图4.39所示，查看的结果分别如图4.40、图4.41、图4.42所示。单击"Mechanical"界面右下角的"Report Preview"按钮（见图4.43）可预览仿真求解报告。求解报告可给出零件等效应力分析的结果，如图4.44所示。

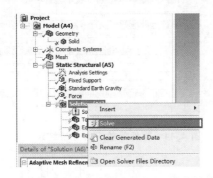

图 4.38　求解

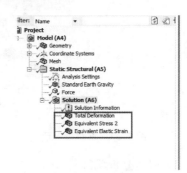

图 4.39　仿真结果查看

图 4.40　零件总变形分布云图

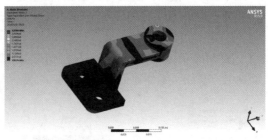

图 4.41　零件等效应变分布云图

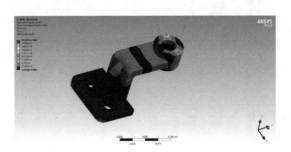

图 4.42　零件等效应力云图

2. ANSYS Workbench 的动态分析

利用 ANSYS Workbench 软件还可以进行结构的动态分析，包括计算线性结构的自振频率及振型、计算由随机振动引起的结构应力和应变、确定结构对随时间任意变化的载荷的响应，以及计算线性屈曲载荷并确定屈曲模态形状等。下面以上述底座模型的自然振动为例进行介绍。

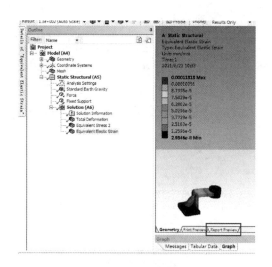

图 4.43 求解报告预览

Object Name	Total Deformation	Equivalent Stress 2	Equivalent Elastic Strain
State	Solved		
Scope			
Scoping Method	Geometry Selection		
Geometry	All Bodies		
Definition			
Type	Total Deformation	Equivalent (von-Mises) Stress	Equivalent Elastic Strain
By	Time		
Display Time	Last		
Calculate Time History	Yes		
Identifier			
Suppressed	No		
Results			
Minimum	17.746 m	798.76 Pa	3.9938e-009 m/m
Maximum	88.598 m	3.21e+006 Pa	2.1437e-005 m/m
Minimum Value Over Time			
Minimum	17.746 m	798.76 Pa	3.9938e-009 m/m
Maximum	17.746 m	798.76 Pa	3.9938e-009 m/m
Maximum Value Over Time			
Minimum	88.598 m	3.21e+006 Pa	2.1437e-005 m/m
Maximum	88.598 m	3.21e+006 Pa	2.1437e-005 m/m
Information			
Time	1. s		
Load Step	1		
Substep	1		
Iteration Number	1		
Integration Point Results			
Display Option	Averaged		
Average Across Bodies	No		

图 4.44 零件等效应力分析结果

1) 创建分析项目

在"Toolbox"列表的"Analysis Systems"选项中双击"Modal"模态分析模块,生成图 4.45 所示的项目工程图。定义材料数据、模型建立、定义零件材料和划分网格的方法与静力学分析中相同,可参照前文 ANSYS Workbench 分析过程中的步骤进行设置。

2) 定义边界条件

在"Mechanical"界面左侧右击"Modal",单击"Insert"→"Fixed Support"添加固定约束,如图 4.46 所示,零件地面的固定约束的设置与静力学分析中相同(见图 4.30)。

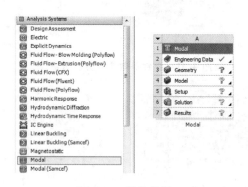

图 4.45 模态分析

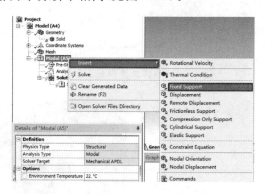

图 4.46 固定约束的添加

3) 仿真结果设置

在"Mechanical"界面左侧右击"Solution",再在右键菜单中单击"Insert"→"Deformation"→"Total",添加模态分析结果,如图 4.47 所示。在弹出的"Details of 'Total Deformation'"对话框中的"Mode"栏中,可根据需要设置求解模态的阶数,如图 4.48 所示。本例依次添加1~6阶模态分析结果。

4) 求解

在"Mechanical"界面左侧右击"Solution",在右键菜单中选择"Solve"进行求解,如图 4.49 所示。求解后依次点击"Solution"下的"Total Deformation""Total Deformation 2""Total Deformation 3""Total Deformation 4""Total Deformation 5""Total Deformation 6"查看零件

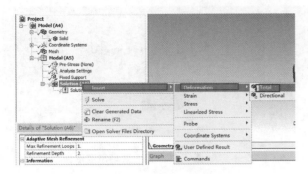

图 4.47 模态分析结果添加

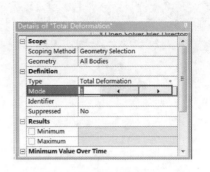

图 4.48 模态阶数设置

的六阶模态分析结果,如图 4.50 所示。六阶模态分析的结果如图 4.51 至图 4.56 所示,零件的固有频率如表 4.2 所示。

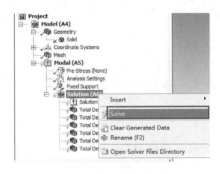

图 4.49 模态分析求解

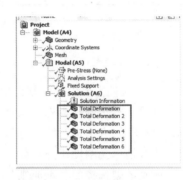

图 4.50 模态分析求解结果查看

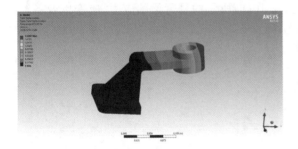

图 4.51 第 1 阶模态变形图

图 4.52 第 2 阶模态变形图

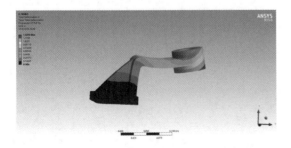

图 4.53 第 3 阶模态变形图

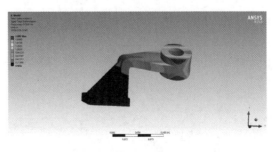

图 4.54 第 4 阶模态变形图

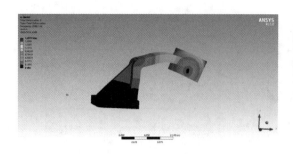

图 4.55　第 5 阶模态变形图

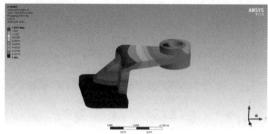

图 4.56　第 6 阶模态变形图

表 4.2　前六阶固有频率

阶数	1	2	3	4	5	6
固有频率/Hz	472.39	595.79	2170.8	2279.9	3886.1	4018

习　　题

1. CAE 软件主要由哪些软件模块组成？CAE 分析的一般步骤是什么？

2. 有限元方法的基本思想是什么？

4. 用有限元方法进行结构分析时的基本步骤有哪些？

5. 什么是单元刚度矩阵？什么是总体刚度矩阵？二者有何联系？

6. 单元类型选择的基本原则是什么？

7. ANSYS Workbench 分析过程包括哪几个阶段？各阶段分别完成什么工作？

8. 试应用 ANSYS Workbench 软件分析图 4.10(a)所示的悬臂梁的应力、应变以及各阶模态。

数字化仿真分析技术

三维 CAD/CAM 技术的快速发展,大大促进了各类相关软件和应用工具在制造企业中的推广和普及。如何利用数字化技术缩短产品研发周期,降低研发成本,提高产品质量,已成为增强企业核心竞争力的关键。本章介绍了有关数字化仿真技术的概念、分类以及基本步骤;基于虚拟样机技术软件 ADAMS 软件对其基本模块以及仿真步骤进行了说明;最后以平面四连杆机构函数综合与分析为实例,介绍 ADAMS 虚拟样机软件在机构运动学分析和机构设计与仿真中的应用,可使学生从整体上了解数字化仿真分析技术。

5.1 仿真技术概述

科学研究的基本方式就是长久地观察、观测和实验,通过观察和观测得到数据,对这些数据进行归纳并从理论上进行分析,产生假说,然后再利用实验验证这种假说。或者通过更为广泛的观察和观测来确定没有能够反对这一假说的事实。这就是科学研究的基本程序。美国前国家科学基金会主任 Rita Colwell 指出:"过去认为科学通常包含理论和实验两方面的努力;现在,科学还包含第三个方面的内容,即计算机仿真,并由计算机仿真将理论和实验两方面连接起来。"美国能源部科学办公室主任 Raymond L. Orbach 也认为:"在 21 世纪的科学中,仿真和高端计算是理论和实验科学的平等伙伴"。他还提出:"仿真是一种与实验和理论对等的方法论。"

现在,仿真技术正在成为第三种科学研究方法。甚至可以说,这就是科学方法论上的革命。总之,仿真技术已经不单单是一个方便的研究手段,它已成为发现和认识新世界的手段。

仿真技术综合集成了网络技术、图形图像技术、面向对象技术、多媒体、软件工程、信息处理、自动控制等多个技术领域的知识。仿真技术是以数学理论、相似原理、信息技术、系统技术及其应用领域有关的专业技术为基础,以计算机和各种物理效应设备为工具,利用系统模型对实际的或设想的系统进行实验研究的一门综合性技术。

仿真技术的应用不仅仅限于产品或系统生产集成后的性能测试实验,现已扩展至产品型号研制的全过程,包括方案论证、战术技术指标论证、设计分析、生产制造、实验、维护、训练等各个阶段,也应用于由多个系统综合构成的复杂系统。

5.1.1 仿真技术定义

仿真技术是利用计算机,通过建立模型进行科学实验的一门多学科综合性技术,是通过对系统模型展开实验,研究已存在的或设计中的系统性能的方法及其技术。它可以再现系统的状态、动态行为及其性能特征,用于分析系统配置是否合理、性能十分满足要求,预测系统可能存在的缺陷,为系统设计提供决策支持和科学依据,具有经济、可靠、实用、安全、可多次重复的优点。

仿真是对现实系统的某一层次抽象属性的模仿。通过采用模型进行实验,获得所需要的信息,帮助人们针对现实世界的某一层次的问题做出决策。仿真是一个相对的概念,任何逼近的仿真都只能是对真实系统某些属性的逼近。仿真是有层次的,既要针对所欲处理的客观系统的问题,又要针对提出处理者的需求层次,否则很难评价一个仿真系统的优劣。

5.1.2　数字化仿真的重要性

数字化仿真技术研究的目的在于对现有系统或未来系统的行为进行再现或预先把握。当人们需要了解某一系统在特定条件或环境下的运行状态时,将该系统置于该特定条件或环境下,使系统做完整的实际运行,即可以得到系统的运行特性和主要参数。但是,这往往需要付出高昂的代价,如道路交通事故的再现等。而对于某些正在设计中的系统,如规划的道路网系统、社会经济系统或具有灾难性后果的系统,甚至根本无法进行系统的实际运行。于是,对系统进行数字化仿真研究,在不需要现有系统参与或未来系统存在的情况下,利用仿真模型进行仿真实验,通过对仿真输出结果的分析、对比和评估来获得系统的行为表现,无疑是一种经济可行的方法。

数字化仿真是一项综合应用技术,它对教学、科研、设计、生产、管理、决策等部门而言都有很大的应用价值,为此世界各国均投入了相当多的资金和人力对其进行研究。其重要性具体体现在以下几个方面:

(1)从广义上讲,数字化仿真本身就可以看作一种基本实验。而数值模拟在某种意义上比理论与实验对问题的认识更为深刻、更为细致,不仅可以预测问题的结果,而且可随时连续动态地、重复地显示事物的发展,有助于人们了解其整体与局部的细致过程。

(2)数字化仿真可以直观地显示目前还不易看到的、说不清楚的一些现象,容易为人理解和分析,还可以显示在任何实验中都无法观测到的发生在结构内部的一些物理现象,例如:弹体在不均匀介质侵彻过程中的受力和偏转;爆炸波在介质中的传播过程;地下结构的破坏过程。同时,数字化仿真可以替代一些危险、成本高昂,甚至是难以实施的实验,如反应堆的爆炸事故、核爆炸的过程与效应等。

(3)数字化仿真促进了实验的发展,能对实验方案的科学制定、实验过程中测点的最佳位置、仪表量程等的确定提供更可靠的理论指导。侵彻、爆炸实验费用是极其巨大的,并且存在一定的危险,因此数字化仿真不但有助利于提升经济效益,而且可以加速理论、实验研究的进程。

(4)一次投资,长期受益。虽然数字化仿真大型软件系统的研制需要花费相当多的经费和人力资源,但数字化仿真软件是可以进行拷贝移植、重复利用,并可进行适当修改而满足不同情况的需求的。

总之,数字化仿真已经与理论分析、实验研究一起成为科学研究的三种相互依存、不可缺少的手段。正如美国著名数学家拉克斯(P. Lax)所说,"科学计算是关系到国家安全、经济发展和科技进步的关键性环节,是事关国家命脉的大事。"

5.1.3　数字化仿真技术的发展历程与趋势

1. 发展历程

随着信息技术和计算机技术的发展,数字化仿真技术在产品研制过程中的应用越来越广泛,所发挥的作用也越来越显著。仿真技术经过半个多世纪的发展,从最初的简单系统研究,发展到现在已经成为人们研究复杂系统的有力工具。其发展历程大致可分为三个阶段。

1)产生和发展阶段

二次大战末期,火炮控制与飞行控制动力学系统的研究促进了仿真技术的发展。20 世纪40 年代第一台通用电子模拟计算机诞生。50 年代末期到 60 年代,导弹和宇宙飞船的姿态及轨道动力学的研究、仿真技术在阿波罗登月计划及核电站的广泛应用,促进了仿真技术的发展。这是仿真技术的发展阶段。

2)成熟阶段

在军事需求的推动下,仿真技术在军事领域迅速发展。20 世纪 70 年代中期,仿真技术的应用逐步从军工领域扩展到了其他许多领域。在这个时期出现了用于培训民航客机驾驶员和军用飞机飞行员的飞行训练模拟器和培训复杂工业系统操作人员的仿真系统等产品。一些从事仿真设备和仿真系统生产的专业化公司也相继出现,例如美国的 GSE 公司、E&S 公司、ABB 公司、Dynetics 公司等,使仿真技术实现产业化。这标志着仿真技术进入了成熟阶段。

3)高级阶段

20 世纪 80 年代初,以美国国防高级研究计划局(DARPA)和美国陆军共同制定和执行的SIMNET(Simulation Networking,仿真网络)研究计划、美国空军建立的先进的半实物仿真实验室为标志,仿真技术发展到了一个新的阶段。SIMNET 计划是分布交互仿真应用的开始。到 90 年代,为了更好地实现信息、资源共享,在分布交互式仿真、先进的并行分布交互式仿真以及聚合级仿真的基础上,以美国为代表的发达国家的仿真技术开始向高层体系结构(HLA)发展。

2. 发展趋势

随着计算机技术的发展,数字化仿真技术也在不断完善和发展。在新的历史条件下,数字化仿真技术主要在朝以下几个方向发展。

1)网络化

目前数字化仿真技术建立起的模型还不能完全实现网络化的共享和传播,还存在一定的兼容问题,并没有将计算机仿真技术的作用发挥到极致。随着计算机网络技术的发展和优化,计算机仿真网络化的实现可以期待。计算机仿真网络化的实现可以有效避免相同产物跨越行业、跨越物理界限的二次开发,实现交流共享和兼容,为更多专业领域提供技术支撑和辅助。

2)虚拟制造

目前数字化仿真技术还局限于模型创建和利用数据、资料进行仿真推演,在制造行业中的应用主要在设计层面,但制造生产的技艺未能朝信息化方向发展,也未能实现先进设计理念和模型向实际产品的转化,因此虚拟制造成为计算机仿真技术未来重点的发展方向。虚拟制造可以实现对设计模型的制造控制,为提升业制造技术水平提供强大动力,推动制造业向现代化、信息化方向更进一步。但传统制造业的变革需要与计算机仿真技术进行融合和磨合,以实现计算机仿真技术在制造业的深度应用,这一过程需要众多科研人员投入大量的精力。

3）多维度仿真

可视化仿真可更加形象直观地显示仿真全过程,有效辨别仿真过程的真实性和正确性,而且结果也简单,方便理解。目前计算机数字化目前还局限在视觉仿真层面,无论市场上宣传的是二维还是三维、四维的仿真展示都局限于视觉。在未来,更进一步的仿真技术需要将听觉、嗅觉、触觉等多个层面纳入研究和发展的目标,将视觉、听觉、嗅觉、触觉等多维度仿真进行融合,通过人机交互等科技的发展,通过网络与人体大脑、精神系统的连接来实现对嗅觉、触觉甚至味觉的仿真,更好地为人类提供虚拟仿真服务。

4）智能仿真

目前数字化仿真技术在模型建立、推演分析等方面还处于需要人工输入数字化指令的阶段。在建模、仿真模型设计、仿真结果的分析和处理阶段,通过引入知识表达及处理技术,可使仿真、建模的时间缩短,在分析中提高模型知识的描述能力,引入专家知识和推理功能可帮助用户做出优化决策。通过智能仿真可以及时修正、维护辅助模型,实现更好的智能化人机界面,使计算机与人之间的沟通变得人性化,增加自动推理学习机制,从而增强仿真系统自身的寻优能力,为诸多领域的规划、发展提供最优方案。

5.1.4　系统仿真的分类

依据不同的分类标准,可对系统仿真进行不同的分类。

1. 根据被研究系统的特征划分

根据被研究系统的特征,系统仿真可分为以下两种。

1）连续系统仿真

连续系统仿真是指对那些系统状态量随连续时间变化的系统的仿真研究,包括数据采集与处理系统的仿真。这类系统的数学模型包括连续模型(微分方程等)、离散时间模型(差分方程等)以及连续-离散混合模型。

2）离散事件系统仿真

离散事件系统仿真则是指对那些状态量只在一些时间点上由于某种随机事件的驱动而发生变化的系统进行仿真实验。这类系统的状态量是由于事件的驱动而发生变化的,在两个事件发生的时间点之间的时间段状态量保持不变,因而状态量是离散变化的,故称该系统为离散事件系统。这类系统的数学模型通常用流程图或网络图来描述。

2. 按照参与仿真的模型的种类划分

按照参与仿真的模型的种类不同,可将系统仿真划分为以下三种。

1）物理仿真

物理仿真,又称全物理仿真或者实物仿真,是指按照实际系统的物理性质构造系统的物理模型,并在物理模型上进行实验研究。例如航天器的动态过程用气浮台(单轴或三轴)的运动来代替,控制系统采用实物。

物理仿真直观形象、逼真度高,但不如数学仿真方便;尽管不必采用昂贵的原型系统,但在某些情况下构建一套物理模型也需耗费大量的资金,且周期也较长;此外,在物理模型上做实验时系统的结构和参数不易修改。全物理仿真技术复杂,一般只在必要时才采用。

2）数学仿真

数学仿真是指首先建立系统的数学模型,再将数学模型转化成仿真计算模型,通过仿真模型的运行达到模拟原系统运行的目的。这种仿真方法常用于系统的方案设计阶段和某些不适合做实物仿真的场合(包括某些故障模式)。

现代数学仿真由仿真系统的软件/硬件环境、动画与图形显示、输入/输出等设备组成。数学仿真在系统分析与设计阶段是十分重要的,通过它可以检验理论设计的正确性与合理性。数学仿真具有经济性、灵活性等特性,且仿真模型具有通用性,今后随着并行处理技术、集成化软件技术、图形技术、人工智能技术、先进的交互式建模和仿真软硬件技术的发展,数学仿真必将获得飞速发展。

3) 物理-数学仿真

物理-数学仿真又称为半实物或半物理仿真,它是采用部分物理模型和部分数学模型的仿真。其中物理模型采用控制系统中的实物,系统本身的动态过程则采用数学模型。半物理仿真系统通常由满足实时性要求的仿真计算机、运动模拟器(一般采用三轴机械转台)、目标模拟器、控制台和部分实物组成。半物理仿真的逼真度较高,所以常用来验证控制系统方案的正确性和可行性,进行故障模式的仿真以及对各研制阶段的控制系统进行闭路动态验收实验。半物理仿真技术已是现代控制系统仿真技术的发展重点。

3. 按照仿真模型与实际系统的时间关系划分

按照仿真模型与实际系统的时间关系,可将系统仿真划分为以下三种。

1) 实时仿真

实时仿真是指仿真模型的时间比例尺等于系统原模型的时间比例尺的一类仿真。对系统进行仿真实验时,如果仿真系统有实物(包括人)处在仿真系统中,由于实物和人是按真实时间变化和运动的,因此就需要进行实时仿真。实时仿真要求仿真系统接收实时动态输入,并产生实时动态输出,输入和输出通常为具有固定采样时间间隔的数列。实时仿真的实现首先依赖于计算机的运行速度,但仿真算法的实时性同样也是必须保证的,即必须采用实时仿真算法。在算法上,实时仿真要求能采用较大的仿真步长,并能实时地取得计算所需的外部输入信号。

2) 超实时仿真

超实时仿真是系统仿真模型的时间过程快于实际系统的时间过程的仿真方式,如市场销售预测、人口增长预测、天气预报分析等一般都采用此种仿真方式。

3) 慢时实仿真

慢实时仿真是系统仿真模型的时间过程发展慢于实际系统的时间过程的仿真方式,如原子核的裂变过程的模拟仿真等。

5.1.5　数字化仿真的基本步骤

数字化仿真就是在计算机上将描述实际系统的几何、数学模型转化为能被计算机求解的仿真模型,并编制相应的仿真程序进行求解,以获得系统性能参数的过程。计算机仿真概括地说,就是一个"建模—实验—分析—修正"流程,其基本步骤如图 5.1 所示。

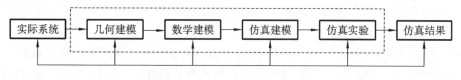

图 5.1　数字化仿真的基本步骤

1. 系统建模

系统建模包括数学建模和仿真建模两个阶段。

数学建模阶段主要是根据仿真目标,分析仿真对象,经过抽象和简化,建立系统的数学模型。数学建模阶段要准确把握系统的结构和机理,提取关键的参数和特征,并采取正确的建模方法,提炼出真实系统的本质特征。数学建模主要采用演绎法和归纳法。

仿真建模阶段采用仿真软件中的仿真算法或通过程序语言,将系统的数学模型转换成计算机能够处理的形式,即设计合适的算法,编写相应的计算程序。此阶段的关键技术是仿真算法。仿真模型的质量和准确性决定了仿真结果的可信性和有效性。

2. 仿真实验

仿真实验主要是按照设计好仿真实验方案,运行仿真程序、进行仿真研究,即对建立的仿真模型进行数值实验和求解。然后分析仿真结果,根据分析结果进一步修正系统数学模型和仿真模型。仿真系统研究对象、数学模型、仿真模型之间的关系如图 5.2 所示。

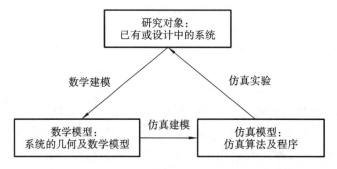

图 5.2　研究对象、数学模型、仿真模型之间的关系

3. 仿真结果分析

仿真结果分析的目的就是从仿真实验中提取有价值的信息,以指导实际系统的开发。目前采用图形化技术,通过图形、图像、动画等形式显示被仿真对象的各种状态,使得仿真数据更加直观、丰富和详尽,有利于仿真结果的分析。

5.2　虚拟样机技术

随着经济全球化的发展,产品的市场竞争日趋激烈,客户对产品多样化和个性化的需求愈加迫切。市场竞争的核心是产品创新,产品创新主要体现在对客户需求的响应速度和响应品质上。传统的物理样机设计流程在产品研发中已经越来越无法满足多变的、持续发展的市场需求,要想在市场竞争中获胜,缩短产品开发周期、快速响应市场,降低产品的生命周期成本,提高产品质量成为企业追求的目标。在持续性发展战略下,为提高核心竞争力,制造企业必须解决其新产品的"T(上市时间)"、"Q(质量)"、"C(成本)"、"S(服务)"、"E(环境)"、"F(柔性)"等难题。虚拟样机技术(virtual prototyping technology,VPT)正是在这种市场背景下产生的。

虚拟样机技术是当前设计制造领域的一项新技术,它利用计算机软件建立机械系统的三维实体模型和运动学及动力学模型,分析和评估机械系统的性能,从而为机械产品的设计和制造提供依据。

5.2.1　虚拟样机技术的基本概念

虚拟样机技术是一种基于虚拟样机的数字化设计方法,是各领域 CAx/DFx 技术的发展和延伸。虚拟样机技术进一步融合先进建模/仿真技术、现代信息技术、先进设计制造技术和现代管理技术,将这些技术应用于复杂产品全生命周期、全系统,并对它们进行综合管理。与传统产品设计技术相比,虚拟样机技术强调系统的观点,涉及产品全生命周期,支持对产品的全方位测试、分析与评估,强调不同领域的虚拟化协同设计。

虚拟样机技术是指在产品设计开发过程中,将分散的零部件设计和分析技术(指在某单一系统中零部件的 CAD 和有限元分析技术)融合,在计算机上制造出产品的整体模型,并针对该产品在投入使用后的各种工况进行仿真分析,预测产品的整体性能,从而改进产品设计、提高产品性能的一种新技术。

虚拟样机技术是从分析解决产品整体性能及其相关问题的角度出发,解决传统设计和制造过程中的问题的新技术。设计人员可直接利用 CAD 系统提供的零部件的物理信息和几何信息,在计算机上定义零部件间的连接关系并对机械系统进行虚拟装配,从而获得机械系统的虚拟样机;再使用系统仿真软件在各种虚拟环境中模拟系统的运动,对其在各种情况下的运动和受力情况进行分析,观察并测试各组成部件相互运动情况,在计算机上反复地修改设计缺陷,针对不同的设计方案进行仿真,并对整个系统不断地进行改进,直到获得最优的设计方案;最后进行物理样机的试制。这样就能够缩短研发周期,尽量降低成本,避免不必要的损失。

虚拟样机技术的核心是机械系统运动学、动力学和控制理论,同时紧密结合了三维计算机图形技术和基于图形的用户界面技术。另外,虚拟样机技术也与计算机硬件、软件技术的发展程度密切相关,计算机硬件的性能对虚拟样机的分析计算、仿真结果有着极大的影响和制约作用。

总之,虚拟样机技术就是在 CAX(如 CAD、CAM、CAE 等)、DFX(如 DFA、DFM)等技术基础上发展而来的,它从系统的层面来分析复杂系统,支持由上至下的复杂系统开发模式。可利用虚拟样机代替物理样机对产品进行创新设计测试和评估,从而缩短开发周期,降低成本,改进产品设计质量,提高满足客户与市场需求的能力。

5.2.2　虚拟样机技术的特点及应用

1. 虚拟样机的特点

机械产品的开发是一个不断的循环过程。传统的产品开发过程如图 5.3 所示。为了验证设计方案是否合理,需要制造样机进行性能测试,但有时实验是破坏性的,如压力容器的水压实验。当通过实验发现缺陷时,需要修改设计并再制样机验证,直至达到设计要求。最后,完成详细设计,进行批量生产。这种设计方法往往耗时、耗力、耗物。

利用虚拟样机技术进行的机械产品开发是一个并行的过程,其流程如图 5.4 所示。在开发过程中,在制造第一台物理样机之前,先建立虚拟样机模型,并在虚拟环境下通过对多种设计方案进行有限元分析、运动学和动力学仿真分析等,对仿真结果进行比较,最终确定一个最优化的方案。以并行设计取代串行设计,即进行面向产品全生命周期的一体化设计,在设计阶段就从整体上并行地考虑产品全生命周期的功能结构、工艺规划、可制造性、可装配性、可测试性、可维修性以及可靠性等各方面的要求及相互关系,并不断优化设计方案,避免串行设计中可能出现的干涉和反复,因为传统的串行设计不考虑各个子系统之间的动态交互与协同关系。

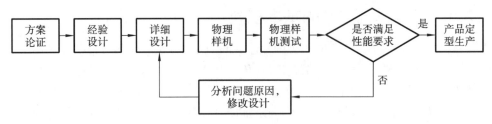

图 5.3　传统产品开发过程

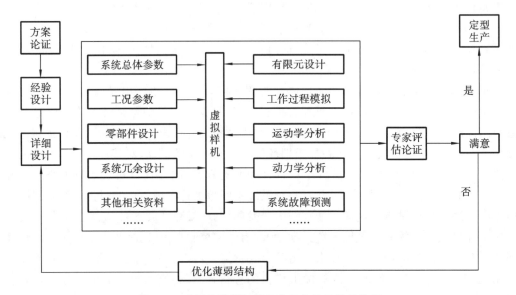

图 5.4　利用虚拟样机技术进行产品开发的流程

与传统设计方法对比,虚拟样机技术主要有以下特点:

(1)研发模式是全新的并行模式。传统的产品设计研发是一个串行的过程,而采用虚拟样机技术则可以实现产品不同设计工作的同时进行,通过仿真得到产品在不同使用环境下的动态响应,进而评价不同设计方案的可行性。

(2)产品研发周期短、成本低、质量高。基于虚拟仿真平台建立初步设计完成后的产品模型,对所建模型进行多次仿真实验,可省去样机的制作时间,缩短产品开发周期,同时也能够提高产品的质量和性能。

(3)实现了动态设计。各企业可以通过网络传递各自的产品信息,交流产品设计信息,同时可以就设计问题进行讨论,实现不同时间、地点、人员即时参与产品设计。

(4)支持产品的全方位测试、分析与评估。利用虚拟样机技术对产品在不同应用环境下的动态响应进行仿真,根据结果对产品结构进行分析,得到产品全方位的测试结果,有利于对产品进行全方位的分析和评估。

2. 虚拟样机技术的应用

虚拟样机技术较之于传统的物理样机技术是一种先进的制造技术,改变了传统的设计理念,因此,虚拟样机技术在汽车制造、工程机械、航空航天、造船、航海、机械电子和通用机械等众多领域得到了广泛应用。

美国波音飞机公司的波音777飞机是世界上首架以无图纸方式研发及制造的飞机。其设计、装配、性能评价及分析均采用虚拟样机技术,不但使研发周期大大缩短(其中制造周期缩短

50%)、研发成本大大降低（如减少设计更改费用 94%)，而且还确保了最终产品一次安装成功。美国通用动力公司 1997 年建成第一个全数字化机车虚拟样机，并行地进行产品的设计、分析、制造及夹具、模具工装设计和可维修位设计。日本日产汽车公司利用虚拟样机进行概念设计、包装设计、覆盖件设计、整车仿真设计等。以前美国 Caterpillar 公司制造一台大型设备的物理样机需要数月时间，并耗资数百万美元。为提高竞争力，大幅度削减产品的设计和制造成本，Caterpillar 公司采用虚拟样机技术，从根本上改进设计和实验步骤，实现了快速虚拟实验，从而使其产品成本降低，性能却更加优越。同样，美国 John Deer 公司为了解决工程机械在高速行驶时的蛇行现象及在重载下的自激振动问题，利用虚拟样机技术，不仅找到了出现以上问题的原因，而且还提出了相应的改进方案，并且在虚拟样机上得到验证，从而大大提高了产品的高速行驶性能与重载作业性能。美国海军的 NAVAIR/APL 项目组利用虚拟样机技术，实现多领域多学科的设计并行和协同，形成了协同虚拟样机技术（collaborative virtual prototyping technology）。他们研究发现，协同虚拟样机技术不仅使产品的上市时间缩短，还使产品的成本减少了至少 20%。1997 年美国克莱斯勒汽车公司开发了"克莱斯勒数据可视化"仿真软件平台，并利用该平台对新产品"98"型汽车进行检查，发现了 1500 处零部件的干涉情况，制作第一个实物模型前改进了大量的设计错误，大大地缩短了产品设计周期。

在我国，虚拟样机技术的应用尚处于起步阶段，但是正在逐步引起重视，并将得到应用和推广。许多科研人员已在航空航天、汽车、铁路机车等行业，针对一些复杂产品的开发，开展了虚拟样机技术的应用研究工作。典型例子如上海航天局第 805 研究所，在 1996 年 3 月利用虚拟样机分析软件 ADAMS，完成了外翻式对接机构虚拟样机的开发工作，利用三维动画形象地演示对接过程，预测了空间站外翻式对接机构的性能和设计合理性，实现了"空间站外翻式对接机构"的动力学仿真研究。中国航空工业第一飞机设计研究院成功推出了国内首架飞机全机规模电子样机。北京控制工程研究所在"863"项目"月球表面探测机器人方案研究"中则运用虚拟样机技术构造虚拟月球面计算仿真环境，并对其中涉及的多项关键技术进行了深入研究，取得了显著的成果。在我国农业机械领域，虚拟样机技术也有应用，有人利用虚拟样机技术设计甘蔗收获机，实现了产品和产品设计方法的创新，取得了良好效果。

5.3　ADAMS 软件

虚拟样机技术在工程中的应用是通过界面友好、功能强大、性能稳定的商业化虚拟样机软件实现的。国外虚拟样机技术应用软件已有成熟商品出现，目前有二十多家公司在这个日益增长的市场上竞争。比较有影响的虚拟样机技术应用软件有美国 MSC 公司的 ADAMS、比利时 LMS 公司的 DADS 以及德国航空航天中心的 SIMPACK 等。其中美国 MSC 公司的 ADAMS 占据市场 50% 以上份额。可以说 ADAMS 是世界上应用最广泛的、最具权威性的机械系统动力学仿真分析软件。

由于机械系统仿真软件提供的分析技术能够满足真实系统并行工程设计要求，通过建立机械系统的模拟样机，可实现在物理样机建造前便分析出它们的工作性能，因而其应用日益受到国内外机械领域的重视。

ADAMS 软件是应用虚拟样机技术的一个典型代表，下面就通过对 ADAMS 的详细讲解，帮助读者深入了解虚拟样机技术的各项功能以及特性。

5.3.1　ADAMS 简介

ADAMS,即机械系统动力学自动分析(automatic dynamic analysis of mechanical systems)。ADAMS 软件是美国 MSC 公司开发的虚拟样机分析软件,它使用交互式图形环境和零件库、约束库、力库,创建完全参数化的机械系统几何模型,其求解器采用多刚体系统动力学理论中的拉格朗日方程方法,建立系统动力学方程,对虚拟机械系统进行静力学、运动学和动力学分析,输出位移、速度、加速度和反作用力曲线。ADAMS 仿真可用于预测机械系统的性能、运动范围、碰撞检测、峰值载荷以及计算有限元的输入载荷。

ADAMS 是虚拟样机分析的应用软件,用户可使用该软件对虚拟机械进行静力学、动力学和运动学分析。同时它又可作为虚拟样机分析开发的工具,具有开放性的程序结构和多种接口,可用作特殊行业用户进行特殊类型虚拟样机分析的二次开发工具平台。

ADAMS 软件由基本模块、扩展模块、接口模块、专业领域模块及工具箱五类模块组成,如表 5.1 所示。用户不仅可以采用通用模块对一般的机械系统进行仿真,而且可以采用专用模块针对特定工业应用领域的问题进行快速有效的建模与仿真分析。

表 5.1　ADAMS 软件模块

模块类型	模块中文名称	模块英文名称
基本模块	用户界面模块	ADAMS/View
	求解器模块	ADAMS/Solver
	后置处理模块	ADAMS/PostProcessor
扩展模块	液压系统模块	ADAMS/Hydraulics
	振动分析模块	ADAMS/Vibration
	线性化分析模块	ADAMS/Linear
	高速动画模块	ADAMS/Animation
	实验设计与分析模块	ADAMS/Insight
	耐久性分析模块	ADAMS/Durability
	数字化装配回放模块	ADAMS/DMUReplay
	柔性分析模块	ADAMS/Flex
	控制模块	ADAMS/Controls
接口模块	图形接口模块	ADAMS/Exchange
	CATIA 专业接口模块	CAT/ADAMS
	Pro/ENGINEER 接口模块	Mechanism/Pro
专业领域模块	轿车模块	ADAMS/Car
	悬架设计软件包	Suspension Design
	概念化悬架模块	CSM
	驾驶员模块	ADAMS/Driver
	动力传动系统模块	ADAMS/Driveline
	轮胎模块	ADAMS/Tire
	柔环轮胎模块	FTire Module

模块类型	模块中文名称	模块英文名称
专业领域模块	柔体生成器模块	ADAMS/FBG
	经验动力学模块	EDM
	发动机设计模块	ADAMS/Engine
	配气机构模块	ADAMS/Engine Valvetrain
	正时链模块	ADAMS/Engine Chain
	附件驱动模块	Accessory Drive Module
	铁路车辆模块	ADAMS/Rail
	FORD 汽车公司专用汽车模块	ADAMS/Chassis
工具箱	软件开发工具包	ADAMS/SDK
	虚拟实验工具箱	Virtual Test Lab
	虚拟实验模态分析工具箱	Virtual Experiment Modal Analysis
	钢板弹簧工具箱	Leafspring Toolkit
	飞机起落架工具箱	ADAMS/Landing Gear
	履带/轮胎式车辆工具箱	Tracked/Wheeled Vehicle
	齿轮传动工具箱	ADAMS/Gear

5.3.2　ADAMS 软件模块

1. 基本模块

1) ADAMS/View(用户界面模块)

ADAMS/View 是以用户为中心而建立的交互式图形环境。它将简单的图标操作、菜单操作、鼠标点取操作与交互式图形建模、仿真计算、动画显示、优化设计、X-Y 曲线图处理、结果分析等功能集成在一起。

ADAMS/View 采用简单的分层方式完成建模工作,并提供了丰富的零件几何图形库、约束库和力库,并支持布尔运算,采用 Parasolid 作为实体建模的内核,支持 FORTRAN 77、FORTRAN 90 中所有的函数及 ADAMS 独有的 240 余种函数。ADAMS/View 有自己的高级编程语言,支持命令行输入命令,有丰富的宏命令以及快捷方便的图标按钮、菜单。ADAMS/View 有强大的二次开发功能,用户可方便地修改已有菜单或创建自定义的对话框及菜单。

2) ADAMS/Solver(求解器模块)

ADAMS/Solver 是 ADAMS 系列产品的核心模块之一,又被比喻成 ADAMS 软件的仿真"发动机"。它能自动形成机械系统模型的动力学方程,提供静力学、运动学和动力学的解算结果。ADAMS/Solver 拥有各种建模和求解选项,因此可以更精确有效地解决工程应用问题。ADAMS/Solver 还可以对由刚体和弹性体组成的柔性机械系统进行各种仿真分析。该软件不仅可输出用户所要求输出的位移、速度、加速度和力等,还可输出用户自己定义的数据。ADAMS/Solver 有强大的二次开发功能,支持 C++、Fortran 语言,可按用户需求定制求解器,极大地满足用户的不同需要。

3) ADAMS/PostProcessor(后置处理模块)

MDI 公司开发的后置处理模块 ADAMS/PostProcessor,主要用来输出高性能的动画和各种数据曲线,从而提高 ADAMS 仿真结果的处理能力。该软件既可在 ADAMS/View 环境中运行,也可脱离该环境独立运行。

2. 扩展模块

1) ADAMS/Insight(实验设计与分析模块)

ADAMS/Insight 是基于网页技术的新模块,利用该模块工程师可以方便地将仿真实验结果置于 Intranet 或 Extranet 网页上,这样,企业不同部门的人员都可以共享分析结果,加速策略进程,最大限度地减少决策的风险。通过 ADAMS/Insight,工程师还可以规划和完成一系列仿真实验,从而精确地预测所设计的复杂机械系统在各种工作条件下的性能,并提供了对实验结果进行各种专业化统计分析的工具。工程师在拥有这些工具后,就可以对任何一种仿真进行实验方案设计,精确地预测设计的性能,得到高品质的设计方案。

2) ADAMS/Durability(耐久性分析模块)

在产品设计工程中常常要考虑产品的耐久性问题,耐久性实验能够解答"机构何时报废或零部件何时失效"这个问题,它对产品零部件性能、整机性能都具有重要影响。ADAMS/Durability 为用户提供了这方面设计的模块。

3) ADAMS/Hydraulics(液压系统模块)

为了能够模拟包括液压回路在内的复杂机械系统的动力学性能,MDI 公司开发了 ADAMS/Hydraulics(液压系统模块),利用这个模块,不但能够精确地对液压系统驱动的复杂机械系统进行动力学仿真分析,而且可以方便地进行系统的装配和仿真实验。

4) ADAMS/Linear(线性化分析模块)

ADAMS/Linear 是 ADAMS 软件的一个集成可选模块,该模块在系统仿真时可将系统非线性运动学或动力学方程进行线性化处理,以便快速计算系统的固有频率、特征矢量,使工程师更加全面地了解系统的固有特性。

5) ADAMS/Animation(高速动画模块)

ADAMS/Animation 也是 ADAMS 软件的一个集成可选模块,该模块具有增强透视、半透明、彩色编辑及背景透视等功能,可对已生成的动画进行精细加工,增强动力学仿真分析结果动画显示的真实感。

6) ADAMS/Vibration(振动分析模块)

ADAMS/Vibration 是进行频域分析的工具,该模块可作为 ADAMS 运动仿真模型从时域向频域转换的桥梁。运用 ADAMS/Vibration 能使工作变得快速简单。运用虚拟检测振动设备方便地替代实际振动研究中复杂的检测过程,可避免实际检测只能在设计的后期进行且费用高昂等弊病,缩短设计时间、降低设计成本。ADAMS/Vibration 输出的数据还可用来研究预测汽车、火车、飞机等机动车辆的噪声对驾驶员及乘客的振动冲击,体现了以人为本的现代设计理念。

7) ADAMS/DMUReplay(数字化装配回放模块)

ADAMS/DMU(DigitalMockup)Replay 模块是针对 CATIA 的用户推出的全新模块。它是运行在 CATIAV 5 中的应用程序,可通过 CATIA V5 的界面访问。该模块是 ADAMS 与 CATIA 之间进行数据通信的桥梁。利用它可以把其他 ADAMS 产品(如 CAT/ADAMS)中得到的分析结果导入 CATIA 中进行动画显示。

8) ADAMS/Flex(柔性分析模块)

ADAMS/Flex 是 ADAMS 软件包中的一个集成可选模块,提供了与 ANSYS、MSC. Nastran、ABAQUS、I-DEAS 等软件的接口,可以方便地考虑零部件的弹性特性,建立多体动力学模型,以提高系统仿真的精度。ADAMS/Flex 模块支持有限元软件中的 MNF(模态中性文件)格式。结合 ADAMS/Linear 模块,可以对零部件的模态进行适当的筛选,去除对仿真结果影响极小的模态,并可以人为控制各阶模态的阻尼,进而大大提高仿真的速度。同时,利用 ADAMS/Flex 模块,还可以方便地向有限元软件输出系统仿真后的载荷谱和位移谱信息,利用有限元软件进行应力、应变以及疲劳寿命的评估分析和研究。

9) ADAMS/Controls(控制模块)

ADAMS/Controls 是 ADAMS 软件包中的一个集成可选模块。在 ADAMS/Controls 中,设计师既可以通过简单的继电器、逻辑与非门、阻尼线圈等建立简单的控制机构,也可利用通用控制系统软件(如 Matlab、MATRIX、EASY5)建立的控制系统框图,建立包括控制系统、液压系统、气动系统和运动机械系统的仿真模型。但要注意的是,使用 ADAMS/Controls 的前提是需要将 ADAMS 与控制系统软件同时安装在相同的工作平台上。

3. 接口模块

1) Mechanism/Pro(Pro/ENGINEER 接口模块)

Mechanism/Pro 是连接 Pro/ENGINEER 与 ADAMS 的桥梁。通过无缝连接方式,Pro/ENGINEER 用户在其应用环境中,就可将装配的机械装配图根据运动关系定义为机械系统,进行系统的运动学仿真,并进行干涉检查、确定运动锁止的位置、计算运动副的作用力。因此 Pro/ENGINEER 用户可在其熟悉的 CAD 环境中建立三维机械系统模型,然后将数据传送到 ADAMS 中,并对其运动性能进行仿真分析。

2) ADAMS/Exchange(图形接口模块)

ADAMS/Exchange 是 ADAMS/View 的一个可选集成模块,它利用 IGES、STEP、STL、DGW/DEF 等产品数据交换库的标准交换格式,使 ADAMS 能完成与其他 CAD/CAM/CAE 软件之间数据的双向传输,并与这些软件更紧密地集成在一起。ADAMS/Exchange 具有可保证传输精度、节省用户时间、增强仿真能力等优点。当用户将 CAD/CAM/CAE 软件中建立的模型向 ADAMS 中传输时,ADAMS/Exchange 自动将图形文件转换成一组包括外形、标志和曲线的图形要素,通过控制传输时的精度获得较为准确的几何形状,并获得质心和转动惯量等重要信息。

3) CAT/ADAMS(CATIA 接口模块)

ADAMS 应用 CAT/ADAMS 将虚拟样机技术引入 CATIA,即同时将 CAITA 的运动学模型、几何模型和其他实体信息方便地传递到 ADAMS 中,这样就可以对整个产品进行动力学分析,并将分析结果反馈给 CATIA,还可以进行碰撞检测和间隙影响研究,从而使 ADAMS 能更方便地与 CATIA 进行数据交换。

4. 专业领域模块

1) Ftire Module(柔性环轮胎模块)

Ftire(Flexible Ring Tire Model)是 ADAMS/Tire 的新增模块。Ftire 模块主要是针对乘坐舒适性、耐久性以及操纵性能方面的应用而设计的一个 2.5 维的非线性轮胎模型。

2) ADAMS/Driveline(动力传动系统模块)

ADAMS/Driveline 是 ADAMS 推出的全新模块。利用此模块,用户可以快速地建立、测试具有完整传动系统或传动系统部件的数字化虚拟样机,也可以把建立的数字化虚拟样机加入 ADAMS/Car 模块中进行整车动力学性能的研究。ADAMS/Driveline 模块从 ADAMS/Car 模块继承了关键的特征,如模板、参数以及可扩展的仿真环境,与 ADAMS/Car 模块和 ADAMS/Engine 模块一起构成完整的车辆仿真工具。

3) ADAMS/Car(轿车模块)

ADAMS/Car 模块是 MDI 公司与 Audi、BMW、Renault 和 Volvo 等公司合作开发的整车设计软件包,集成了他们在汽车设计、开发方面的专家经验,能够帮助工程师快速建造高精度的整车虚拟样机。ADAMS/Car 采用的用户化界面是根据汽车工程师的习惯而专门设计的。工程师不必经过任何专业培训,就可以应用该模块开展卓有成效的开发工作。ADAMS/Car 中包括整车动力学模块(Vehicle Dynamics)和悬架设计模块(Suspension Design),其仿真工况包括方向盘角阶跃输入、斜坡输入和脉冲输入工况,蛇行穿越实验工况,漂移实验工况,加速实验工况,制动实验工况和稳态转向实验工况等,同时还可以设定实验过程中的节气门开度、变速器挡位等。

4) ADAMS/Engine(发动机设计模块)

ADAMS/Engine 是美国 MDI(Mechanical Dynamics Inc.)公司最新推出的全新仿真环境,其主要功能是为工程师提供传动系统快速建模、仿真的专业化工具。ADAMS/Engine 是为建造和测试发动机虚拟样机而开发的软件环境。它可以在产品开发的各个阶段快速地优化传动系统的单个零件、子系统以及整个系统的性能。作为 ADAMS/Car 模块的重要补充,ADAMS/Engine 模块的主要功能是建立发动机配气系统的专业化仿真环境,并增加了正时系统、传送带、曲轴、连杆和活塞系统的仿真实验功能。通过 ADAMS/Engine 模块与 ADAMS/Car 模块的有机结合,可以建立一个集整车动力学、悬架设计和发动机系统优化的完整集成仿真环境。

5) CSM(概念化悬架模块)

CSM(Conceptual Suspension Module)是一个可选模块,可作为 ADAMS/Car 模块的一部分,也可以单独使用。利用 CSM,通过预先定义悬架运动时或受外力作用时车桥的轨迹,可以在 ADAMS/Car 模块中实现悬架的运动分析。

6) ADAMS/Driver(驾驶员模块)

ADAMS/Driver 是 ADAMS 软件包中的一个可选模块,该模块是在德国的 IPG-Driver 基础上,经过二次开发而形成的成熟产品。利用 ADAMS/Driver 模块,用户可以确定汽车驾驶员的行为特征,确定各种操纵工况(如稳态转向工况、转弯制动工况、ISO 变线实验工况、侧向风实验工况等),同时确定方向盘转角或转矩、加速踏板位置、作用在制动踏板上的力、离合器的位置、变速器挡位,提高车辆动力学仿真的真实感。当同时使用 ADAMS/Tire 模块和 ADAMS/Driver 模块时,设计人员还可以研究车辆沿倾斜弯道、坡道及崎岖不平路面行驶时的三维动力学响应。该模块特别适合用于装备有各种正、负反馈的智能系统,如制动防抱死系统(ABS)、四轮转向系统(4WS)、四轮驱动(4WD)系统、自动导航系统的汽车。

7) ADAMS/Rail(铁路车辆模块)

DAMS/Rail 模块是由美国 MDI 公司、荷兰铁道组织(NS)、荷兰代尔夫特理工大学以及德国 ARGECARE 公司合作开发的,专门用于研究铁路机车、车辆、列车和线路相互作用的动力学分析软件。用户利用 ADAMS/Rail 模块可以方便快速地建立完整的、参数化的机车/列车模型,以及各种子系统模型和各种线路模型,并根据用户分析目的的不同而定义相应的轮轨接触模型,然后该模块会自动将这些模型组装成用户所需要的系统模型,进行相应的分析,进而可以对机车车辆稳定性临界速度、曲线通过性能、脱轨安全性、牵引/制动特性、轮轨相互作用力、随机响应性能和乘客舒适性指标以及纵向列车动力学问题等进行研究。

8) ADAMS/Chassis(FORD 汽车公司专用汽车模块)

ADAMS/Chassis 是 MDI 公司为美国 FORD 汽车公司开发的专用汽车分析仿真模块。在单文档界面(SDI)环境中,具有完善的整车控制功能;具有基于 EDM(经验动力学模块)的冲击模型;能与 ADAMS/Hydraulics、Solver 编码相集成;能与外部源编码控制系统相集成;具有完整连接器、立体轴向拖臂的后悬架模块;扩展了弹簧阻尼缓冲器附加选择项;在标准模板中,支持两级弹簧阻尼缓冲器机构。另外,该模块支持数据库文件的更新,优化了附加选择方法并巩固了现有的转向系统模板;为了更有效地利用硬盘空间,新版本中增加了输出结果文件标志,该标志便于 ADAMS/Chassis 模块控制是否要生成输出结果文件,设定输入/输出文件标志可以更有效地利用磁盘空间。

9) ADAMS/Engine Valvetrain(配气机构模块)

ADAMS/Engine Valvetrain 是 MDI 公司推出的发动机设计软件包中的第一个模块。应用该模块,可以快速建立配气机构的虚拟样机模型,研究凸轮轴的扭转振动和轴承载荷、气门机构的凸轮压力、气门动力学特性、弹簧动力学特性和摩擦损失等;还可以很方便地控制输出文件的格式和内容,输出二维曲线和多维曲面,仿真数据也可以深入其他图形工具,进行专业的后置处理。

10) Suspension Design(悬架设计软件包)

Suspension Design 软件包中包括以特征参数(前束、定位参数、速度)表示的概念式悬架模型。通过这些特征参数,设计师可以快速确定在任意载荷和轮胎条件下的轮心位置和方向。在此基础上,快速建立包括橡胶衬套等在内的柔体悬架模型。应用 Suspension Design 软件包,设计师可以得到与物理样机实验完全相同的仿真实验结果。Suspension Design 软件包采用全参数的面板建模方式,借助悬架面板,设计师可以提出原始的悬架设计方案。在此基础上,通过调整悬架参数(例如连接点位置和衬套参数)就可以快速确定满足理想悬梁特性的悬梁方案。

可以利用 Suspension Design 软件包进行的悬梁实验包括单轮激振实验、双轮同向激振实验、双轮反向激振实验、转向实验和静载实验等,并且可以输出 39 种标准悬架特征参数。

11) Accessory Drive Module(附件驱动模块)

Accessory Drive Module 是 ADAMS/Engine 中的最新模块,同配气机构、正时链一样,是发动机子系统完整解决方案的一部分。利用附件驱动模块,用户可以创建 V 形布置的带轮和张紧轮,并把它们布置在附件驱动机构中正确的位置,在整个机构上安装传动带,这样就构成了附件驱动系统。通过把附件驱动系统与其他 ADAMS/Engine 的子系统(如配气机构、齿轮传动机构等)装配起来,并用数值或者用户自定义函数来设置传动带的速度和阻尼扭矩来评价传动性能。

12) ADAMS/FBG(柔体生成器模块)

ADAMS/FBG(Flexible Body Generator)实际上是在 ADAMS 中集成了一个简单的 FEA 求解器,这是 ADAMS 由系统动力学向结构动力学的一次重要功能扩展。ADAMS/FBG 主要是为 ADAMS/Car、ADAMS/Engine、ADAMS/Rail 等采用模板建模方式的模块配备的选装模块。

使用该模块,把中心线、横截面、柔性元素等信息写入 AFI 文件,利用 ADAMS/FBG 对输入的 AFI 文件进行解析,进而生成相应的 MNF 文件,然后把 MNF 文件导入采用模板建模方式的模块中,把生成的柔体信息赋给已存在的柔体,或者创建一个新的柔体。

13) ADAMS/Engine Chain(正时链模块)

ADAMS/Engine Chain 是 MDI 公司推出的发动机设计软件包中的又一模块。应用这个模块,用户可以建立由滚子和衬套组成的正时链模型。利用这个模块,还可以方便地定义滚子/衬套传动链的斜率、后节距、宽度、质量分布和惯量等特性,设计非对称齿,定义传动齿之间的接触特性,创建旋转式、移动式以及固定式等不同形式的导向轮。

14) ADAMS/Tire(轮胎模块)

ADAMS/Tire 是研究轮胎与道路间相互作用的建模可选模块。利用该模块,工程师可以很方便地计算侧向力、自动回正力矩及由于路面不平而产生的力,进行装备不同轮胎的整车在各种路面条件下的多组道路实验。ADAMS/Tire 模型的输入数据形式多样,既可以是轮胎特性参数,也可以是实验数据表。

15) EDM(经验动力学模块)

虚拟样机功能的巨大发展归功于 MDI 公司与 MTS 系统公司共同开发的经验动力学模块(empirical dynamics models,EDM)。利用 EDM,可快速建立基于实验数据的高精度弹性件模型,特别是在设计复杂的悬架、阻尼器、衬套、发动机悬置和轮胎等方面较为方便。以前复杂模型的建立依赖于零部件的详细几何、物理属性,以及物理特性。由于 EDM 是基于实验数据的,能进行自我校验,减少了实验验证工作,大大节约了计算时间。经验动力学模型易于生成和使用,不仅适用于部件装配,也适用于系统装配。

使用 EDM,在产品开发的早期就可以创建高精度的弹性元件模型;与传统的模型相比,适用于较高的振幅和频率范围;与传统利用几何信息等建立的模型相比,运算速度显著提高;能够加速车辆的开发过程,缩短研制周期。

5. ADAMS 软件工具箱

1) Virtual Experiment Modal Analysis(虚拟实验模态分析)工具箱

虚拟实验模态分析是产品开发和故障诊断的重要工程手段,利用它可以快速地从实验数据中提取系统模态振型和模态频率。但在对物理样机进行实验模态分析时需要采用多点激振设备以及多通道数据处理设备,这就决定了实验模态分析具有成本高、周期长的缺点。此外,实验模态分析的精度还取决于多种因素,如激振方式、激振位置、测点位置、测量方法、边界条件,以及工程师的实验模态分析经验等。

2) Virtual Test Lab(虚拟实验)工具箱

为加快汽车模型以及零部件的验证过程,缩短产品的开发周期,MDI 与 MTS 公司合作开发了虚拟实验(virtual test lab,VTL)工具箱与 EDM 模块。使用 VTL 工具箱,设计师可以在设计与验证的过程中,预测结构疲劳寿命、车辆动力性、操纵性、乘坐舒适性以及噪声和振动特性。VTL 工具箱、EDM 与 ADAMS 虚拟样机相结合,大大加速了虚拟样机技术的发展。

3) ADAMS/SDK(软件开发工具包)

ADAMS/SDK(Software Development Kit)是 ADAMS 软件的开发工具包。ADAMS/SDK 使用流行的 C 或 C++语言作为编程接口环境,可以快速、简单、有效地在用户的软件包中增加运动仿真功能。用户通过集成 ADAMS 在各行业中已验证的经验,可以大大地节省在运动仿真开发方面的投资。ADAMS/SDK 还可以广泛地应用于 CAD 软件中的运动学和动力学分析,CAD 软件中装配位置的确定,制造业中的动态仿真、数字化装配运动回放及工业特殊用途的运动仿真。

4) ADAMS/Gear(齿轮传动)工具箱

ADAMS/Gear 工具箱包括一个对话框、三个宏、一个 gforsub 文件(G-Force 子程序)和三个 Fortran 文件。它可以快速地计算齿轮之间的传动特性,捕捉齿轮在啮合前后的动力学行为,可以在一个模型中研究直齿、斜齿及其摩擦的动力学性能,方便快捷地对轮系(包括行星轮系)进行仿真。

5) ADAMS/Landing Gear(飞机起落架)工具箱

ADAMS/Landing Gear 是专门用来构造飞机起落架模型和飞机模型的软件环境,不但能够创建飞机和飞机起落架系统的数字化功能样机,而且能够在各种实验条件下分析、测试这些数字化功能样机。

6) Leafspring Toolkit(钢板弹簧工具箱)

钢板弹簧是汽车悬架中应用最广泛的一种弹性元件。应用钢板弹簧工具箱,能够根据物理样机数据进行分析,能应用虚拟实验台进行仿真实验,能验证钢板弹簧力-变形曲线及钢板弹簧在承载状态下的形状,并能进行钢板弹簧片间摩擦的研究。

7) Tracked/Wheeled Vehicle(履带/轮胎式车辆)工具箱

Tracked/Wheeled Vehicle 工具箱是 ADAMS 用于履带/轮胎式车辆的专用工具箱,是分析军用和商用履带/轮胎式车辆的各种动力学性能的理想工具。

5.3.3　应用 ADAMS 软件进行虚拟样机仿真分析的基本步骤

应用 ADAMS 软件进行建模、仿真和分析,一般要遵循的基本步骤如图 5.5 所示。

各步骤的作用简述如下:

(1) 创建模型:创建零件,给模型施加约束和运动,给模型施加各种作用力。

(2) 测试模型:定义测量量,对模型进行初步仿真,通过仿真结果检验模型中各个零件、约束及力是否正确。

(3) 校验模型:导入实际测试数据,与虚拟仿真的结果进行比较。

(4) 模型细化:经过初步仿真确定了模型的基本运动后,可以在模型中加入更复杂的单元,如在运动副上加入摩擦,用线性方程或一般方程定义控制系统,加入柔性连接件等等,使模型与真实系统更加接近。

(5) 模型的重新描述:为方便设计,可以加入各种参数对模型进行描述,若用户对模型进行了更改,这些参数将自动发生变化,使相关改动自动执行。

(6) 优化模型:ADAMS 可以自动进行多次仿真。每次仿真都通过改变模型的设计变量,按照一定的算法找到系统设计的最优方案。

(7) 定制用户环境:为了使用户操作方便及符合设计环境,用户可以定制菜单和对话框,还可以使用宏命令执行复杂和重复的工作,以提高工作效率。

5.3.4　ADMAS 的测量功能

在用 ADAMS 进行仿真的过程中或仿真完成之后,可以定义一些测量量。模型中几乎所有的特性量都可以被测量,如弹簧提供的力,物体间的距离、夹角等。在定义了这些测量量后,进行仿真时,ADAMS/View 会自动显示出测量量的曲线图,使用户可以看到仿真和测量的结

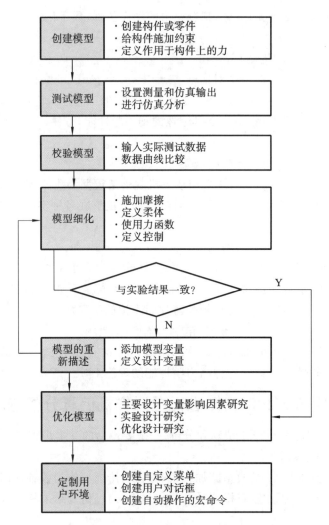

图 5.5 ADAMS 虚拟样机仿真分析的基本步骤

果。在 ADAMS 中,测量分为两类,一类是 ADAMS 默认的(预定义测量),一类是用户可以自己定义的。

1. 预定义测量

(1) Selected Object(实体对象测量):可以测量模型中关于零件、点、力、约束的各种特征量。

(2) Point to Point Measures(点到点的测量):可以测量一个点相对另一个点的运动学特征量,如相对速度、相对加速度。

(3) Orientation Measures(姿势测量):可以测量一个标记点相对另外一个标记点的方向,如旋转系列角和欧拉参数角等。

(4) Angle Measures(角度测量):可以测量空间任意三点所组成的角度,也可以测量两个矢量间的角度。

(5) Range Measures(范围测量):可以对其他测量量进行数理统计,如求最大值、最小值、平均值等。

2. 用户自定义测量

（1）ADAMS/View computed measure：利用用户定义的设计表达式测量，表达式中可含有 ADAMS/View 中的任意变量，ADAMS/View 在仿真中或仿真后对其进行求解。

（2）ADAMS/Solver function measure：利用用户自己定义的函数表达式（Function expression）测量，表达式可以引用用户在 ADAMS/Solve 中自定义的任何子程序，同时可以使用高效的 ADAMS/Solver 描述语言。ADAMS/Solver 在仿真中进行求解。

5.4　四杆机构 ADAMS 仿真分析过程示例

下面结合实例来介绍使用 ADAMS 进行机构仿真的过程。

图 5.6 所示为一铰链四杆机构，要求设计该铰链四杆机构，近似地实现期望函数 $y=\lg x$，$1 \leqslant x \leqslant 2$。

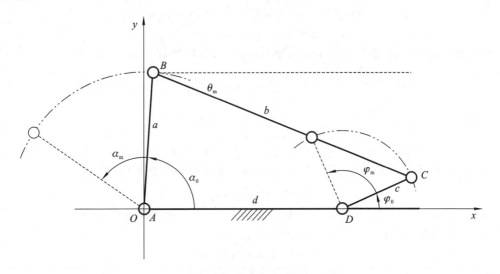

图 5.6　按期望函数设计四杆机构

5.4.1　四杆机构杆长计算

（1）根据已知条件 $x_0=1$，$x_m=2$，可求得 $y_0=0$，$y_m=0.301$。

（2）根据经验，试取主、从动杆的转角范围分别为 $\alpha_m=60°$，$\varphi_m=90°$，则自变量、函数与转角之间的比例尺分别为

$$\mu_\alpha=(x_m-x_0)/\alpha_m=1/60° \tag{5-1}$$

$$\mu_\varphi=(y_m-y_0)/\varphi_m=0.301/90° \tag{5-2}$$

（3）取节点总数 $m=3$，根据函数逼近理论公式

$$x_i=\frac{1}{2}(x_m+x_0)-\frac{1}{2}(x_m-x_0)\cos\frac{(2i-1)\pi}{2m} \tag{5-3}$$

式中：$i=1,2,\cdots,m$，m 为插值节点总数。根据式（5-3）可求得各节点处的有关各值，如表 5.2 所示。

表 5.2　各节点处的有关各值

i	x_i	$y_i = \lg x_i$	$\alpha_i = (x_i - x_0)/\mu_\alpha$	$\varphi_i = (y_i - y_0)/\mu_\varphi$
1	1.067	0.0282	4.02°	8.43°
2	1.500	0.1761	30.0°	52.65°
3	1.933	0.2862	55.98°	85.57°

(4) 试取初始角 $\alpha_0 = 86°$，$\varphi_0 = 23.5°$(通过试算确定)。

(5) 在图示机构中，运动变量为机构的转角 α、φ、θ，由设计要求知 α、φ 为已知条件，仅 θ 为未知。又因机构按比例放大或缩小，不会改变各构件的相对转角关系，故设计变量应为各构件的相对长度，如取 $a/a = 1$，$b/a = l$，$c/a = m$，$d/a = n$。故设计变量为 l、m、n 以及 α、φ 的计量起始角 α_0、φ_0，共五个。

如图 5.6 所示，建立坐标系 Oxy，并把各杆矢向坐标轴投影，可得

$$\left. \begin{aligned} l\cos\theta_i &= n + m\cos(\varphi_i + \varphi_0) - \cos(\alpha_i + \alpha_0) \\ l\sin\theta_i &= m\sin(\varphi_i + \varphi_0) - \sin(\alpha_i + \alpha_0) \end{aligned} \right\} \tag{5-4}$$

为消去未知角 θ_i，将式(5-4)两端各自平方后相加，经整理得

$$\cos(\alpha_i + \alpha_0) = m\sin(\varphi_i + \varphi_0) - \frac{m}{n}\cos(\varphi_i + \varphi_0 - \alpha_i - \alpha_0) + \frac{m^2 + n^2 + 1 - l^2}{2n} \tag{5-5}$$

令 $P_0 = m$，$P_1 = -m/n$，$P_2 = \dfrac{m^2 + n^2 + 1 - l^2}{2n}$，则式(5-5)可简化为

$$\cos(\alpha_i + \alpha_0) = P_0\sin(\varphi_i + \varphi_0) + P_1\cos(\varphi_i + \varphi_0 - \alpha_i - \alpha_0) + P_2 \tag{5-6}$$

将表 5.2 中各参数代入式(5-6)，可获得一方程组。求解可得各杆的相对长度为

$$l = 2.089, m = 0.56872, n = 1.4865$$

(6) 设定 $a = 100$ mm，圆整后的其他杆长分别为 $b = 209$ mm，$c = 57$ mm，$d = 149$ mm。ADAMS 仿真建模时四杆机构各杆具体参数见表 5.3。

表 5.3　四杆机构各杆参数

四杆机构各杆名称	长度/mm	宽度/mm	厚度/mm
主动杆 a	100	20	10
连杆 b	209	20	10
从动杆 c	57	20	10
机架 d	149	20	10

5.4.2　几何模型的建立

ADAMS 软件拥有自己的建模功能，但该软件侧重于分析和仿真，建模功能不突出。SolidWorks 有功能强大、易学易用和技术创新性强三大特点，这使得 SolidWorks 成为领先的、主流的三维 CAD 解决方案。SolidWorks 支持多种数据标准，如 IGES、DXF、DWG、STEP、Parasolid 等。ADAMS 与 SolidWorks 共同支持的格式有 STEP、IGES、Parasolid 几种。将 SolidWorks 的模型导入 ADAMS 有两种方法：一种是采用 ADAMS 与 SolidWorks 的接口模块导入；另一种是采用 ADAMS 与 SolidWorks 共同支持的文件格式来实现两者之间的数据交换。

　　本实例采用 ADAMS 与 SolidWorks 共同支持的 Parasolid 文件格式实现两者之间的数据交换。在导入模型的过程中应注意 Parasolid(∗.x_t)文件的文件名和保存路径不能出现中文。

　　在 SolidWorks 中按照表 5.3 给出的杆长参数建立的装配模型图 5.7 所示,将装配体另存为 Parasolid 格式,以 siganjigou 作为文件名,保存于全英文路径的文件夹中。

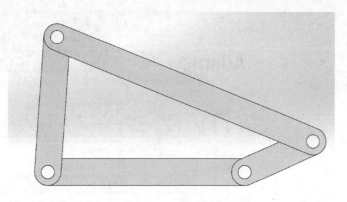

图 5.7　四杆机构在 SolidWorks 中的装配模型

5.4.3　ADAMS 软件启动

　　启动 ADAMS/View,如图 5.8 所示。在对话框中单击“New Model”,在随后弹出的“Create New Model”(创建新模型)对话框中将模型名称(Model Name)设置为“siganjigou”;在“Working Directory”(工作路径)文本框中选择 ADAMS 仿真文件存放的工作目录路径;“Gravity”(重力)和“Units”(单位)项采用默认设置。最后单击“OK”按钮,完成 ADAMS 文件的创建。

5.4.4　SolidWorks 的模型导入

　　在 ADAMS 主界面的菜单栏中单击“File”→“Import”(导入),弹出“File Import”(导入模型)对话框,将文件类型(File Type)设置为“Parasolid”。右击“File to Read”(要读取的文件),在弹出的快捷菜单中选择“Browse”,找到并选中文件“siganjigou.x_t”,在“Model Name”后的输入框中右击,在弹出的菜单中选择“Model”→“Guesses”→“siganjigou”,然后单击“OK”按钮,即可将模型导入 ADAMS/View 中。整体流程如图 5.9 所示。模型导入成功后的界面如图 5.10 所示。

5.4.5　添加约束

　　四杆机构只有机架保持不动,剩余三杆均在空间中运动,整个四杆机构的约束包括机架与大地的固定副以及各杆之间的四个转动副。

1. 创建机架与大地之间的固定副

　　如图 5.11 所示,在主界面中单击“Connectors”(接头)→“Create a Fixed Joint”(创建一个固定副),弹出图 5.12 所示的固定副设置对话框。“Construction”(结构)面板的第一个选项选择“1 Location-Bodies impl”,第二个选项选择“Normal To Grid”。右击机架,弹出固定副选择对话框,选择“d.cm”,单击“OK”按钮即可完成固定副的添加,如图 5.13 所示。固定副添加完

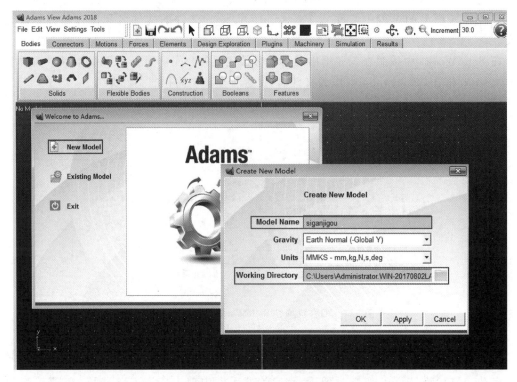

图 5.8　ADAMS 文件的建立

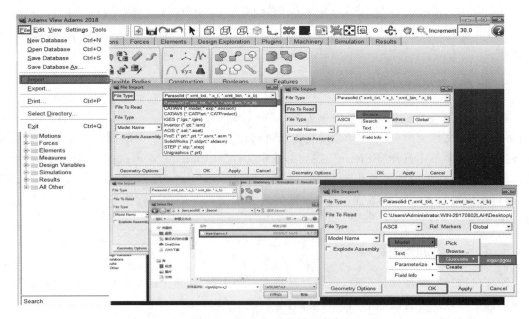

图 5.9　ADAMS 导入模型流程

成后的四杆机构如图 5.14 所示。

2. 创建四个连杆之间的旋转副

如图 5.15 所示,单击"Connectors"→"Create a Revolute joint"(创建一个旋转副),弹出图

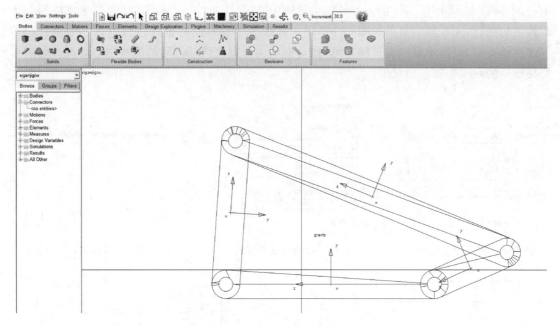

图 5.10　模型导入成功后的界面

图 5.11　固定副的建立

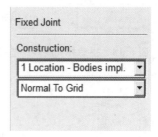

图 5.12　固定副的设置

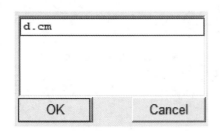

图 5.13　固定副选择对话框

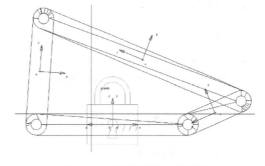

图 5.14　固定副添加完成图

5.16 所示的旋转副设置对话框。"Construction"面板的第一个选项选择"2 Bodies-1 Location",第二个选项选择"Normal To Grid","1st"和"2nd"项均选择"Pick Body"。右击机架 d,弹出旋转副选择对话框,选择"d",单击"OK"按钮,完成第一根杆的选择,如图 5.17 所示。右击主动杆 a,在旋转副选择对话框中选择"a",单击"OK"按钮,完成第二根杆的选择,如图 5.18 所示;最后在机架 d 与主动杆 a 交点位置右击,在弹出的对话框中任选一个作为旋转中心,本例选 a. SOLID2. E13(center)作为旋转中心(见图 5.19)。单击"OK"按钮完成第一个旋转副的创建,完成后的效果如图5.20所示。其他三个旋转副的创建过程与第一个旋转副的创建过程类似,只需重复以上步骤,并选择对应的两杆以及两杆之间的旋转中心即可。约束添加完成后的效果如图5.21所示。

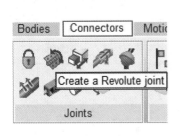

图 5.15　旋转副的创建

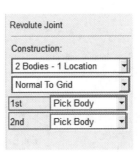

图 5.16　旋转副设置界面

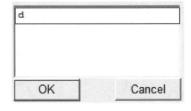

图 5.17　机架 d 旋转副选择对话框

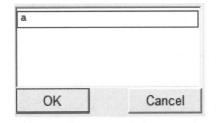

图 5.18　主动杆 a 旋转副选择对话框

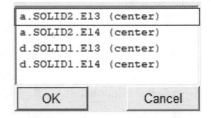

图 5.19　旋转副转动中心点的选择

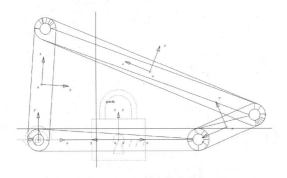

图 5.20　第一个旋转副创建完成图

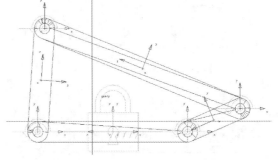

图 5.21　约束添加完成

5.4.6　驱动的创建

1. 主动杆驱动的添加

单击"Motions"→"Rotational Joint Motion"(见图 5.22),弹出图 5.23 所示设置主动杆旋转速度的对话框。本例假设主动杆匀速转动,四杆机构运动时间为 5 s,根据前面四杆机构主动杆转角范围可计算出其转动角速度为12(°)/s,将图 5.23 所示对话框中的"Rot Speed"项设置为 12;在主动杆与机架旋转副处右击,弹出图 5.24 所示对话框,选择"JOINT_2",完成旋转副驱动的添加。驱动添加完成后的效果如图5.25所示。

2. 主动杆驱动方向的更改

驱动设置默认的旋转方向为顺时针,与四杆机构运动方向相反,故在目录树中双击

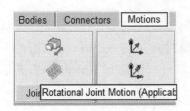

图 5.22　旋转驱动的建立

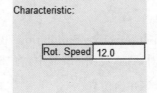

图 5.23　旋转速度的设置

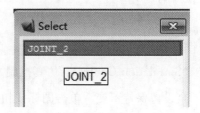

图 5.24　驱动的添加

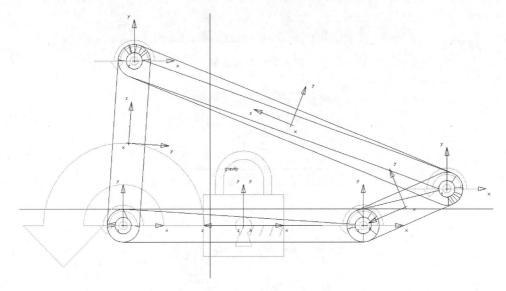

图 5.25　驱动添加完成

"MOYION_1",在弹出的"Joint Motion"对话框中将"Function(time)"项中的"12.0 d ∗ time"修改为"−12.0d ∗ time",这样即可实现旋转方向的更改,如图 5.26 和图 5.27 所示。

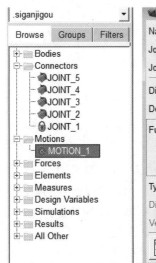

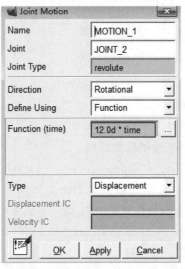

图 5.26　驱动设置更改

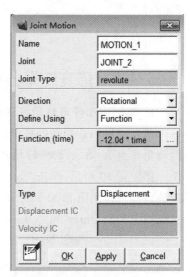

图 5.27　旋转方向的更改

5.4.7　运动学仿真

单击"Simulation"→"Run an Interactive Simulation"图标按钮(见图 5.28),在弹出的"Simulation Control"(仿真控制)对话框(见图 5.29)中,将"Sim. Type"设置为"Kinematic",其余设置保持不变。单击图标按钮 ▶ 开始仿真。

图 5.28　仿真求解

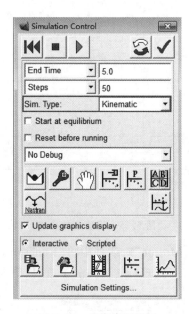

图 5.29　仿真类型设置

5.4.8　仿真结果分析

1. 输出主动杆与从动杆转角仿真曲线

仿真的目的是判断四杆机构两连架杆之间的转角关系是否满足设计要求。需设置主动杆的转角作为 X 轴,从动杆转角作为 Y 轴来绘制转角曲线。

如图 5.30 所示,单击"Results"(结果)→"Opens Adams Postprocessor"(打开 Adams 后置处理器),弹出图 5.31 所示的对话框。在该对话框中单击左下角的"Math"按钮,在弹出的对话框中,"Y Units"和"X Units"项选择"angle"(见图 5.32),完成坐标轴单位的设置。

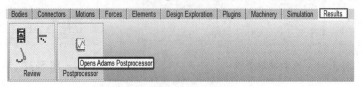

图 5.30　运行后处理

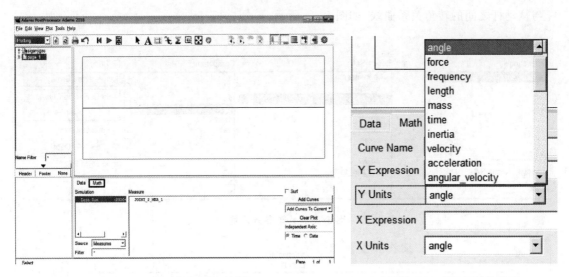

图 5.31　运行后置处理对话框　　　　　　　图 5.32　坐标系单位设置

在图 5.33 所示对话框中，单击"Data"按钮进行 X、Y 轴参数设置。将"Source"设置为"Result Sets"后，点选"Independent Axis"栏的"Data"，在弹出的对话框中选择"Result Set"列表框中的"a_XFORM"以及"Component"列表框中的"PSI"。单击"OK"按钮完成 X 轴的参数设置。完成该操作后"Data"下会出现".a_XFORM.PSI"的提示。

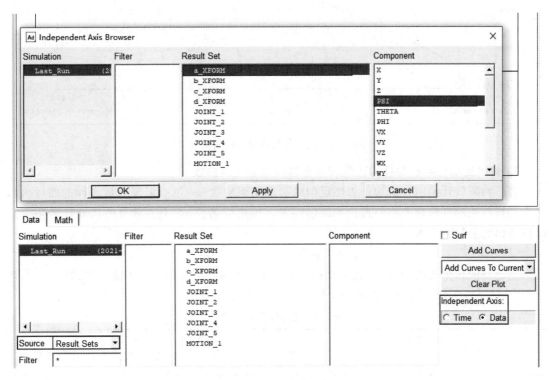

图 5.33　X 轴参数设置

在图 5.34 所示的对话框中，在"Result Set"列表框中中选择"c_XFORM"，在"Component"列表框中中选择"PSI"，然后单击右侧的"Add Curves"按钮，生成四杆机构主动杆与从动杆之间的转角关系曲线,如图 5.35 所示。

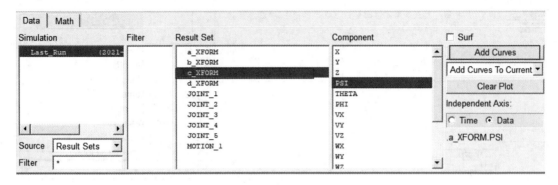

图 5.34　Y 轴参数设置

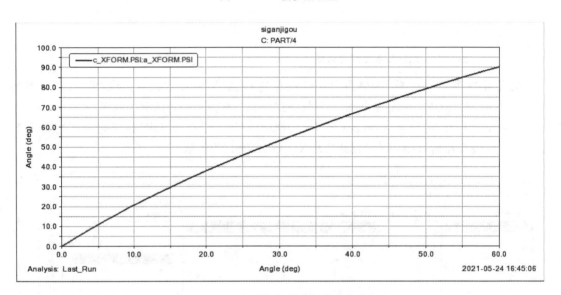

图 5.35　主动杆与从动杆转角曲线

2. 输出主动杆与从动杆的实际转角曲线与理论转角曲线

为了判断设计的四杆机构是否能近似地实现期望函数 $y=\lg x$,需要分析设计的四杆机构的主动杆与从动杆转角曲线与理论曲线的误差。按期望函数 $y=\lg x$ 求得的从动杆转角与主动杆转角的函数关系为

$$\varphi' = [\lg(x_0 + \mu_a \alpha) - y_0]/\mu_\varphi \tag{5-7}$$

主动杆的转角范围为 60°。将主动杆转角分为 300 份,在 Excel 中每隔 0.2°取值一次,通过式(5-7)计算出对应从动杆的相应转角,如表 5.4 所示。

表 5.4　主从动杆理论转角

主动杆转角/(°)	从动杆转角/(°)
0	0
0.2	0.4321318
0.4	0.8628304
⋮	⋮

续表

主动杆转角/(°)	从动杆转角/(°)
59.8	89.792362
60	90.008969

将表 5.4 在 Excel 中另存为文件 shuju.csv 即可。回到 ADAMS 软件,在主界面菜单栏单击"File"→"Import"→"Numeric Data",在弹出的对话框中的"File Name"选项后找到表 5.4 保存的路径,选择文件 shuju.csv,单击"OK"按钮,完成外部 Excel 数据表的导入,如图 5.36 所示。

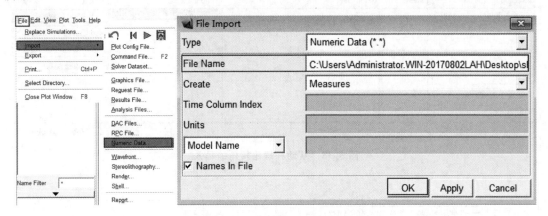

图 5.36 外部 Excel 数据导入

数据导入成功后在 Simulation 栏中会出现导入文件的名称 shuju,选中"shuju"后在 "Result Set"(结果列表)下会出现"MEA_1"和"MEA_2",它们分别代表表 5.4 中第一列与第二列的数据,如图 5.37 所示。

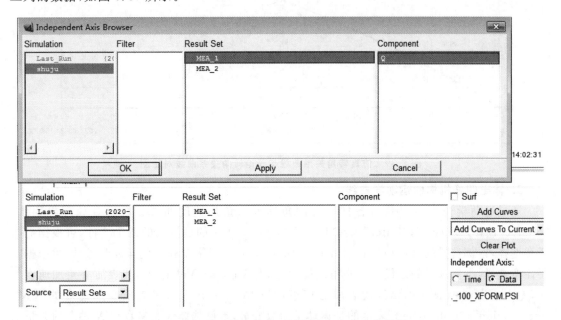

图 5.37 导入数据的第一列设置为 X 轴上的数据

导入的离散数据需要输出为曲线。点选图 5.37 所示界面右下方"Independent Axis"栏的"Data"项，在弹出的对话框中选中"Result Set"栏中的"MEA_1"以及"Component"栏中的"Q"，单击"OK"按钮，即将 MEA_1 的数据设置为 X 轴上的数据。

选中"Result Set"栏中的"MEA_2"以及"Component"栏下的"Q"，单击界面右下方的"Add Curves"按钮，完成从动杆理论转角的导入，如图 5.38 所示。输出的主、从动杆的仿真转角关系曲线与理论转角关系曲线如图 5.39 所示，从图中可以看出仿真所得到的曲线与理论曲线非常接近，这就说明所设计的四杆机构杆长比例关系是满足要求的。

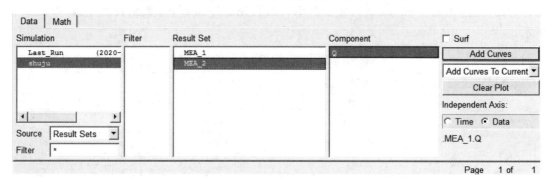

图 5.38　从动杆理论转角的导入

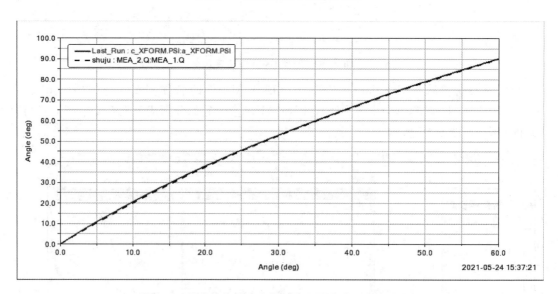

图 5.39　仿真转角关系曲线与理论转角关系曲线对比图

3. 输出四杆机构的运动学曲线

通过运动学仿真可以获得各杆质心的角速度与角加速度曲线。在后置处理界面中："Source"选择"Objects"；"Filter"选择"body"；"Object"表示的是机构的四个构件，可根据需要任意选择，本例选择的是从动杆 c；"Characteristic"表示的是需要输出的运动学参数，可根据需要任意选择，本例选择的是代表质心角速度的"CM_Angular_Velocity"，代表质心角加速度的"CM_Angular_Acceleration"，代表质心速度的"CM_Velocity"，代表质心加速度的"CM_Acceleration"；"Component"表示的是运动学参数分量，本例选择代表参数在 X 轴上的分量的 X、代表参数在 Y 轴上的分量的 Y 以及代表总量的"Mag"，如图 5.40 所示。单击"Add

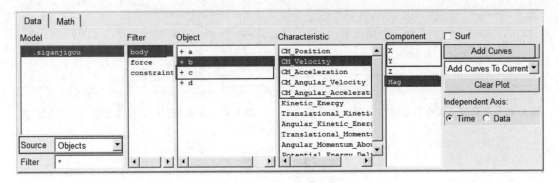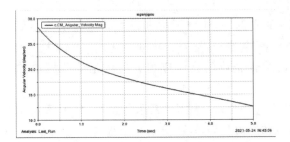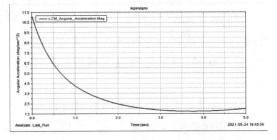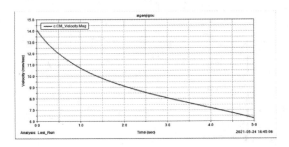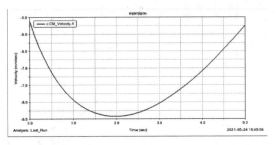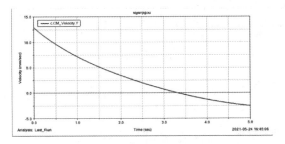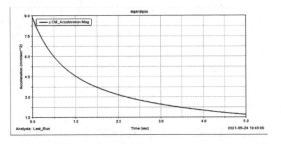

Curves"按钮,完成从动杆 c 的各运动学参数曲线的输出。输出的结果如图 5.41 至图 5.48 所示。

图 5.40　构件各运动曲线的添加设置

图 5.41　从动杆 c 质心角速度曲线

图 5.42　从动杆 c 质心角加速度曲线

图 5.43　从动杆 c 质心速度总量曲线

图 5.44　从动杆 c 质心速度在 X 轴上的分量

图 5.45　从动杆 c 质心速度在 Y 轴上的分量

图 5.46　从动杆 c 质心加速度总量曲线

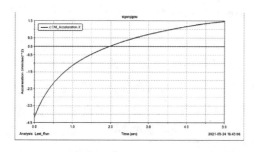
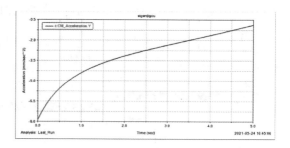

图 5.47　从动杆 c 质心加速度在 X 轴上的分量　　**图 5.48　从动杆 c 质心加速度在 Y 轴上的分量**

习　　题

1. 收集整理最新仿真技术文献资料,总结仿真技术的最新发展。

2. 虚拟样机的定义是什么? 它的特点是什么?

3. 结合你所了解的工厂企业应用 ADAMS 的实例,具体分析仿真技术的优点以及不足之处。

4. ADMAS 软件应包含哪些扩展模块? 请结合企业的具体应用分析讨论这些模块的特征。

5. 通过了解所在地区机械制造企业仿真技术应用情况,选择一家示范企业,分析该企业仿真技术建设的历程、总体系统架构、实施的成效和经验教训,写出分析总结报告。

6. 图 5.49 所示为开槽机上的急回机构。原动件 BC 做匀速转动,角速度 $\omega = 2\pi$ rad/s,已知 $a = 80$ mm, $b = 200$ mm, $l_{AD} = 100$ mm, $l_{DF} = 400$ mm,请用 ADAMS 软件分析该机构的摆块质心速度、加速度、角加速度。

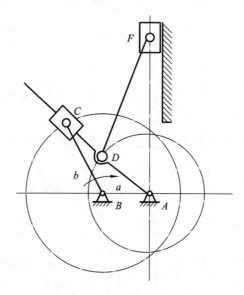

图 5.49　急回机构

第6章

计算机辅助工艺设计技术

工艺设计是机械制造生产过程技术准备工作中的重要内容，是连接产品设计与实际生产的纽带。工艺设计的基本任务是将产品或零件的设计信息转换成加工指令等信息，是经验性很强且随环境变化而变化的决策过程。工艺设计所生成的工艺文档是指导生产过程的重要文件及制订生产计划与调度的依据，工艺设计的质量和效率直接影响到企业制造资源的配置与优化、产品质量和成本以及生产周期等等。随着机械制造生产技术的发展，特别是 CAD/CAM 系统向集成化、智能化方向发展，传统的工艺设计方法已不适应当前的生产形式，必须寻找新的工艺设计方法，以提高设计效率。计算机辅助工艺设计(CAPP，也被译为计算机辅助工艺规划)是利用计算机软硬件作为辅助工具，依据产品设计所给出的信息，对产品的加工、装配等制造环节进行设计的过程。作为现代集成制造系统的关键环节，CAPP 将产品的设计信息转换成产品的制造信息以及相应的管理信息，辅助工艺人员规划从毛坯到成品的制造过程，是连接 CAD 和 CAM 的桥梁，对提升产品制造质量和降低制造成本具有重要意义。

6.1 计算机辅助工艺设计技术概况

6.1.1 CAPP 的基本概念

1. CAPP 的含义

CAPP 是指由人和计算机组成的系统，依据产品设计信息、设备约束和资源条件，利用计算机具备的数值计算、逻辑判断和推理等功能来制定零件加工的工艺路线、工序内容和管理信息等工艺文件，将企业产品设计数据转换为产品制造数据的一种技术，也是一种将产品设计信息与制造环境提供的所有可能的加工能力信息进行匹配与优化的过程。

CAPP 还有其他许多名称，如国际生产工程研究会(CIRP)提出了 CAP(computer aided planning，计算机辅助规划)、CAPP(computer automated process planning，计算机自动工艺过程设计)等名称。实际上国外常用到诸如 manufacturing planning(制造规划)、material processing(材料处理)、process engineering(工艺工程)以及 machine routing(加工路线安排)等名词，这些名词在很大程度上都是指计算机辅助工艺过程设计。

CAPP 的基本原理是基于人工设计的过程和需要解决的问题而提出的：首先，将零件的特征信息以代码或数据的形式输入计算机，并建立起零件信息的数据库；其次，把工艺人员编制工艺的经验、工艺知识和逻辑思想以工艺决策规则的形式输入计算机，建立起工艺知识库；第三，把制造资源、工艺参数以适当的形式输入计算机，建立起制造资源和工艺参数库；第四，通过程序设计充分利用计算机的计算、逻辑分析、判断、推理、存储及查询等功能来自动生成工艺规程。

2. CAPP 的意义

CAPP 技术的应用能够使工艺人员从烦琐重复的事务性工作中解脱出来,快速编制出完整而详尽的工艺文件,从而缩短生产准备周期,提高产品制造质量,进而缩短整个产品开发周期。伴随着时代的信息化,通过 CAPP 可逐步实现工艺过程设计的自动化及工艺过程的规范化、标准化,从根本上改变工艺设计依赖于个人经验的状况,提高工艺设计质量,满足当前日趋自动化的现代制造环节的需要,并为实现计算机集成制造系统创造必要的技术基础。

6.1.2 CAPP 系统的功能需求

面向制造业信息化和智能化的趋势,CAPP 系统应具有以下方面的功能。

1. 基于产品结构进行工艺设计

机械制造企业的生产活动都是围绕产品而展开的,产品的制造生产过程也就是产品属性的生成过程。工艺文件反映了产品的属性,应在工艺设计计划指导下,围绕产品结构(基于装配关系的产品零/部件明细表)创建工艺文件。基于产品结构进行工艺设计,可以直观、方便、快捷地查找和管理工艺文件。

工艺设计是工艺工作的核心工作。CAPP 系统应能保证工艺设计高效率、高质量地完成,通常包括选择加工方法、安排加工路线、检索标准工艺文件、编制工艺过程卡和工序卡、优化选择切削用量、确定工时定额和加工费用、绘制工序图及编制工艺文件等内容。

2. 资源的利用

在工艺设计的过程中,常常需要用到各种资源,例如:需要大量工艺资源数据(工厂设备、工装物料和人力等),需要应用工艺技术支撑数据(工艺规范、国家/企业技术标准、用户反馈),需要参考工艺技术基础数据(工艺样板、工艺档案),同时更需要企业在长期的工艺设计过程中积累的大量工艺知识和经验资源。CAPP 系统应广泛而灵活地提供数据资源、知识资源和资源使用的方法。

3. 工艺文件管理

工艺文件管理是保护、积累和实现企业工艺资源重用的重要工作,包括产品级的工艺路线设计、材料定额汇总等,对工艺设计和成本核算起着指导性的作用。同时,需要对定型产品的工艺进行分类归档并实现归档后的有效利用。

4. 工艺流程管理

工艺设计要经过由设计、审核、批准到会签的工作流程,CAPP 系统应能在网络环境下支持这种分布式的审批性处理。

5. 标准工艺

CAPP 系统中应存储有标准工艺(或称典型工艺)。在工艺设计中,根据相似零件具有相似工艺的原理,常常需要进行类似工艺设计的参考或模板创建。

6. 制造工艺信息系统

产品在整个生命周期内的工艺设计通常涉及产品装配工艺、机械加工工艺、钣金冲压工艺、焊接工艺、热表处理工艺、毛坯制造工艺、返修处理工艺等工艺,而这些工艺又往往涉及多种类型的零件,如机械加工工艺通常涉及回转体类零件、箱体类零件、支架类零件等各种零件。CAPP 应从以零件为主体对象的局部应用走向以整个产品为对象的全面应用,实现产品工艺设计与管理的一体化,建立数字化工艺信息系统,实现 CAD/CAM、PDM、ERP 的集成和资源共享。

6.1.3　CAPP 系统的基本组成

从 CAPP 的定义来看,CAPP 系统的功能是完成工艺过程设计并输出工艺规程。从本质上来说,就是 CAPP 系统要模拟人编制工艺的方式,代替人完成工艺编制的工作。一般的 CAPP 系统主要包括六大部分,如图 6.1 所示。

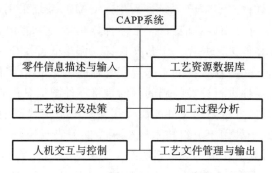

图 6.1　CAPP 系统的基本组成

1. 零件信息描述与输入

零件信息是系统进行工艺设计的对象和依据,计算机目前还不能像人一样识别零件图样上的所有信息,所以在计算机内部必须有专门的数据结构来对零件信息进行描述,如何输入和描述零件信息是开发 CAPP 系统要解决的关键问题之一,输入零件信息是进行计算机辅助工艺过程设计的第一步。

2. 工艺资源数据库

工艺资源数据库是 CAPP 系统的支撑工具,它包含工艺设计所需要的所有工艺数据(如加工方法、余量、切削用量、机床、刀具、夹具,以及材料、工时、成本核算等多方面的信息)和规则(涉及工艺决策逻辑、决策习惯、经验等众多内容,如加工方法选择规则、排序规则等)。

3. 工艺设计及决策

工艺设计及决策是 CAPP 六大部分中最重要和最难以实现的部分,属于系统的控制指挥中心,主要功能是以零件信息为依据,按预先规定的顺序或逻辑调用有关工艺数据或规则,进行必要的比较、计算和决策后生成零件的工艺规程。

4. 加工过程分析

加工过程分析是对所产生的加工过程进行模拟,检查工艺的正确性,检测工装的合理性、刀具轨迹的安全性等。

5. 人机交互与控制

人机交互与控制部分是用户的工作平台,主要任务是协调各模块的运行,实现人机之间的信息交流,控制零件信息的获取方式。一般包括系统操作菜单、工艺设计界面、工艺数据与知识的输入和管理界面,以及工艺文件的显示、编辑与管理界面等。

6. 工艺文件管理与输出

工艺文件管理与输出是指对各类工艺文件进行管理和维护,并对工艺文件进行格式化显示和打印输出等。要求能输出各种格式的文件,又能由用户自定义输出格式。这些信息储存在工艺数据库中,各部门可根据需要调用。

6.1.4　CAPP 系统的基本类型及特点

从 CAPP 系统工艺决策的工作原理出发,一般可将其分为派生式(variant)、创成式(generative)和混合式(hybrid)等类型。

1. 派生式 CAPP 系统

早期的 CAPP 系统都采用了所谓的"标准工艺法",这种 CAPP 系统即派生式 CAPP 系统,亦称变异式、修订式、样件式 CAPP 系统。派生式 CAPP 系统采用成组技术原理将零件按几何形状和工艺相似性等分类归族,针对每一个零件族构造一个能包含所有零件特征的标准样件,设计出相应的标准样件工艺并存入工艺文件库。派生式 CAPP 系统的工作依赖于事先归纳整理出来的典型工艺,一个新零件的工艺规程是通过检索相似零件的标准工艺并加以筛选、编辑修改而成的。对零件进行分类编码的目的是将零件图信息代码化,在宏观上描述零件而不涉及零件的细节。具体方法是把零件的属性用流行的数字代码表示,以使计算机容易识别和处理。国际上已有几十种用于成组技术的机械零件编码系统,如德国的 OPITZ 系统、日本的 KK-3 系统及我国的 JCBM、JLBM-1 系统等。

派生式 CAPP 的优点是结构简单、系统容易建立、性能可靠、理论成熟且便于维护和使用。但是,由于新零件工艺的设计依赖于系统中存储的典型工艺,一旦查找不到相应的零件族,系统就不能发挥其作用。因此,此类系统也存在针对性强、不便于移植等缺点。

2. 创成式 CAPP 系统

创成式 CAPP 系统的工艺规程是根据程序中所反映的决策逻辑和制造工程数据信息自动生成的。这些信息主要是有关各种加工方法的加工能力和对象、各种设备及刀具的适应范围等一系列的基本知识。创成式 CAPP 系统就其决策知识的应用形式分为常规创成式 CAPP 系统和智能创成式 CAPP 系统两种。常规创成式 CAPP 系统主要利用决策表和决策树等技术来实现工艺决策;而智能型创成式 CAPP 系统综合运用专家系统、人工神经网络等来进行自动推理和决策。

创成式 CAPP 系统依靠系统的决策逻辑、计算公式、工艺算法和几何数据等,自动地进行从毛坯至图样要求这一过程的各种工艺决策。加工规则、设备能力等都存储在计算机系统内,在向创成式 CAPP 系统输入待加工零件的信息后,系统能自动提供(生成)各种工艺规程文件,用户不需修改或略加修改即可。

创成式 CAPP 系统人工干预少,自动化程度高,能保证相似零件工艺的高度相似性和相同零件工艺的高度一致性,能设计出新零件的工艺规程,有很大的柔性,还可以与 CAD 系统及自动化加工系统相连接,实现 CAD/CAM 一体化。但由于零件结构的多样性、复杂性以及工艺决策逻辑随环境变化等因素的影响,目前还难以建造自动化程度很高、功能完全的创成式系统,适用范围较宽的创成式 CAPP 系统还有待发展。

3. 混合式 CAPP 系统

混合式 CAPP 系统(亦称半创成式 CAPP 系统)综合了派生式 CAPP 系统与创成式 CAPP 系统的工作方法和原理,采取派生与自动决策相结合的方法生成工艺规程。这种 CAPP 系统目前应用较多,如基于实例与知识的混合式 CAPP 系统、将成组技术与专家系统或人工智能相结合的混合式 CAPP 系统等。例如,对一个新零件进行工艺设计时,可先通过计算机检索它所属零件族的标准工艺,然后根据零件的具体情况,对标准工艺进行自动修改,工序设计则可采用专家系统或人工智能自动决策,进行机床、刀具、工装夹具以及切削用量的选择,输出所需的工艺文件。在没有典型工艺的情况下也可基于专家系统或人工智能的创成方式生成零件的工艺规程。

混合式 CAPP 系统兼顾了派生式与创成式 CAPP 系统两者的优点,在具有简洁性的同时又具备一定的柔性,对实际场景有较强的适用性。

6.1.5　CAPP 系统的发展趋势

计算机和信息技术的发展及其在制造业中的广泛应用,为工艺设计提供了理想的工具。以新一代信息通信技术与制造业融合发展为主要特征的产业变革在全球范围内孕育兴起,智能制造已成为制造业发展的重要方向。智能制造的核心是数字化、网络化和智能化。在逐步向智能化方向发展的过程中,我国制造业近年来在离散型智能制造、流程型智能制造、网络协同制造、大规模个性化定制、远程运维服务等方面大力开展了智能制造新模式的推广应用,各种先进制造模式不断出现,这就对 CAPP 系统的发展提出了更高的要求。当前 CAPP 技术表现出了以下一些发展趋势。

1. 标准化

在实际场景中,工艺设计活动具备较强的个性化和经验性特征,各个企业由于产品型号、零件批次、加工环境等因素的不同,其工艺设计方法和习惯等都可能存在差异,所以很难像 CAD 系统那样将 CAPP 系统设计成通用的系统。因此,需要根据对国家标准、国际标准和先进制造技术的理解,基于 CAPP 基本功能定义及系统体系框架,对企业 CAPP 的需求(包括在工艺设计与管理以及工艺信息集成等方面的需求)进行分析,形成标准化和规范化的描述,解决企业在 CAPP 系统开发中对需求定义的完整性和一致性差的问题;进而引导企业的工艺活动,促进工艺活动的规范化,从而规范 CAPP 系统的实施过程,使大部分企业使用的 CAPP 系统是主体相似的工程产品而不是个性独特的艺术品。

2. 集成化和网络化

CAPP 系统是连接 CAD 系统与 CAM 系统的桥梁,是 PDM、ERP 和 MES 等系统的重要信息来源。例如:CAPP 系统接受来自 CAD 系统的产品几何、结构、材料信息以及精度、表面粗糙度等信息作为其原始输入,同时向 CAD 系统反馈产品的结构工艺性评价;CAPP 系统向 CAM 系统提供零件加工所需的设备、工装信息,切削参数,装夹参数以及反映零件过程的刀具轨迹文件,并接收 CAM 反馈的工艺修改意见;CAPP 系统向 PDM 系统提供工艺路线、设备、工装、工时、材料定额等信息,并接收 ERP 系统发出的技术准备计划、原材料库存、刀夹具状况、设备变更等信息;CAPP 系统向 MES 提供各种工艺规程文件和夹具、刀具等信息,并接收由 CAM 系统反馈的刀具使用报告和工艺修改意见;CAPP 系统向质量保证系统(QAS)提供工序、设备、工装等工艺数据,以生成质量控制计划和质量检测规程,同时接收 QAS 反馈的控制数据,以修改工艺规程。只有将这些系统全面集成,才能更好地发挥 CAPP 系统在整个生产活动中的信息中枢和功能调节作用,包括与 CAD 系统实现双向的信息交换与传送,与生产计划调度系统实现有效集成,与 QAS 建立内在联系,等等。同时,现代制造业中的 CAPP 系统也离不开网络与数据库的支持,网络化是现代系统集成应用的必然要求。CAPP 系统对内面向各种角色和工种的并行工艺设计,对外需要与 CAD 系统、CAM 系统等其他系统集成应用,这些都需要网络技术支撑,从而才能实现企业级乃至更大范围内的信息化。

3. 模块化和工具化

通用性问题是 CAPP 系统中需要考虑和实现的最为关键的问题之一,也是制约 CAPP 系统推广应用的一个重要因素。为了适应实际生产过程中变化多端的问题,应该使 CAPP 系统像 CAD 系统一样具有通用性。因此,将工艺设计过程中的一般性的方法内容和特殊性的要求相结合,开发通用化的基本功能模块和各种工具模块,建立易于扩充的框架系统结构,成为 CAPP 研究与开发的方向之一。CAPP 框架系统又称为 CAPP 开发工具,其目的在于改变传统的研制方法,提高开发效率及质量。工具化 CAPP 系统要求将工艺设计的共性与个性分开处理,实现工艺决策方式的多样化,并具有数据与知识库管理平台,以便于用户根据自身的要求建立工艺知识与数据库。

4. 支持三维 CAD 的 CAPP 系统及应用

三维 CAD 技术是企业进行产品创新设计和数字化设计制造的基础平台,三维 CAD 的应用对工艺设计方式、工艺资源及制造数据管理模式等产生了重大影响,基于三维 CAD 的工艺设计、工装设计、工艺资源管理等成为企业制造工艺数字化的新应用需求。

5. 智能化

目前工艺设计的过程还难以用严格的理论和数学模型来描述,其设计过程仍依赖于大量的知识、经验和各种实验数据。综合运用专家系统及人工智能技术,发挥其灵活和有效获取、表达、处理各种知识等方面的能力,是 CAPP 系统一个重要的发展方向。CAPP 专家系统在过去的研究中占据着主要地位,而且已经有多种 CAPP 专家系统在实际中应用。但是专家系统在知识获取、推理方法、求解空间等方面还存在一些问题,且过分强调工艺决策的自动化,导致开发费用高,系统适应性差,难以推广应用。近年来,模糊理论、混沌理论、Agent(代理)理论、粗糙集理论等理论以及神经网络算法、模拟退火算法、遗传算法、机器学习算法、深度学习算法等算法得到广泛研究,为 CAPP 系统的进一步智能化提供了理论基础。各种人工智能技术的综合运用,有助于利用产品和企业的全方位数据进行工艺规划,改进工艺方案的可行性和设计效率,推动 CAPP 系统向智能化方向发展。

6.2　CAPP 系统对零件信息的描述与输入

在工艺设计时需要被设计零件的各种信息,无论这些零件信息的初始状态如何,均需要计算机进行标识与存储,CAPP 系统则需要对零件信息进行描述。针对 CAD 系统的应用现状,对 CAPP 系统采用通过人机交互输入零件信息的方式已成定局,研究出一种工艺设计人员可以接受的快捷合理的信息描述与输入模式,是 CAPP 系统能否得到推广应用的关键所在。

CAD 系统提供的信息有两种类型:一种是采用文字方式表达的技术及管理信息;一种是采用图形和数据表达的零件几何信息。前者是显式的,可以直接存储在系统的基础信息库中,能在 CAPP 系统需要时提取;后者是作为 CAPP 系统的操作对象出现的,需要经过语义转换才能存储。

零件信息包括总体信息(如零件名称、图号、材料等)、几何信息(如结构形状)和工艺信息(如尺寸、公差、表面粗糙度、热处理及其他技术要求)等。CAPP 系统描述零件信息就是对产品或零件进行表达,让计算机能够直接"读懂"零件图,即在计算机中必须有一个对零件信息进行描述的合理的数据结构或零件模型。

6.2.1　图纸信息的描述与人机交互式输入

1. 分类编码描述法（GT 法）

分类编码描述法是开发得最早，也是比较成熟的方法。其基本思路是按照预先制定或选用的 GT 分类编码系统对零件图上的信息进行编码，并将 GT 码输入计算机。这种 GT 码所表达的信息是计算机能够识别的，它简单易行，用其开发一般的派生式 CAPP 系统较方便。但这种方法也存在一些弊端，例如无法完整地描述零件信息、码位太长时编码效率低、容易出错、不便于 CAPP 系统与 CAD 直接集成等等，故不适合用于集成化的 CAPP 系统以及要求生成工序图与 NC 程序的 CAPP 系统。

2. 语言描述法

语言描述法是采用语言对零件各有关特征进行描述和识别，建立一套由特定规则组成的语言描述系统。该方法的关键在于要开发一种计算机能识别的语言（类似于 C 语言等）来对零件信息进行描述，或者是建立一个语言描述表，用户采用这种语言规定的词汇、语句和语法对零件信息进行描述，然后由计算机编译系统对描述结果进行编译，形成计算机能够识别的零件信息代码。

采用语言文字对零件信息进行描述，与分类编码描述法类似，是一种间接的描述方法，对几何信息的描述只停留在特征的层面上，同时需要工艺设计人员学习并掌握语言，而且描述过程烦琐。

3. 知识描述法

在人工智能技术（artificial intelligence，AI）领域，零件信息实际上就是一种知识或对象，所以从原则上讲，可用人工智能技术中的知识描述法来描述零件信息甚至整个产品的信息。一些 CAPP 系统尝试了用框架表示法、产生式规则表示法和谓词逻辑表示法等来描述零件信息，这些方法为整个系统的智能化提供了良好的前提和基础。在实际应用中，这种方法常与特征技术相结合，而且知识的产生应是自动的或半自动的，即应能直接将 CAD 系统输出的基于特征的零件信息自动转化为知识的表达形式，这种知识表达方法才更有意义。

4. 基于形状特征或表面元素的描述法

任何零件都由一个或若干个形状特征（或表面元素）组成，这些形状特征可以是圆柱面、圆锥面、螺纹面、孔、凸台、槽，等等。例如：光滑钻套由一个外圆柱面、一个内圆柱面、两个端面和四个倒角组成；一个箱体零件可以分解成若干个面，每一个面又由若干个尺寸与加工要求不同的内圆表面和辅助孔（如螺纹孔、螺栓孔、销孔）以及槽、凸台等组成。这种方法要求将组成零件的各个形状特征按一定顺序逐个地输入计算机（输入过程通过计算机界面来引导），并将这些信息按事先确定的数据结构组织起来，在计算机内部形成所谓的零件模型。这种方法的优点在于：①机械零件上的表面元素与其加工方法是相对应的，计算机可以以此为基础推出零件由哪些表面元素组成，这样就能很方便地从工艺知识库中搜索出与这些表面相对应的加工方法，从而可以以此为基础推出整个零件的加工方法。②这些表面为尺寸、公差、表面粗糙度乃至热处理的标注提供了方便，从而为工序设计、尺寸链计算以及工艺路线的合理安排提供了必要的信息。因此，这种方法在很多 CAPP 系统中都得到了应用。

上述方法尽管各有优点，但都存在一个共同局限：需要人工对零件图样进行识别和分析，即需要人工对设计的零件图进行二次输入。输入过程费时费力且容易出错，因此更理想的方法是直接从 CAD 系统中提取信息。

6.2.2　从 CAD 系统直接输入零件信息

1. 特征识别法

设计者利用 CAD 绘图系统画好产品或零件图之后,CAD 系统会以一定格式的文件保存设计结果,包括常见的.dwg 文件和.dxf 文件等。这些文件所包含的一般是点、线、面以及它们之间的拓扑关系等底层的信息,这些信息能够满足 CAD 系统进行产品或零件图绘制的需求,但不能满足 CAPP 系统对零件信息的需求。CAPP 系统所关心的是零件由哪些几何表面或形状特征组成,以及这些特征的尺寸、公差、表面粗糙度等工艺信息。特征识别法就是要对 CAD 系统的输出结果进行分析,按一定的算法识别、抽取出 CAPP 系统能识别的基于特征的工艺信息。这种方法可以克服手工输入零件信息的种种弊端,实现零件信息向 CAPP、CAM 等系统的自动传输。但实践证明,这种方法缺乏通用性,而且实现很困难,主要原因如下:①一般的 CAD 系统都是以解析几何作为其绘图基础的,其绘图的基本单元是点、线、面等要素,输出的结果一般是点、线、面以及它们之间的拓扑关系等底层的信息。要从这些底层信息中抽取加工表面特征这样一些高层次的工艺信息非常困难。②在 CAD 的图形文件中,没有诸如公差、表面粗糙度、热处理等工艺信息,即使对这些信息进行了标注,也很难抽取出这些信息,更谈不上把它们和它们所依附的加工表面联系在一起。③目前 CAD 系统种类繁多,即使 CAPP 系统能接收某一种 CAD 系统输出的零件信息,也不一定能接收其他 CAD 系统输出的零件信息。

CAD 系统的输出格式不仅仅与绘图方式有关,更重要的是还与 CAD 系统内部对产品或零件的描述方式,即所谓的数据结构有关。要想从根本上解决上述难点,就必须探索新的信息描述方法,实现 CAD/CAPP 乃至 CAD/CAPP/CAM 的全面集成。

2. 基于特征拼装 CAD 的零件信息描述与输入方法

这种方法需以某种 CAD 系统为基础,其绘图基本单元是参数化的几何形状特征(或表面要素),如圆柱面、圆锥面、倒角、键槽等,而不是通常所用的点、线、面等要素。设计者采用这种系统绘图时,不是一条线一条线地绘制,而是一个特征一个特征地绘制,类似于用积木拼装形状各异的物体,所以这种绘图方式也称为特征拼装。设计者在拼装各个特征的同时,即赋予了各个形状特征(或几何表面)尺寸、公差、表面粗糙度等工艺信息,其输出的信息也是以这些形状特征为基础来组织的。应用这种方法的关键是要创建基于特征的、统一的 CAD/CAPP/CAM 零件信息模型,并对特征进行总结分类,建立便于客户扩充与维护的特征类库。此外,还要解决特征编辑与图形编辑之间的关系问题以及消隐等技术问题。目前这种方法已应用于许多实用化 CAPP 系统,被认为是一种比较有前途的方法。

3. 基于产品数据交换规范的产品建模与信息输入方法

要想从根本上实现 CAD/CAPP/CAM 的集成,最理想的方法是为产品建立一个完整的、语义一致的产品信息模型,以满足产品生命周期过程中各环节(产品需求分析、工程设计、产品设计、加工、装配、测试、销售和售后服务)对产品信息的不同需求,保证对产品信息理解的一致性,使得各应用领域(如 CAD、CAPP、CAM、CNC、MES 等系统)可以直接从该模型抽取所需信息。该模型需要采用通用的数据结构规范来实现,只要各 CAD 系统对产品或零件的描述符合这个规范,其输出的信息既包含点、线、面以及它们之间的拓扑关系等底层的信息,又包含几何形状特征及加工、管理等方面信息,那么 CAD 系统的输出结果就能被其他系统如 CAPP、CAM 等接收。目前通行的数据结构规范是美国的 PDES(产品数据交换规范)以及 ISO 的

STEP(产品模型数据交换标准),另外还有法国的 SET(数据交换标准)、美国的 IGES(初始图形交换规范)、德国的 VDAFS(汽车工业协会曲面接口)标准等。以目前应用较广的 STEP 为例,它支持完整的产品模型数据,不仅包括曲线、曲面、实体、形状特征等内在的几何信息,还包括许多非几何信息,如公差、材料、表面粗糙度、热处理等方面信息,涵盖产品整个生命周期所需要的全部信息。

6.3　CAPP 系统的工艺决策方法与工序设计

一般情况下,工艺设计主要是对产品和零件进行工艺分析,需要考虑主要表面的质量要求、重要的技术要求、位置尺寸的精度要求等,在此基础上制定产品和零件的工艺路线并进行工序设计。因此,CAPP 系统主要解决两个方面的问题,即零件工艺路线的制定(也称工艺决策)与工序设计。在进行工艺路线制定时,首先要选择加工方法,其次要考虑加工阶段划分、基准的选择、加工先后顺序原则、热处理工序的安排、其他辅助工序的安排等等;在进行工序设计时,主要考虑机床、夹具、切削工具、量具的选择,加工余量的确定,工序尺寸的确定,切削用量(切削速度、进给量、切削深度)的确定,工时定额的确定等等。

6.3.1　派生式 CAPP 系统的工艺决策方法

派生式 CAPP 系统工艺决策基本原理如图 6.2 所示。

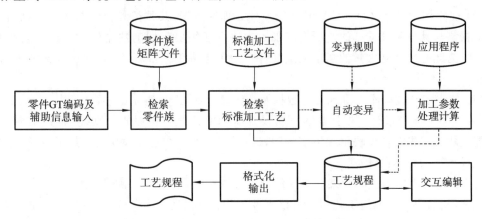

图 6.2　派生式 CAPP 系统工艺决策基本原理

利用派生式 CAPP 系统进行工艺决策时的主要工作过程如下:

(1)选择或制定合适的零件分类编码系统(即 GT 码)。其目的是用 GT 码对零件信息进行描述与输入,以及对零件进行分组,以便得到零件组矩阵和制定相应的标准工艺规程。

(2)进行零件分组。为了合理制定样件,必须对零件进行分组。一个零件组一般包含若干个相似零件,可以把每个相似零件组用一个样件来代表(也可以用一个零件族矩阵来代表)。这个样件的制造方法就是组内零件的公共制造方法,遵循了标准工艺规程。标准工艺规程除了包括样件的加工内容外,还包括加工设备、刀具和夹具等信息。它是集中了专家和工艺人员的集体智慧与经验,并通过总结生产实践的经验制定出来的。

零件分组的一条通用规则是组内所有的零件都必须具有相似性。对于派生式 CAPP 系统,一个组中所有的零件都必须有相似的工艺规程。所以,全组只能有一个标准工艺规程。用户可以要求仅仅把那些具有绝对相同加工工艺的零件归入一个组,加工这个组的零件只需对标准工艺规程做极少量的修改,但能获得这个零件组成员资格的零件相对较少。反之,如果将能在同一机床上加工的所有零件都归入一个零件组,那么为了满足每一个零件的加工需求,就需要对标准工艺规程做大量修改。可见,如何合理地划分零件组,是一个非常重要的问题。

(3) 样件设计。样件是一个零件组的抽象,它是一个复合零件。一个零件组矩阵就是一个样件。设计样件的目的是为了制定标准工艺和便于对标准工艺进行检索。在设计样件之前,要检查各零件组的情况,每个零件组只需要一个样件。对于简单零件组,零件品种以不超过 100 为宜;形状复杂的零件组可包含 20 个左右的零件。设计样件时,应对零件组的零件进行认真分析,取出最复杂的零件作为设计基础,把其他图样上不同的形状特征加到基础件上去,从而得到样件。对于比较大的零件组,可先将其分成几个小的零件组,合成一个组合件,然后再由若干个组合件合成整个零件组的样件。

(4) 制定标准工艺规程。样件的工艺规程应能满足该零件组所有零件的加工需求,并符合工厂的实际加工能力水平,使之尽可能合理可行。一般是在认真分析组内零件加工工艺并在征求有经验的工艺人员、专家和工人的意见的基础上,选择其中一个工序最多、加工过程安排合理的零件工艺路线作为基本路线,然后把其他零件特有的、尚未包括在基本路线之内的工序,按合理顺序加到基本路线中去,构成代表零件组的样件工艺路线,即标准工艺规程。

(5) 建立工步代码文件。标准工艺规程是由各种加工工序组成的,一个工序又可以分为多个工步,所以工步是标准工艺规程中最基本的组成要素,如车外圆、钻孔、铣平面、磨外圆、滚齿、拉花键等。

(6) 建立切削数据文件。CAPP 系统所要处理的数据,其种类和数量都非常大,而且其中许多数据是与其他系统共享的。所有的加工方法都必须要有切削数据(进给量、切削速度、切削深度),为此必须建立大量的切削数据文件。为了生成工艺规程,还必须建立各种工艺数据文件。

(7) 建立工艺数据库。将各工艺数据及知识存入数据库,建立工艺数据库。

(8) CAPP 系统设计。根据需求分析设计 CAPP 系统。按照软件功能,将系统划分成若干功能模块。可先对各模块单独编制程序,进行调试,然后在总控模块的作用下,进行总调试,从而完成系统的整体设计。

(9) 编制新零件工艺。为某一零件编制工艺规程时,先把零件编码归组,并检索出该组的成组工艺,然后再编辑成组工艺以获得该零件工艺。可以通过人工修改成组工艺,也可以通过工艺逻辑决策编辑成组工艺。

6.3.2　创成式 CAPP 的工艺决策方法

创成式 CAPP 系统工序决策基本原理如图 6.3 所示。

1. 基于决策表和决策树的工艺决策方法

创成式 CAPP 系统软件设计的核心内容主要是各种决策逻辑的表达和实现。工艺过程设计包括各种性质的决策,尽管其决策逻辑复杂,但表达方式却有许多共同之处。可以用一定形式的软件设计工具(方式)来表达和实现工艺决策,其中较常用的是决策表和决策树。基于决策表和决策树进行知识表达并按一定条件选择工艺方案,有助于加强工序决策过程的直观性和有效性。

决策表是用语言来表达一组决策逻辑关系的表格,通过决策表可以方便地用计算机语言来表达决策逻辑。例如,选择孔加工方法的决策可以表述为:①如果待加工孔的精度在 IT8 级

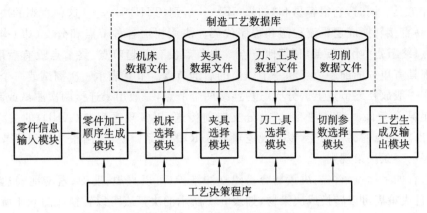

图 6.3　创成式 CAPP 系统工艺决策基本原理

以下,则可选择钻孔的方法来加工。②如果待加工孔的精度为 IT 7～8,但位置精度要求不高,可选择钻、扩加工方法;如果位置精度要求高,则可选择钻、镗两步加工。③如果待加工孔的精度在 IT 7 级以上,表面未做硬化处理,位置精度要求不高,则可选择钻、扩、铰加工方法;如果位置精度要求高,则选择钻、扩、镗加工方法。④如果待加工孔的精度在 IT 7 级以上,表面经硬化处理,但位置精度要求不高,则可选择钻、扩、磨加工方法;若位置精度要求高,则选择钻、镗、磨加工方法。将上述文字描述的孔加工方法表达为决策表的形式,则如表 6.1 所示。在决策表中:若某特定条件得到满足,则取值为 T(真);若不满足,则取值为 F(假)。表的一列算作一条决策规则,采用"×"标志所选择的动作。

　　表 6.1 所示决策表上半部代表条件,下半部代表动作(或结果),右半部为项目值的集合,每一列就是一条决策规则。当以一个决策表来表达复杂决策逻辑时,必须仔细检查决策表的准确性、完整性和无歧义性。完整性是指决策逻辑各条件项目所有可能的组合均需考虑到,它也是正确表达复杂决策逻辑的重要条件。无歧义性是指一个决策表的不同规则之间不能出现矛盾或冗余。无矛盾或冗余的规则可称为无歧义规则,否则为有歧义规则。

表 6.1　孔加工方法选择决策表

内表面	T	T	T	T	T	T	T
孔	T	T	T	T	T	T	T
IT 8 级以下	T	F	F	F	F	F	F
IT 7～8 级	F	T	T	F	F	F	F
IT 7 级以上	F	F	F	T	T	T	T
硬化处理	F	F	F	F	F	T	T
高位置要求	F	F	T	F	T	F	T
钻	×	×	×	×	×	×	×
扩		×	×	×	×	×	×
镗			×		×		×
铰				×			
磨						×	×

树形结构不仅可用作数据结构,当将它用于工艺决策时,也可作为与决策表功能相似的工

艺逻辑设计工具。同时,它很容易和"如果(IF)……,则(THEN)……"这种直观的决策逻辑相对应,很容易直接转换成逻辑流程图和程序代码。决策树由各种节点和分支(边)构成。节点中有根节点、终节点(叶子节点)和其他节点。根节点没有前趋节点,终节点没有后继节点,其他节点则都具有单一的前趋节点和一个以上的后继节点。节点表示一次测试或一个动作。拟采取的动作一般放在终节点上。分支(边)连接两个节点,一般用来连接两次测试或动作,并表达是否满足某个条件。满足时,测试沿分支向前传送,以实现逻辑与(AND)的关系;不满足时,则转向出发节点的另一分支,以实现逻辑或(OR)的关系。所以,由根节点到终节点的一条路径可以表示一条决策规则。

决策树有如下优点:首先,决策树容易建立和维护,可以直观、准确、紧凑地表达复杂的逻辑关系,而且决策表可以转换成决策树,如表 6.1 所示的决策表可以转换成图 6.4 所示的决策树。其次,决策树便于程序实现,其结构与软件设计的流程图很相似。决策树可以很自然地表示"IF……THEN……"类型的决策逻辑,条件(IF)可放在树的分支上,而预定的动作(THEN)则可放在节点上,这样就很容易将决策逻辑转换成计算机程序;最后,决策树便于扩充和修改,适用于工艺过程设计。此外,选择形状特征的加工方法、机床、刀具、夹具、量具以及切削用量等时都可以采用决策树。

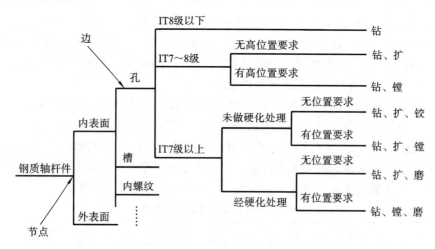

图 6.4　孔加工方法选择决策树

2. 基于专家系统和人工智能的工艺决策方法

CAPP 系统是以计算机为工具来模仿工艺人员完成工艺设计的,但工艺设计知识和工艺决策方法没有固定的模式,不能用统一的数学模型和计算机程序来描述清楚,设计水平的高低在很大程度上都取决于工艺人员的实践经验。特别是对箱体、壳体类零件的工艺设计,由于它们结构形状复杂、加工工序多、工艺流程长,而且可能存在多种加工方案,一般的 CAPP 系统很难满足这些复杂零件的工艺设计要求。

近年来,专家系统、模糊逻辑、实例推理、遗传算法、神经网络和深度学习等技术在 CAPP系统中相继得到应用和发展。CAPP 专家系统的引入,使得 CAPP 系统的结构由原来的以决策表、决策树等表示的决策方法,发展成为知识库和推理机相分离的决策机制,增强了 CAPP系统的柔性,提高了 CAPP 系统处理多意性和不确定性问题的能力。专家系统的优劣取决于知识库所拥有知识的多少、知识表示与获取方法是否合理以及推理机制是否有效。CAPP 专家系统还可以具有学习功能,例如基于实例的学习、基于神经网络等人工智能的样本学习等功能。

1）专家系统的组成

典型的 CAPP 专家系统主要由零件信息输入模块、推理机与知识库三部分组成，以知识结构为基础，以推理机为控制中心，按数据、知识、控制三级结构来组织系统，其中解决问题所需的知识（知识库）同使用知识的方法（推理）是相互独立的。在 CAPP 专家系统中，机器求解问题不是按预先确定的步骤进行，而是根据输入的零件信息去频繁地访问知识库，并通过推理机中的控制策略，从知识库中搜索能够处理零件当前状态的规则，然后执行这条规则，并把每次执行规则得到的结论部分按照先后次序记录下来，直至零件被加工到终结状态，这个记录就是零件加工所要求的工艺规程。当生产环境变化时，可通过更新和扩充知识库使之适应新的要求。

知识库和推理机这两大部分既彼此分离，又通过综合数据库互相联系。知识库存储从专家那里得到的有关该领域的专门知识和经验，推理机运用知识库中的知识对给定的问题进行推导并得出结论。

2）知识的获取

知识的获取就是将从某些知识来源获取解决问题所用的专门知识的方法变换为计算机程序。知识库包括专家经验、专业书籍和教科书的知识或数据以及有关资料等。

3）知识的表示

专家系统中知识表示是数据结构和解释过程的结合。知识表示方法可分成说明型方法和过程型方法两大类。说明型方法将知识表示成一个稳定的事实集合，并用一组通用过程控制这些事实；过程型方法将一组知识表示为应用这些知识的过程。

在 CAPP 系统中，工艺知识可以采用说明型方法表示，控制性知识可以采用过程型方法表示。

常用的知识表示方法有以下几种。

（1）产生式规则表示法　产生式规则（productive rule）将领域知识表示成一组或多组规则的集合，每条规则由一组条件和一组结论组成。产生式规则的一般表达方式如下所示：

IF　　〈领域条件 1〉and/or

　　　〈领域条件 2〉and/or

　　　……

　　　……

　　　〈领域条件 n〉

THEN　〈结论 1〉and

　　　〈结论 2〉and

　　　…

　　　…

　　　〈结论 m〉

CAPP 系统的控制程序负责将事实和规则的条件部分做比较，若规则的条件部分被满足，则该规则的结论部分就可能被采纳。执行一条规则,可能要修改数据库中的事实集合,增加到数据库中的新事实也可能被规则所引用。

（2）语义网络表示法　　语义网络(semantic network)表示法是一种基于网络结构的知识表示方法。语义网络由节点和连接这些点的弧组成。语义网络的节点代表对象、概念或事实;语义网络的弧则代表节点和节点之间的关系。如图 6.5 所示即为一个语义网络:回转体是一种零件,光轴是一种回转体,倒角是回转体的一部分,非回转体是一种零件,圆孔是零件的一部分。

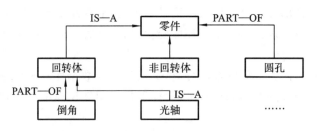

图 6.5　零件的语义网络

（3）框架表示　　框架(frame)用于表达一般概念和情况。框架的结构与语义网络类似,其顶层节点表示一般的概念,较低层节点是这些概念的具体实例。

框架的一种表示方法是表示成嵌套的连接表。连接表由框架名、槽名、侧面名和值组成。框架的表示方式如下:

〈框架名〉(〈槽名 1〉……)
　　　　　　(〈槽名 2〉……)
　　　　　　……
　　　　　　(〈槽名 i〉(〈侧面名 1〉……)
　　　　　　　　　　　(〈侧面名 2〉……)
　　　　　　　　　　　……
　　　　　　　　　　　(〈侧面名 j〉(〈值 1〉)
　　　　　　　　　　　　　　　　(〈值 2〉)
　　　　　　　　　　　　　　　　……
　　　　　　　　　　　　　　　　(〈值 k〉))
　　　　　　　　　　　……
　　　　　　　　　　　(〈侧面名 m〉……))
　　　　　　……
　　　　　　(〈槽名 n〉……))

其中:$1 \leqslant i \leqslant n, 1 \leqslant j \leqslant m$。

4）知识的存储

（1）知识库的结构　　知识库(knowledge base)是领域知识和经验的集合,它可存储一组或多组领域知识。知识库有两种:一种是用文件库模拟构成的知识库,知识经过专门处理后形成知识库文件;另一种是包含在程序中的知识模块。为了提高解题效率,根据系统处理问题的需要,可将领域知识分块存放。

（2）知识库的管理　　知识库的管理是对已有的知识库进行维护,其主要功能是规则的增加、删除、修改和浏览。知识库的维护应尽可能直观地进行,并应有测试知识可靠性、一致性等的功能。

　　5）基于知识的推理

　　设计专家系统推理机（inference engine）时，必须解决采取何种方式进行推理的问题。推理方式和搜索方式体现了一个专家系统的特色。推理方式有以下几种。

　　（1）正向推理。正向推理是由原始数据出发，按一定的策略，运用知识库中专家的知识推断出结论的方法。这种由数据到结论的策略，也称数据驱动策略。在 CAPP 系统中，正向推理是指由毛坯推向成品，即由毛坯一步一步地通过加工得到零件。对于创成式系统，正向推理可分两步进行。

　　第一步：收集"IF"部分被当前状态所满足的规则。如有不止一个规则的"IF"部分被满足，就使用冲突消解策略选择某一规则触发。

　　第二步：执行所选择规则的 THEN 部分的操作。

　　正向推理适用于初始状态明确而目标状态未知的场合。图 6.6 说明了正向推理过程，图中已知事实是 A、B、C、D、E、G、H，要证明的事实为 Z，已知规则有三条。

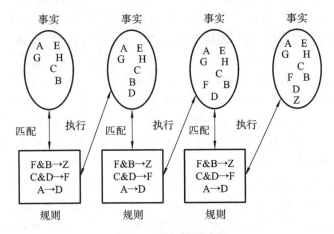

图 6.6　正向推理过程

　　（2）反向推理。反向推理是先提出结论（假设），然后寻找支持这个结论的证据。这种由结论至数据的策略，称为目标驱动策略。在 CAPP 系统中，反向推理是指由成品零件通过逐步给零件各表面添加精加工、半精加工、粗加工余量，最后得到毛坯的推理过程。反向推理适用于目标状态明确而初始状态不甚明确的场合。

　　（3）正反向混合推理。正反向混合推理是指从初始状态和目标状态出发进行推理，由正向推理提出某一假设，反向推理证明假设。在系统设计时，必须明确哪些规则处理事实，哪些规则处理目标，使系统在推理过程中，根据不同情况，能选用合适的规则进行推理。正反向推理的结束条件是正向推理和反向推理的结果能够匹配。

　　（4）不精确推理。处理不精确推理常用的方法有概率法、可信度法、模糊集法和证据理论方法等。

6.3.3　CAPP 的工序设计

　　机械加工工艺规程一般可递阶地分解为工序、装夹、工位、工步等步骤。图 6.7 表示了工艺规程、工序、装夹、工位、工步之间的递进关系。

　　显然，机械加工工艺规程制定的关键环节便是工序设计。一般，制定的工艺规程是用表格

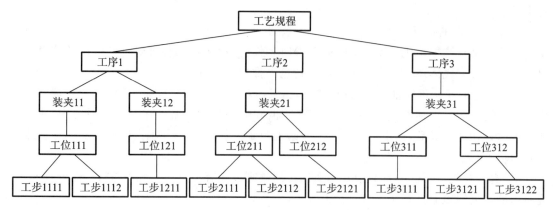

图 6.7　工艺规程的组成

的形式来表达,称为工艺卡。常用的工艺卡有:工艺过程卡(又称为工艺路线卡)和工序卡。工艺过程卡用于表示零件机械加工的全貌和大致加工流程,它只反映工序序号、工序名称和各工序的概要内容以及完成该道工序的车间(或工段)、设备,有的还可能标出工序时间。工序卡则要表示每一道加工工序的情况,内容比较详细。各个工厂由于习惯、厂规的不同,所用的工艺卡可能不尽相同。

　　为了简化工艺决策过程,按照分级规划与决策的策略,一般创成式 CAPP 系统在工艺决策时,只生成零件的工艺规程主干。一些派生式的 CAPP 系统为了简化样件的标准工艺和使样件工艺具有灵活性,标准工艺规程中一般也只包含样件的工艺规程主干。所以在工艺决策后,还必须进行详细的工序设计,即分步对工艺规程主干进行扩充。对机械加工工艺而言,工序设计工作包括以下内容:

　　(1) 工序内容决策。它包括每道工序中工步内容的确定,即每道工序所包含的装夹、工位、工步安排,加工机床选择,工艺装备(包括夹具、刀具、量具、辅具等)选择等。

　　(2) 工艺尺寸确定。其内容包括加工余量的选择、工序尺寸的计算及公差的确定等。工序尺寸是生成工序图与数控程序的重要依据,一般采用反推法来实现,即以零件图上的最终技术要求为前提,首先确定最终工序的尺寸及公差,然后再按选定的加工余量推算出前道工序的尺寸。其公差则通过计算机查表,按该工序加工方法可达到的经济精度来确定。这样按与加工时相反的方向,逐步计算出所有工序的尺寸和公差。但当工序设计中的工艺基准与设计基准不重合时,就要进行尺寸链计算。对于位置尺寸关系比较复杂的零件,尺寸链的计算是很复杂的。最常用的尺寸链计算方法是尺寸链图表法。

　　(3) 工艺参数决策。工艺参数主要指切削参数或切削用量,一般指切削速度(v)、进给量(f)和切削深度(a_p)。在大多数机床中,切削速度又可用主轴转速来表示。

　　(4) 工序图的生成和绘制。工序图实际上是工序设计结果的图形表达,它通常附在工序卡上作为车间生产的指导性文件。一般情况下,仅对一些关键工序提供工序图。当然也有严格要求每道工序都必须附有工序图的情况。绘制工序图需要准确完备的零件信息和工艺设计结果信息。工序图的软件实现,一般有用高级语言编写绘图子程序和在商品化 CAD 软件上进行二次开发两种模式。而在设计方法上,工序图生成方法一般与该 CAPP 系统选择的零件信息描述与输入方法相对应,如:基于特征拼装的工序图生成方法对应于基于特征拼装 CAD 的零件信息的描述和输入方法;特征识别法对应于基于形状特征的描述与输入方法,图素参数法对应于基于表面元素的描述与输入法;等等。

（5）工时定额计算。工时定额是衡量劳动生产率及计算加工费用（零件成本）的重要根据。先进、合理的工时定额是企业合理组织生产、开展经济核算、贯彻按劳分配原则，不断提高劳动生产率的重要基础。在 CAPP 系统中，一般采用查表法和数学模型法计算工时定额。

（6）工序卡的输出。作为车间生产的指导性文件，各个工厂都对其表格形式做出了统一明确的规定。工艺人员填写完的工序卡，还应经过一定的认定—修改过程，再被发至车间，产生效力。在 CAPP 系统中，工序卡的输出一般被纳入工艺文件管理子系统的规划与应用之中。

6.4　CAPP 系统的工艺数据库技术

从 CAPP 的系统组成可知，CAPP 系统应满足以下要求：能对产品零件的数据信息加以利用，并有零件信息数据库；工艺人员的工艺经验、工艺知识能够得到充分的利用和共享；能对制造资源、工艺参数等以适当的组织形式加以管理；能够充分利用标准（典型）工艺，能集中安全地进行数据维护，并能及时、动态地提供最新的工艺设计结果。由此可见，CAPP 系统工作的实质是对数据进行一系列操作，因此对 CAPP 系统而言数据的集成管理极为重要。

工艺数据库提供了一种集中存储、维护和管理信息的方法，它是 CAPP 系统的重要支撑系统，用于存储工艺设计所需的全部工艺数据和知识。工艺数据库是 CAPP 系统集成的基础，CAPP 系统所产生的数据可以供其他系统使用，例如工艺路线数据是生产设计系统的生产准备基础数据。工艺数据库也影响着 CAPP 系统的实用性，通过将信息统一存储和共享，可减少用户烦琐的重复操作，避免信息重复输入。工艺数据库还是 CAPP 进行智能化决策的支撑，丰富的知识库可大大提高 CAPP 专家系统的智能化程度。利用工艺数据库的工艺数据和知识进行工艺设计，既可进行工艺决策，还可生成各类工艺文件。

CAPP 工艺数据库的关键基础技术包括工艺设计信息处理、制造工艺资源模型和工艺数据库建立等方面的技术。

6.4.1　工艺设计信息模型

工艺设计信息模型反映了工艺卡等生成的相关数据资源的组织模式。工艺卡是设计人员主要的工作对象，然而企业真正关心的是工艺卡反映的工艺设计信息，工艺卡仅仅是设计人员要表达的工艺设计信息的格式化载体。

一个工艺设计中涉及的工艺设计信息多种多样，包括设计项目属性、产品属性、零部件属性、工艺技术条件、各类装备、设计人员，以及工艺路线、过程和步骤等相关信息，此外还包括从 CAD 图纸提取的各种信息。各种工艺设计信息之间一般有关联信息。如何对所有这些数据进行归纳和总结，并进一步抽象，得到一个能对所有的工艺设计信息进行格式化处理的软件模型是现代 CAPP 系统首先要考虑的问题。这就涉及工艺格式这一基本概念。

工艺格式是一个完整的工艺中所包含的工艺设计信息及其类型和工艺设计信息之间的结构关系的总和，即工艺设计信息的组织形式。工艺格式在工艺卡片和工艺设计信息之间起到了桥梁作用，使企业关心的所有工艺设计信息都能通过固定的数据库结构去描述，也能通过不同的工艺卡去反映。工艺卡只是工艺设计信息的一种形式表达，对工艺卡中数据的修改，实际上是对数据库中工艺设计信息的修改，两者是双向关联的。这种数据、格式、卡片的三层结构，和软件编程中的三层结构非常相似，如图 6.8 所示。

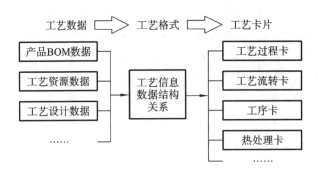

图 6.8　工艺信息的三层结构

6.4.2　工艺卡的数据库模型

工艺设计过程围绕着工艺数据进行,工艺数据有多种表现形式。工艺数据包含零件属性数据、产品属性数据、工艺规程数据等。作为一个统一的数据源,对工艺数据中零件属性信息的修改,可能要影响到工艺卡中的相关内容。即用户以各种方式接触到的工艺数据都是总体工艺数据的一个视图。

工艺卡只是工艺数据的一种表现形式,对工艺卡中数据的修改,实际上是对数据库中的工艺数据的修改,两者是双向关联的。CAPP 系统与其他系统的共享也是对数据的共享。为了基于数据库的工艺数据做结构化存储,需要对工艺数据进行格式化划分。

如图 6.9 所示,工艺卡可以划分为不同的区域:

(1) 单元区域,该区域主要用来表现属性数据,如零件材料、产品名称等。

(2) 表格区域,该区域主要用来表现二维表形式的属性,如工艺规程、明细表等。

(3) 图形区域,该区域主要用来显示图形数据。

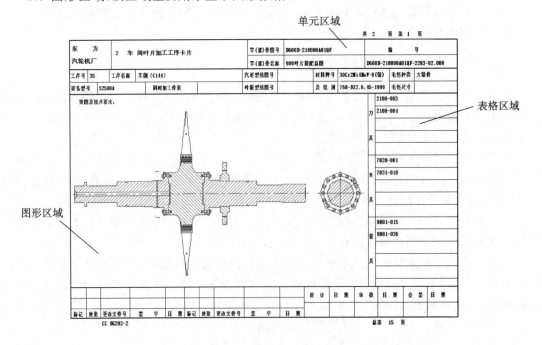

图 6.9　工艺卡区域划分

　　工艺卡的格式多种多样,而且随着企业的发展,工艺卡的格式会发生变动,也可能会出现新的工艺卡格式。为了满足企业对工艺卡的扩展性的需求,建立统一的工艺卡结构化数据存储模型非常重要。

　　对工艺卡进行这种格式化后,结合关系型数据库技术,CAPP 系统数据库结构中至少需要四类基础的数据库表,即单元工艺数据表、表格工艺数据表、图形工艺数据表,以及工艺数据关系表。这种设计方法使得工艺卡和工艺设计信息从根本上得到了分离,同时为企业的信息化建设提供了完备的、统一的工艺设计数据库接口。

6.4.3　制造工艺资源数据库

　　制造工艺资源是指一切可以为工艺系统所使用的企业资源,包括材料、机床设备、工艺装备(刀具、量具、夹具、辅具等)、车间、工段、切削参数(进给量、切削深度、切削速度等)信息、工时定额的计算方法、材料定额的计算方法,以及工艺规范、企业技术标准等等。从传统的系统归属上看,工艺资源既是企业资源计划(ERP)的一部分,又是 CAPP 系统的重要组成部分。通常,工艺资源分为制造资源、工艺标准资源两类,如图 6.10 所示。

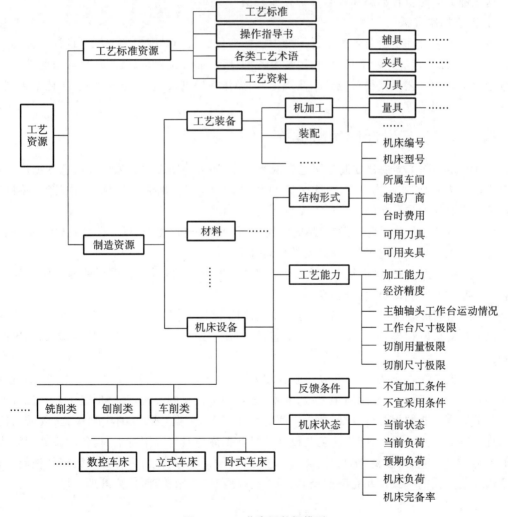

图 6.10　工艺资源数据模型

1. 制造资源

制造资源是对企业中的机床设备、工艺装备、材料,以及产品生命周期所涉及的硬软件的总称,也是属于 ERP 管理的内容。对制造资源的抽象和描述应该是稳定的,不随应用系统而变;制造资源模型为应用系统提供制造环境的基本信息或信息模块。

制造资源库的数据由两部分组成:一部分是静态数据,是指有关资源、加工设备、材料、管理等方面的信息,它们一般不会在生产过程中发生变化,但可根据需要加以修改和补充;另一部分是动态数据,反映了一些随时有可能变化的信息,与生产实践密切相关。

基于面向对象的思想,把制造资源的结构描述与其相应的行为(工艺能力、状态、反馈等知识)封装,使得每一个资源对象作为一个与物理世界中某一事物相对应的概念,既表示了其结构形式,又表示了它在制造过程中将产生的行为,从而将制造资源的结构信息和工艺能力知识信息及其状态管理信息统一为结构化的对象表示,实现制造资源信息和知识及其生产管理信息的共享、维护和继承。

制造资源模型由资源管理特征(如编号、类型、规格、所属车间等)、制造能力特征(能实现的加工方法、保证加工精度的能力和效率)、状态特征(动态状况、运行状况、负荷率)三部分组成。这三部分同时包含动态和静态两个方面数据。

2. 工艺标准资源

主要指工艺设计手册及各类工程标准中已标准化的或相对固定的与工艺设计有关的工艺数据与知识,如公差、材料、余量、切削用量及各种规范(如焊接规范、装配规范等);此外还包括与各企业特定的工艺习惯相对应的工艺规范,如操作指导书、工艺卡格式规范、工艺术语规范、工序工装编码规范等。

6.4.4 工艺设计信息数据库

CAPP 系统除了需要建立制造工艺资源数据库,还需要网络化工艺设计信息数据库,从广义上讲还应支持制造业内部的信息交流和共享,并向制造业提供网络应用服务。网络化 CAPP 系统中的工艺设计信息数据主要包括以下几种。

(1)产品设计和分析数据:如产品的结构分析、性能分析、图形、尺寸公差、技术要求、材料热处理等相关数据,这些数据具有高度的动态性。

(2)产品模型数据:包括基本体素、产品零部件的几何拓扑信息,零部件的整体几何特征信息,几何变换信息和其他特征信息。

(3)产品图形数据:零件图、部件图、装配图和工序图数据。

(4)专家知识和推理规则:主要包括智能 CAD、CAPP 系统中专家的经验知识和推理规则。

(5)工艺交流数据:如在网络应用服务中发布的企业工艺信息,以便指导生产制造过程。企业跟踪行业技术信息,介绍新工艺、新技术,进行网上信息的交流,都会形成工艺交流数据。

这些数据具有数据结构复杂,数据之间的联系复杂,数据一致性的实时检验、数据的使用和管理复杂等特点。因此,网络化工艺设计信息数据库应具有以下特点:具备动态处理模式变化的能力;能描述和处理复杂的数据类型;支持工程设计事务管理;具备分布数据处理能力;能实现设计信息流的一致性和完整性控制、版本控制管理、权限管理、用户管理。

6.5　CAPP 系统的流程管理与安全模型

6.5.1　工艺设计流程管理原理

工艺设计流程管理的主要任务是对整个工艺设计过程进行控制,并使过程在任何时候都可追溯。工艺设计流程管理应该支持和改善所有与工艺设计过程有关人员的协同工作,从而从整体上提高工作效率。为了有效地控制与管理工艺流程,必须建立一个包括工艺设计过程所有重要特征的过程模型。通过对企业工艺设计流程的分析,采用定义一系列工作流程的数据模板并存放于数据库中形成流程模板表。用户可以根据需要调用数据模板对具体对象的工作流程进行定义,为每个工作对象建立一个流控表,该表随对象流程的变化与对象一同转移,并记录对象流程中的所有过程步骤信息,从而实现对该对象工作流程的控制。其原理如图6.11所示。

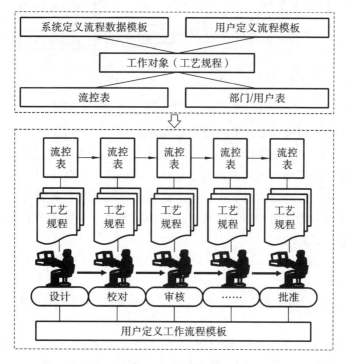

图 6.11　流程控制原理

6.5.2　工艺设计流程管理的安全模型

网络化 CAPP 系统是基于网络环境的、允许多个用户同时访问工艺信息数据库的软件系统,因此必须建立一套可靠的系统安全体系,保证信息在共享和积累的过程中具有高度的安全性和保密性。安全管理功能包括:保证系统数据的安全性,保护系统数据不被入侵者非法获取;用户账号管理,为用户建立合法的开户账号;用户权限管理,防止非法侵入者在系统上发送错误信息;访问控制,控制用户对系统资源的访问;对数据信息、授权机制和密钥关键字的加密解密管理。

角色是一个组织或机构中的一种工作岗位或职责,在一个组织或机构内部只有具有某种职责或资格的人才能承担某项工作,即实行岗位责任制。本节将论述基于用户-角色-权限的安全管理模式及实施方法。

1. 基于用户-角色-权限的安全管理模式

基于用户-角色-权限的安全管理是将用户与角色相联系,角色与数据库访问权限相联系,为每一个用户指定若干个适当的角色,从而实现安全控制,如图 6.12 所示。

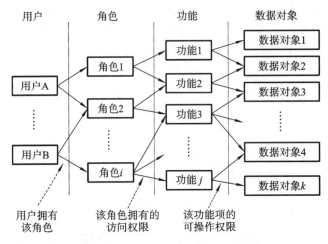

图 6.12　基于用户-角色-权限的安全管理模式

2. 基于用户-角色-权限的安全管理模式实施方法

(1) 识别和确证:首先是识别和确证访问系统的用户。识别就是系统要识别访问者身份,即通过唯一标识符(ID)识别访问系统的每个用户。确证是为了防止 ID 非法泄漏所造成的安全问题而采取的措施。在确证的过程中用户需提供能证明其身份的特殊信息,该信息对其他用户是保密的。这里采用常用的口令机制。这一步需要建立一张用户标识表(USER 表),包含 ID 号、姓名、部门和口令。

(2) 编号:即对系统的各项功能(在存取控制中称其为目标对象)进行分类和标号,建立目标对象表(Target 表)。

(3) 确定角色:不但要确定角色的个数,而且要确定相应角色的权限,建立角色表(Role 表)。

(4) 实现用户和角色的对应:规定每个系统用户分别属于哪个角色,用用户角色表(USERROLE 表)来表达。USERROLE 表包含两个字段:用户 ID,角色编码。

至此,就建立了存取控制所需的所有基本表格,包括用户标识表、目标对象表、角色表、用户角色表。

(5) 实现存取控制:就是利用上述表格来控制用户对系统的存取。

6.6　CAPP 系统开发与应用实例

本节对 CAPP 系统的开发与应用实例进行介绍。应用前述 CAPP 基本原理,四川大学机械工程学院 CAD/CAM 研究所与某企业合作,研制开发了以产品为基本研究对象、以产品工艺数据为中心、以数据库技术为基础、集工艺设计与工艺管理为一体的工艺资源管理与网络分布式 CAPP 工具系统(简称 SCU-CAPPTool)。SCU-CAPPTool 系统结构模型如图 6.13 所示,它由工艺任务管理分系统、工艺设计分系统、工艺资源管理分系统、工艺文档管理分系统及远程协同工艺设计分系统等五大分系统所组成,通过这些分系统协作地实现工艺设计信息。同时,SCU-CAPPTool 系统还由集成数据管理平台、分布式组件平台、分布式工艺资源数据库系统共同支持。

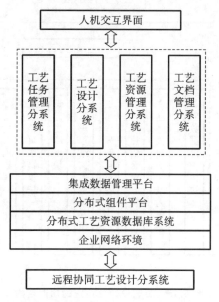

图 6.13　SCU-CAPPTool 系统结构模型

6.6.1　工艺任务管理分系统

SCU-CAPPTool 系统的工艺任务管理分系统主要实现工艺、工装等技术文件的设计过程管理,工艺信息的管理,工艺汇总管理等各种工艺管理工作,实现基于各种条件的快速定位、快速获取,以最大限度地利用已有的信息资源,实现工艺工作的信息集成,真正实现工艺工作的计算机分布集成管理。工艺任务管理分系统功能结构如图 6.14 所示。

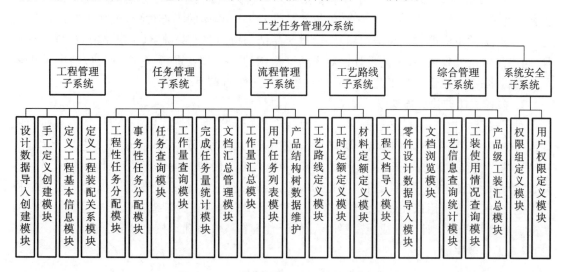

图 6.14　工艺任务管理分系统的功能结构

6.6.2 工艺设计分系统

SCU-CAPPTool 系统工艺设计分系统由系统定义子系统、工艺编制子系统、工艺输出子系统组成。其功能体系结构如图 6.15 所示。

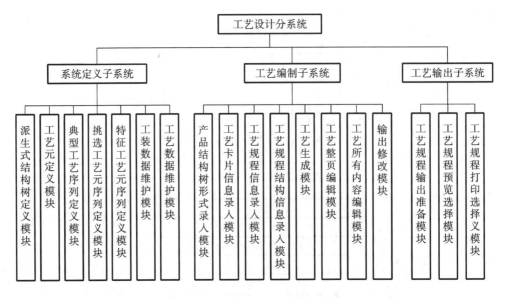

图 6.15 工艺设计分系统的功能结构

该系统主要完成工艺规程的设计工作,但与传统的 CAPP 的功能有所区别。工艺设计系统不仅要实现传统 CAPP 零部件工艺规程的设计,还要生成并有序存储与零部件工艺过程相关的大量工艺数据,保证产品工艺数据的完整性、一致性,从而为实现产品工艺信息的集成与共享提供基础数据,为工艺信息管理取得良好实际使用效果奠定基础。

以下介绍工艺设计分系统的特点。

1. 面向产品的工艺设计

企业的生产活动都是围绕产品结构而展开的,一个产品的生产过程实际上就是这个产品所有属性的生成过程。每一份工艺文件虽然是针对一个具体的零部件的,但作为产品的属性之一,工艺文件也应围绕产品结构展开,通过产品结构树的节点关键字(一般是节点 ID 或物料号)与产品结构发生联系,工艺设计针对产品结构树的一个节点进行,这样就可以清晰地描述产品的属性关系,便于产品工艺信息的组织和工艺文件的管理。

2. 多模式工艺设计方法

对于复杂结构产品,工艺种类多,工艺设计会受产品类型、批量、制造资源、经验习惯和设计人员的素质等诸多因素的影响,所以考虑到用户的实际需求,采用派生式工艺设计(见图 6.16)、基于特征的半创成工艺设计(见图 6.17)、基于实例的推理的工艺设计(见图 6.18、图 6.19)等设计方法,充分发挥人机一体化的效能进行工艺设计,使系统既具有派生式适应性强的优点,又能充分利用以往成熟的工艺实例。同时,用户通过流程管理在设计过程中把自己的情况通知给其他的设计人员或更高层的人员,让他们在线校对和审核自己的工作,及时交流信息,提高工作效率。

图 6.16　派生式工艺设计

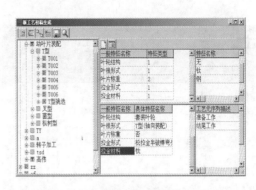

图 6.17　基于特征的半创成工艺设计

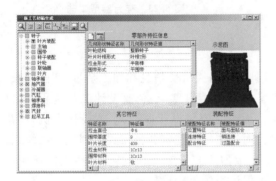

图 6.18　基于实例的推理的工艺设计(叶片部件)

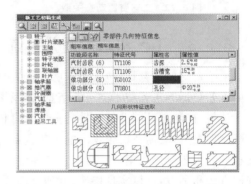

图 6.19　基于实例的推理的工艺设计(转子主轴)

3. 基于文件的工艺附图组织

工艺附图(见图 6.20)以文件的形式存放在文件服务器上,由于系统记录了工艺附图操作的工具,使工艺附图文件的格式可以有多种(几乎可以是任何图形类型文件,甚至可以是 WORD 文档)。

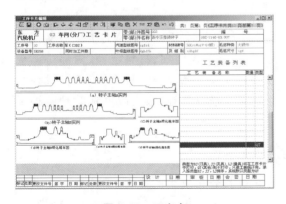

图 6.20　工序卡

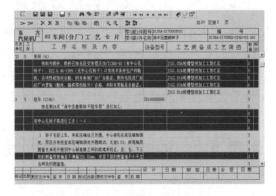

图 6.21　多行复制、删除

4. 工艺编辑及各种辅助功能

系统提供了强大的编辑功能,如单行、多行、单列、多列的删除、复制、粘贴操作(见图 6.21),以及工艺资源动态关联(见图 6.22)、将某一工艺保存为典型工艺(见图 6.23)、将工艺文件保存在本地、将文档信息导入等辅助功能。

图 6.22　工艺资源动态关联

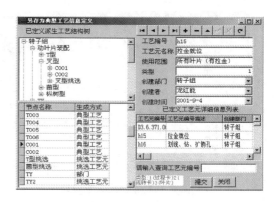

图 6.23　存为典型工艺

6.6.3　工艺资源管理分系统

工艺资源信息数据,包括机床、刀具、夹具、量具等设备类资源信息和加工余量、切削用量、各种工艺知识等工艺技术类资源信息,以及资料室纸质文档信息,是企业设计工艺规程、制订生产计划、控制产品制造等活动的重要信息依据。无论是产品设计人员、工艺设计人员,还是生产管理人员,均需考虑企业内的工艺资源情况。通过建立工艺资源分布式管理工具系统,管理和规范工艺资源数据,使设计、工艺和生产共享一致的工艺资源,同时提供一些人们惯用的查询方法和手段,可以实现快速、准确查询,同时可保证系统易于操作。

SCU-CAPPTool 系统的工艺资源管理分系统从工具性开发的角度实现工艺资源查询、删除和修改等功能。操作简单方便,查找效率高,查询过程直观。在软件应用开发方面,利用面向对象的先进设计思想,实现程序的合理、优化开发,使程序系统具有很强的维护性和可扩充性;同时,构建了一个界面友好、直观、方便的操作环境。

6.6.4　工艺文档管理分系统

SCU-CAPPTool 系统的工艺文档管理分系统对整个工艺过程中产生的大量事务文档和数据,如工装订货信息、工艺计划、入库工作量统计、工艺路线明细、材料定额、内部协调会纪要、车间平面布局图、设备采购规范、工作联系单等,以及工艺资源管理系统、工艺设计系统、工艺管理系统产生的各类文档进行统一归档、存储等进行管理,最大限度地管理各种工艺信息。

6.6.5　远程协同工艺设计分系统

面向远程协同工艺设计的 CAPP 系统应具备并行和分布决策的能力,支持远程工艺设计,支持不同地域的多家企业同时操作和信息共享。Internet/Intranet 提供了远程协同工艺设计和信息共享的物质基础,而 Web 技术则构成了协同设计环境的底层技术支撑。

协同工艺设计的过程控制管理是核心问题,它决定了协同工艺设计群组的组成,参与成员的职责、权限、工具的使用等设备资源的分配。因此,远程协同工艺设计以过程控制为中心,主要涉及协作项目描述、分配规划、工艺任务流控制、产品管理、工艺路线描述、版本管理、签审会审管理以及与 PDM、ERP 的集成等。在协同设计过程控制下,进行具体的工艺设计,包括总体工艺分析、加工方法选择、工序生成、工步生成、工序排序、工步排序、机床选择、刀具查询及切削参数查询等。

　　远程协同工艺设计分系统以支持异地协同工艺设计与信息共享为目标,以群体协同辅助决策为手段,以数据存储和传输的安全为保障,从而真正能够支持异地工艺人员在局域、广域网上的协同工作和信息共享。系统为用户提供了一致的 Web 界面,可实现跨平台工作。系统所用的 B/S 结构是一种瘦客户机模式,客户端只需安装浏览器,并根据需要下载应用程序,大部分处理工作都安排在服务器上,减小了客户端维护工作的负担,易于管理、维护和进行版本升级。

　　针对某企业集团的远程协同工艺设计与信息共享的实际需求,某单位开发了远程工艺信息查询与协同设计分系统。应用该系统,协同设计用户可以通过导入 PDM 系统的工程物料清单(EBOM)完成协同工艺设计项目的制造物料清单(MBOM)配置(见图 6.24),协同工艺设计任务的划分及监控(见图 6.25),在协同工艺设计过程管理的控制下进行具体的工艺设计(见图 6.26)、工时定额管理(见图 6.27)等工作,通过实时交流(见图 6.28),完成签批工作(见图 6.29)并归档(见图 6.30)。通过集成相关协作企业的工艺资源信息(见图 6.31),为整个协同工艺设计提供支持,并通过与 ERP 集成获得工装库存等信息(见图 6.32),辅助工艺人员决策。

图 6.24　协同工艺设计项目

图 6.25　协同工艺设计任务

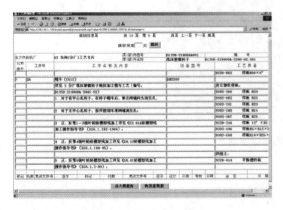

图 6.26　工艺卡片编制

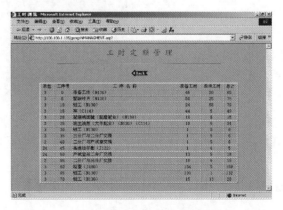

图 6.27　工时定额管理

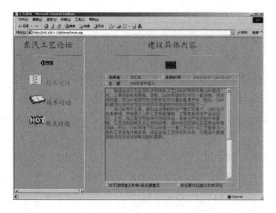

图 6.28　工艺交流

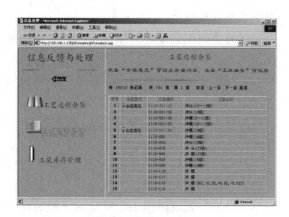

图 6.29　工装远程会签

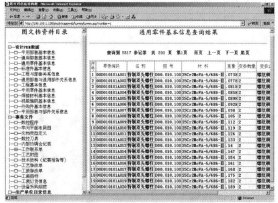

图 6.30　文档管理

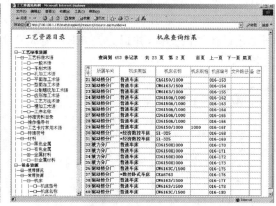

图 6.31　工艺资源管理

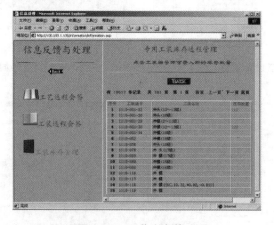

图 6.32　工装库存管理

习　　题

1. 简述 CAPP 的含义、功能需求与基本组成。

2. CAPP 有哪几种类型？试分别论述其基本工作原理和主要特点。

3. 在 CAPP 系统中,零件信息描述的方法有哪些? 各适用于何种情况?

4. CAPP 系统进行工艺决策与工序设计的主要方法有哪些? 试分析当前常用的 CAPP 系统在这方面所采用的技术方法。

5. 什么是工艺设计信息模型? 如何实现工艺卡与工艺数据之间的映射?

6. 简述工艺数据库在 CAPP 系统中的作用。

7. 人工智能技术在 CAPP 系统中有哪些应用方式? 试论述人工智能与 CAPP 结合的意义。

8. CAPP 系统与 CAD、CAM、ERP、MES 等系统的关系是什么? 如何实现与它们的集成?

9. 试论述 CAPP 系统对于制造业信息化和智能化发展的作用与意义。

10. 试结合当前我国制造业的现状,分析和总结 CAPP 技术的发展趋势。

第7章

计算机辅助制造技术

计算机辅助制造(CAM)是指利用计算机辅助完成从生产准备到产品制造整个过程的活动。CAM技术集成了数控技术和计算机信息处理技术,是先进制造技术的一个重要组成部分,对于提高现代制造业产品制造效率和提升制造质量具有重要意义。

7.1 CAM技术概况

7.1.1 CAM的基本概念

CAM通常是指计算机在产品制造方面有关应用的统称。对CAM有狭义和广义的两种理解。

广义的CAM是指利用计算机辅助从毛坯到产品制造全过程的所有直接与间接的活动,包括工艺准备、生产作业计划、物流过程的运行控制、生产控制、质量控制、物料需求计划、成本控制、库存控制、数控机床、机器人等,涉及制造活动中与物流有关的所有过程(加工、装配、检验、存储、输送)的监视、控制和管理等环节也都属于广义CAM的范畴。

狭义的CAM是指从产品设计到加工制造过程中的一切生产准备活动,它通常包括CAPP、数控编程、工时定额的计算、生产计划的制订、资源需求计划的制订等。在一些场景下,CAM的狭义概念进一步缩小为数控编程的同义词,通常仅指代数控加工程序的编制与数控加工过程控制,主要包括刀具轨迹规划、刀位文件生成、刀具轨迹仿真以及数控代码生成等。而CAPP已由一个专门的功能系统来完成,工时定额的计算、生产计划的制订、资源需求计划的制订则由ERP系统来完成。

7.1.2 CAM系统的发展概况

CAM系统从20世纪50年代初期产生、发展到现在,其在功能和特点上都发生了较大的变化。根据CAM系统的基本处理方式与目标对象,CAM系统的发展历程主要可分为两个主要阶段。

第一阶段的典型CAM系统是数控自动编程系统(automatically programmed tools,APT)。APT系统是20世纪50年代由美国最早研制出来的,现在许多工业发达国家也已研制了很多的数控自动编程系统,如美国的ADAPT、AUTOSPOT,英国的2C、2CL、2PC,德国的EXAPT-1(点位)、EXAPT-2(车削)、EXAPT-3(铣削),法国的IFAPT-P(点位)、IFAPT-C(轮廓)、IFAPT-CP(点位、轮廓),日本的FAPT、HAPT等系统。

20世纪60年代,CAM系统以应用于大型计算机为主,大多是在专业系统上开发的编程机及部分编程软件,如 FFANUC、SIEMENS 编程机,系统结构为专机形式,基本的处理方式是以人工或计算机辅助直接计算数控刀路为主,而编程目标与对象也都是直接面向数控刀路的。因此其缺点是功能相对比较差,而且操作困难,只能专机专用。

第二阶段 CAM 系统的特点是具备处理曲面加工问题的能力。系统一般是 CAD/CAM 混合系统,利用 CAD 模型,以几何信息作为最终的结果,自动生成加工刀具轨迹。于是在此基础上,自动化、智能化程度取得了较大幅度的提高,具有代表性的是 UG、DUCT、Cimatron、MasterCAM 等系统。其基本特点是面向局部曲面的加工方式,表现为编程的难易程度与零件的复杂程度直接相关,而与产品的工艺特征、工艺复杂程度等没有直接的关系。

随着 CAM 技术的不断发展,其智能化水平也不断提高。目前 CAM 系统不仅可继承并智能化判断工艺特征,而且具有模型对比、残余模型分析与判断功能,使刀具轨迹优化效果更好,加工效率更高。同时面向整体模型的系统也具有对工件包括夹具的防过切、防碰撞修理功能,提高了操作的安全性,更符合高速加工的工艺要求;开放了工艺相关联的工艺库、知识库、材料库和刀具库,使工艺知识积累、学习、运用成为可能。

7.1.3　CAM 系统的基本功能与体系结构

CAM 系统一般应具有的功能包括:人机交互功能、数值计算及图形处理功能、存储与检索功能、数控加工信息处理功能、数控加工过程仿真功能,等等。为实现这些功能,CAM 系统应由硬件和软件两大部分组成。在实际场景中,一款 CAM 系统基本上只适用于某一类产品的制造活动,而不同类产品由于使用要求不同,其基础和专业软件不一样,而且在硬件配置上也会有差异。但从总体上来说,CAM 系统的逻辑功能和系统结构是基本相同的,其主要体系结构如图 7.1 所示。

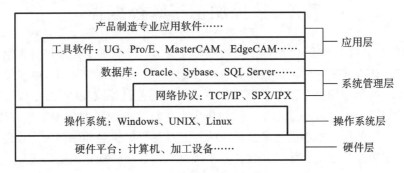

图 7.1　CAM 系统体系结构

CAM 系统一般共分为四层,是以计算机硬件为基础,系统软件和支撑软件为主体,应用软件为核心组成的面向制造的信息处理系统。

1. 硬件层

硬件层是 CAM 系统运行的基础,包括各种硬件设备,如各种服务器、计算机以及生产加工设备等。可根据系统的应用范围和相应的软件规模,选用不同规模、不同结构、不同功能的计算机、外围设备及其生产加工设备,以满足系统的要求。

2. 操作系统层

操作系统层包括运行各种 CAM 软件的操作系统和语言编译系统。操作系统如 Windows、Linux、UNIX 等,它们位于硬件设备之上,在硬件设备的支持下工作。操作系统的作用在于充分发挥硬件的功能,同时为各种应用程序提供与计算机的工作接口。语言编译系统用于将高级语言编写的程序翻译成计算机能够直接执行的机器指令,目前 CAM 系统应用较多的语言编译系统包括 Visual BASIC、Visual C/C++、Visual J++等。

3. 系统管理层

CAM 系统几乎所有应用都离不开数据,在集成化的 CAD/CAM 系统中各分系统间的数据传递与共享需要网络的支撑。系统管理层包括数据库管理系统(如 SQL Server 等)、网络协议和通信标准(如 TCP/IP、I/O 标准等)。系统管理层在硬件设备和操作系统的支持下工作,并通过用户接口与各应用分系统发生联系。数据库管理系统保证 CAM 系统的数据实现统一规范化管理;网络协议 TCP/IP 保证 CAM 系统与其他分系统实现信息集成;通信标准(如 I/O 标准等)确保 CAM 系统控制机与各数控加工设备的通信畅通。

4. 应用层

应用层包括各种工具软件和专业应用软件,它同时与硬件层、操作系统层和系统管理层发生联系,为操作者提供各种专业应用功能。专业应用软件是针对企业具体要求而开发的软件。目前在模具、建筑、汽车、飞机、服装等领域虽然都有相应的商品化 CAM 工具软件,但在实际应用中,由于用户的要求和生产条件多种多样,这些工具软件难以完全适应各种具体要求,因此,在具体的 CAM 应用中通常需进行二次开发,即根据用户要求扩充开发用户化的应用程序。CAM 应用软件通常主要由五个模块组成:交互工艺参数输入模块、刀具轨迹生成模块、刀具轨迹编辑模块、三维加工仿真模块和后置处理模块。事实上,应用软件和工具软件在一定程度上并没有本质区别,当某一行业的应用软件逐步商品化而形成通用软件产品时,它也可以称为工具软件。

7.2　数控加工与数控编程

数字控制(NC)简称数控,是用数字化信号对设备运行及其加工过程进行控制的一种自动化技术。数控工作方式是一种可编程序的自动控制方式。在数控工作中,通常要为某一工件或工艺过程编写一个专用指令程序。当加工的工件或工艺过程改变时,指令程序就要做相应的变化。数控加工(NC machining)是在数控机床上进行零件加工的一种工艺方法,加工过程中刀具相对于零件的运动轨迹通过数控机床的控制系统分配给运动轴的微小位移量控制。数控加工过程是用数控装置或计算机来代替人工操纵机床进行自动化加工的过程。与计算机的运行和功能发挥需要相应程序和软件一样,数控机床也需要用于控制机床各部件运动的数控加工程序。

7.2.1　数控机床的基本组成与运动控制

图 7.2 所示为数控机床的基本组成,主要包括输入装置、数控装置、执行装置、检测装置及辅助控制装置几个部分。

数控机床的工作过程大致可以描述为:将加工零件的几何信息和工艺信息编制成数控加工程序(NC 代码),将其通过输入装置输入数控系统,经过计算机的处理实现译码、刀具补偿、速度和插补等计算。伺服系统接收运算后的脉冲指令信号或插补周期内的位置增量信号,经放大后驱动伺服电动机,带动机床的执行部件运动并进行反馈控制,使各轴精确运动到要求的位置。如此继续下去,各个部分协调运行,实现刀具与工件的相对运动,直至加工完零件的全

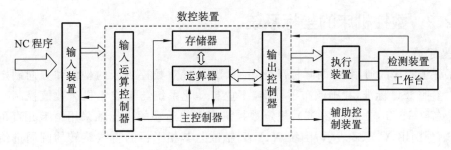

图 7.2　数控机床的基本组成

部轮廓。

　　在数控机床的加工过程中,沿每个坐标方向的进给都是"一步一步"地完成的:刀具与工件的坐标运动被分割成一些最小的单位量,即最小位移量,由数控系统按照零件加工程序的要求,使相应坐标轴移动若干个最小位移量,从而实现对刀具与工件相对运动的控制。因此,数控机床工作时所形成的运动轨迹是折线,而需要加工的零件表面却都是光滑的连续曲线和斜线。如何控制坐标轴运动来完成各种不同的空间曲面的加工是实现数字控制要解决的主要问题,可通过插补来解决这一问题。

　　插补可分为直线插补和圆弧插补两类,下面用二维空间的插补为例进行说明。

　　(1) 直线插补　在数控机床中要加工如图 7.3 所示的直线 OA,可采用阶梯形的折线来代替直线。当加工点在直线 OA 上或在其上方时,朝 $+X$ 方向进给一步;当加工点在直线 OA 下方时,朝 $+Y$ 方向进给一步。这样每走一步比较一下,刀具从 O 点开始加工,按照折线 $O\to1\to2\to3\to4\to\cdots\to A$ 的顺序逼近 OA 直线,直到 A 点为止。

　　(2) 圆弧插补　当要在数控机床中加工如图 7.4 所示的半径为 R 的圆弧 $\overset{\frown}{AB}$ 时,也是用插补的方法来加工。此时的插补方法为圆弧插补,其原理同直线插补。当加工点在 $\overset{\frown}{AB}$ 圆弧上或在圆弧的外侧时,朝 $+Y$ 方向进给一步;当在圆弧的内侧时,朝 $-X$ 方向进给一步。刀具从 A 点开始加工,按照折线 $A\to1\to2\to3\to4\to\cdots\to B$ 的顺序逼近 $\overset{\frown}{AB}$ 圆弧,直到 B 点为止。

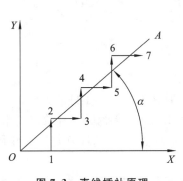

图 7.3　直线插补原理

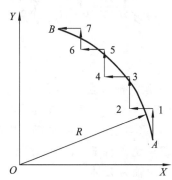

图 7.4　圆弧插补原理

　　这种在允许的误差范围内,用沿曲线(精确地说,是沿逼近函数)的最小单位位移合成的分段运动代替任意曲线运动,以得出所需要的运动,是数字控制的基本思路之一。这样就不仅需要对坐标轴的移动量进行控制,而且需要对各坐标轴的速度及它们的速度比进行严格控制,以精确实现预期的加工轨迹。

7.2.2　数控机床的坐标系统

1. 坐标轴

为了保证程序的通用性,国际标准化组织(ISO)针对数控机床的坐标和方向制定了统一的标准。参照 ISO 标准,我国颁布了标准《工业自动化系统与集成　机床数值控制　坐标系和运动命名》(GB/T 19660—2005),规定数控机床直线运动的坐标轴采用笛卡儿直角坐标系(三坐标轴分别用 X、Y、Z 表示,围绕 X、Y、Z 轴或与其相平行的直线旋转的圆周进给坐标轴分别用 A、B、C 表示),并对各坐标轴及运动方向做出了以下规定。

1)刀具相对于静止工件而运动的原则

编程人员在编程时不必考虑是刀具移向工件,还是工件移向刀具,只需根据零件图样进行编程。规定假定工件是永远静止的,而刀具是相对于静止的工件而运动的。

2)标准坐标系各坐标轴之间的关系

在机床上建立一个标准坐标系,以确定机床的运动方向和移动的距离,这个标准坐标系也称机床坐标系。

机床坐标系中 X、Y、Z 轴的关系用右手法则确定,如图 7.5 所示。为方便编程,规定坐标轴的名称和正负方向都符合右手法则,图中大拇指的指向为 X 轴的正方向,食指指向为 Y 轴的正方向,中指指向为 Z 轴的正方向。除了 X、Y、Z 主要方向的直线运动外,若还有其他与之平行的第二直线运动,可分别将相应的运动轴命名为 U、V、W 轴;同样,对第三直线运动,可用 P、Q、R 表示。

绕直线轴 X、Y、Z(或与其相平行的直线)回转的轴分别定义为 A、B、C 轴。

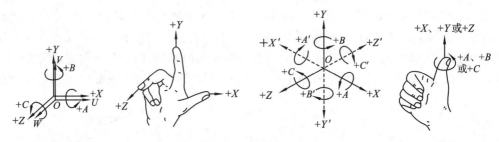

图 7.5　右手坐标系

3)运动轴与运动方向

GB/T 19660—2005 规定,机床某一部件运动的正方向,是使刀具远离工件的方向。

(1) Z 轴及 Z 方向:平行于机床主轴的刀具运动方向为 Z 方向。无论哪一种数控机床,都规定 Z 轴为平行于主轴中心线的坐标轴。如果一台机床有多根主轴,应选择垂直于工件装夹面的主要轴为 Z 轴。

(2) X 轴及 X 方向:X 轴沿水平方向,且垂直于 Z 轴并平行于工件的装夹平面。X 方向通常选择为平行于工件装夹面的方向,与主要切削进给方向平行。

(3) Y 轴及 Y 方向:Y 轴垂直于 X、Z 坐标轴。当 $+X$、$+Z$ 方向确定以后,按右手法则即可确定 $+Y$ 方向。

(4) 旋转坐标轴 A、B、C 的方向:分别对应 X、Y、Z 轴按右手螺旋方向确定。以大拇指指向 $+X$、$+Y$、$+Z$ 方向,则其余手指握轴的旋转方向为 $+A$、$+B$、$+C$ 方向(见图 7.5)。即沿 $+A$、$+B$、$+C$ 方向转动右旋螺纹时,螺纹分别朝 X、Y 和 Z 轴正方向前进。

图 7.6 所示为数控机床坐标轴的实例示意。

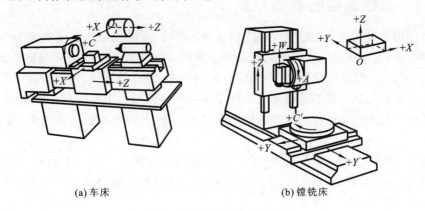

(a) 车床　　　　　　　　　　　　(b) 镗铣床

图 7.6　数控机床的坐标轴

2. 坐标系

为确定加工程序运行所对应的坐标系,在坐标轴的方向确定以后还需要确定坐标原点的位置。坐标原点不同,即使是执行同一段程序,刀具在机床上的加工位置也是不同的。由于数控系统类型不同,所规定的建立坐标系的方法也不同。

1) 机床坐标系

它的坐标原点在机床上某一点,是固定不变的,机床出厂时已确定。此外,机床的基准点、换刀点、托板的交换点、机床限位开关或挡块的位置点都是机床上固有的点,这些点在机床坐标系中都是固定的。机床坐标系是最基本的坐标系,是在机床回参考点操作完成以后建立的。一旦建立起来,就不受控制程序和设定新坐标系的影响,受断电的影响。

2) 工件坐标系

工件坐标系是程序编制人员在编程时使用的。程序编制人员以工件上的某一点为坐标原点,建立一个新坐标系。在这个坐标系内编程可以简化坐标计算,减少错误,缩短程序长度。但在实际加工中,操作者在机床上装好工件之后要测量该工件坐标系的原点与机床坐标系原点之间的距离,并按测得的距离作为偏置值在数控系统中预先设定好,这个偏置值称为工件零点偏置值。在刀具移动时,工件坐标系零点偏置值便自动加到按工件坐标系编写的程序坐标值上。编程者则只需按图样上的坐标来编程,而不必事先去考虑该工件在机床坐标系中的具体位置,如图 7.7 所示。

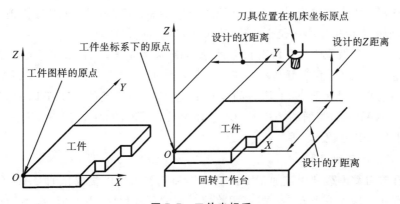

图 7.7　工件坐标系

7.2.3　数控编程的基本方式

数控机床的主要运动是通过数控加工程序来实现的。数控加工程序是控制机床运动和工作过程的源程序,它提供零件加工时机床各种运动和操作的全部信息,主要包括加工工序中各坐标轴的运动行程、速度、联动状态,主轴的转速和转向,刀具的更换,切削液泵的打开和关断以及排屑等方面的信息。理想的数控加工程序不仅要保证加工出符合设计要求的合格零件,同时还应使数控机床的功能得到合理的应用和充分发挥,并使数控机床能安全、高效、可靠地运转。

数控编程工作的主要内容包括:分析零件图,进行工艺处理,确定工艺过程;计算刀具中心运动轨迹,获得刀位数据;编制零件加工程序;校核程序。数控编程的基本方式有手工编程与自动编程两种。

1. 手工编程

从分析零件图、制定工艺规程、计算刀具运动轨迹、编写零件加工程序、制备控制介质到程序的输入和检验,整个过程全部由人工完成,这种编程方法称为手工编程。手工编程一般适用于点位加工、几何形状不太复杂或加工工序较少的零件。手工编程不需要专用的编程工具,全由编程人员凭借其所掌握的编程技术和编程经验来进行,是一种比较经济、简便的编程方法。对于形状复杂的零件,具有非圆曲线、列表曲线轮廓的,特别是具有列表曲面、组合曲面的零件以及编程量很大的零件的加工程序编制,手工编程方法难以胜任,必须采用自动编程方法。

2. 自动编程

自动编程是指在计算机及相应的软件系统的支持下自动生成数控加工程序的过程。在这个过程中,编程人员只需根据零件图和工艺要求向计算机输入必要的数据,自动编程系统对输入信息进行编译、计算、处理后即可自动生成数控加工程序。由于自动编程能够完成烦琐的数值计算和实现人工难以完成的工作,提高生产效率,因而对较复杂的零件采用自动编程更为方便。根据编程信息的输入方式及计算机对信息处理方式的不同,数控自动编程又分为语言式自动编程和图形交互式自动编程。

1) 语言式自动编程

采用规定的、直观易懂的编程语言对加工对象的几何形状、刀具进给路线、切削参数及辅助信息等内容按规则进行描述,再由计算机自动地进行数值计算、刀具中心运动轨迹计算和后置处理,并自动编译出零件加工程序。根据要求还可以自动地打印出程序清单,制成控制介质或直接将零件程序传送到数控机床。有些装置还能绘制出零件图形和刀具轨迹,对加工过程进行模拟,供编程人员检查程序是否正确,需要时可以及时修改。

商用的数控自动编程语言系统有很多种,影响较大的是美国的 APT 系统。APT 在 1959 年开始用于生产,后来又不断更新和扩充,形成了诸如 APTⅡ、APTⅢ、APT-AC、APT-/SS 等版本。各国也开发了基于 APT 语言的自动编程语言,如美国的 ADAPT,德国的 EXAPT-1、EXAPT-2、EXAPT-3,英国的 2CL,法国的 IFAPT-P、IFAPT-C,日本的 FAPT、HAPT,我国的 SKC、ZCX、ZBC-1、ZKY 等。

2) 图形交互式自动编程

图形交互式自动编程利用被加工零件的二维和三维图形由集成化的 CAD/CAM 软件生成数控加工程序。这种编程方式不需要用数控语言编写源程序,以 CAD 模型为输入方式,使得复杂曲面的加工更为直观、方便,可大大减少编程错误,提高编程效率和可靠性。对于较复杂的零件,这种编程方法的编程时间大约为 APT 编程的 $25\% \sim 30\%$。可以进行图形交互式自动编程的系统包括 MasterCAM、CREO、CATIA、Cimatron、UG 等,它们都有自己的建模模块、加工参数输入模块、刀具轨迹生成模块、三维加工动态仿真模块和后置处理模块,能够对被加工零件进行二维、三维建模,通过正确建模给出被加工表面刀具轨迹的数据。也可利用图形转换功能把 AutoCAD 等绘图软件绘制的二维或三维零件图转换到其他图形交互式自动编程系统内,再利用人机交互的方式输入加工工艺参数、刀具数据、机床数据、工件坐标系的设定数据、走刀平面的设定数据等,系统就能自动生成刀具加工轨迹,再经过后置处理就可以生成数控程序。

7.2.4　数控加工程序的结构与格式

数控机床每完成一个工件的加工,就需执行一个完整的程序。每个程序都由许多程序段组成。程序段由序号、若干字和结束符组成。每个字又由字母和数字组成。有些字母表示某种功能,如 G 代码、M 代码;有些字母表示坐标,如 X、Y、Z、U、V、W、A、B、C,还有一些表示其他功能的符号。程序段格式是指程序段的书写规则,常用的程序段格式有三种:字-地址可变程序段格式、固定顺序程序段格式、用分隔符的程序段格式。现在一般使用字-地址可变程序段格式。

字-地址可变程序段由顺序号字、数据字、程序段结束符组成(见图 7.8)。数据字的排列顺序要求不严格,字的位数根据需要可多可少,不需要的字以及与前一程序段相同的续效字可以不写,因而程序段的长度可变。该格式的优点是程序简洁、直观,便于检查和修改,因此目前被广泛采用。

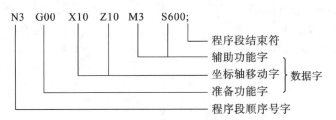

图 7.8　字-地址可变程序段格式示意

一段程序包括如下三大部分:

(1) 程序段顺序号字(N 字):程序段顺序号也称为程序段号,用以识别和区分程序段,用地址码 N 和后面的若干位数字来表示。例如:N008 就表示该程序段的标号为 008。在大部分数控系统中,可以对所有的程序段标顺序号,也可以只对一些特定的程序段标顺序号。但不是所有的程序段都要标顺序号。程序段顺序号为程序查找提供了方便,特别是在程序需要跳转时,程序段顺序号就是必要的。需要注意的是,程序段顺序号与程序的执行顺序无关,不管有无顺序号,程序都按排列的先后次序执行。通常顺序号是按程序的排列次序给出。

(2) 程序段结束符:这里使用";"号作程序段的结束符,但有些系统使用"*"号或"LF"作结束符。任何一个程序段都必须有结束符,没有结束符的语句是错误语句。计算机不执行含有错误的程序段。

(3) 程序段的主体部分:一段程序中,除序号和结束符外的其余部分是程序的主体部分,主体部分规定了一段完整的加工过程。它包含各种控制信息和数据。主体部分由一个以上功能字组成,主要的功能字有准备功能字、坐标字、辅助功能字、进给功能字、主轴功能字和刀具功能字等。需要注意的是,对于程序段中的坐标字,一些数控系统区分使用小数点输入数值与无小数点输入数值。小数点可用于距离、时间和速度等单位。对于距离,小数点的位置单位是 mm 或 in;对于时间,小数点的位置单位是 s。无小数点输入数值代表最小设定单位的整数倍,具体大小与参数的最小设定单位有关。

7.2.5　数控加工程序的指令代码

在数控加工程序的编制中,使用 G 指令代码、M 指令代码及 F、S、T 指令来描述零件加工工艺过程和数控系统的运动特征。不同类型数控系统、不同厂家生产的机床编程的方法都不尽相同,因此在编程时还必须参照所用数控机床的编程手册进行编程。

1. G 指令

G 指令即准备功能指令。它是建立数控机床或数控系统工作方式的一种指令,主要是指定机床做何种运动,为控制系统的插补运算做好准备。G 指令一般都位于程序段中坐标数字指令的前面。G 指令从 G00～G99 共 100 种,如表 7.1 所示。有时,G 字可能还带有小数位。它们中许多已经被定义为工业标准代码。G 代码有模态和非模态之分。模态 G 代码一旦执行就一直有效,直到被同一模态组的另一个 G 代码替代为止;非模态 G 代码只在它所在的程序段内有效。

表 7.1　G 代码表(摘自 JB/T 3208—1999)①

代码 (1)	功能保持到被取消或被同样字母表示的程序指令所代替 (2)	功能仅在所出现的程序段内有作用 (3)	功能 (4)	代码 (1)	功能保持到被取消或被同样字母表示的程序指令所代替 (2)	功能仅在所出现的程序段内有作用 (3)	功能 (4)
G00	a		点定位	G50	#(d)	#	刀具偏置 0/+
G01	a		直线插补	G51	#(d)	#	刀具偏置 +/0
G02	a		顺时针方向圆弧插补	G52	#(d)	#	刀具偏置 −/0
G03	a		逆时针方向圆弧插补	G53	f		注销直线偏移
G04		*	暂停	G54	f		直线偏移 X
G05	#	#	不指定	G55	f		直线偏移 Y
G06	a		抛物线插补	G56	f		直线偏移 Z

① JB/T 3208—1999 已废止,本书给出 G 代码表、M 代码表仅供参考。

代码 (1)	功能保持 到被取消 或被同样 字母表示 的程序指 令所代替 (2)	功能仅在 所出现的 程序段内 有作用 (3)	功能 (4)	代码 (1)	功能保持 到被取消 或被同样 字母表示 的程序指 令所代替 (2)	功能仅在 所出现的 程序段内 有作用 (3)	功能 (4)
G07	♯	♯	不指定	G57	f		直线偏移 XY
G08		*	加速	G58	f		直线偏移 XZ
G09		*	减速	G59	f		直线偏移 YZ
G10～G16	♯	♯	不指定	G60	h		准确定位 1(精)
G17	c		OXY 平面选择	G61	h		准确定位 2(中)
G18	c		OXZ 平面选择	G62	h		快速定位(粗)
G19	c		OYZ 平面选择	G63		*	攻螺纹方式
G20～G32	♯	♯	不指定	G64～G67	♯	♯	不指定
G33	a		等螺距螺纹切削	G68	♯(d)	♯	刀具偏置,内角
G34	a		增螺距螺纹切削	G69	♯(d)	♯	刀具偏置,外角
G35	a		减螺距螺纹切削	G70～G79	♯	♯	不指定
G36～G39	♯	♯	永不指定	G80	e		固定循环注销
G40	d		注销刀具补偿/刀具偏置	G81～G89	e		固定循环
G41	d		刀具补偿—左	G90	j		绝对尺寸
G42	d		刀具补偿—右	G91	j		增量尺寸
G43	♯(d)	♯	刀具偏置—正	G92		*	预置寄存
G44	♯(d)	♯	刀具偏置—负	G93	k		时间倒数,进给率
G45	♯(d)	♯	刀具偏置 +/+	G94	k		每分钟进给
G46	♯(d)	♯	刀具偏置 +/-	G95	k		主轴每转进给

续表

代码 (1)	功能保持到被取消或被同样字母表示的程序指令所代替 (2)	功能仅在所出现的程序段内有作用 (3)	功能 (4)	代码 (1)	功能保持到被取消或被同样字母表示的程序指令所代替 (2)	功能仅在所出现的程序段内有作用 (3)	功能 (4)
G47	♯(d)	♯	刀具偏置 −/−	G96	I		恒线速度
G48	♯(d)	♯	刀具偏置 −/+	G97	I		每分钟转数(主轴)
G49	♯(d)	♯	刀具偏置 0/+	G98~G99	♯	♯	不指定

注:①指定功能代码中,凡有小写字母 a,b,c,…等指示的,为同一类型的代码。在程序中,这种功能指令为保持型的,可以为同类字母的指令所代替;

②"＊"符号表示功能仅在所出现的程序段内有用,"♯"符号表示若选作特殊用途,必须在程序格式解释中说明;

③如在直线切削控制中没有刀具补偿,则 G43~G52 可指定作其他用途;G45~G52 的功能可用于机床上任意两个预定的坐标;控制机上没有 G53~G59、G63 功能时,可以指定作其他用途。

下面介绍常用的 G 指令及其用法。

(1) G00——快速点定位指令。在加工过程中,常需要空运行到某一点,为下一步加工做好准备,利用指令 G00 可以使运动部件以点位控制方式和最快速度移动到程序中指定的目标位置,先前的 F 进给速度指令对运动部件不起作用。它只是快速到位,而无运动轨迹要求。不同坐标轴的运动方式取决于控制系统的设计,各运动轴的运动可以不协调。

(2) G01——直线插补指令。用来指定直线插补,其作用是切削加工任意斜率的平面或空间直线。它以两坐标(或三坐标)插补联动的方式、按程序段中指定的 F 进给速度做任意斜率的直线运动,也就是使机床进行两坐标(或三坐标)联动,其程序格式为"G01 X_ Y_ Z_ F_"。

(3) G02、G03——圆弧插补指令。G02 为顺时针圆弧插补指令,G03 为逆时针圆弧插补指令。当要求刀具相对工件做顺时针方向的圆弧插补运动时,用 G02 指令指定,反之则用 G03 指令指定。圆弧的顺、逆方向按图 7.9 所示判定。在使用圆弧插补指令之前必须应用平面选择指令指定圆弧插补的平面。

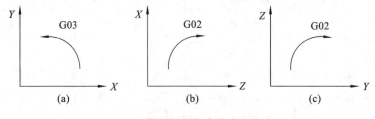

图 7.9 圆弧插补指令的方向规定

(4) G04——暂停指令。它用于指定运动部件做短暂停留或无进给光整加工,如车槽程序结束后进行光整成圆、锪沉孔程序结束后进行端面光整等。

(5) G17、G18、G19——坐标平面指令。G17、G18、G19 分别用于指定 OXY、OXZ、OYZ 坐标平面。当机床只有一个平面上的运动(如车床只有 OXZ 平面上的运动)时,则平面指令省略。

(6) G40、G41、G42——刀具半径补偿指令。数控装置大都具有刀具半径补偿功能,为编程提供了方便。当铣削零件轮廓时,不需计算刀具中心运动轨迹,而只需按零件轮廓编程。使用刀具半径补偿指令,并在控制面板上使用刀具拨码盘或键盘人工输入刀具半径,这样数控装置便能自动地计算出刀具中心轨迹,并按刀具中心轨迹运动。当刀具磨损或刀具重磨后,刀具半径变小,只需手工输入改变后的刀具半径,而不必修改已编好的程序。在用同一把刀具进行粗、精加工时,设精加工余量为 Δ,则粗加工的补偿量为 $r+\Delta$,而精加工的补偿量改为 r 即可。G41 和 G42 分别为左、右偏刀具补偿指令,即沿刀具前进方向看(假设工件不动),刀具分别位于零件的左、右侧进行刀具半径补偿。G40 为刀具半径补偿撤销指令。使用该指令后,使 G41、G42 指令无效。

(7) G43、G44、G49——刀具长度偏置指令,指定刀具在刀具轴向(Z 方向)相对于程序值伸长或缩短一个给定的偏置距离:实际位移量＝程序值±偏置值。其中程序值和偏置值为代数值。当两代数值相加时为正偏置,用 G43 指定;当两代数值相减时为负偏置,用 G44 指定。G49 为偏置注销指令。G43、G44 指令使编程人员可按假定的刀具长度安装刀具,之后再按实际刀具长度与编程刀具长度之差设置偏置值输入即可,这样使用各长度不同的刀具都可加工出正确的尺寸。

(8) G81~G89——固定循环指令,用于指定一个切削过程中几个固定的动作。例如,在钻孔加工中,往往在一个零件上有几个甚至多个孔,而每一个孔的加工都需要快速接近工件、慢速钻孔、快速退出三个固定的动作。对于这类典型的、固定的且经常应用的几个固定动作,用一个固定循环指令程序段去执行,可使程序编制简便。

(9) G90、G91——绝对尺寸及增量尺寸编程指令。G90 指令指定的坐标值按绝对坐标值取;G91 指令指定的坐标值按增量坐标值取。

(10) G92——坐标系设定指令。G92 指令只是设定工件坐标系,并不产生运动。当按绝对尺寸编程时,首先要建立编程坐标系,即设定工件坐标原点(程序原点)到刀具当前位置的距离。换言之,就是以程序原点为基准,确定刀具起始点的坐标值。所设定的坐标值由数控装置保存在相应坐标轴的存储器中,作为下一程序段以绝对值编程时的基数。

图 7.10 为平面直线插补运动的一个例子。设刀具的起始位置为程序原点 P_0,要求刀具以快速定位运动至 P_1,然后以 F20 进给速度沿 $P_1P_2 \rightarrow P_2P_3 \rightarrow P_3P_1$ 运动,再快速回至 P_0 并停止。采用绝对尺寸编程时程序如下:

N001 G92 X0 Y0 LF　　　(在原位设定坐标系)

N002 G90 G00 X4 Y5…LF　　　($P_0 \rightarrow P_1$)

N003 G01 X-3 Y2 F20 LF　　　($P_1 \rightarrow P_2$)

N004 X2 Y-3 LF　　　($P_2 \rightarrow P_3$)

N005 X4 Y5 LF　　　($P_3 \rightarrow P_1$)

N006 G00 X0 Y0 M02 LF　　　($P_1 \rightarrow P_0$)

采用增量尺寸编程时,程序如下:

N001 G91 G00 X4 Y5…LF　　　($P_0 \rightarrow P_1$)

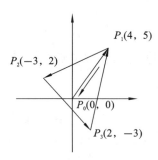

图 7.10　平面直线插补运动

N002 G01 X-7 Y-3 F20 LF　　　$(P_1 \rightarrow P_2)$

N003 X5 Y-5 LF　　　$(P_2 \rightarrow P_3)$

N004 X2 Y8 LF　　　$(P_3 \rightarrow P_1)$

N005 G00 X-4 Y-5 M02 LF　　　$(P_1 \rightarrow P_0)$

采用绝对尺寸和增量尺寸进行混合编程时,程序如下:

N001 G92 X0 Y0 LF

N002 G90 G00 X4 Y5…LF

N003 G01 X-3 Y2 F20 LF

N004 G91 X5 Y-5 LF

N005 X2 Y8 LF

N006 G90 G00 X0 Y0 M02 LF

2. F 指令

F 指令即进给功能指令。它由地址码 F 和后面表示进给速度值的若干位数字构成。用它规定直线插补 G01 和圆弧插补 G02/G03 方式下刀具中心的进给运动速度。进给速度是指沿各坐标轴方向速度的矢量和。进给速度的单位取决于数控系统的工作方式和用户的规定,它可以是 mm/min、in/min、(°)/min、r/min、mm/r、in/r。

3. S 指令

S 指令即主轴转速功能指令,用来规定主轴转速,它由地址码 S 字母后面的若干位数字组成,这个数值就是主轴的转速值,单位是 r/min。例如:S300 表示主轴的转速为 300 r/min。

4. T 指令

T 指令即刀具功能指令。它由 T 地址字后接若干位数值构成,数值是刀具编号。例如选 3 号刀具,刀具功能字为 T3。

5. M 指令

M 指令即辅助功能指令。它由字母"M"和其后的两位数字组成,从 M00～M99 共 100 种,如表 7.2 所示。这些指令与数控系统的插补运算无关,主要是为了数控加工、机床操作而设定的工艺性指令及辅助功能,是数控编程必不可少的。和 G 代码一样,M 代码也分模态代码和非模态代码两种。模态 M 代码一旦执行就一直保持有效,直到同一模态组的另一个 M 代码出现并被执行为止。非模态 M 代码只在它所在的程序段内有效。再者,M 代码也可以分成两大类,一是基本 M 代码,另一类是用户 M 代码。基本 M 代码是由数控系统定义的,用户 M 代码则是由数控机床制造商定义的。

表 7.2 M 代码表（摘自 JB/T 3209—1999）

代码 (1)	功能开始时间		功能保持到被取消或被同样字母表示的程序指令所代替 (4)	功能仅在所出现的程序段内有作用 (5)	功能 (6)	代码 (1)	功能开始时间		功能保持到被取消或被同样字母表示的程序指令所代替 (4)	功能仅在所出现的程序段内有作用 (5)	功能 (6)
	与程序段指令运动同时开始 (2)	在程序段指令运动完成后开始 (3)					与程序段指令运动同时开始 (2)	在程序段指令运动完成后开始 (3)			
M00		*		*	程序停止	M36	*		#		进给范围1
M01		*		*	计划停止	M37	*		#		进给范围2
M02		*		*	程序结束	M38	*		#		主轴速度范围1
M03	*		*		主轴顺时针方向	M39	*		#		主轴速度范围2
M04	*		*		主轴逆时针方向	M40~M45	#	#	#	#	如有需要用于齿轮换挡,此外不指定
M05		*	*		主轴停止	M46~M47	#	#	#	#	不指定
M06	#	#		*	换刀	M48		*	*		注销 M49
M07	*		*		2号冷却液泵开	M49	*		#		进给率修正旁路
M08	*		*		1号冷却液泵开	M50	*		*		3号冷却液泵开
M09		*	*		冷却液泵关	M51	*		*		4号冷却液泵开
M10	#	#	*		夹紧（滑座、工件、夹具、主轴等）	M52~M54	#	#	#	#	不指定
M11	#	#	*		松开（滑座、工件、夹具、主轴等）	M55	*		#		刀具直线位移,位置1
M12	#	#	#	#	不指定	M56	*		#		刀具直线位移,位置2

续表

代码 (1)	功能开始时间		功能保持到被取消或被同样字母表示的程序指令所代替 (4)	功能仅在所出现的程序段内有作用 (5)	功能 (6)	代码 (1)	功能开始时间		功能保持到被取消或被同样字母表示的程序指令所代替 (4)	功能仅在所出现的程序段内有作用 (5)	功能 (6)
	与程序段指令运动同时开始 (2)	在程序段指令运动完成后开始 (3)					与程序段指令运动同时开始 (2)	在程序段指令运动完成后开始 (3)			
M13	*			*	主轴顺时针方向(运转),冷却液泵开	M57~ M59	#	#	#	#	不指定
M14	*			*	主轴逆时针方向(运转),冷却液泵开	M60		*		*	更换工件
M15	*			*	正运动	M61	*				工件直线位移,位置1
M16	*			*	负运动	M62	*				工件直线位移,位置2
M17~ M18	#	#	#	#	不指定	M63~ M70	#	#	#	#	不指定
M19		*	*		主轴定向停止	M71	*				工件角度位移,位置1
M20~ M29	#	#	#	#	永不指定	M72	*				工件角度位移,位置2
M30		*		*	程序结束	M73~ M89	#	#	#	#	不指定
M31	#	#		*	互锁旁路	M90~ M99	#	#	#	#	永不指定
M32~ M35	#	#	#	#	不指定						

注:① # 号:如选作特殊用途,必须在程序说明中指出。

②M90~M99 可指定作特殊用途。

　　如在同一程序段中既有辅助功能代码,又有坐标运动指令,控制系统将根据机床参数来决定执行顺序:①辅助功能指令与坐标移动指令同时执行;②在执行坐标移动指令之前执行辅助功能指令,通常称这种执行方式为"前置";③在坐标移动指令完成以后执行辅助功能,这种执行方式称为"后置"。

每一个辅助功能代码（M）的执行顺序在数控机床的编程手册中都有明确的规定，下面对数控系统最基本的几个 M 指令进行介绍。

（1）M00——程序停止指令。当程序执行到含有 M00 指令的程序段时，先执行该程序段前的其他指令再执行 M00 指令。此时，主轴、进给、冷却液送进都停止，可执行某一手动操作，如工件调头、手动变速等。如果再重新按下控制面板上的循环启动按钮，不返回程序开始处，将继续执行下一程序段。

（2）M01——计划停止指令。该指令的功能与 M00 类似。所不同的是，M01 要求外部有一个控制开关，如果可选择控制开关处于关的位置，控制系统就忽略该程序段中的 M01 指令。当零件加工时间较长，或在加工过程中需要停机检查、测量关键部位以及碰到交换班等情况时，使用该指令很方便。

（3）M02——程序结束指令。在全部程序结束时使用该指令，它使主轴、进给、冷却液送进停止，并使机床复位。

（4）M03、M04、M05——主轴顺时针旋转（正转）、主轴逆时针旋转（反转）及主轴停转指令。

（5）M06——换刀指令。用于为具有刀库的加工中心、数控机床换刀。

（6）M07、M08、M09——冷却液泵开、停指令。M07 用于指定 2 号冷却液泵开，M08 用于指定 1 号冷却液泵开，M09 用于指定冷却液泵关闭。

（7）M30——程序结束并再次从头执行。

（8）M98——子程序调用指令。

（9）M99——从子程序返回到主程序。

7.3　数控加工过程仿真

加工中所使用的数控程序代码，无论是由 CAD/CAM 系统自动生成的还是由编程人员手工编写的，都有可能存在错误。不合适的数控程序可导致废品的产生，也可能导致零件与刀具、刀具与夹具、刀具与工作台之间的干涉碰撞。因此，检验数控加工程序的正确性是必不可少的重要工作。数控加工仿真是对数控加工程序进行验证的有效方法。在进行产品加工前，采用三维实体模型下的数控加工过程仿真，能真实地显示出加工过程中的零件模型、切屑形状、刀具轨迹，并能反映进退刀方式是否合理、刀具和约束面是否会发生干涉与碰撞等等。数控仿真有利于减少材料浪费、延长机床和刀具寿命、提高数控加工程序的可靠性，并且检验过程很安全。

按不同的仿真目标，数控加工仿真可分为几何仿真和物理仿真。几何仿真不考虑切削参数、切削力及其他物理因素对切削加工的影响，主要内容包括机床、刀具和工件的相对运动仿真，模拟工件被切除的过程，检验数控编程所生成的刀具轨迹是否符合实际加工要求，有无过切或欠切，同时检查是否有干涉和碰撞，以避免耗时、费力的试切过程。物理仿真是进一步模拟实际加工切削过程中的各种物理因素的变化，分析、预测各切削参数和干扰因素对加工过程的影响，有助于加深对实际加工过程的机理认知，指导切削参数和切削过程的优化。目前，数控加工过程仿真多属于几何仿真。

根据仿真系统所面向仿真场景的不同，加工仿真系统的仿真功能可分为四个层次：

(1) 第一个层次是针对刀具与零件的加工仿真,主要反映刀具与零件、夹具的相对运动关系。可以检查刀位计算是否正确,在加工过程中是否发生过切,所选择的走刀路线、进退刀方式是否合理,刀具轨迹是否正确,刀具与约束面是否发生干涉与碰撞,等等。其仿真功能相对简单,大多数 CAM 系统均具备这种仿真功能。

(2) 第二个层次是针对整个数控机床,包括机床本身、附件及刀夹具等的加工仿真。由于加工过程是一个动态的过程,刀具与工件、夹具、机床之间的相对位置是变化的,工件从毛坯开始经过若干道工序的加工,在形状和尺寸上均在不断变化,因此其加工过程仿真是在工艺系统各组成部分均已确定的情况下进行的一种动态仿真。机床加工仿真能较完整地反映零件在机床上的加工过程和数控程序的运行结果,仿真系统相对复杂。除了验证数控程序的正确性之外,机床加工仿真主要用来检查加工过程中的干涉、碰撞问题和运动关系。

(3) 第三个层次是针对整个加工车间,包括车间内的所有数控机床、传送装置等的仿真。

(4) 第四个层次是面向产品整个加工流程的仿真,可称为全过程仿真。它以产品为中心,目的在于完整地对产品从毛坯到成品的全部加工过程进行仿真。

下面以基于 UG 和 VERICUT 的仿真为例,对数控加工过程仿真流程进行简单介绍。VERICUT 由美国 CGTECH 公司开发,可运行于 Windows 及 UNIX 平台上,具有强大的三维加工仿真、验证、优化等功能。VERICUT 6.0 可在一个工程中针对多台机床及相应的加工步骤进行仿真。基于 UG 和 VERICUT 的加工仿真流程如图 7.11 所示。

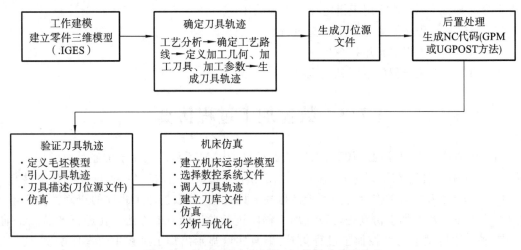

图 7.11　基于 UG 和 VERICUT 的加工仿真流程
注:图中 GPM 指图形的后处理模块。

UG 建模(Modeling)模块由实体建模(Solid Modeling)、特征建模(Features Modeling)、自由曲面建模(Freeform Modeling)三部分组成,完全可以满足建立复杂结构零件的参数化模型的要求;UG 制造(Manufacturing)模块可以根据输入的制造信息,如刀具直径、切削用量、主轴转速、切削速度等,自动生成刀具轨迹;UG 后置处理(Post-processing)模块可以根据指定的数控系统,生成针对具体机床的数控加工程序。

用 VERICUT 进行机床仿真时以数控代码为驱动数据,需要有相应的数控系统文件(.ctl文件),才能正确读取 UG 中生成的数控代码。可以直接调用已有的控制系统文件,也可以自己根据相应数控系统建立新的控制系统文件。为了实现机床的动态仿真,还需要建立数控机床文件(.mch 文件),其中包括机床的运动学模型和实体模型,运动学模型定义机床各部件之间的关系和各自的位置,实体模型可以从 UG 中调入,也可以直接在 VERICUT 中建立。因为 NC 代码不像刀具源文件一样包含刀具形状、尺寸的描述,因此必须在 VERICUT 中建立刀具库文件(.tls 文件),并进行合理的参数设置。还可以建立优化刀具库文件(.olb 文件),加工仿真时调用优化刀具库文件,能够在不改变原有加工路线的条件下,产生优化的刀具轨迹(.opti 文件,其中包含最佳的切削参数),实现加工效率最高等优化要求。

7.4　CAM 常用系统介绍

1. MasterCAM 系统

MasterCAM 是由美国 CNC Software 公司开发的 CAD/CAM 软件。该软件三维建模功能稍差,但操作简便实用,容易学习。新的加工任选项使用户具有更大的灵活性,如多曲面径向切削和将刀具轨迹投影到数量不限的曲面上等功能。这个软件还具有新的 C 轴编程功能,可顺利将铣削和车削结合。其他功能,如直径和端面切削、自动 C 轴横向钻孔、自动切削与刀具平面设定等,有助于实现高效的零件生产。其后置处理程序支持铣削、车削、线切割、激光加工以及多轴加工。另外,MasterCAM 还提供了多种图形文件接口,如 SAT、IGES、VDA、DXF、CADL 以及 STL 等格式文件的接口。由于该软件的价格便宜,应用广泛,同时它具有很强的 CAM 功能,自 1984 年问世以来,一直以其独有的特点在专业领域享有极高的声誉,全球销售量名列前茅,被工业界和学校广泛采用,主要应用于机械、电子、汽车等行业,特别是在模具的设计和制造中发挥了重要作用,成为现在应用最广的 CAM 应用软件。

2. UG 系统

UG 是广泛应用于航空航天、汽车、通用机械及模具等领域的 CAD/CAE/CAM 一体化软件。UG 的 CAM 模块功能非常强大,它提供了一种产生精确刀具轨迹的方法,该模块允许用户通过观察刀具运动来图形化地编辑刀具轨迹,如延伸、修剪等,它所带的后置处理模块支持多种数控系统。

3. Cimatron 系统

Cimatron 是以色列的 Cimatron 公司开发的 CAD/CAM 软件。其 CAD 部分支持复杂曲线和复杂曲面建模设计,在中小型模具制造领域有较大的市场。在确定工序所用的刀具后,其数控模块能够检查出应在何处保留材料不加工,对零件上符合一定几何或技术规则的区域进行加工。通过保存技术样板,可以指示系统如何进行切削。技术样板可以重新应用于加工其他零件,即实现所谓基于知识的加工。该软件能够对含有实体和曲面的混合模型进行加工。它还具有 IGES、DXF、STA、CADL 等多种格式图形文件接口,是中小型模具行业应用最广泛的软件。

4. SURFCAM 系统

如前文所述,SURFCAM 是由美国 Surfware 公司开发的基于 Windows 的数控编程系统。它是一款多轴、高性能、多功能的 CAD/CAM 软件。第 1 章已对该软件做了介绍,此处不赘述。

5. DELCAM CAM 系列软件

英国 DELCAM 公司的 CAM 系列软件主要有 Power SHAPE、Power MILL、Copy CAD、Art CAM、Power INSPECT 等。Power SHAPE 是一套复杂形体的建模系统,采用全新的 Windows 用户界面,智能化光标新技术,操作简单,易于掌握。它将实体和曲面建模相结合,发挥了实体建模与曲面建模两种建模技术的优势,提供了多曲面、多实体等圆角和双圆角及自动修剪功能。Power MILL 是一个独立的加工软件包,是功能强大、加工策略最丰富的数控加工编程软件系统。它可以帮助用户产生最佳的加工方案,并可由输入的模型快速产生无过切的刀具轨迹。这些模型可以是由其他软件包产生的曲面模型,如 IGES 曲面模型、STL 曲面模型或是直接从 Power SHAPE 输入的曲面模型。Power MILL 的用户界面十分友好,菜单结构非常合理,它提供了从粗加工到精加工的全部选项。Power MILL 还提供了刀具轨迹动态模拟和加工仿真功能,可方便直观检查和查看刀具轨迹。Copy CAD 是一个采用最新数字模型和软件技术研制和开发的逆向工程(reverse engineering)软件系统。Art CAM 是使用户可根据二维艺术设计建立三维浮雕,并进行数控加工的软件。Power INSPECT 用于复杂形体的实时在线检测,并自动产生检测结果报告,包括复杂形体关键位置精度、误差等重要参数,使用户可以控制所加工产品的误差范围,进行严格的质量控制。

6. EdgeCAM 系统

EdgeCAM 是由英国 Planit 公司开发研制的一套智能数控编程系统,是在 CAM 领域里非常具有代表性的实体加工编程系统,从应用范围和功能方面来看其代表了新一代软件的发展方向,具有很多独到的技术优势,尤其针对实体模型的加工编程,堪称业界的标准。EdgeCAM 作为新一代的智能数控编程系统,完全在 Windows 环境下开发,保留了 Windows 应用程序的全部特点和风格,无论从界面布局还是操作习惯上来说,都非常容易为新手所接受。其支持多语言环境,为不同地区的用户提供了本地化语言包。在其简洁的图标化界面中,功能菜单显示样式可以随使用环境的变化而动态调整,从而使操作者可以方便快捷地使用软件相关功能,同时有助于避免操作错误的发生。使用者还可以无限次地撤销已做的操作或回退。最值得一提的是 EdgeCAM 的后处理编译系统,它改变了传统的 CAM 软件后置处理编译方式,通过 Windows 界面下的一个应用程序来完成所有的后置处理参数配置过程,无任何软件开发经验的人员都可以独立完成后置处理操作。

7.5　MasterCAM 数控编程实例

本节以 MasterCAM 的应用为例,对一个实际零件的刀具轨迹生成和数控自动编程过程进行介绍。MasterCAM 是一套全面服务于制造业的数控自动编程软件,其工作界面如图7.12所示。MasterCAM 包括 Design(设计)、Mill(铣削)、Lathe(车削)和 Wire(线切割)等模块。Design 模块具有全特征化建模功能和强大的图形编辑、转换功能,用于创建线框、曲面和实体模型,完成二维和三维图形的设计。也可以通过系统提供的 DXF、IGES、VDA、STL、Parasolid、DWG 等标准图形转换接口,把其他 CAD 软件生成的图形转换为 MasterCAM 的图形文件。Mill、Lathe 和 Wire 等模块分别用于生成和管理铣、车和线切割加工刀具轨迹和输出数控加工代码。MasterCAM 可以通过 Backplot(刀具轨迹模拟)和 Verify(实体切削模拟)验证生成的刀具轨迹及进行干涉检查,用图形动态方式检验加工代码的正确性。通过后置处理可获得符合某种数控系统需要和使用者习惯的数控程序;也可以通过计算机的串口或并口与数控机床连接,将生成的数控程序由系统自带的通信功能传输给数控机床。

利用 MasterCAM 进行数控编程的一般工作流程为:

(1) 按图样或设计要求,建立 MasterCAM 的三维模型,生成图形文件(扩展名为 MCX);

(2) 利用 CAM 模块生成轮廓加工刀具轨迹文件(扩展名为 NCI);

(3) 通过后置处理,根据刀具轨迹文件生成数控设备可直接执行的数控加工程序(扩展名

图 7.12　MasterCAM 的工作界面

为 NC)。

1. 零件模型

本实例中要加工的是一个模具零件,零件模型如图 7.13 所示。要求在综合分析零件加工工艺的基础上完成整个零件的生产加工,包括铣削轮廓、钻孔和挖槽等工序。

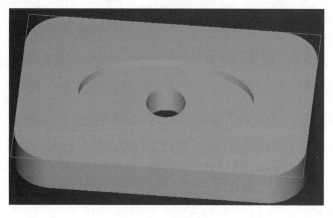

图 7.13　零件模型

该零件外部呈矩形,长 150 mm,宽 100 mm,高 20 mm,矩形四角处是半径为 20 mm 的圆角。椭圆形凹槽深度为 5 mm。零件中心处孔的直径为 20 mm。零件的加工要求为:

(1) 铣削零件上表面外形轮廓(上、下表面已完成加工);

(2) 挖深度为 5 mm 的槽;

(3) 钻直径为 20 mm 的孔;

(4) 公差按照 IT10 级的自由公差确定;

(5) 加工表面的粗糙度值要求达到 Ra 3.2 μm。

2．加工工艺分析

加工工艺分析包括零件结构的分析、加工顺序的确定、装夹与定位的选择、加工刀具的选择等。

1）零件结构分析

该零件为铸件，它的结构简单，呈轴对称形状。因为零件上有平面和凹槽孔，所以需要进行零件的外形轮廓铣削、挖槽和钻孔。

2）加工顺序的确定

根据数控铣床的工序划分原则，先安排平面铣削工序，后安排孔和槽的加工工序，所以零件的加工顺序为：粗铣和精铣外轮廓→挖深度为 5 mm 的槽→钻直径为 20 m 的孔。

3）装夹与定位的选择

由于该零件为轴对称零件，所以便于装夹和定位。在零件加工时，可以采用找正定位方式。

4）加工刀具的选择

从零件的加工顺序可以看出，需要三把加工刀具，分别用于铣削外轮廓、钻孔和挖槽。选择直径为 10 mm、材料为硬质合金的立铣刀来铣削外轮廓；选择直径为 20 mm、材料为高速钢的麻花钻来加工直径为 20 mm 的孔；选择直径为 6 mm、材料为高速钢的键槽铣刀来挖深度为 5 mm 的槽。

3．初始化加工环境

(1) 启动 MasterCAM，打开如图 7.13 所示的零件模型文件，在主菜单中单击"Machine Type"(机器类型)→"Mill"(铣床)→"Default"(默认)，选择默认铣床。

(2) 在加工操作管理器中的"Properties-Generic Mill"(属性-通用铣床)属性下单击选项"Stock setup"(工件设置)，弹出图 7.14 所示的"Machine Group Properties"(加工组属性)对话框。在该对话框中设置工件毛坯尺寸，确定工件上表面中心为工件原点。

4．规划刀具轨迹

根据模型文件及工艺分析，将该零件加工刀具轨迹划分为外形铣削刀具轨迹、挖槽加工刀具轨迹和钻孔加工刀具轨迹。

1）外形铣削

在主菜单中单击"ToolPaths"(刀具轨迹)→"Contour Toolpath"(外形铣削刀具轨迹)，选取带圆角的矩形串连，串连方向为逆时针。确认后，弹出图 7.15 所示的"Contour"(外形铣削)对话框。在"Toolpath parameters"(刀具轨迹参数)选项卡中的空白区域右击，在打开的快捷菜单中单击"Tool Manager"(刀具管理器)，弹出图 7.16 所示的"Tool Manager"对话框。选择直径为 10 mm 的立铣刀，确认后返回"Contour"对话框，在"Toolpath parameters"选项卡中，设置主轴转速(Spindle)、进给速度(Feed rate)、下刀速度(Plunge)和退刀速度(Retract)等速度参数。

在"Contour"对话框中选择"Contour parameters"(外形铣削参数)选项卡(见图 7.17)，设置好安全高度(Clearance)、下刀高度(Feed plane)、加工深度(Depth)等参数。同时设置好刀补方式和刀补方向。考虑到外形铣削要经过粗、精加工，在"Contour parameters"选项卡中单击"Multi Passes"(外形分层铣削设置)按钮，打开"Multi Passes"对话框，如图 7.18 所示。安排三次粗铣，每次进刀量设置为 6 mm，一次 0.5 mm 的精加工。

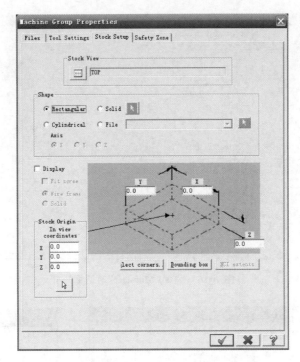

图 7.14　"Machine Group Properties"对话框

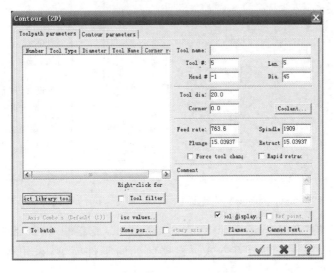

图 7.15　"Contour"对话框

2）挖槽加工

在主菜单中单击"ToolPaths"→"Pocket Toolpath"（挖槽铣刀具轨迹），选取椭圆串连。确认后，弹出图 7.19 所示的"Pocket"（挖槽铣）对话框。以与外形铣同样的方法，通过"Tool Manager"命令，选择直径为 6 mm 的键槽铣刀。确认后返回"Pocket"对话框，在"Toolpath parameters"选项卡中，设置主轴转速、进给速度、下刀速度和退刀速度等速度参数。指定主轴转速为 400 r/min，进给速度为 200 mm/min。同样，在"Pocketing parameters"（挖槽铣削参数）选项卡中，设置好安全高度、下刀高度、加工深度等参数。同时设置好刀补方式和刀补方

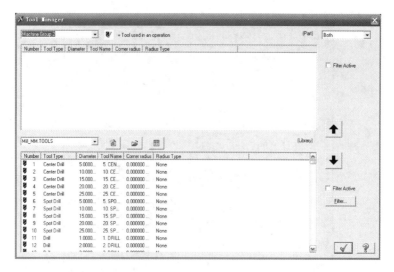

图 7.16　"Tool Manager"对话框

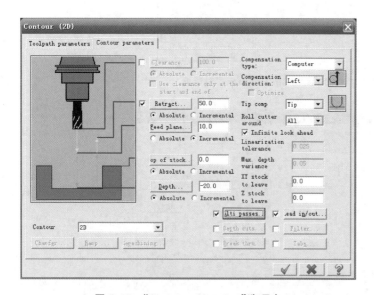

图 7.17　"Contour parameters"选项卡

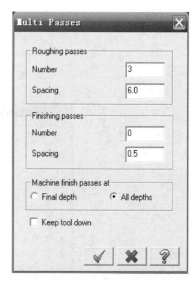

图 7.18　"Multi Passes"对话框

向。在图 7.20 所示的"Roughing/Finishing parameters"(挖槽粗/精加工参数)选项卡中,可设置粗/精加工的有关参数和走刀方式。根据此处的零件模型,采用等距环切(Constant Overlap Spiral)方式。

　　3)钻孔加工

　　在主菜单中单击"ToolPaths"→"Drill Toolpath"(钻孔刀具轨迹)命令,选取孔的中心点。确认后,弹出图 7.21 所示的"Simple drill-no peck"(一般钻孔)对话框。

　　以与外形铣同样的方法,通过"Tool Manager"命令,选择直径为 20 mm 的麻花钻。确认后返回"Simple drill"对话框,在"Toolpath parameters"选项卡中设置主轴转速、进给速度、下刀速度和退刀速度(Retract)等速度参数。指定主轴转速为 400 r/min,进给速度为 50 mm/min。

　　同样,在图 7.22 所示的"Simple drill-no peck"(无进一般钻孔)选项卡中,设置好安全高度、下

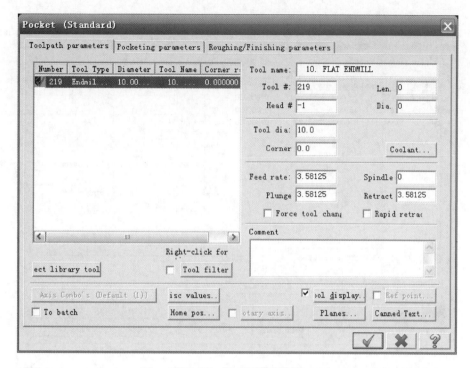

图 7.19　"Pocket"对话框

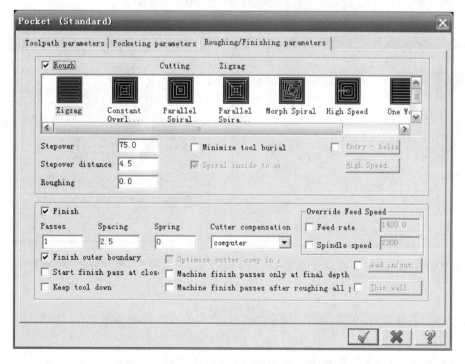

图 7.20　"Roughing/Finishing parameters"选项卡

刀高度、加工深度等参数。由于钻孔深度小于钻头直径的 3 倍,选择"Drill/Counterbore"工作方式。由于是通孔,单击"Drill Tip Compensation"(刀尖偏移)按钮,在"Drill tip compensation"对话框(见图 7.23)中,设置刀尖偏移参数。同时设置好刀补方式和刀补方向。

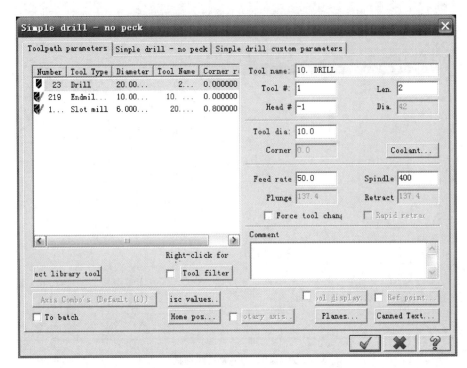

图 7.21　"Simple drill-no peck"对话框

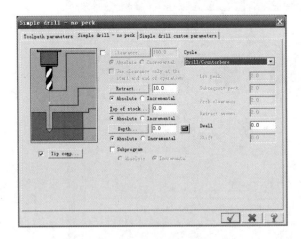

图 7.22　"Simple drill-no peck"选项卡

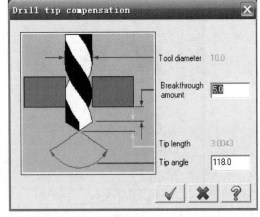

图 7.23　"Drill tip compensation"对话框

4）生成刀具轨迹

设置好相关参数后,单击"确认"按钮 ，产生的刀具轨迹如图 7.24 所示。

5）实体加工模拟

刀具轨迹生成后,为了检查刀具轨迹是否正确,可以通过刀具轨迹实体模拟进行加工过程仿真。在操作管理器中单击选择所有操作按钮 ，再单击实体模拟按钮 ，弹出"Verify"(实体模拟)对话框,如图 7.25 所示。在"Verify"对话框中单击播放按钮 ，即可进行加工仿真,如图 7.26 所示。

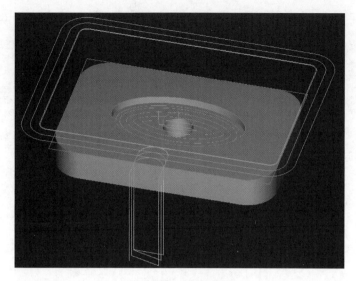

图 7.24　刀具轨迹

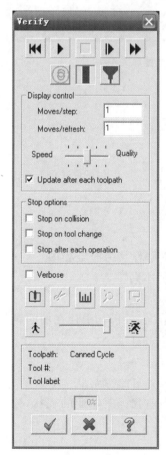

图 7.25　"Verify"对话框

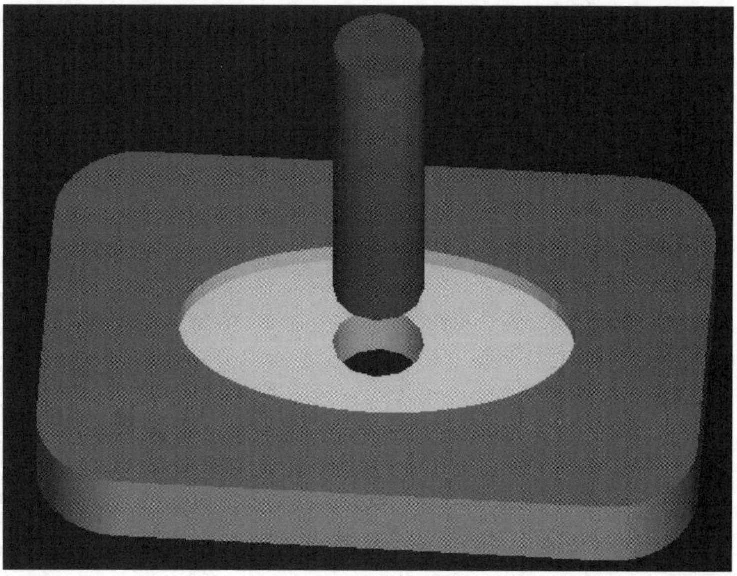

图 7.26　加工仿真

6）生成数控代码

经检验确认刀具轨迹无误后，即可生成数控加工程序。在操作管理器中单击选择所有操

作按钮 ，然后单击后处理按钮 **G1**，弹出如图 7.27 所示的"Post processing"(后置处理)对
话框,单击确认按钮 ✓ ，在"Save as"(另存为)对话框中为即将生成的数控加工程序命名,
保存后生成的数控加工程序如图 7.28 所示。

图 7.27　"Post processing"对话框

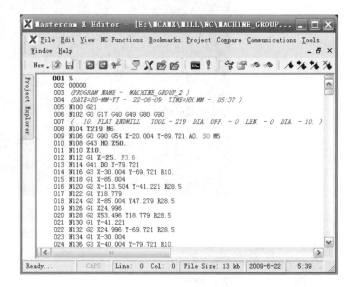

图 7.28　数控加工程序

习　　题

1. 试从广义和狭义的角度简述 CAM 的含义。

2. CAM 的基本功能和体系结构是什么?

3. 什么是数字控制? 简述数控机床的工作原理。

4. 什么是机床坐标系? 什么是工件坐标系? 它们是如何建立的?

5. 数控编程可以采用什么方式? 各自的特点是什么?

6. 试给出一段使用字-地址可变程序段格式的程序段例子,并解释其结构与格式。

7. 数控加工程序中主要有哪几种指令? 它们各自的功能有何不同?

8. 数控加工仿真有哪几种基本类型? 各自的特点是什么?

9. 通过对相关企业的调研,了解数控加工仿真系统的应用情况,分析其中存在的问题并
给出可能的解决方向。

10. 简述基于 MasterCAM 进行数控编程的一般步骤。

11. 试举出至少五种当前市场上主流的 CAM 系统,并分析其各自的特点。

12. 试论述 CAM 系统对于智能制造的作用与意义。结合当前我国制造业的现状,分析
和总结 CAM 技术的发展趋势。

第8章

CAD/CAM 集成技术

计算机辅助单元技术(CAD、CAE、CAM 技术)从不同层面上提高了企业的竞争能力,在各自的领域发挥了重要的作用。但由于它们彼此间模型定义、数据结构、外部接口不同,从而在产品生产过程中自然形成了一个个自动化"孤岛",难以实现信息自动传递和交换。CAD/CAM 集成系统借助于工程数据库技术、网络通信技术以及产品数据接口技术,把各个不同CAD/CAM 模块高效、快捷地集成起来,实现软硬件资源共享,保证系统内的信息畅通无阻。本章分析了 CAD/CAM 集成的重要性,介绍了不同的集成方式,以及在集成中存在的关键问题,分析了 CAD/CAM 集成中的接口技术,并介绍了基于产品数据管理的集成方式。

8.1 CAD/CAM 集成技术概述

计算机辅助单元技术分别对产品设计自动化、产品性能分析计算自动化、工艺过程设计自动化和数控编程自动化起到了重要的作用,同时和各种企业与产品管理模块一起从不同层面提高了企业的竞争能力。

但是,计算机辅助单元技术和各个管理模块是各自地独立发展起来的,如果不能实现系统之间信息的自动传递和交换,就会形成"自动化孤岛"和"信息孤岛",使产品信息和企业资源难以发挥应有的作用。所谓信息孤岛,是指由一定的软硬件支撑的面向企业某业务领域的信息处理系统。而孤岛的特征主要表现为内部的协调和外部的冲突。信息化处理系统在其初创时,所面对的是企业迫切需要理顺的业务领域,以及迫切需要解决的业务问题。该信息化系统解决了对应业务领域的处理问题,将企业迫切需要改进的瓶颈转移,目前在转移后的瓶颈部分建设的时候,存在业务与业务、软件与软件、硬件与硬件及其交叉的兼容或者耦合不够通畅的问题,从而使得原先建设的信息化系统成为孤岛而难以实现与其他业务系统的交流或者集成。虽然单独的信息化系统体现了分步实施的特点,但信息孤岛的出现,最终暴露了缺乏统一规划的问题。

对于一个尚未实施信息化的企业,信息孤岛的现象可在统一规划的过程中得到有效的解决。但企业发展的动态性,必定会使一些新矛盾逐渐暴露出来,因此对统一规划也需要不断进行修正。所谓"统一规划"是面向多个业务领域之间协调,而不同的业务领域由其对应的软硬件系统支撑,为了实现彼此的顺畅交流,必须做出权衡,以实现良好的整体运行效果。由此可见,统一规划也只是将不同信息系统之间的互连互通提前到未发生之前,做出有力的软硬件系统的搭配方案。但在现实中,因为统一规划有不足或者需要进一步修正,必须面对不同系统之间的信息集成问题。

同时,面对制造业全球化的竞争态势,企业除了要整合内部业务流程外,还要实现与合作伙伴及联盟企业的资源共享、协同工作和产品数据集成,因此,如何实现单元技术和管理模块的集成、企业内部与合作伙伴之间的集成以及产品全生命周期信息的集成,成为在 CAD 技术领域人们需研究的关键问题。

8.2　CAD／CAM 集成系统的逻辑结构

目前得到广泛研究的狭义的 CAD/CAM 集成,主要是指几何建模、工程分析、工艺规划和数控加工的集成。CAD/CAM 集成软件逻辑图如图 8.1 所示。

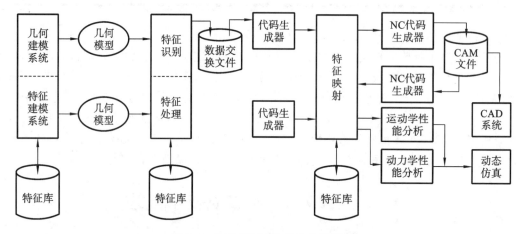

图 8.1　CAD/CAM 集成软件逻辑图

实现 CAD/CAM 集成的主要障碍是数据共享问题,子系统之间信息传递困难。CAD/CAM 集成并非将所有应用程序编制在一个模块中,而是通过不同的数据结构映射与传递,利用各种接口将 CAD、CAE、CAM 的应用程序及数据库、规范和标准连接起来,从而实现信息的自动交换和共享。传统的 CAD、CAE、CAM 系统是无法实现上述功能的。其实,CAD 系统中的几何模型以及描述零件的几何和拓扑结构信息相当充足,这些信息是 CAE、CAM 子系统所需要的。CAD/CAM 软件的数据交换处理过程一般应具备下述三个层次要求的功能,如图 8.2所示。

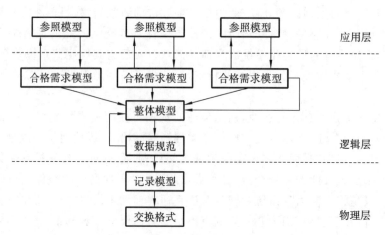

图 8.2　CAD/CAM 软件数据交换的三个层次

8.3　CAD/CAM 集成系统的总体结构与关键技术

8.3.1　CAD/CAM 集成系统的总体结构

CAD/CAM 集成系统对 CAD、CAE、CAM 等各种不同功能的软件系统进行有机地结合，用统一的控制程序来组织各种信息的提取、交换、共享和处理，保证系统内信息流畅通并有效协调地运行。CAD/CAM 集成系统结构形式多样，图 8.3 所示为一种典型的 CAD/CAM 集成系统总体结构，整个系统可分为应用系统层、基本功能层和产品数据管理层三个层次。

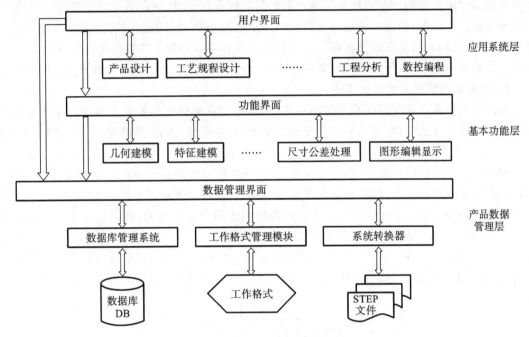

图 8.3　CAD/CAM 集成系统的总体结构

最底层为产品数据管理层。它以 STEP 产品模型定义为基础，提供了三种数据交换方式，即数据库变换方式、工作格式变换方式和文件交换方式。这三种数据交换方式分别用数据库管理系统、工作格式管理模块、系统转换器来实现。系统运行时，通过数据管理界面按所选定的数据交换方式进行产品数据的交换。

中间层为系统的基本功能层，包括几何建模、特征建模、尺寸公差处理、图形编辑显示等基本功能。这些功能在应用上有一定的广泛性，即每一功能可能被不同的应用系统所调用。实际上，该层为 CAD/CAM 应用系统提供了一个开发环境，应用系统可以通过功能界面来调用系统的各个具体功能。

最上面一层为应用系统层，包括产品设计、工艺规程设计、工程分析和数控编程等各种不同的应用，可以完成从产品设计、工程分析到产品加工准备过程中的各项生产作业任务。用户可通过用户操作界面直接使用系统所提供的各种应用功能，并可调用系统的基本功能层和产品数据管理层中各个功能模块。

由于底层采用了统一的数据管理办法，当产品模型发生改变时，数据的管理方式可保持不变,所以对系统的软件结构也不会造成什么影响。由于系统采用分层结构,各层具有相对独立性,并且拥有自身的标准界面,因此在对某层进行功能扩展时,对其他层的影响较小。此外,各层相互独立,使得各个层次的系统开发人员不必了解其他层的内部细节,只要了解各个界面所提供的功能接口即可进行相互间的功能调用。

8.3.2　CAD/CAM 系统集成方法

CAD/CAM 系统集成并非是简单地将各个应用系统模块叠加式组合,而是通过不同的数据结构的映射和数据交换,利用各种接口将 CAD/CAM 的各应用程序和数据库连接成一个集成化的整体。CAD/CAM 系统的集成涉及网络集成、功能集成和信息集成等诸多方面,其中网络集成是要解决异构和分布环境下网内和网间的设备互连、传输介质互用、网络软件互操作和数据互通信等问题;功能集成应保证各种应用能互通互换、应用程序能互操作,并能保证系统界面一致性等;而信息集成是要解决异构数据源和分布式环境下的数据互操作、数据共享等问题。信息集成是 CAD/CAM 系统集成的核心,是多年来备受工业界和学术界关注的课题。

1. 利用专用数据文件实现集成

通过专用格式文件集成即在两应用系统之间,通过专用格式的数据文件进行系统信息的交换。采用这种方法时,对于相同的开发和应用环境,各系统之间协调确定统一的数据格式文件,便可实现系统间的信息互联;而在不同的开发应用环境下,则需要在各系统与专用数据文件之间开发专用的数据转换接口,进行前置和后置处理,以实现系统间的集成,如图 8.4 所示。该信息集成方法原理简单,转换接口程序易于实现,运行效率较高。但由于各应用系统所采用的模型结构各不相同,且相互间的数据交换仅作用于两个系统之间,所以由多个子系统组成 CAD/CAM 集成系统需要设计较多的专用格式转换接口。若有 N 个子系统双向传输,则需要 $2N$ 个前/后置处理接口。显然,这种方式无法实现广泛的数据共享,数据的安全性和可维护性较差,仅适用于小范围、结构简单的 CAD/CAM 系统的信息集成。

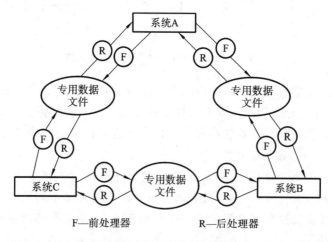

图 8.4　在不同的开发应用环境下利用专用格式文件实现集成

2. 利用数据交换标准的中性格式文件实现集成

通过数据交换标准的中性格式文件实现集成,即采用统一格式的中性数据文件作为系统集成的工具,各个应用子系统通过前置和后置数据转换接口进行系统间数据的交换。如图8.5所示,每个子系统只与大家公认的标准格式中性文件打交道,无须知道其他系统的具体结构,这样就可大大减少集成系统内的数据转换接口数目,从而降低了接口维护难度,便于应用系统的开发和使用。

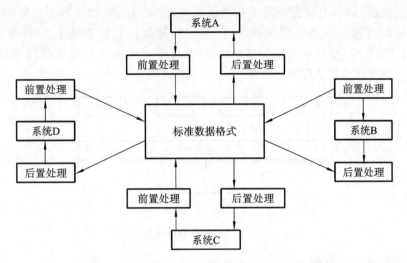

图 8.5　利用数据交换标准中性格式文件实现集成

若有 N 个子系统集成,其转换接口数仅为 $2N$ 个。可见,这种通过标准中性格式文件集成的方法可以在较大的范围内实现数据的共享,是目前 CAD/CAM 集成系统应用较多的有效方法之一,许多图形系统的数据转换就是采用这种标准中性格式(如 IGES、DXF 等格式)的数据文件实现的。然而,由于各子系统之间仍须通过各自转换接口进行数据的转换,降低了系统运行效率,也可能影响数据转换的可靠性和一致性。

3. 利用工程数据库实现集成

利用公用工程数据库进行系统集成,这是一种较高水平层次的数据共享和集成方法,各子系统通过用户接口按工程数据库要求直接存取或操作数据库。与用文件形式实现系统集成方法相比,大大提高了集成系统的运行速度,提高了系统集成化程度,既可实现各子系统之间直接的信息交换,又可使集成系统真正做到实现数据的一致性、准确性、及时性和共享性。该集成方法原理如图 8.6 所示。近年来,高速信息网

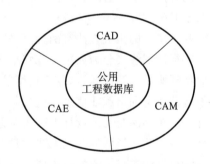

图 8.6　利用公用工程数据库实现集成

络的应用和网络多媒体数据库的出现,以及远程设计、并行设计环境的建立,为通过工程数据库实现异地系统间信息资源的共享和集成提供了更多的技术支持。

4. 利用统一产品数据模型实现集成

这是一种将 CAD、CAE、CAM 作为一个整体来规划和开发,从而实现信息高度集成和共享的方案。如图 8.7 所示为基于统一产品数据模型实现 CAD/CAM 集成。从该图中可见,统一产品数据模型是实现集成的核心,统一工程数据库是实现集成的基础。各功能模块通过公共数据库及统一的数据库管理系统实现数据的变换和共享,从而避免了数据文件格式的转换,消除了数据冗余,保证了数据的一致性、安全性和保密性。

这种方法采用了统一的产品数据模型,并应用统一的数据管理软件来管理产品数据。各子系统之间可直接进行信息交换,而不是将产品信息先进行转换,再通过文件来交换,这就大

大提高了系统的集成性。这种方式是系统按 STEP 标准进行产品信息交换的基础。STEP 标准提供了关于产品数据的计算机可理解的表示和交换的国际标准,它能够描述产品整个生命周期中的产品数据。STEP 标准规定了从产品设计、开发、研制、加工到测试等的产品生命周期过程中必要的信息定义和数据交换的外部描述,能解决设计制造过程中的 CAD、CAE、CAPP、CAM、CAT、CAQ 等子系统的信息共享,从根本上解决了 CAD/CAM 系统集成问题,并为企业内外的互联与集成提供了可能。

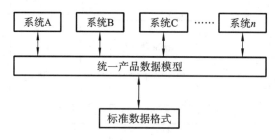

图 8.7　基于统一产品数据模型的集成

5. 基于特征的集成方法

该方法通过引入"特征"这一概念,建立特征建模系统,以特征为桥梁实现系统的信息集成。基于特征的产品建模以特征作为产品定义模型的基本构造单元,并将产品描述为特征的有机集合。特征兼有形状(特征元素)和功能(特征属性)两种属性,具有特定的几何形状、拓扑关系、典型功能、绘图表示方法、制造技术和公差要求等。基本的特征属性包括尺寸属性、精度属性、装配属性、工艺属性和管理属性。这种面向设计和制造过程的特征建模系统,不仅含有产品的几何形状信息,而且也将公差、表面粗糙度、孔、槽等工艺信息添加在特征模型中,所以有利于 CAD/CAM 的集成。

基于特征的集成方法有两种,即特征识别法和特征设计法。

特征识别法又分为人机交互特征识别和自动特征识别。前者由用户直接拾取图形来定义几何特征所需的几何元素,并将精度等特征属性添加到特征模型中。后者是从现有的三维实体中自动地识别出特征信息。这种集成方法对简单的形状识别比较有效,而且开发周期短,也符合人们在产品与工艺设计中的思维过程。但当产品形状复杂时进行特征识别就比较困难,而且一些非几何形状信息也无法自动获取,要通过交互补充辅助获取。

特征设计法与传统的实体建模方法截然不同,它是按照特征来描述零件,应用特征进行产品设计。特征设计是以特征库中的特征或用户定义的特征实例为基本单元,建立产品特征模型。通过建立特征工艺知识库,可以实现零件设计与工艺过程设计的并行。

6. 面向并行工程的集成方法

面向并行工程的集成方法使得设计人员在产品设计阶段就可进行工艺分析和工艺设计,并且在整个产品设计过程中贯穿着质量控制和价格控制,使集成达到更高的程度。每个子系统可以通过对数据库(包括特征库、知识库)的修改而实现系统数据的改变。在设计产品的同时,设计人员需要同步地考虑与产品生命周期有关的全部过程,包括设计、分析、制造、装配、检验、维护等。在每一个设计阶段同时要考虑当前的设计能否在现有的制造环境中以最优的方式实现,整个设计过程是一个并行的动态设计过程。这种基于并行工程的集成方法要求有特征库和工程知识库的支持。

8.3.3　CAD/CAM 集成的关键技术

CAD/CAM 集成的目的就是按照"产品设计→设计验证→工艺生产制造"的实际过程在计算机内实现各应用系统所需的信息处理和交换,形成连续、协调的信息流。为了达到这一目的,必须解决产品建模技术、集成数据管理技术以及产品数据交换接口技术等 CAD/CAM 集成的关键技术方面问题。这些关键技术的实施水平是衡量 CAD/CAM 系统集成度的重要依据。

1. 产品建模技术

为了实现 CAD 与 CAM 信息的高度集成,采用一种共享的产品数据模型是至关重要的。完善的产品数据模型是 CAD 系统与 CAM 系统进行信息集成的基础,也是二者实现数据共享的关键所在。基于传统实体建模的 CAD 系统与 CAM 系统的功能局限于对产品几何形状的描述,缺乏产品加工制造所需的生产工艺信息,难以实现集成。将具有工程语义的特征概念引入 CAD、CAM 系统,建立基于特征的产品数据模型,不仅支持从产品设计到加工制造各个产品生产阶段所需的产品信息(包括几何信息、工艺信息),而且还提供了符合人们思维方式的工程描述语言特征,能够较方便地实现 CAD 系统与 CAM 系统之间的数据交换和共享。就目前的技术水平而言,采用基于特征的产品数据模型是解决产品建模关键技术问题的比较有效的途径。

2. 集成数据管理技术

在 CAD/CAM 集成系统中:除了一些结构型数据之外,还有大量非结构型数据(如图形、图像、语音等);除了产品结构数据之外,还有大量的工艺数据、加工装配数据和生产管理数据等。CAD/CAM 集成系统所涉及的数据类型多,数据处理工作量大,数据管理日趋复杂,常见的商用数据库系统难以胜任。因此,必须采用工程数据库管理系统来管理 CAD/CAM 集成系统的数据。工程数据库管理系统能够处理复杂数据类型和复杂数据结构,具有对工程数据的动态定义和动态建模的能力,支持网络分布式设计环境,具有透明性且支持所有应用系统对全局数据的存取。在工程数据库管理系统的支持下,从产品设计、工程分析到制造的整个过程中所产生的全部数据都能在同一数据库环境中得到维护。

3. 产品数据交换接口技术

产品数据交换是指在不同的计算机、不同操作系统、不同数据库和不同应用系统之间进行数据的通信。CAD、CAE、CAM 技术是各自独立发展起来的,各系统内的数据表示形式不可能完全统一,这就致使不同系统间的数据交换难以进行,从而使各应用系统的功能发展受到影响,CAD/CAM 系统的工作效率难以进一步提高。解决产品数据交换接口技术问题的途径,是制定国际性的数据交换规范和网络协议,开发各类系统接口,保证在各种环境下数据交换的正确性和可靠性。

8.4　CAD/CAM 集成软件系统

CAD/CAM 集成软件是集几何建模、三维绘图、有限元分析、产品装配、公差分析、机构运动学分析、动力学分析、数控自动编程等功能分系统为一体的集成软件系统。在系统中由数据库进行统一的数据管理,实现各分系统的全关联,支持并行工程,并提供产品数据管理功能,使信息描述完整,从文件管理到过程管理都被纳入有效的管理机制之中。CAD/CAM 集成软件系统为用户建造了一个统一界面风格、统一数据结构、统一操作方式的工程设计环境,能协助用户完成大部分工作,而不用过于担心功能分系统间的数据传输受限、结构不统一等问题。

8.4.1　Solid Edge 集成软件

Solid Edge 提供了一个全新的数据集成平台,可以方便迅捷地实现 Solid Edge 与办公自动化软件及其他 CAD、CAM、CAE 软件的集成。Solid Edge 通过与一流的 CAE 和 CAM 应用软件无缝连接,可以提供自动分析和加工制造所需的各种设计数据。高性能的解决方案与 Solid Edge 结合,可以避免创建重复数据,最大限度地减少设计、分析和生产之间的延误。目前在世界范围内有 200 多个 Solid Edge 的合作伙伴。

Solid Edge 采用 Parasolid 作为建模核心,可以与所有基于 Parasolid 的 CAD、CAM 和 CAE 软件集成。

另外,Solid Edge 内置的双向数据转换工具使得其能方便地同其他 CAD 系统(如 AutoCAD、Pro/ENGINEER、SolidWorks、Inventor、CATIA)交换数据,其中包括广泛使用 IGES、STEP、SAT 等格式的数据。再加上直接编辑的能力,Solid Edge 把编辑三维数据的能力从零件级提升到了装配级,使得 Solid Edge 变成一款跨 CAD 平台的中性系统。

Solid Edge 是基于 Windows 平台、功能强大且易用的三维 CAD 软件。它支持至顶向下和至底向上的设计方式,其建模、钣金设计、大装配设计、产品制造信息管理、生产出图、价值链协同、有限元分析和产品数据管理等功能遥遥领先于同类软件,是企业核心设计人员的最佳选择,已经成功应用于机械、电子、航空、汽车、仪器仪表、模具、造船、消费品等行业。

8.4.2　SolidWorks 集成软件

大部分三维设计软件都提供了数据接口,利用数据接口可以读入标准格式(如 IGES、EAT 等格式)的数据文件。但输入设计环境的模型只是一种实体的模型,无法区分输入模型的特征,对模型的修改很不方便。

利用 SolidWorks 的 FeatureWorks 模块可以在零件文件中对输入的实体特征进行识别。实体模型被识别为特征以后,在 SolidWorks 中以特征的形式存在,并用 SolidWorks 软件生成的特征相同。FeatureWorks 模块对静态的转换文件进行智能化处理,获取有用的信息,减少了重建模型所花费的时间。FeatureWorks 模块最适合用于识别规则的机加工轮廓和钣金特征,其中包括拉伸、旋转、孔和拔模等特征。

SolidWorks 的 Cosmos 模块可以对用 SolidWorks 设计的零件实体进行应力与变形分析、热效分析、振动频率分析、电磁性能分析、流体分析、动力分析等多项工程分析,进行优化设计和非线性分析,缩短设计所需的时间,提高设计质量和降低设计成本。Cosmos 是目前广为流行的 CAE 分析软件,其中主要包括:工程师设计分析软件 Cosmos/Works,运动分析软件 Cosmos/Motion,流体分析软件 Cosmos/Floworks,专业分析软件 Cosmos/M(包括有限元前、后置处理模块 Cosmos/M-GEOSTAR,应力和位移分析模块 Cosmos/M-STAR,失稳和频率分析模块 Cosmos/M-DSTAR,动态响应分析模块 Cosmos/M-ASTAR,非线性分析模块 Cosmos/M-NSTAR,设计优化模块 Cosmos/M-OPTSTAR,疲劳分析模块 Cosmos/M-FSTAR,热传导分析模块 Cosmos/M-HSTAR,电磁分析模块 Cosmos/M-ESTAR,高频分析模块 Cosmos/M-HFS,快速有限元分析模块 Cosmos/M-FFE,等等。

SolidWorks 的数控加工(CAM)模块 CAMWORKS 是美国著名 CADCAM 软件开发商

TEKSOFT 公司研制的高效智能专业化数控加工编程软件。它运行于 Windows 平台,是专门为 SolidWorks 配套开发的 CAM 系统。此外,SolidWorks 的 PDMWorks 模块可以帮助用户建立和使用工作组级产品数据管理系统。

8.5　产品数据交换标准

在复杂产品开发过程中,需要将产品模型、设计分析工具、设计开发流程、设计知识经验、标准规范等进行全面集成,构建设计能力平台,丰富产品的工程信息描述,建立完备的产品信息模型,促使设计经验、知识和方法不断积累,强化产品创新能力。集成产品开发涉及的技术如图 8.8 所示。

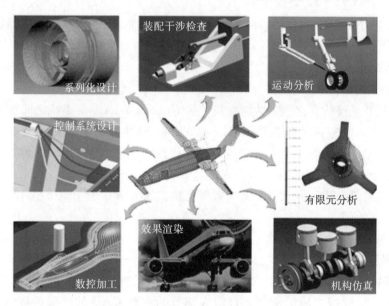

图 8.8　复杂产品开发中涉及的技术

8.5.1　数据交换标准的作用

CAD/CAM 技术在航空航天、汽车、机械制造等领域广泛应用,与之相关的 CAD/CAM 集成软件有 IBM 和 Dassault 公司的 CATIA、CV 公司的 CADDS5、EDS 公司的 UG Ⅱ、PTC 公司的 Pro/ENGINEER 以及 Autodesk 公司的 AutoCAD 等。它们在曲面建模、实体建模以及数控加工方面都具有各自的优点。各企业会根据自己的实际需要和财力购买不同的 CAD/CAM 软件,甚至同一个企业内部,可能同时购买几种 CAD/CAM 软件。另外,在产品设计、装配和制造等各个过程中,总制造商和零部件供应商都有可能采用不同的 CAD/CAM 系统。因此,在企业与企业之间以及企业内部,人们在应用这些系统时,很自然地提出了如何解决各不同系统之间 CAD 模型数据信息交换的问题,使一个系统内部形成的 CAD 模型数据信息也能够被其他系统所使用。这样就需要建立一个统一的信息结构标准来对 CAD 模型的数据进行描述和传输。采用标准的中性格式来进行 CAD 模型数据交换已经成为共识。而且由于产品系列化和维护的需要,若干年后人们即使已不再使用产生这些数据的硬件设备和软件系统,但数据应仍可以由其他系统再次读入,即数据的寿命要长于软件系统,更长于硬件设备,因此需要以中性文件来作为数据的长期档案存储格式。数据交换标准在 CAD/CAM 系统中的作用如图 8.9 所示。

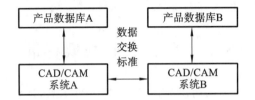

图 8.9　数据交换标准在 CAD/CAM 系统中的作用

8.5.2　数据交换的类型

由于市场上有非常多的软件共存,为了在这些软件之间取长补短,也为了保护用户的劳动成果,数据交换非常重要。

1. 按操作环境分类

数据交换根据操作环境的不同分为以下三类。

(1) 不同操作系统软件之间的数据交换。如 Unix 与 Windows 系统之间数据的交换。有相当多的 CAD/CAM 软件运行于 Unix 而不是 Windows 操作系统,进行数据交换必须采用中性的数据交换文件。即在将文件从一个操作系统传送到另一个操作系统的传输过程中需要使用 ftp 命令,这个命令所有的操作系统都支持。

(2) 同种操作系统中不同软件之间的数据交换。如 I-Deas 与 Pro/ENGINEER 在同种操作系统中的数据交换。

(3) 同种软件之间的数据交换。

2. 按数据性质分类

根据数据的性质不同,数据交换也分为三类。

(1) 三维模型数据之间的交换。目前大部分的大型 CAD 软件能够输入、输出 IGES、STEP、VDA 格式的文件,从而可以交换三维的曲线、曲面和实体。IGES 数据交换格式的应用比较广泛,几乎所有的 CAD 系统都支持该格式。STEP 是国际上新的数据交换格式,是三维数据交换的发展方向。VDA 也是一种重要的数据交换格式。另外,扩展名为 sat 的文件是 ACIS 中性数据交换文件,随着 ACIS 几何内核(ACIS Geometry Kernal)技术的广泛使用,ACIS 格式可能成为在不同 CAD 软件之间交换实体数据的标准格式。现在有的系统支持 VRML2.0,VRML 是一种虚拟现实语言,适用于远程数据交互场合。

(2) 二维矢量图形之间的数据交换。常用的二维矢量图形文件格式有 DWF、DXF、Metafile、Postscript、BMP 等格式。

DWF(Drawing Web Format)文件是一种高度压缩的二维矢量文件,它能够在 Web 服务器上发布。用户可以使用 Web 浏览器,例如 Navigator 或 Internet Explorer 在互联网上查看 DWF 格式的文件。

用户可以将以 DWF 格式保存的图形的精度设置在 3～36 位之间。缺省值为 20 位。一般来说,对于简单的图形,输出精度设置得高与低并没有明显的差别,但对于复杂的图形,最好选用高一点的精度。当然,这是以牺牲输出文件的读取数据时间为代价的。

在 CAD 领域,虽然有一些标准用来保证用户可在不同的 CAD 软件之间传递图形文件,但效果并不很明显。由 Autodesk 公司开发的中性数据交换文件格式 DXF,现已成了图形文件传递事实上的标准格式,已经得到大多数 CAD 系统的支持。用 DXF 格式建立的文件可被写成标准的 ASCII 码,从而可在任何计算机上阅读这类文件。

Windows 的图元文件(Metafile)不像位图,是一个矢量图形。当它被输入基于 Windows 的应用程序之中时,可以在没有任何精度损失的前提下被缩放和打印。Windows 的图元文件的扩展名为 wmf。

Postscript 是一种由 Adobe system 开发的页描述语言,它主要用在桌面印刷领域,并且只能用 Postscript 打印机来打印。Postscript 文件的扩展名为 eps。

(3) 光栅图像之间的交换。BMP 文件是最常见的光栅文件。光栅文件也称点阵图,文件的字节比较长。由于 BMP 文件会占用太多的存储空间,所以人们发明了各种压缩文件格式,如 JPEG、TIFF 等,这些文件格式压缩率很高,但会造成一定程度的图像失真。

8.5.3　产品数据交换标准

多企业和全球化协同作业造成了环境异构,这些异构环境包括操作系统环境、CAD 和 CAM 软件环境、分析软件环境等,甚至 PDM 系统环境。环境异构导致了部门、企业之间的信息共享障碍,使得数字化设计制造的信息流中断。基于以上现实,为了进行产品数字化模型的传播流通,很多国家都制定了通用的数据交换标准。常见的数据交换标准有:美国的 DXF、IGES、ESP、PDFS,法国的 SET,德国的 VDAIS、VADAFS 及 ISO 的 STEP 等。目前 IGES 和 STEP 为产品数据交换的主流标准。

8.5.3.1　IGES 标准

1880 年 3 月,在美国国家标准局的倡导下,波音公司和通用电气公司组织成立技术委员会,制定了基本图形交换规范——初始化图形交换规范(initial graphics exchange specification,IGES)。IGES 是在 CAD 领域应用最广泛,也最为成熟的标准,几乎市场上所有 CAD 软件都提供 IGES 接口,早在 20 世纪 80 年代就被纳入美国国家标准 ANSIY14.26M。我国在 80 年代初将 IGES 纳入国家标准,即《初始图形交换规范》标准,目前最新版为 GB/T 14213—2008。

IGES 描述产品设计和制造信息,这些信息源于产生它的 CAD/CAM 系统。IGES 格式是独立于所有 CAD/CAM 系统而存在的。现有的 CAD/CAM 集成系统基本上都具有将信息转换为 IGES 格式以及接收其他系统转换的 IGES 格式的功能。

IGES 从 1881 年的 1.0 版开始不断发展,并逐渐成熟且日益丰富,覆盖了 CAD/CAM 数据交换的越来越多的应用领域。作为较早颁布的标准,IGES 被许多 CAD/CAM 系统接受,成为应用最广泛的数据交换标准。IGES 为了解决数据在不同的 CAD/CAM 间进行传递的问题,定义了一套表示 CAD/CAM 系统中常用的几何和非几何数据格式,以及相应的文件结构,用这些格式表示的产品定义数据可以通过多种物理介质进行交换。

在 IGES 文件中,信息的基本单位是实体,IGES 文件通过实体描述产品的形状、尺寸以及产品的特性。实体的表示方法对当前所有 CAD/CAM 系统都是通用的。实体可分为几何实体和非几何实体,每一类实体都有相应的实体类型号。几何实体类型号为 100～188,如圆弧的类型号为 100,直线的类型号为 110 等。非几何实体又可分为注释实体和结构实体,类型号为 200～488。注释实体有直径尺寸标注实体(206)、线性尺寸标注实体(216)等,结构实体有颜色定义(314)、字型定义(310)、线型定义(304)等。

几何实体和非几何实体通过一定的逻辑关系和几何关系构成产品图形的各类信息。实体的属性信息记录在目录条目段,而参数数据记录在参数数据段。如图 8.10 所示边长为 40 mm 的立方体,其 IGES 文件中的部分数据如图 8.11 所示。

图 8.10　立方体

```
PTC IGES file: igestest.igs                                        S      1
1H,,1H;,8HIGESTEST,12Higestest.igs,                               G      1
49HPro/ENGINEER by Parametric Technology Corporation,7H2010280,32,38,7, G  2
38,15,8HIGESTEST,1.,2,2HMM,32768,0.5,15H20200520.083711,0.00692793, G  3
69.282,13HAdministrator,7HUnknown,10,0,15H20200520.083711;         G      4
     314        0        1        1        0             001000200D  1
     314        0        4        1        0      COLOR    1D  001000200D  2
     314        2        1        1        0        0    001000200D  3
......
     110        0        0        1        0      LINE     1D  18
     110       10        1        1        0        0    001010000D 19
     110        0        0        1        0      LINE     2D  20
     110       11        1        1        0        0    001010000D 21
......
     502        0        0        2        1      VERTEX   1D  42
     504       23        1        1        0        0    000010001D 43
     504        0        0        3        1      EDGE     1D  44
     128       26        1        1        0        0    001010000D 45
     128        0        0        4        0      SPLSRF   1D  46
     508       30        1        1        0        0    001010000D 47
     508        0        0        1        1      EDGELOOP 1D  48
     510       31        1        1        0        0    000010000D 49
     510        0        0        1        1      FACE     1D  50
     128       32        1        1        0        0    001010000D 51
......
     186        0        0        1        0      MSBR     1D  84
314,1.1D0,1.2D0,1D2;                                                 1P  1
314,1.1D1,1.1D1,1.1D1;                                               3P  2
314,3.92D1,1.2D0,1.2D0;                                              5P  3
314,4.1D1,0D0,2.2D1;                                                 7P  4
314,8.784D1,9.49D1,1D2;                                              9P  5
314,9.6D1,9.6D1,9.6D1;                                             11P   6
```

图 8.11　立方体的 IGES 文件中的部分数据

8.5.3.2　STEP 标准

产品模型数据交换标准(standard for the exchange of product model data,STEP)是国际标准化组织(ISO)制定的产品数据表达与交换标准。由于 IGES 存在数据过于冗长,有些数据不能表达、无法传送等问题,1SO/IEC JTC1 的一个分技术委员会(SC4)开发了产品模型数据转换标准 STEP。

STEP 对产品信息的表达和用于数据交换的实现方法进行了区分。STEP 的产品模型数据是覆盖产品整个生命周期的应用而全面定义的产品模型信息,包括设计、分析、制造、调试、检验零件或机构所需的几何、拓扑、公差、关系、属性和性能等方面信息,也包括一些和处理有关的信息,比 IGES 有着更广的应用范围,如图 8.12 所示。

图 8.13 所示为 STEP 标准的组成结构。STEP 标准可划分为两部分:数据模型和工具。数据模型主要包括通用集成资源、应用集成资源、应用协议;工具主要包括描述方法、实现方法、一致性测试方法和抽象测试套件。产品数据的描述格式独立于应用,并且通过应用协议进行实施。应用协议定义了支持特定功能的资源信息模型,明确规定了特定应用领域所需的信息和信息交换方法,提供一致性测试的需求和测试目的。资源信息模型则定义了开发应用协议的基础数据信息,包括通用模型和支持特定应用的模型。

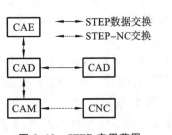

图 8.12　STEP 应用范围

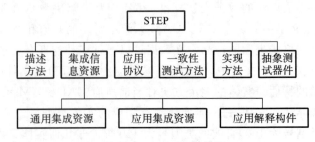

图 8.13　STEP 组成结构

STEP 应用协议(AP)目前有 38 个(AP201-238),大致可以分为三个部分,即设计应用协议、制造应用协议和生命周期支持应用协议。设计应用协议按照产品类型划分为:机械应用协议,如 AP207(钣金模具计划和设计应用协议)、AP235(用于设计和验证产品的材料信息应用协议);电子电气应用协议,如 AP212(电工设计和安装)、AP227(工厂空间配置应用协议);船舶用应用协议,如 AP225(使用显式形状表示的建筑元素应用协议)、AP233(系统工程数据表示应用协议);其他应用协议。

　　STEP 文件由头文件部分和数据部分组成,使用 Express 语言描述内容。文件内容以"ISO-10303-21;"开头,以"END-ISO-10303-21;"结尾。开头后是头文件部分,该部分又以"HEADER;"开头,以"ENDESC;"结尾;然后是数据部分,该部分又以"DATA;"开头,以"ENDESC;"结尾。STEP 文件组成简示如下。

　　ISO-10303-21;

　　HEADER;

　　……

　　ENDESC;

　　DATA;

　　……

　　ENDESC;

　　END-ISO-10303-21;

　　头文件部分依次由文件描述(FILE-DESCRIPTION)、文件名称(FILE-NAME) 和文件规划(FILE-SCHEMA)三个实例组成。数据部分则以"♯实体标识＝实体名称(属性 1,属性 2,…)"这样的语句结构组成。实体标识由系统随机产生,实体名称由 Express 描述中描述实体的显式属性、子类/ 超类说明映射获得,属性格式由应用协议规定。

　　图 8.14 所示的边长为 40 mm 的立方体,其中间有直径为 20 mm 的通孔。其 STEP 文件的部分数据如图 8.15 所示。

图 8.14　带通孔的立方体

```
ISO-10303-21;
HEADER;
FILE_DESCRIPTION(('') ,'2;1');
FILE_NAME('IGESTEST','2020-05-20T',('Administrator'),(''),
'PRO/ENGINEER BY PARAMETRIC TECHNOLOGY CORPORATION, 2010280',
'PRO/ENGINEER BY PARAMETRIC TECHNOLOGY CORPORATION, 2010280','');
FILE_SCHEMA(('CONFIG_CONTROL_DESIGN'));
ENDSEC;
DATA;
#1=DIRECTION('',(0.E0,0.E0,1.E0));
#2=VECTOR('',#1,4.E1);
#3=CARTESIAN_POINT('',(-2.E1,-2.E1,-2.E1));
#4=LINE('',#3,#2);
#5=DIRECTION('',(1.E0,0.E0,0.E0));
......
#241=PRODUCT_DEFINITION_SHAPE('','SHAPE FOR IGESTEST.',#240);
#242=SHAPE_DEFINITION_REPRESENTATION(#241,#233);
ENDSEC;
END-ISO-10303-21;
```

图 8.15　带通孔的立方体的 STEP 文件部分数据

8.6　产品信息的描述与集成产品数据模型

集成产品数据模型可定义为与产品有关的所有信息构成的逻辑单元,它不仅包括产品在生命周期内的全部信息,而且在结构上还能清楚地表达这些信息的关联。因此研究集成产品数据模型就是研究产品在其生命周期内各个阶段所需信息的内容以及不同阶段内信息之间的相互约束关系。

结合 CAD/CAM 集成技术,这里重点讨论面向产品生产过程的集成产品数据模型结构。图 8.16 为面向生产过程的集成产品数据模型所包含的内容。这是一个由很多局部模型组成的关联模型,它可以满足各生产环节对信息的不同需求。但为将这些局部模型有机集成,对数据的描述和表达还应满足如下几点要求:①数据表达完整,无冗余,无二义性;②建立数据之间的关联结构,当一部分数据修改时,与之相关部分数据也能相应变动;③数据结构简单,便于查询、修改和扩充。

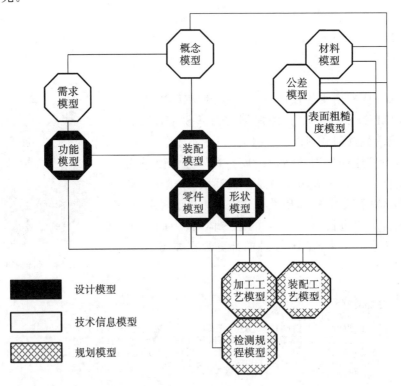

图 8.16　集成产品数据模型包含的内容

8.6.1　零件信息模型

1. 零件信息模型的总体结构

零件信息模型是描述零件各类信息的数据集合。零件信息模型应能表达零件的各类特征信息,包括管理特征信息、形状特征信息、精度特征信息、材料热处理特征信息和技术特征信息等。

基于特征的零件信息模型总体结构是一个层次型结构,如图 8.17 所示,它包含零件层、特征层和几何层三个不同的层次。零件层主要反映零件的总体信息;特征层包含零件各类特征信息及其相互间的关系;几何层记录与零件的点、线、面等相关的几何信息和拓扑信息。零件的几何信息和拓扑信息是整个零件信息模型的基础,同时也是零件图绘制系统、有限元分析系统等应用系统所关心的对象。而特征层则是零件信息模型的核心,特征层中各类特征之间的相互联系反映了特征间的语义关系,使特征成为构造零件的基本单元。这样的零件信息模型具有高层次的工程含义,可以方便地提供高层次的产品信息,从而能够支持面向制造的各类应用系统,如 CAPP 系统、数控编程系统、加工过程仿真系统等各个系统对产品数据的需求。

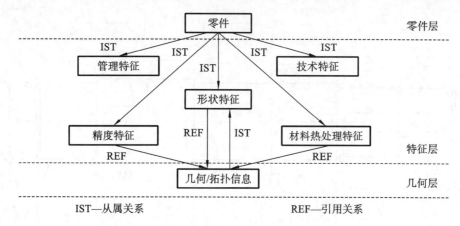

图 8.17　基于特征的零件信息模型的总体结构

2. 零件信息模型的数据结构

零件类型不同,其相应消息模型的数据结构也会有所不同。从图 8.17 可以清楚地看到,基于特征的零件信息模型是由各类不同的特征组成的,其数据结构也由各类特征的数据结构来体现。下面以回转体零件为例,说明零件信息模型的具体数据结构。

1) 管理特征数据结构

管理特征主要描述零件的总体信息和标题栏信息,如零件名、零件类型、图号、毛坯类型、GT(成组技术)代码、重量、件数、材料名、设计者、设计日期、最大直径/最大长度等。

2) 形状特征数据结构

形状特征数据结构包括零件的几何属性、精度属性、材料热处理属性以及关系属性等不同的属性。几何属性用来描述形状特征的公称几何体,包括形状特征本身的几何尺寸、形状特征的定位坐标和定位基准。精度属性是指几何形体的尺寸公差、形状公差、位置公差和表面粗糙度等。材料热处理属性是指形状特征所具有的某些特殊的热处理要求,如某一表面的局部热处理要求。关系属性是指各特征之间的联系,如形状特征之间是邻接关系或从属关系,形状特征与精度特征、材料热处理特征之间是相互引用关系。

3) 精度特征的数据结构

精度特征的信息内容大致分为三种:

(1) 精度规范信息,包括公差类别、精度等级、公差值和表面粗糙度。

(2) 实体状态信息,即是最大实体状态还是最小实体状态。

(3) 基准信息。相互关联的几何实体必须具有基准信息。

4) 材料热处理特征的数据结构

材料热处理特征包括材料信息和热处理信息,其中材料信息包括材料名称、牌号和力学性能参数等;热处理信息包括热处理方式、硬度单位和硬度值的上、下限等。

5) 技术特征的数据结构

技术特征包括零件的技术要求和特性表等信息。由于技术特征信息没有固定的格式和内容,因而很难用统一的模型来描述。

3. 基于特征的零件信息模型的应用举例

　　根据上述零件信息模型的结构特点,可对如图 8.18 所示的轴类零件建立基于特征的零件信息模型,如图 8.19 所示。

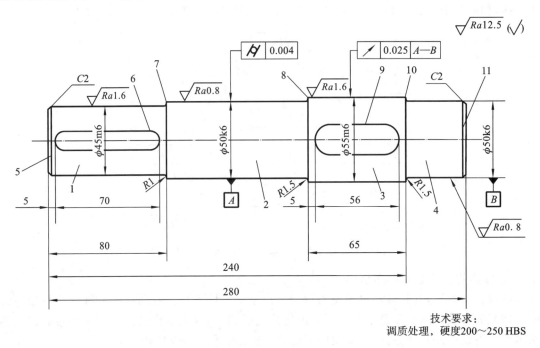

图 8.18　轴的零件图

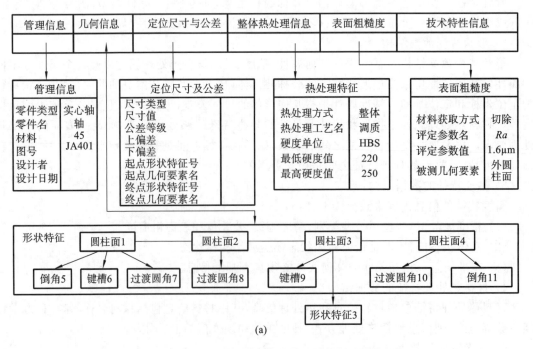

(a)

图 8.19　基于特征的零件信息模型的数据结构实例

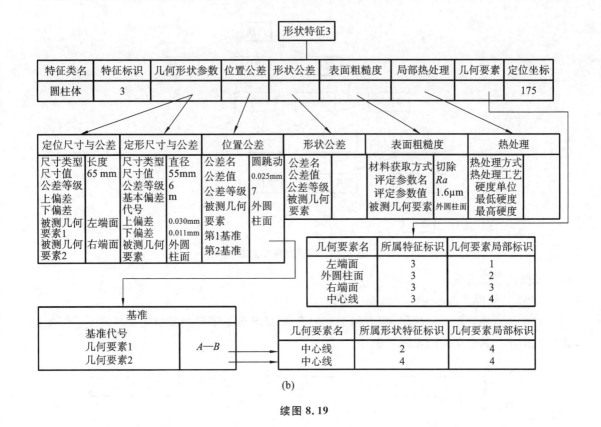

(b)

续图 8.19

8.6.2　产品信息模型

产品制造过程是将原材料转变为成品的转换过程,零件信息模型仅限于单个零件的几何信息和工艺信息,而不能反映整个产品的结构组成、零部件之间的装配关系与相互间的约束,以及产品的装配工艺信息等,这就要求采用更高层次的产品信息模型进行描述。

所谓产品信息模型是指从毛坯到成品的整个产品设计和制造过程所需要的信息总和,它是由产品结构信息模型和产品工艺信息模型组合而成的复合模型。

1. 产品结构信息模型

1) 产品结构信息模型

产品结构信息模型是描述产品的结构组成以及各组成元素相互关系的信息总和。如图8.20 所示,构成产品的组成元素包括部件、组件和零件。部件的父件是产品,其子件可以是组件也可以是零件,需要有装配工艺完成其装配工作。组件的父件可以是部件也可以是组件。其子件可以是组件也可以是零件。组件在进行装配以后,还可能需要进行机械加工。零件的父件是组件、部件或产品。一般情况下,零件不需要进行装配而仅需进行诸如毛坯准备、机械加工、热处理等各种机械加工过程。

产品结构信息应包含以下三类信息:①工程图形信息,装配图对应的是产品、部件、组件的信息,而零件图对应的是零件的信息;②基本属性信息,包括产品、部件、组件及零件的图号、名称、规格、来源(自制件、标准件、外协件、外购件等)、重量、数量、计量单位等;③装配信息,用以描述产品与部件、部件与组件、组件与零件之间的装配结构关系。产品结构信息模型可以用产品 BOM 表进行描述。产品 BOM 表不仅反映了产品的结构组成,还清楚地表示出了产品各组

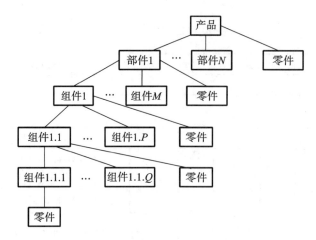

图 8.20　产品结构示意图

成元素间的层次关系。

2) 产品结构的自动编码及可视化处理

对产品结构进行自动编码,将有利于 CAPP 和 MIS 等系统对产品层次及装配工艺信息的识别和操作。其自动编码流程如图 8.21 所示。

图 8.21　产品零部件的自动编码

由于数字码具有结构简单、使用方便、排序容易等特点,因而产品结构一般采用层次数字码进行描述。在具体产品结构数字码中,应包含产品代号、零件在产品结构中的位置、零件来源等信息。

图 8.22 为某企业产品结构数字码的编码规则。由该图可见,每个数字码由 8 位数组成(根据企业具体情况而定),每一位数字范围为 0~8;第 1、2 位表示产品品种,若产品品种较多,也可以采用 3 位或更多位数字来表示;第 3 位表示部件,若产品组成部件较多可以考虑用更多位来表示;第 4、5、6 位分别表示组件层 1、2、3 上的组件,数字位数也可以根据具体情况进行扩充;第 7 位表示零件;第 8 位表示零件来源。

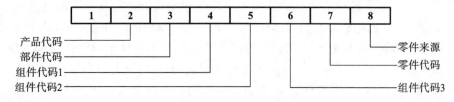

图 8.22　产品结构数字码编码规则

将上述的编码规则描述为一系列的逻辑关系,便可实现对产品结构的自动编码。

产品结构的可视化处理是利用计算机对产品结构数字码进行分析,再现产品结构树的处理过程,从而可以使用户直观、方便、清晰地了解产品部件、组件和零件在整个产品结构中的位置。图 8.23 即为根据上述讨论的产品结构数字码进行产品结构可视化处理的原理图。

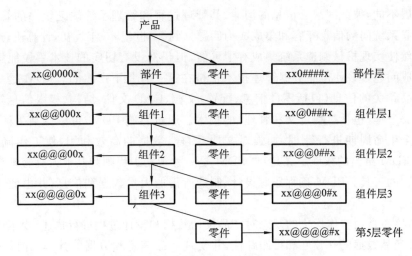

图 8.23 产品结构的可视化处理示意图

图 8.23 中：xx 为产品的基本信息；@代表层次结构，且不为零；♯代表顺序号，如♯♯♯♯表示 0001～8888 的顺序号。

2. 产品工艺信息模型

产品工艺信息模型表示了构成产品的零部件从毛坯到成品的全部工艺过程信息，如图 8.24 所示。

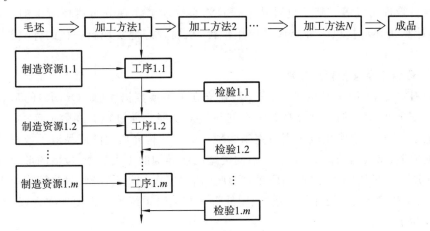

图 8.24 产品工艺信息模型示意图

由图 8.24 可见，产品工艺信息模型能够完整地反映产品制造全过程中的工艺信息。该模型含有零部件工艺路线信息、加工车间路线信息（如图中双线箭头所示）、工艺规程信息和制造资源等信息。

8.7 基于 PDM 平台的 CAD/CAM 集成技术

8.7.1 PDM 概述

CAD、CAM、CAE 等新技术的兴起给企业的设计和生产过程提供了新的技术手段，但是同时也提出了新的挑战：就制造业而言，虽然单元技术已经日趋成熟，但由于各企业管理需求以及技术发展不同,彼此间缺乏信息的沟通,其管理过程和管理系统缺乏统一的管理规范,从而使得各独立系统间的信息兼容和集成成为问题。到 20 世纪 80 年代初,计算机、通信网络技术的发展虽然使实现机械制造系统集成有了可能,但仍然没有切实的技术手段能解决制造系统的信息集成问题,PDM 产品数据管理技术正是在这一背景下产生的。PDM 是一项用来管理所有与产品相关的信息(包括零件信息、配置、文档、CAD 文件、结构、权限信息等),以及所有与产品相关过程(包括过程定义和管理)的技术。通过实施 PDM,可以提高生产效率,有利于对产品的全生命周期进行管理,加强对文档、图样、数据的高效利用,使工作流程规范化。CIMdata 对 PDM 给出的权威定义是:"PDM 是一种帮助工程师和其他人员管理产品数据和产品研发过程的工具。PDM 确保跟踪设计、制造所需的大量数据和信息,并由此支持和维护产品。"

PDM 的核心是用整体优化的观念对产品设计数据和设计过程进行描述,规范产品生命周期管理,保持产品数据的一致性和可跟踪性,并实现产品信息和数据的共享,并以软件技术为基础,实现产品相关数据、过程、资源一体化的集成管理技术。

8.7.2　PDM 系统的主要功能

据 CIMdata 公司的提法,PDM 系统主要包括以下几个功能:电子资料室和文档管理(data vault and document management)功能、产品配置管理(product configuration management,或称产品结构管理)功能、工作流程管理(workflow or process management)功能、分类与检索管理功能和项目管理功能等。基于这种技术,PDM 系统能够实现分布式环境中的产品数据共享,为异构计算机环境提供一种集成的应用平台,从而较好地实现新一代的计算机集成应用系统。

1. 电子资料室及文档管理功能

电子资料室是 PDM 系统的核心,它一般建立在关系型数据库(如 Oracle)的基础上,主要保证数据的安全性和完整性,并支持各种查询与检索功能。通过建立在数据库之上的相关联的文本型记录,用户可以利用电子资料室来管理存储于异构介质上的产品电子数据文档,如建立复杂数据模型、修改与访问文档、建立不同类型的或异构的工程数据(包括图形、数据序列和字处理程序所产生的文档等)之间的联系,实现文档的层次与联系控制、封装管理应用系统(如 CAD 系统、CAPP 系统、字处理软件系统、图像管理与编辑系统等),方便地实现以产品数据为核心的信息共享。

电子资料室通过权限控制来保证产品数据的完整性,面向对象的数据组织方式能够实现快速有效的信息访问,实现信息透明、过程透明。

电子资料室通过封装应用软件,使得用户可以快速准确地访问数据,而无须了解应用软件的运行路径、安装版本以及文档的物理位置等信息。它为 PDM 控制环境和外部世界(用户和应用系统)之间的传递数据提供了一种安全的手段。一个完全分布式的电子资料室能够允许用户迅速无缝地访问企业的产品信息,而不用考虑用户和数据的物理位置。

2. 产品配置管理

产品配置管理模块以电子资料室为底层支持,以 BOM 为其组织核心,把定义最终产品的所有工程数据和文档联系起来,对产品对象及其相互之间的联系进行维护和管理。产品对象之间的联系包括产品、部件、组件、零件之间的多对多的装配联系,同时涉及其他的相关数据,如制造数据、成本数据、维护数据等。产品配置管理模块能够建立完善的 BOM 表,并实现产品版本控制,高效、灵活地检索与查询最新的产品数据,实现产品数据的安全性和完整性控制。

产品配置管理能够使企业的各个部门在产品的整个生命周期内共享统一的产品配置,并且对应不同阶段的产品定义,生成相应的产品结构视图,如设计视图、装配视图、工艺视图、采购视图和生产视图等。

3. 工作流程管理功能

工作流程管理模块主要实现产品的设计、修改过程的跟踪与控制,包括工程数据的提交与修改控制或监视审批、文档的分布控制、自动通知控制等。这一模块为产品开发过程的自动管理提供了保证,并支持企业产品开发过程的重组,以获得最大的经济效益。

4. 分类与检索功能

任何一个设计都是设计人员智慧的结晶,日益增多的设计成果是企业极大的智力财富。企业发展的一个重要方面是对现有设计进行革新,创造出更好的产品。PDM 的分类与检索功能最大限度地支持现有设计的重新利用,以便创建出新的产品,它包括零件数据库的接口功能、基于内容而不是基于分类的检索和构造电子资料室属性编码过滤器的功能。

5. 项目管理功能

项目管理旨在管理与配置项目实施过程中所涉及的进度计划、人员、组织及其他的相关数据,同时对项目和活动的运行状态进行实时监督与反馈,最重要的是确保一个项目在预定的时间内能够完成。通过项目管理,可以了解一个项目从立项、启动、计划、执行、监控、结束到总结的全过程。项目管理的模型应包括项目和任务的描述、项目开发阶段的状态、项目参与人员、项目开发流程等。一个功能很强的项目管理器能够为管理者提供具体到每分钟的项目和活动的状态信息,通过 PDM 系统与流行的项目管理软件包的接口,还可以获得资源的规划和重要路径报告能力。

综上所述,PDM 系统的文档管理是基础,产品管理的重要环节是产品配置管理,工作流程管理面对的是各种简单的或复杂的工作流程。项目管理、分类与检索管理的重要作用是有助于实现 PDM 与 MIS、MRP Ⅱ之间的信息交换。

8.7.3　基于 PDM 平台的 CAD/CAM 系统集成模式

基于 PDM 平台的 CAD/CAM 系统集成可以有多种不同的模式,若按集成的难易程度分,有应用封装集成、数据接口交换集成以及紧密集成三种不同层次的集成。

1. 应用封装模式

基于 PDM 的应用封装与面向对象技术中的对象封装的概念有相似之处,被封装的内容包括 CAD/CAM 应用工具本身以及由这些工具产生的文件。通过封装,一方面 PDM 系统能自动识别、存储并管理由应用工具产生的文件,另一方面,当被存储的文件在 PDM 中被激活时,可启动相应的应用工具,并在该应用工具中对原文件进行编辑修改。这样,可使应用工具与它们产生的文件在 PDM 环境下相互关联起来。

通过应用封装进行 CAD/CAM 应用系统的集成简单方便,并易于实现。但应用封装模式只能满足文件整体共享的应用集成,即 PDM 只能管理应用系统产生的文件整体,不能管理文件内部的具体数据。当数据共享必须处理各应用系统生成的内部数据关系时,应用封装模式就无能为力了,这时就要采用接口交换或紧密集成模式。

2. 数据接口交换模式

与应用封装模式相比较,数据接口交换是一种更高层次的集成模式,它把 CAD/CAM 应用系统与 PDM 系统之间需要共享的数据模型抽取出来,然后把它定义到 PDM 的整体模型中去。这样,在 PDM 与应用系统间就有了统一的数据结构。每个应用系统除了拥有这部分共享的数据模型之外,还可以拥有自己私有的数据模型。应用系统与 PDM 系统可基于共享数据模型,通过数据交换接口,实现应用系统的某些数据对象在 PDM 系统中的自动创建,或从 PDM 系统中提取应用系统所需要的数据对象。

3. 紧密集成模式

紧密集成模式允许 CAD/CAM 应用系统或 PDM 系统互相调用有关服务,执行相关的操作,建立更紧密的联系,真正实现一体化。要做好这样的集成,首先要针对共享的数据内容,在应用系统与 PDM 系统之间建立一种互动的共享信息模型,使得在应用系统或 PDM 系统中的一方中创建或修改共享数据时,另一方也能对其中的数据进行自动修改,以保证双方数据的一致性;其次,应用系统需具有对 PDM 系统中有关数据对象的编辑与维护功能,这样在应用系统中编辑某一对象时,在 PDM 系统中也能对该对象进行自动修改。

实现 CAD、CAM 系统的紧密集成是每个实施 PDM 的企业都期望达到的目标,也是 PDM 开发商努力的方向。但是,要真正实现这种集成,在技术上必须保证应用系统与 PDM 系统的开放性,并需对系统内部结构有详尽的了解,同时需要有较大的资金投入。因此,紧密集成不是每个企业都能做到的。

8.7.4　基于 PDM 平台的 CAD/CAM 集成系统的体系结构

在一个企业中,可能存在不同供应商或不同版本的 CAD、CAE、CAM 系统。在这样一个复杂环境中,PDM 系统作为集成平台,一方面要为 CAD/CAE/CAM 系统提供数据管理与协同工作环境,同时还要为 CAD/CAPP/CAM 系统的集成运行提供支持。图 8.25 所示为目前国内常用的基于 PDM 平台的 CAD/CAM 集成系统体系结构。

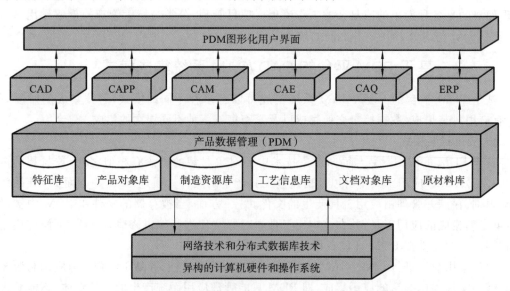

图 8.25　基于 PDM 平台的 CAD/CAM 集成系统体系结构

从图 8.25 可以看出,该集成系统的最底层为计算机硬件与操作系统,可支持异构的计算机环境;网络技术和数据库技术提供了分布式计算机环境下的系统通信手段和数据管理能力;产品数据管理层为整个系统的核心,封装了各类应用系统,包含各类数据库;上层为 PDM 图形化用户界面和相关接口,为用户提供了与 CAD 系统、CAPP 系统、CAM 系统、CAE 系统、CAQ 系统、ERP 系统等各类应用系统进行友好交互的集成环境。

习　题

1. 简述 CAD/CAM 集成的必要性。
2. CAD/CAM 信息集成方式有哪些?
3. 在 CAD/CAM 集成中存在哪些关键技术?
4. 产品信息的描述包括哪些方面?
5. 常用的产品数据交换标准有哪些? 它们各有何特点?
6. 目前在 CAD 系统中有哪些常用的数据交换接口?
7. 在 CAD/CAM 集成中,PDM 起什么作用?
8. PDM 系统与 CAD 系统有几种集成模式? 各有什么特点?

逆向工程与 3D 打印(增材制造)技术

随着制造业全球化趋势的扩大,制造业的竞争从过去单纯的质量竞争,发展到在全生命周期内的全方位竞争——T(及时快速)、Q(高质量)、C(低成本)、S(优质售后服务)缺一不可。产品开发和制造的速度与柔性日益成为竞争的焦点。

逆向工程是相对传统的正向工程而言的,作为一种基于逆向思维的工作方式,它是根据已经存在的产品或零件原型来构造产品或零件的工程设计模型,在此基础上对已有产品进行剖析、理解和改进。作为先进制造技术的一个重要组成部分,逆向工程已从最初的原型复制技术逐步发展成为支持产品快速创新设计和新产品快速开发的重要技术手段。

3D 打印技术的核心是数字化、智能化制造,它改变了通过对原材料进行切削、组装来实现生产的加工模式,对产品设计与制造、材料制备、企业形态乃至整个传统制造体系产生了深刻的影响。3D 打印技术解决了复杂结构零件的快速成形的问题,减少了加工工序,缩短了加工周期,这使得 3D 打印技术尤其适合用于开发新产品和提高复杂产品及单件小批量产品的制造效率。

9.1 逆向工程概述

9.1.1 逆向工程的基本概念

逆向工程(reverse engineering,RE)亦称为反求工程、逆向设计或反求设计,是近年来随着计算机技术的发展和成熟以及数据测量技术的进步而迅速发展起来的一门新兴学科。广义的逆向工程包括几何反求、材料反求和工艺反求等,构成了一个复杂的系统。目前逆向工程研究的重点集中在几何反求方面。在机械领域中,逆向工程是指在没有设计图或者设计图不完整,以及没有 CAD 模型的情况下,按照现有模型,利用各种数字化技术及 CAD 技术重新构造零件 CAD 模型。逆向工程是一种基于逆向推理的设计方法,通过对现有样件进行产品开发,运用适当的手段进行仿制,或按预想的效果进行改进,最终超越现有设计,获得更有竞争力的产品或系统。逆向工程的体系结构如图 9.1 所示,它主要由离散数据获取、数据预处理与三维重构三个部分组成。

逆向工程的基本过程可以用以下几个步骤概括。

(1)产品实物原型制作。在对被设计加工对象进行样品数据采集前,要考虑到数据采集的设备和方式。为了保证数据精度,减少数据误差,要先对样品进行清洗、风干等预处理,对需用激光扫描的工件要进行喷涂处理。对于特殊的零部件还要进行夹具设计,考虑数据采集的完整性。

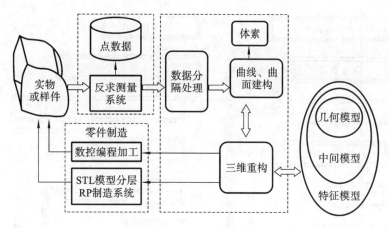

图 9.1　逆向工程的体系结构

（2）原型的三维数字化测量。采用三坐标测量机或三维激光扫描测量仪器等反求测量系统,通过测量采集零件原型表面点的三维坐标值,使用逆向工程软件处理离散的点云数据。复杂零件多呈现多种形态的不规则特征,一次扫描只能针对一个表面进行。对于复杂的表面,很难从一个角度进行扫描而得到所需的全部数据。因此,在进行扫描时,需要根据特定零部件样品制作能够翻转的支架,转换各种角度进行扫描。扫描完成后要对多视角扫描数据重新进行整合。

（3）原型三维重构。按测量数据的几何属性对零件进行分割,采用几何特征匹配与识别的方法来获取零件原型所具有的设计与加工特征。将分割后的三维数据在 CAD 系统中做曲面拟合,并通过各曲面片的求解与拼接获取零件的 CAD 模型。

（4）CAD 模型的分析与改进。对于重构出的零件 CAD 模型,根据产品的用途及零件在产品中的地位、功能等进行原理和功能的分析、优化,确保产品具备良好的人机性能,并进行产品的改进创新。根据获得的 CAD 模型,采用重新测量和加工样品的方法,来校验重构的 CAD 模型是否满足精度或其他实验性能指标的要求。对不满足要求的样品找出原因,重新进行扫描、建模,直至达到零件的功能、用途等设计指标的要求为止。

逆向工程与传统的正向工程的主要区别在于:传统产品的开发实现通常是从概念设计到图样,再创造出产品,因此正向工程是由抽象的较高层次概念或独立实现的设计过渡到设计的物理实现,从设计概念到 CAD 模型之间具有明确的过程;逆向工程是基于一个可以获得的实物模型来构造出它的设计概念,并且可以通过重构模型特征的调整和修改来达到对实物模型的逼近或修改,以满足生产要求,从数字化点的产生到 CAD 模型的产生之间有一个推理过程。逆向工程与正向工程设计过程的区别如图 9.2 所示。

逆向工程以设计方法学为指导,以现代设计理论、方法、技术为基础,由各种专业人员利用工程设计经验、知识和创新思维方法,对已有模型进行解剖、深化和再创造,是在已有设计基础上的设计。逆向工程所涵盖的意义不只是重制,还有再设计。逆向工程为快速设计和制造提供了很好的技术支持,已经成为制造业信息获取、传递的重要和简捷途径之一。以往单纯的复制或仿制已不能满足现代化生产的需要,逆向工程主要是将原始物理模型转化为工程设计概念或设计模型,重点是运用现代设计理论和方法去探究原型的精髓和进行再设计。

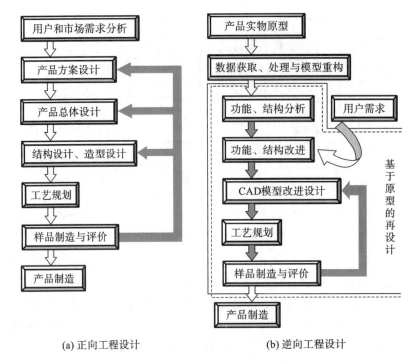

(a) 正向工程设计　　　　　　　　(b) 逆向工程设计

图 9.2　逆向工程与正向工程设计过程的区别

9.1.2　逆向工程技术的应用

目前,逆向工程的应用领域已扩展到包括机械、电子、汽车、自动化、生物医疗、航空航天、文物考古、光学设备和家电制造等相关领域,成为产品开发中的重要技术手段。逆向设计主要应用在以下几个方面。

1. 产品快速开发

企业为了适应竞争需要不断完善自己的产品,并将工业美学设计逐渐纳入创新设计的范畴,使产品朝着美观化、艺术化的方向发展。在产品的外形设计过程中,首先由工业设计师使用油泥、木模或泡沫塑料做成产品的比例模型,易于从审美角度评价并确定产品的外形,然后通过逆向工程技术将其转化为 CAD 模型,进而得到精确的数字定义。这样不但可以充分利用 CAD 技术的优势,还能适应智能化、集成化的产品设计制造过程中的信息交换需求。

许多物品很难用基本几何来表现与定义,例如流线型产品、艺术浮雕及不规则线条等,如果利用通用 CAD 软件以正向设计的方式来重构这些物体的 CAD 模型,在功能、速度及精度方面都将异常困难。在这种场合下引入逆向工程,可以加速产品设计,降低开发的难度。

当设计需要通过实验测试才能定型的工件模型时,通常采用逆向工程的方法,比如在航空航天、汽车等领域,为了满足产品在空气动力学等方面的要求,首先应在实体模型、缩小模型的基础上经过各种性能测试(如风洞实验等),建立符合要求的产品模型。此类产品通常是由复杂的自由曲面拼接而成的,最终确认的实验模型必须借助逆向工程,转换为产品的三维 CAD 模型模具。

2. 产品仿制与改型

在没有设计图或者设计图不完整,以及没有 CAD 模型的情况下,利用逆向工程技术进行数据测量和数据处理,可重构与实物相符的 CAD 模型,并在此基础上进行后续的操作,如模型修改、零件设计、有限元分析、误差分析、数控加工指令生成等,最终实现产品的仿制和改进。这是常见的产品设计方法,也是消化、吸收国内外先进的设计方法和理念从而提高自身设计水平的一种手段。

在模具行业,常需要反复修改原始设计的模具,以得到符合要求的模具,然而这些几何外形的改变往往反映在原始的 CAD 模型上。借助于逆向工程技术,设计者可以建立或修改在制造过程中变更过的设计模型。

3. 产品修复

利用逆向工程技术可从破损的零部件中提取出相应的特征或特征参数,进行自主设计开发,或从表面数据中获取特征信息,对零部件进行形貌修复以及其结构的推算,或对产品的局部区域进行还原修复。图 9.3 所示为破损叶片局部区域还原修复的案例。

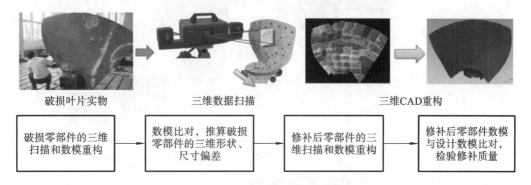

破损叶片实物　　　　三维数据扫描　　　　三维CAD重构

图 9.3　叶片破损局部区域的逆向工程

4. 文物保护和监测

大型的户外文物常年受风吹日晒,容易发生风化而遭破坏。利用逆向设计技术定期对其进行测量扫描,把表面数据输入计算机进行模型重构,通过两次模型的比较,找出风化破坏点,从而制定相应的保护措施,或者进行相应的修复,使其保持原样。图 9.4 所示为基于光学三维扫描的兵马俑模型逆向工程。

图 9.4　基于光学三维扫描的兵马俑模型逆向工程

5. 生物医疗

将逆向工程技术与 CT、MRI 等先进的医学技术相结合,可以根据人体骨骼和关节的形状进行假体的设计和制造。通过对人体表面轮廓测量所获得的数据,建立人体几何模型,从而制造出与表面轮廓相适应的特种设备(如座椅)、服装(如头盔、宇航服)等。将逆向工程方法与3D 打印相结合的技术在医学上有广泛的应用需求,如外科手术植入和修复设计等。图 9.5 所示为利用逆向工程和 3D 打印技术进行颌面修复的过程。

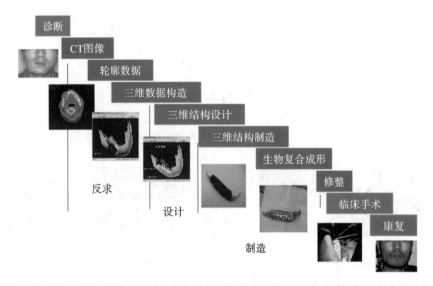

图 9.5　基于逆向工程和 3D 打印技术的颌面修复

9.1.3　逆向工程技术的发展趋势

　　近年来,逆向工程的研究和应用已有很大进展,逆向工程相关的关键技术,如数据采集技术、3D 打印技术等的发展也日趋成熟。市场上流行的商用 CAD/CAM 系统正在相继推出各自的逆向工程模块,如 UG、CREO、Cimatron 等软件都已推出带有逆向工程模块的版本。另外,一些测量设备生产企业(如 Renishaw 公司、DEA 公司等)为配合其设备的竞争,也推出了各自的逆向工程软件。但逆向工程领域还有很多技术有待发展和提高。目前在该领域研究中受到关注的热点包括:

　　(1) 数字化技术,包括:使用计算机视觉、光学测量、断层扫描等方法准确快速地取得实物工件等数据的技术;多视角、多基点、变分辨率测量数据的坐标归一化及融合技术。

　　(2) 特征的智能识别及表示,特征几何区域的自动分离、求精、重构及拼装;接触式几何测量与非接触式三维曲面测量,有效、快速的拟合算法。

　　(3) 建模技术,包括:多种数据(测绘数据,包括高精度低密度数据、低精度高密度数据等)来源条件下的融合与建模技术;有关模型精度与光顺性的优化技术;模型的简化及多分辨率显示技术;关于曲面求交、延伸、过渡等的高效算法和基于控制点的可视化交互编辑技术;模型的综合质量评定技术。

　　(4) 三维重构技术,包括:根据测得的点云数据重构曲面及相应被测物体的三维模型的技术;对于自由曲面中凹槽、开孔或其他许多基本几何形状的形状辨识、重构及叠合处理的技术;接触式几何测量与非接触式三维曲面测量数据的融合技术。

　　(5) 系统集成技术。通过系统集成,使逆向工程能与测量技术、数字化制造技术等技术相结合。

9.2　逆向工程典型数据采集技术

数据采集是指用某种测量方法和设备测量出实物原型各表面的点的几何坐标。数据采集是逆向工程中的首要环节,是最基本、最不可缺少的步骤。对制造业领域的逆向工程而言,各种数据采集方法都有一定的局限性和适应性。总体来说,逆向工程对于数据采集方法应有以下要求:采集精度和采集效率高;可采集内、外轮廓的数据;可采集各种复杂形状原型;尽可能不破坏原型;尽量降低成本。由于各种测量方法均有其优劣势及适用范围,因此应从集成的角度出发,综合运用各种测量方式,使其在时间、空间以及物理量上互补,增加信息量,减少不确定性,以获取精度较高的测量数据。

9.2.1　数据采集方法分类

物体三维几何形状的测量方法根据测量时测头是否与被测量零件接触,基本上可分为接触式和非接触式两种。而测量系统与物体的作用不外乎光、声、机、电、磁等方式。接触式测量设备根据所配测头的类型不同,又可以分为力触发式、连续扫描式等类型,常见的接触式测量设备有三坐标测量机和关节臂式测量机。而非接触式测量设备则与光学、声学、电磁学等多个领域有关。根据其工作原理不同,可分为光学式和非光学式两种。前者多基于结构光测距法、激光三角法、激光干涉测量法而工作;后者包括基于 CT 测量法、超声波测量法等方法的测量设备。图 9.6 列出了逆向工程中主要的数据采集方法。

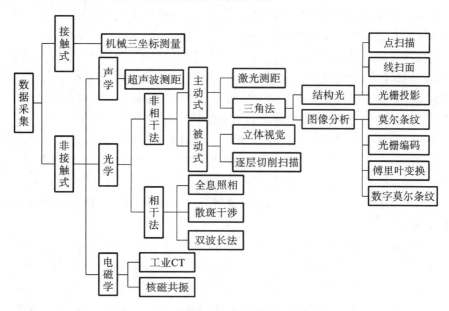

图 9.6　逆向工程中主要的数据采集方法

选择数据采集方法时要注意测量方法、测量精度、采集点的分布和数目及测量过程对后续CAD 模型重构的影响。测量前要对整个测量过程进行规划,选取合理的测点和方位是得到完整的测量数据并顺利进行模型重构的基础和保证。通过测量得到的数据一定要包括足够的完整描述物体几何形状的点,从而为获得建立满足精度的三维模型提供足够的信息。有时为获得物体完整的数据,要对测量表面进行分区。分区测量时边界的划分取决于物体自身的几何形态,也取决于建模软件所提供的建模功能。分区过大,会造成曲面的各个部位无法得到精确表示;分区过细,则需要对大量数据进行拼接,影响重构模型的整体效果。

接触式测量方法的优点是测量数据不受样件表面的光照、颜色及曲率等因素的影响,物体边界的测量数据相对精确,测量精度高;缺点是需要逐点测量,测量速度慢,效率较低,不能测量软质材料和超薄形物体,也不能测量曲面上探头无法接触的部分,应用范围受到限制,测量过程需要人工干预,接触力大小会影响测量值,测量前后需做测头半径补偿等。

相对于接触式数据测量技术,非接触式数据测量技术则通常具有以下优点:测量速度快;易获取曲面数据;测量数据不需要进行测头半径补偿;可测量柔软、易碎、不可接触的工件,薄件,皮毛及变形细微的工件等;无接触力,不会损伤精密表面等。其缺点是测量精度较差,易受工件表面反射性的影响,如颜色、表面粗糙度等因素会影响测量结果;对边线、凹坑及不连续形状的处理较困难;工件表面与探头表面不垂直时,测得的数据误差较大。

整体来说,接触式和非接触式测量方法各有优缺点,各有不同的适应范围。接触式方法主要用于基于特征的 CAD 模型的检测,特别是对仅需少量特征点的规则曲面模型组成的实物的测量与检测;非接触式方法适用于需要大规模测量点的自由曲面和复杂曲面的数字化处理。基于接触式和非接触式方法各自的优缺点,集成各种数字化方法和传感器以扩大测量对象和逆向工程应用范围,提高测量效率并保证测量精度,已成为国内外测量设备的发展趋势和研究重点。

9.2.2 接触式数据采集技术

如前所述,接触式数据采集的方法包括力触发式、连续扫描式等,主要是通过传感测量设备与实物的接触来记录实物表面的坐标位置。

触发式数据采集的原理:当采样测头的探针刚好接触到样件表面时,探针尖因受力产生微小变形,触发采样开关,使数据系统记录下探针尖的即时坐标,如此逐点移动,直到采集完样件表面轮廓的坐标数据。触发式数据采集方法的测量精度比较高,但采集的速度较慢,一般只适用于样件表面形状检测,或需要数据较少的表面数字化的情况。

连续扫描式数据采集的原理:利用测头探针的位置偏移所产生的电感或电容的变化,进行机电模拟量的转换。当采样探头的探针沿样件表面以一定速度移动时,就发出对应各坐标位置偏移量的电流或电压信号。连续式数据采集方法适用于实现生产车间环境的数字化,它能保证在较短的测量时间内实现最佳的测量精度,但易损伤被测样件表面,而且不能测量软质材料和超薄形物体。

三坐标测量机(coordinate measuring machine,CMM)是典型的接触式数据采集设备,它是一种大型精密的三维坐标测量仪器,可以对具有复杂形状的工件的空间尺寸进行逆向工程测量。三坐标测量机主要由主机、三维测头、电气系统以及相应的计算机数据处理系统组成,其主体结构如图 9.7 所示。三坐标测量机的工作原理是:由三个相互垂直的运动轴 X、Y、Z 建立起一个直角坐标系,测头的一切运动都在这个坐标系中进行。测头的运动轨迹由测球中心点来表示。测量时,把被测零件放在工作台上,测头与零件表面接触,三坐标测量机的检测系统可以随时给出测球中心点在坐标系中的精确位置。当测球沿着工件的几何形面移动时,就可以得出被测几何形面上各点的坐标值。将这些数据送入计算机,再应用相应的软件进行处理,就可以精确地计算出被测工件的几何尺寸、形状和位置公差等。

三坐标测量机最初仅仅具有检测仪器的作用,可对加工零部件的尺寸、形状、角度、位置以及几何公差等进行检测。传统的坐标测量机多采用触发式测量头,每次仅能获取被测物体表面上一个点的三维坐标值,测量精度高,但测量速度较慢,且很难获得整个被测物体表面的全部信息。20 世纪 90 年代初英国 RENISHAW 公司和意大利 DEA 公司等著名坐标测量机生产厂家先后研制出了含力和位移传感器的扫描测头,该测头可在被测物体上实现滑动连续高精度测量,但该测头成本高,对于一些不可触及的表面也无法测量。目前三坐标测量机的三维测头仍然存在接触压力对被测对象的干扰问题。对于没有复杂内部型腔、特征几何尺寸多、只有少量特征曲面的零件,使用三坐标测量机进行三维数字化测量是非常有效可靠的。三坐标测量机的不足之处在于,由于使用的是接触式测量方法,存在测量死角,不能测量软质物体,而且测量路径的规划较为复杂,测量过程需要较多的人工干预,同时它还存在系统成本高、对使用环境要求高、测量数据密度较低等缺陷。

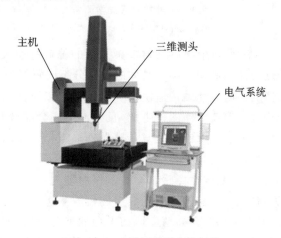

图 9.7　三坐标测量机主体结构

　　现在的三坐标测量机除了具有原有的接触式检测功能之外,还可以外接非接触式激光扫描测头、红外线式触发测头、针尖式接触测头等多种形式的测头,实现曲面的连续扫描、管路管件的非接触式测量,并具有在零部件上直接划线等功能。随着逆向工程技术的发展,三坐标测量机也成为该领域中重要的数据采集系统。该设备由于具有很高的测量精度以及较快的测量速度,广泛地应用于航空航天、汽车制造、轨道交通、电子加工等领域,并被用在从产品设计、制造到检测的全过程中。

9.2.3　非接触式数据采集技术

　　非接触式测量方法的基本工作原理多基于光学、声学或电磁学等,以下介绍两类典型的非接触式数据采集方式。

1. 光学测量方法

　　可根据光源类型以及最终测量数据的呈现形式,将非接触式光学测量方法分为点光源法、线光源法、面光源法,如图 9.8 所示。通常点光源法的测量精度较高,但逐点扫描的方式使得测量效率较低。面光源一次成像可获取较多的空间点坐标,测量效率较高,但相对点光源法整体的测量精度较低。线光源法则可通过单次测量获得被测物的截面轮廓,较点光源法效率大大提升,虽然效率与面光源法相比有所下降,但在整体测量精度方面优势明显。

　　1) 点光源法

　　在点光源测量方法中,较为常见的有锥光全息法与激光三角法。

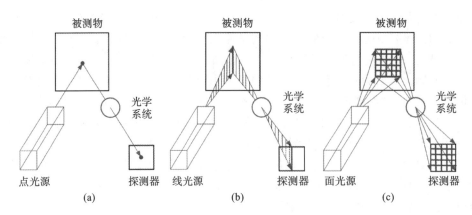

图 9.8　非接触式光学测量

(a)点光源；(b)线光源；(c)面光源

(1) 锥光全息法　该方法是利用物体反射汇聚光锥的偏振特性来实现非接触式测量的。该技术的核心是各向异性晶体的应用。穿过晶体的光线分裂成两部分，它们具有相同的路径，但具有正交偏振性。晶体的各向异性结构迫使每一路偏振光以不同的速度传播，从而使它们之间产生相位差。这个相位差促使干涉图样生成，且干涉图样会随被测物体距离的变化而变化。图 9.9 所示为一款典型的点光源锥光全息传感器——ConoPoint-3。ConoPoint-3 是以色列 Optimet 公司开发的一种稳定的光学传感器，能实现高精度距离测量、二维轮廓测量和三维扫描，是一种宽范围目标覆盖的共线性传感器。其工作原理为：传感器点光源发出激光束，经透镜组反射，投射在被测物体上，所有的反射光线由物镜收集进入锥光模块，对产生的干涉图样进行分析，以确定物体的距离。结合高精度运动平台的配置，可完成被测物的二维截面、三维轮廓的重构。不过该传感器单次测量只能获取一个被测点的空间坐标，整体效率较低。

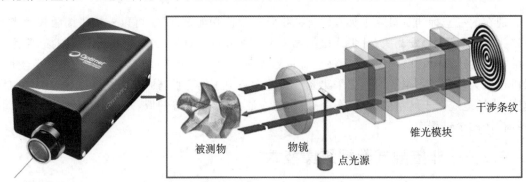

图 9.9　ConoPoint-3 及锥光全息测量原理

(2) 激光三角法　图 9.10 所示为一款典型的点光源位移传感器——Keyence LK-H008，其可基于简单的几何关系进行激光三角反射式测量。激光二极管发出的激光束照射到被测物体表面。反射回来的光线通过一组透镜，投射到感光元件矩阵上，感光元件可以是 CCD(电荷耦合元件)、CMOS(互补金属氧化物半导体)或 PSD(光电探测器件)。反射光线的强度取决于被测物体的表面特性。最终根据固定的几何关系求解出被测物体的深度信息。

2) 线光源法

线光源传感器又称为二维激光轮廓测量传感器、线扫描激光轮廓测量仪、激光光刀传感器等。如图 9.11 所示，由半导体激光发生器产生的光束，经柱面物镜扩散后形成 X 方向的光

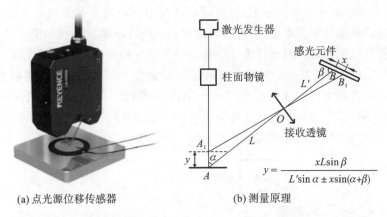

(a) 点光源位移传感器　　　　　　　　　　(b) 测量原理

$$y = \frac{xL\sin\beta}{L'\sin\alpha \pm x\sin(\alpha+\beta)}$$

图 9.10　Keyence LK-H008 点光源位移传感器与其激光三角测量原理

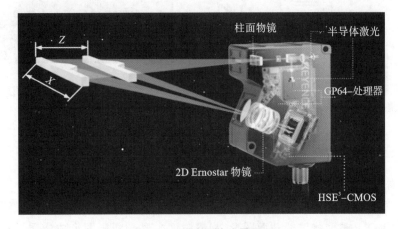

图 9.11　线光源传感器原理

幕,照射到被测物体表面上,形成一条激光轮廓线。光线在被测物体表面发生漫反射,反射光线透过物镜组后被 COMS 传感器接收,形成被测物体的截面图形。再利用基准面、像点、像距等几何关系,通过高速信号处理器分析计算,便可获得被测轮廓线的宽度与高度,即被测物体表面信息的三维坐标点 X、Z 值。线光源传感器可用于位置测量、形状检测与评价。此外,配合高性能直线运动平台,也可完成被测物体的三维轮廓重构。该类型传感器的工作原理也可以看成将激光三角法拓展到二维平面,随着测量范围变大,相较于点光源传感器,在保证检测精度的同时,大大提高了检测效率。

　　基于激光三角测量原理的激光线扫描技术已成为目前最成熟、应用最为广泛的激光测量技术。基于激光三角测量原理的激光线扫描法的测量速度是点扫描法的数十倍,而且同时具有激光点扫描的非接触、高精度、结构简单经济、易于实现、工作距离长、测量范围大和容易满足实际应用要求等优点。该测量方法只能用于测量物体的外表面,不能测量物体内腔,并且由于是基于光学反射原理来进行测量的,该测量方法对被测物体的表面粗糙度、漫反射率和倾角都比较敏感,这使得其使用范围受到一定的限制。

　　3) 面光源法

　　目前,面光源法多用于物体的三维重构,优势在于单次扫描可获取物体大量的空间点集,经多视场数据整合后可快速完成大尺寸轮廓的重构。但是该类型传感器的精度一般较低,所以大多用在精度要求不高的场合。面光源法的基本原理如图9.12(a)所示。投影仪向被测物体表面投影多个频率的光栅条纹图案,相机同步进行拍摄。由于被测物体表面的几何形状变化,相机所拍摄的光栅条纹图案会发生变形,进而再根据算法依次进行相位计算、相位展开、立体匹配,最终按照三角测量原理重构出三维点云。三维重构算法依赖于预先标定的相机参数,实际使用时受工业现场高温、环境振动等因素影响会发生漂移,导致重构精度不稳定。图9.12(b)所示为一款典型三维光栅扫描仪——GOM-Atos core200。该扫描仪由两个 CCD 数码工业相机和一个投影头组成,基于三角测距法和光栅条纹位移原理,通过将发射到被测物体上的紫色激光反射到 CCD 相机中实现模型三维点云采集。

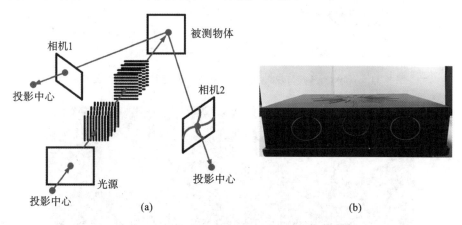

图 9.12　面光源法测量原理与三维光栅扫描仪

(a)面光源法测量原理;(b)三维光栅扫描仪

2. 断层测量技术

为了解决物体内腔测量的问题,可采用断层测量技术。采用各种不同断层测量技术最终获取的测量结果都是被测物体的截面图形,测量精度主要受断层图形成像质量和图形处理技术的影响。断层测量技术的主要特点是能够测量复杂物体的内部结构表面信息,不受物体形状的影响,是很有前途的反求测量技术。断层测量分为破坏性测量和非破坏性测量。非破坏性测量方法目前主要有超声波数字化法、计算机断层扫描法、磁共振成像(magnetic resonance imaging,MRI)法;破坏性测量方法有逐层切削扫描测量法等。

1) 超声波数字化法

超声波数字化法的原理是:超声波脉冲到达被测物体时,在被测物体的两种介质边界表面发生回波反射,通过测量回波与零点脉冲的时间间隔,即可计算出各面到零点的距离。这种方法相对计算机断层扫描法和磁共振成像法而言设备简单,成本较低,但测量速度较慢,测量精度主要由探头的聚焦特性决定。由于各种回波比较杂乱,必须精确地测量出超声波在被测材料中的传播声速,利用数学模型计算出每一层边缘的位置。当物体有缺陷时,受物体材料及表面特性的影响,测出的数据可靠性极低。目前超声波数字化法主要用于物体的无损探伤及厚度检测,但由于超声波在高频下具有很好的方向性,即束射性,该方法在三维扫描测量中的应用前景正在日益受到重视。

2) 计算机断层扫描法

计算机断层扫描技术最具代表性的应用是计算机断层扫描机。通常,它用 X 射线或 γ 射线在某平面内从不同角度去扫描物体,测量射线穿透物体并发生能量衰减后的能量值,采用特定的算法计算得到重构的二维断层图像,即层析数据。改变平面高度,可测出不同高度上的一系列二维图像,并由此构造出物体的三维实体原貌。计算机断层扫描法最早应用于医疗领域,目前已经开始用于工业领域,特别是针对无备件的带有复杂内腔物体的无损三维测量。这种方法是目前较先进的非接触式检测方法,它可针对物体的内部形状、壁厚,尤其是内部构造进行测量,已在航空航天、军事工业、核能、石油、电子、机械、考古等领域获得广泛应用。其缺点在于空间分辨率较低,获得数据需要较长的积分时间,重构图像计算量大、成本高等。

3) 磁共振成像法

磁共振成像法的基本原理是用磁场来标定物体某层面的空间位置,然后用射频脉冲序列在该位置处照射物体,当被激发的氢原子核在驰豫过程中自动恢复到静态场的平衡态时,把吸收的能量发射出来,然后利用线圈来检测这种信号并输入计算机,经过处理转换实现成像。由于这种技术具有深入物体内部且不破坏物体的优点,对生物体没有损害,在医疗领域有广泛的应用。这种方法的不足之处也是只能获得一定厚度的平均尺寸,而且造价高,目前对非生物组织材料不适用。

9.3　测量数据处理技术

9.3.1　数据预处理

在数据测量中,由于人为(操作人员经验等)或随机(环境变化等)因素的影响,测量结果往往会存在误差,也有可能会出现坐标异常点,这些点在三维重构前都是要剔除的点。一方面,无论是接触式测量还是非接触式测量,都不可避免地会引入数据误差,尤其是尖锐边和产品边界附近的测量数据。测量数据中的坏点,可能使该点及其周围的曲面片偏离原曲面。另一方面,被测物体形状过于复杂且存在外界环境因素的影响,由于受测量手段的制约,在数据测量时,会存在部分测量盲区和缺口,给后续的建模带来影响,这时需要对测量数据加以延拓和修补。另外,由于非接触式测量方法在工业中得到了越来越广泛的应用,随着测量精度的提高,曲面测量时会产生海量的数据点,其中会包括大量的冗余数据,这样在建模之前就应对数据进行精简。此外,在不能一次测量全部实体模型的数据信息时,就需要从不同角度,对同一实体模型进行多次测量,然后对所测得的数据点进行拼接,以形成实体的整体表面数据点云。同时测量结果经常带有许多的杂点、噪声点,从而对后续的曲线、曲面重构过程造成影响。

因此,在曲面重构前需对测量数据进行一些必要的预处理,以获得令人满意的数据。数据预处理工作包括异常点处理、孔洞修复、数据光滑、数据精简等。

1. 异常点处理

基于接触式或非接触式数据采集方法获得的点云数据中,通常都存在偏离原曲面的坏点,因此需要针对测量得到的数据进行异常点处理,也称坏点剔除。

由不同测量方式得到的点云数据呈现方式各不相同。根据点云的分布特征,点云分为散乱点云、扫描线点云、网格化点云。工程实际中常见的是扫描线点云和散乱点云。对于扫描线点云,常用的检查方法是将这些数据点显示在图形终端上,或者生成曲线、曲面,采用半交互、半自动的光顺方法对数据进行检查、调整。而对于散乱点云,点与点之间拓扑关系散乱,执行光顺预处理十分困难,通常通过图形终端人工交互检查、调整。一般可借助于三角网格模型来建立散乱点云数据的拓扑关系。

2. 孔洞修复

当被测物体形状过于复杂、尺寸过大，或存在外界环境因素的影响时，受测量手段的制约，通过测量所获得的原始点云数据往往存在数据缺失而形成孔洞，因而需要对孔洞进行修补以生成完整的样件模型。孔洞修补是曲面重构过程中最重要的数据预处理工作之一，其确保了模型数据的完整性，为取得较好的曲面重构效果奠定了基础。目前在逆向工程领域内主要存在基于三角网格模型的孔洞修补方法和基于散乱点云模型的孔洞修补方法，这两大类孔洞修补方法分别针对不同的点云数据的组织结构。

1) 基于三角网格模型的孔洞修补方法

三角网格模型中孔洞的修补过程需要经过以下几个步骤。

(1) 孔洞边界生成：包括提取孔洞边界点和对提取出的孔洞边界进行修整等预处理工作。

(2) 孔洞的填充：在提取出完整孔洞边界的基础上，对封闭的孔洞边界进行三角剖分；或者是利用孔洞边界点以及邻域点拟合一个曲面，建立曲面方程。

(3) 曲面的采样：如果第二步是建立曲面方程，则需要进行这一步。即在曲面上均匀地取点，也就是将曲面离散成点云，然后将点云三角化成三角曲面填补到三角网格模型的孔洞上。

2) 基于散乱点云模型的孔洞修补方法

直接对散乱点云数据中的孔洞进行修补，算法过程如下：首先识别出孔洞边界，然后根据孔洞周围的局部离散点建立一张曲面片，最后采用面上取点的策略来填充孔洞。

3. 数据光滑

由于测量过程中受到各种人为或随机因素的影响，点云数据往往包含大量的噪声点，而噪声点的存在会影响后续的模型重构及生成的模型质量。为减少或消除这种负面影响，需对点云进行数据光滑处理，以得到精确的模型和高质量的特征提取效果。在对数据点群进行平滑处理时，点群的不同排列形式将影响数据滤波的操作方式。可根据点云质量和后续建模要求选择特定的滤波器对数据点群进行平滑处理。处理方法包括标准的高斯滤波、均值滤波和中值滤波。实际进行滤波操作时，可以对整个数据点群进行滤波，还可以进行分片滤波。例如，对曲线状的数据点群进行滤波时，分片滤波可以保留较多的尖角等特征。其数据光滑是依据点群的整体形状而不是单个点群的邻域来进行的。可以通过设定消除噪声的最大误差值来控制分片滤波的操作效果。

4. 数据精简

在数据采集中往往会产生海量的数据点，如果直接对大批量的点云数据进行建模操作，需存储的数据量大，而由数据点生成模型表面亦将花费大量时间，相应会明显降低操作速度，整个过程也会变得难以控制。实际上，大量的冗余数据对模型的重构没有用处。因此，有必要在保证数据点群特征点充足的前提下对数据点进行精简。数据精简和压缩的方法较多，常用方法有均匀采样(uniform sampling)、弦偏差采样(chord deviation sampling)、强制采样(constrained sampling)和间距采样(space sampling)等方法。针对基于激光扫描方法测得的数据点，通常可采用最大允许偏差精简法、均匀网格法或非均匀网格法。

9.3.2　多视数据的对齐和统一

在实际逆向工程中，对零件形状进行测量时，无论是采用接触式还是非接触式测量方法，往往都无法通过一次测量完成零件的测量过程，这也就意味着不能在同一坐标系下实现零件几何数据的一次测出。例如：对于大型零件，其产品尺寸可能超出测量系统的测量范围，需要分块测量；复杂型面往往存在投影编码盲点或视觉死区，无法一次完成全部型面的测量，需要从其他方向进行补测；在部分区域，测头可能受零件几何形状的干涉阻碍，不能触及零件的反面；当有定位和夹紧要求时，一次测量无法同时获得定位面及夹紧面的测量数据，需引入二次测量。

因此，为完成对整个零件模型的测量，往往需要在不同的定位状态下（即不同的坐标系下）测量零件的各个部分，这种在多个坐标系下测量得到的数据称为多视数据。在逆向工程中构建几何模型时，为得到被测零件表面的完整数据，必须将多视数据变换或统一到同一个坐标系中，并消除两次测量间的重叠部分，这个数据处理过程称为多视数据的对齐和统一，也称为数据拼合。

1. 多视数据的对齐

在工程实际中，可采用以下两种思路实现多视数据的对齐。

1）利用专用测量装置实现测量数据的直接对齐

开发一个自动工件移动转换台，能直接记录工件测量中的移动量和转动角度，并通过测量软件直接对数据点进行运动补偿。采用三坐标测量机等接触式测量设备时，通过测量软件直接对数据点进行运动补偿；对激光扫描仪，可将多视传感器安装在可转动的精密伺服机构上，按生成的多传感器检测规划，将视觉传感器的测量姿态准确地调整到预定方位，由精密伺服机构提供准确的坐标转换关系。或者将被测物体固定在精度一般的转台上，转动转台调整被测物体与视觉传感器的相对位置，由转台读数提供初始坐标转换矩阵，并用软件计算和修正该转换矩阵。图 9.13 所示的为四川大学机械工程学院 CAD/CAM 研究所开发的一个叶片型面光学多视检测平台。

图 9.13　叶片型面光学多视检测平台

2）测量完成后进行数据对齐

测量完成后进行数据对齐时,可以先拼合点云再重构出原型;也可以由各分块点云构造局部几何形体,再把局部几何形体拼合成完整的原理。理想的情况下,如果单个点云具有明显的几何特征,利用这些特征局部地构造几何形体,再进行拼合,其速度和准确性都是显而易见的。但实际上,同一个特征在不同视图中被分割为许多特征,利用局部几何特征进行拼合不具有实际可操作性。因此,在实际应用中,一般采用先拼合点云再重构原型的方法。

实现多坐标系下的三维数据点集的对齐,可以建立对应点集距离的最小二乘目标函数,利用四元组法、矩阵的奇异值分解法求取刚体运动的旋转和平移矩阵。

2. 多视数据的统一

由于进行了多次测量,所得到的多视数据不可避免地存在重叠区(重叠数据),因此,数据对齐后应对重叠区域进行数据统一,最终建立一个没有冗余数据的统一数据集,以方便 CAD 模型重构和快速原型的切片数据处理。在多视数据统一过程中,可以通过建立数据集的三角网格,对重叠区域进行插值计算而获得新的数据点。其算法步骤为:①对每个数据集建立三角网格;②建立切割平面切割多个数据集;③找到切割平面之间的交点,用相等面片距离和间隔建立三角网格;④对两个相邻面片的重叠区域,基于不同交点的线性插值计算新的数据点,组合没有重叠部分的切片数据。

测量数据的多视统一可以看作一种刚体移动,因此可以利用上述数据对齐方法来处理。由于利用两点可以建立一个平面的坐标对应关系,如果测量时在不同视图中建立用于对齐的三个基准点,通过三个基准点的对齐就能实现三维测量数据的多视统一,这实际上是将数据对齐转换为坐标变换问题。多视对齐的数学定义可描述为:给定两个来自不同坐标系的三维扫描点集,找出两个点集的空间变换矩阵,以便它们能顺利地进行空间匹配。假定用 $\{p_i \mid p_i \in \mathbf{R}^3, i=1,2,\cdots,N\}$ 表示第一个点集,第二个点集表示为 $\{q_i \mid q_i \in \mathbf{R}^3, i=1,2,\cdots,N\}$,两个点集的对齐匹配问题转换为使下列目标函数最小的问题:

$$F(\mathbf{R}, \mathbf{T}) = \sum (\mathbf{R}p_i + \mathbf{T} - p_i')^2 = \min$$

式中 $\mathbf{R}$ 和 $\mathbf{T}$ 分别是应用于点集 $\{p_i\}$ 的三阶旋转和平移变换矩阵,p_i' 表示在 $\{q_i\}$ 中找到的与 p_i 匹配的对应点。因为该式所表示的是一个高度的非线性问题,点对齐问题的研究也就集中于寻求对该式的快速有效的求解方法上。

例如,测量时,在零件上设立基准点,取三个不同位置的点,用标定点进行标记,在进行零件表面数据测量时,如果需要变动零件位置,每次变动必须重复测量基准点,模型要求装配建模的,应分别测量零件状态和装配状态下的基准点。通过将基准点移动对齐,就能将在不同测量坐标系下得到的数据统一在一个建模坐标系下,数据变换就转换为基准点的对齐,可以利用几何图形的坐标变换方法来实现。对于单个零件的多次测量和多个零件的装配测量,数据坐标变换都可以采用上述方法。模型数据的对齐精度取决于三个基准点的测量精度。另外,在相同的测量误差下,基准点的位置选取得不同,也会影响模型数据的对齐,但如果将误差控制在一定的范围内,这样的数据变换是能够满足建模和装配要求的。

9.3.3　三维 CAD 模型重构

在逆向工程中,实物的三维 CAD 模型重构是整个过程最关键、最困难的一环,因为后续的产品加工制造、快速原型制造、虚拟制造仿真、工程分析和产品的再设计等应用都需要 CAD 数学模型的支持,都不同程度地要求重构的 CAD 模型能准确地还原实物样件。因此,对如何快速、准确地实现模型重构,国内外的研究者进行了大量的研究,针对问题的不同方向,提出了许多重构方法和算法。根据反求对象及采用的数据采集测量技术和手段的不同,逆向工程的三维 CAD 模型重构可以分为基于断层扫描测量数据的 CAD 模型的重构和以处理复杂自由曲面为主要特点的 CAD 模型重构。基于断层扫描测量数据的 CAD 模型重构工作过程主要包括:层析截面数据获取及其图像处理、层面数据的二维平面特征识别、实体特征识别、重构实体再现及再设计。下面主要针对复杂自由曲面的模型重构技术进行简要介绍。

曲面拟合技术是计算几何的重要研究内容,众多的研究成果为逆向工程中的曲面构造提供了理论基础。曲面拟合的方法分为插值和逼近两种。插值是给定一组点,要求构造的曲面通过所有数据点;而逼近不要求拟合的曲面通过所有点,只是在某种意义下最为接近给定数据点。一般情况下,由于离散的测量数据存在各种误差,若要求构造一个曲面严格通过所有给定的带有误差的数据点没有什么意义,因此当测量点数量众多,且含有一定测量误差时需要使用逼近法。当然,精确测量时对于数据点不多的情况可以采用插值法。

1. 基于 B 样条及 NURBS 曲面的四边域参数曲面重构方案

这类方法的应用对象是汽车、飞机、轮船上的曲面零件,该类曲面形状既不像单独的二次曲面那样简单,也不像人面模型那样毫无规律。由于通用的 CAD 软件采用了这类曲面表示方法,因此基于四边域的参数曲面重构成为目前研究得最多的一类曲面重构方法,其中又以基于 B 样条和 NURBS 曲面的四边域参数曲面重构方法研究得最多。在逆向工程中,测量型值点数据具有规模大、散乱的特点,对于单一矩形域内曲面的散乱数据点的曲面拟合问题,采用 B 样条曲面拟合有一定的优势。采用 NURBS 曲面的四边域参数曲面重构方法的突出优点在于可以精确表示二次规则曲线和曲面,从而可用统一的数学形式表示规则曲面与自由曲面,而其他非有理方法无法做到这一点。

2. 基于三角曲面的构造方案

在逆向工程中,三角曲面由于具有构造灵活、边界适应性好等特点,一直受到重视。目前三角曲面的应用研究重点集中在如何提取特征线,如何简化三角形网格和如何处理多视数据等问题上。三角曲面能够适应复杂型面的形状及不规则的边界,因而在逆向工程中复杂型面的曲面 CAD 模型重构方面具有很大的应用潜力。其不足之处在于所构造的曲面模型不符合产品描述标准,并且其在与通用的 CAD/CAM 系统的数据交换方面可能存在局限性。此外,有关三角 Bézier 曲面的一些计算方法的研究也不太成熟,如三角曲面之间的求交、三角曲面的裁减等。

3. 三角平面片逼近法

用平面片逼近测量数据是三维数据曲面重构的一个重要方向。建立测量点群之间的拓扑关系是提高密集点群几何建模速度的关键。有些学者利用八叉树空间分割原理对密集散乱点群进行分割,建立了数据点云的八叉树拓扑关系,加快了任意点的搜寻速度,并根据规则三角形网格蒙皮法的基本原理,采用万有引力定律计算三角片顶点的坐标,进行散乱点群局部插值,用形成的三角形网格逼近被测曲面,实现了散乱点群的三维重构。此外,美国华盛顿大学的研究人员 Hoppe 在散乱数据的曲面重构方面也做了大量的工作。

4. 人工神经网络在曲面重构中的应用

曲面拟合是一项颇具难度的技术,尽管人们做了大量的工作,但仍然无一个公认的方法来处理数据量越来越大的曲面重构问题。近年来有人尝试用模拟人脑认识和形象思维的神经网络来处理逆向工程中的曲面重构问题。神经网络用于曲面重构的关键是网络的学习训练方法。对网络进行训练的本质是依据样本点训练时产生的实际输出和希望输出之间的误差,改变网络神经元之间的连接权值。当误差小于给定的精度值时,网络达到稳定,此时可以认为网络已经完成了对自由曲面的重构。神经网络算法的优点是:利用网络神经和训练来模拟曲面上点与点的关系,不必求出曲面的具体的数学参数方程,只需测量曲面上的有限个点而不需要其他更多的曲面信息和曲面知识。该算法的缺点是网络的收敛难度大,计算费用大,初始参数的选择对产生的误差影响大。此外,神经网络的收敛速度还有待提高,网络的训练算法也还有待于进一步的探索。现今兴起的深度学习算法等应用在曲面重构中将可能提供一个解决该问题的途径。

5. 模型精度评价

在逆向工程中,由产品实物模型重构得到的是产品的 CAD 模型,一般将这个 CAD 模型用于对原产品进行仿制或者重复制造,对原产品进行工程分析、结构优化并实现改进、创新设计,以及实现对原模型的精度检测和评价。这就要求重构的 CAD 模型尽可能重现实物模型的精度。但在实际的逆向工程过程中,由于各种原因,重构的 CAD 模型与实物模型之间往往存在误差,其中主要包括测量误差、数据处理误差、多视拼合误差和 CAD 模型重构误差。

(1) 测量误差　测量误差主要是测量系统引起的,它包含系统误差和偶然误差。系统误差主要由系统标定误差、温度误差、传动机构的运动间隙误差等引起。偶然误差主要由测量人员视觉误差及操作误差等引起。

(2) 数据处理误差　这里主要指对数据进行去噪、修复、平滑等处理所引入的误差。例如,数据平滑可能损失一些细节的特征数据。

(3) 多视拼合误差　多视拼合误差主要指在进行多视数据的对齐和统一过程中所引入的误差。例如,在进行多视数据统一时由机械运动系统所带来的误差,以及由对齐基准点的选择、定位、测量以及多坐标系间的转换等所引起的误差。

(4) CAD 模型重构误差　此类误差主要由曲线、曲面的拟合误差组成。例如,目前 CAD 模型重构常采用最小二乘逼近来进行样条的线、曲面拟合,这就存在一个允差大小(或拟合精度)控制问题。另外,为保证轮廓边界的贴合和共线,配合件的测量边界轮廓必须调整为一条配合线,这样在对配合件表面曲面建模时会带来误差。

9.4　3D 打印的技术原理

9.4.1　3D 打印的概念与内涵

从广义上来看,以设计数据为基础,将材料(包括液体、粉材、线材或块材等)自动化地累加起来成为实体结构的制造方法,都可视为 3D 打印技术,又称为增材制造技术。2009 年美国 ASTM 成立的 F42 委员会联合国际标准化组织发布 ISO/ASTM 增材制造技术术语标准,给出了增材制造的定义:增材制造是相对减材制造而言的,它是以三维模型数据为基础,通过材料逐层叠加来制造零件或实体的工艺。

3D 打印技术在其发展过程中还有其他一些名称,这些名称反映了不同发展时期其不同方面的主要技术特征。3D 打印技术不同的称谓因其技术特点和内涵的不同主要包括以下几种,如图 9.14 所示。

(1) 材料累加制造(material accumulating manufacturing,MAM)。这一术语源于在制造

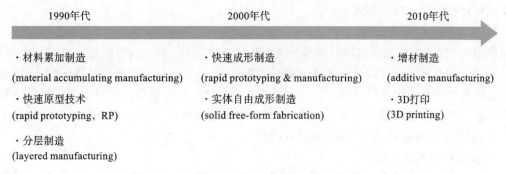

图 9.14　3D 打印(增材制造)技术的不同称谓

过程中工件材料既没有变形,也没有被切除,而是通过不断增加工件材料来获取所要求的工件形状的特点。

(2) 快速原型(rapid prototyping,RP)。该名称出现于 3D 打印技术的应用初期,此时主要用树脂作建模材料。由于树脂的强度和刚度远远不及金属材料,故只能制造满足几何形状要求的原型零件。现在,除了可以制造原型零件以外,还可以用各种材料作建模材料,在一定程度上制造既满足几何形状又满足其他性能(如力学性能)要求的功能原型或功能零件。

(3) 分层制造(layered manufacturing)。这一概念源于 3D 打印技术是一层一层地建造这一特点。

(4) 实体自由成形制造(solid free-form fabrication,SFF)。这一术语强调 3D 打印(增材制造)技术可不需模具和工具,可自由创成用其他制造技术无法实现的复杂型面。

9.4.2　3D 打印的基本工艺过程

3D 打印技术发展至今已有很多种工艺方法,支持不同种类的材料。3D 打印的基本工艺过程可以用图 9.15 表示:先利用三维软件构建出三维模型,再通过 3D 打印设备的软件进行离散与分层处理,将处理后的数据输入制造设备进行加工而得到产品,并进行后期处理。

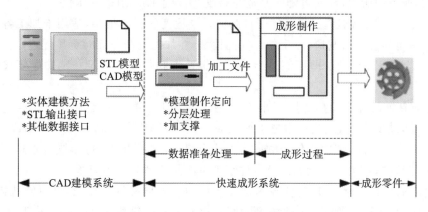

图 9.15　3D 打印(增材制造)工艺过程

1. 实体模型的构建

利用 3D 打印技术的前提是拥有相应模型的 CAD 数据。可以利用计算机辅助设计软件如 Pro/ENGINEER、SolidWorks、Unigraphics 等正向设计创建三维实体模型;也可以通过逆向工程的方式,利用诸如三维扫描、计算机断层扫描等技术,得到真实物体的点云数据,并以之为基础创建相应的三维实体模型。

2. 实体模型的离散处理

利用 3D 打印技术加工前需要对模型进行近似离散处理。例如,曲线是无法完全实现的,实际制造时需要将曲线近似为极细小的直线段来模拟,以方便后续的数据处理工作。3D 打印领域通用的数据格式为 STL 格式,用以和设备进行对接。实体模型的离散处理是将复杂的模型用一系列的微小三角形平面来近似模拟,每个小三角形用三个顶点坐标和一个法矢量来描述,三角形大小的选择则决定了这种模拟的精度。

3. 实体模型的分层处理

需要依据被加工模型的特征选择合适的加工方向,例如,应当将较大面积的部分放在下方。随后在成形高度方向上用一系列固定间隔的平面切割被离散过的模型,以便提取截面的轮廓信息。间隔可以小至亚毫米级,通常在工艺允许的条件下间隔越小,成形精度越高,但成形时间也越长。

4. 成形加工

根据切片处理的截面轮廓,在计算机控制下,相应的部件(根据设备的不同,可为激光头或喷头等)进行扫描,在工作台上一层一层地堆积材料,然后将各层黏结(根据工艺不同,有各自的物理或者化学过程),最终得到原型产品。

5. 成形零件的后处理

对于实体中悬空的特征,一般会设计额外的支撑结构,把这些废料去除是必需的。另外还可能需要进行打磨、抛光以改善表面粗糙度,或在高温炉中烧结以提高强度,等等。

9.4.3　3D 打印的技术特点

与传统的制造方式相比,3D 打印技术主要具有以下特点。

(1) 属于全数字化制造。3D 打印技术是集计算机技术、CAD/CAM 技术、数控技术、激光技术、材料技术和机械技术等于一体的先进制造技术,整个生产过程实现全数字化,与三维模型直接关联,所见即所得,零件可随时制造与修改,实现了设计制造一体化。

(2) 实现了全柔性制造。3D 打印受产品的复杂程度的影响很小,适用于加工各种形状的零件。该技术可实现自由制造,原型的可复制性好,在加工复杂曲面时更显优越;具有高柔性,不需模具、刀具和特殊工装,即可制造出具有一定精度和强度并满足一定功能要求的原型和零件。

(3) 适应新产品开发及小批量、个性化定制需求。3D 打印技术解决了复杂结构零件的快速成形的问题,减少了加工工序,缩短了加工周期。从 CAD 设计到原型零件制成,一般只需几个小时至几十个小时,速度比传统的成形方法快得多,这使得 3D 打印技术尤其适合用于新产品的开发与管理,解决了复杂产品及单件小批量产品的制造效率问题。

(4) 适用的材料广泛。3D 打印技术现在已可用于多种材料的加工,可以制造树脂类、塑料类原型,还可以制造出纸类、石蜡类、复合材料以及金属材料和陶瓷材料的零件。

(5) 高度自动化、智能化、网络化。

9.5　3D 打印的典型工艺

3D 打印的工艺分类方法有多种,通常可以根据材料、工艺特点等的不同来划分。根据原材料的不同可以分为基于液体、固体、粉末的 3D 打印工艺。基于液体的 3D 打印工艺的代表是光固化成形(SL)工艺,以及由 Stratasys 和 3D System 公司分别开发的 Polyjet、Multijet Printing 光固化工艺等;基于固体的 3D 打印工艺包括熔融沉积成形(FDM)、叠层实体制造(LOM)等;基于粉末的 3D 打印工艺包括选区激光烧结/熔化(SLS/SLM)、黏结剂喷射成形(3DP)等。根据工艺特点的不同又可以将 3D 打印工艺分为基于激光的 3D 打印工艺、基于微滴喷射的 3D 打印工艺、基于微流挤出的 3D 打印工艺等。近年来,ISO 与 ASTM 也制定了新的 3D 打印分类标准。发展到今天,3D 打印技术的工艺种类已经很多,下面简要介绍一些典型的 3D 打印工艺。

9.5.1　光固化成形

光固化成形又称立体光刻成形,是最早发展起来的 3D 打印工艺,目前市场和应用已经比较成熟。光固化成形工艺主要使用液态光敏树脂为原材料。其工艺原理如图 9.16 所示。液槽中盛满液态光固化树脂,氦-镉激光器或氩离子激光器发射出的紫外激光束在计算机的控制下按工件的分层截面数据在液态的光敏树脂表面进行逐行逐点扫描,这使扫描区域的树脂薄层产生聚合反应而固化,形成工件的一个薄层,未被照射的地方仍是液态树脂。一层扫描完成且树脂固化完毕后,工作台将下移一个层厚的距离以使在原先固化好的树脂表面上再覆盖一层新的液态树脂。刮板将黏度较大的树脂液面刮平,然后再进行下一层的激光扫描固化。新固化的一层将牢固地黏合在前一层上。如此重复,直至整个工件层叠完毕,逐层固化,得到完整的三维实体。

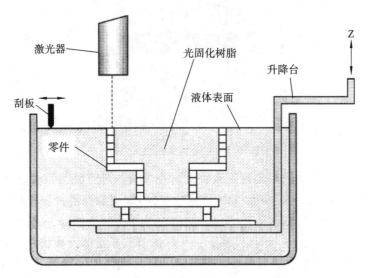

图 9.16　光固化成形工艺原理

光固化成形工艺的优势在于成形速度快、原型精度高,非常适合用于制作精度要求高,结构复杂的原型,是目前世界上研究最为深入、技术最为成熟、应用最为广泛的一种 3D 打印工艺。但是光固化成形的设备成本、维护成本和材料成本相对较高。受材料所限,可使用的材料多为树脂,使得打印成品的强度、刚度及耐热性能有限,并且不利于长时间保存。由于树脂在固化过程中会产生收缩,不可避免地会产生应力或引起形变,因此需要开发收缩小、固化快、强度高的光敏材料。

光敏树脂一般为液态,由聚合物单体与预聚体组成。其中加有光(紫外线)引发剂(或称为光敏剂),在一定波长的紫外线(250~300 nm)照射下,光引发剂能立刻引起聚合物单体与预聚体的聚合反应,完成光固化(photopolymerization)。因此,实际上作为光固化光源,激光器并不是唯一的,且其成本较高。可采用的光固化光源还可以是高压汞灯、可见光及红外激光器、可见光及紫外(UV)发光二极管(LED)等。

光固化成形包括基于液体槽的光固化成形、基于喷墨打印的光固化成形等。

在基于液体槽的光固化成形(vat photopolymerization)中,制件的每一分层可通过激光在槽中液态光敏树脂表面扫描并以从点到线再到面的方式成形。在基于液体槽的光固化成形中,还可以利用动态掩膜(dynamic mask)技术,采用面曝光的方式对液体槽中的光敏树脂进行固化成形。这种面曝光的方式可大大提高效率,早期主要是用于微纳尺度的制造方面。基于面曝光方式的液体槽光固化成形工艺基本原理如图 9.17 所示。由于投影范围的限制,这种基于面曝光方式的液体槽光固化成形工艺所能成形零件的尺寸通常不大。采用类似液体槽光固化成形原理的技术实际上还有双光子固化成形,主要用于微纳结构的制造,在此不做进一步介绍。

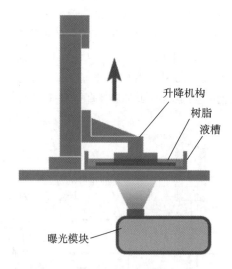

升降机构
树脂
液槽

曝光模块

图 9.17　基于面曝光方式的液体槽光固化成形工艺的基本原理

基于喷墨打印的光固化成形工艺原理如图 9.18 所示。该工艺基于喷墨打印机的思想,采用阵列式喷头,工作时喷射打印头沿 X-Y 平面运动,当薄层的光敏聚合材料被喷射到工作台上后,UV 紫外光灯沿着喷头工作的方向对光敏聚合材料进行固化。在工件成形的过程中将使用两种以上类型的光敏树脂材料,用来生成实际的模型和支撑。其支撑材料一般为可溶解水溶胶或含蜡的光敏材料。3D Systems 和 Stratasys 两大公司分别独立开发的 MultiJet Printing 和 Polyjet 技术都采用了基于喷墨打印的光固化成形工艺。

9.5.2　叠层实体制造

叠层实体制造(laminated object manufacturing,LOM)又称分层实体制造,由美国 Helisys 公司的 Michael Feygin 于 1986 年研制成功,其工艺装备结构及工艺过程原理如图 9.19所示。

在叠层实体制造工艺中,设备会将单面涂有热熔胶的箔材通过热辊加热,热熔胶在加热状态下可产生黏性,所以由纸、陶瓷箔、金属箔等构成的材料就会黏结在一起。接着,上方的激光

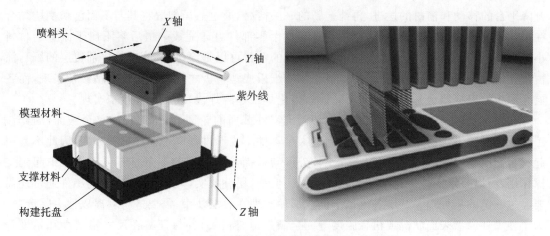

图 9.18 基于喷墨打印的光固化成形工艺原理

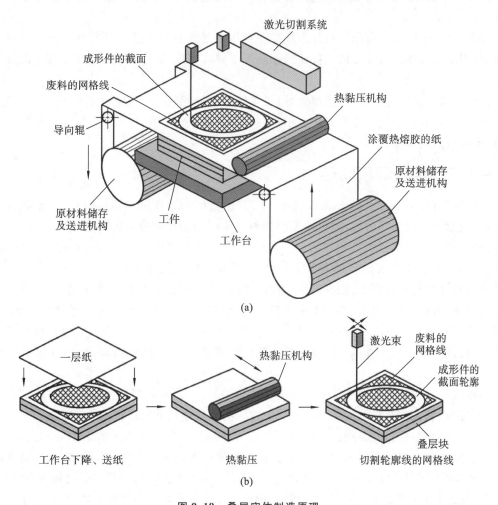

图 9.19 叠层实体制造原理

(a)工艺装备结构;(b)工艺过程原理

器或刀具按照 CAD 模型分层数据,对箔材进行切割,形成所制零件的内、外轮廓。具体地说:
首先切割出工艺边框和原型的边缘轮廓线,而后将不属于原型的材料切割成网格状;然后通过升降平台的移动和箔材的送进,再铺上新的一层箔材,通过热压装置将其与下面已切割层黏合在一起,再次进行切割。重复这个过程直至整个零部件打印完成。最后将不属于原型的材料小块剥除,就获得所需的三维实体。这里所说的箔材可以是涂覆纸(涂有粘接剂覆层的纸)、涂覆陶瓷箔、金属箔或其他材质基的箔材。各层纸板或塑料板之间的结合常用粘接剂实现,而各层金属板的直接结合常用焊接(如热钎焊、熔化焊或超声焊接)或螺栓连接来实现。

在叠层实体制造中,只需在片材上切割出零件截面的轮廓,而不用扫描整个截面,因此该工艺成形厚壁零件的速度较快,易于制造大型零件。成形过程中不存在材料相变,因此不易引起材料翘曲变形,零件的精度较高。工件外框与截面轮廓之间的多余材料可在加工中起到支撑作用,所以叠层实体制造工艺无须加支撑。但是,用叠层实体制造加工成形的工件通常还需要经过一定的后处理。从设备上取下的成形件被埋在叠层块中,需要进行剥离以便去除废料。为了使零件原型表面状况或机械强度等完全满足最终需要,并保证其在尺寸稳定性和精度等方面的要求,有时还需要对成形件进行修补、打磨、抛光和表面强化处理等,这些工序统称为后处理。

目前,该技术使用的打印材料最为成熟和常用的是涂有热敏胶的纤维纸。由于原材料的限制,打印出的最终产品在性能上仅相当于高级木材,这在一定程度上限制了该技术的推广和应用。

该技术具备工作可靠、模型支撑性好、成本低、效率高等优点,但缺点是打印前准备和后处理都比较麻烦,并且不能打印带有中空结构的模型。在具体使用中多用于快速制造新产品样件、模型或铸造用木模。

9.5.3　熔融沉积成形

熔融沉积(fused deposition modeling,FDM)也被称为熔丝沉积,是一种不以激光作为成形能源、通过微细喷嘴将各种丝材(如工程塑料 ABS 等)加热熔化,逐点、逐线、逐面(逐层)熔化并堆积,形成三维结构的堆积成形方法。FDM 于 1988 年由 Scott Crump 发明,同年,他成立了生产 FDM 工艺主要设备的美国 Stratasys 公司。熔融沉积成形的原理如图 9.20 所示。加热喷头在计算机的控制下,根据产品零件的截面轮廓信息,做 X-Y 平面运动;热塑性丝状材料由供丝机构送至热熔喷头,在喷头中受热并熔化成半液态,然后通过喷嘴被挤压出来,有选择性地涂覆在工作台上,快速冷却后形成一层薄片轮廓。一层截面成形完成后工作台下降一定高度,再进行下一层的熔覆,好像一层层"画出"截面轮廓。如此循环,最终形成三维产品零件。

熔融沉积式快速成形制造技术的关键在于热熔喷头,适宜的喷头温度能使材料挤出时既保持一定的形状又具有良好的黏结性能。但熔融沉积快速成形制造技术的关键也不是仅仅只有这一个,成形材料的相关特性(如材料的黏度、熔融温度、黏结性以及收缩率等)也会大大影响整个制造过程。熔融沉积成形工艺方法有多种材料可使用,如工程塑料(ABS)、聚碳酸酯(PC)、聚苯砜(PPSU)以及 ABS 与 PC 的混合料等。这种工艺的特点是成形过程干净,操作容易,不产生垃圾,并可安全地用于办公环境,没有产生毒气和化学污染物的危险,适合于产品设计的概念建模、产品的形状与功能测试。

为了节省熔融沉积成形工艺的材料成本,提高工艺的沉积效率,在制作原型的同时还需要制作支撑,因此,新型熔融沉积成形设备往往采用双喷头,一个喷头用于沉积模型材料,另一个喷头用于沉积支撑材料。采用双喷头不仅能够降低模型制作成本,提高沉积效率,还可以灵活

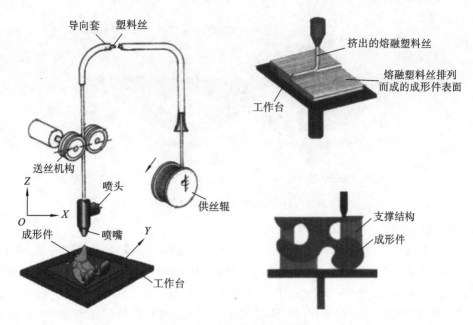

图 9.20　熔融沉积成形原理

地选用具有特殊性能(如水溶性、酸溶性或低熔点等)的支撑材料,方便在后处理中去除支撑材料。熔融沉积成形设备有时也采用三个或更多的喷嘴,主要用于组织工程研究,以便将生物支架或其他生物兼容性材料沉积在人工植入体的不同部位。

　　在 3D 打印技术中,熔融沉积成形设备的机械结构最简单,设计也最容易,制造成本、维护成本和材料成本也最低,因此熔融沉积成形也是在家用的桌面级 3D 打印机中使用得最多的技术。而工业级熔融沉积成形设备主要以 Stratasys 公司的产品为代表。

9.5.4　选区激光烧结/熔化

　　选区激光烧结(selecting laser sintering,SLS)和选区激光熔化(selecting laser melting,SLM)的原理类似,二者都是采用激光作为热源对基于粉床的粉末材料进行加工成形的 3D 打印工艺方法。其基本原理如图 9.21 所示。粉末首先被均匀地预置到基板上,激光通过扫描振镜,根据零件的分层截面数据对粉末表面进行扫描,使其受热烧结(对于 SLS)或完全熔化(对于 SLM)。然后工作台下降一个层的厚度,铺粉辊将新一层粉末材料平铺在已成形零件的上表面,激光再次对表面粉末进行扫描加工,使之与已成形部分结合。重复以上过程直至零件成形。当加工完成后,取出零件,未经烧结和熔化的粉末基本上可由自动回收系统进行回收。

　　由于 SLS 和 SLM 两种技术的基本原理类似,3D 打印技术的初学者容易将二者混淆。SLS 与 SLM 技术的区别之一在于所使用的原材料不同。SLS 所加工的材料可以是非金属和金属粉末,主要是通过激光加热粉末使之受热黏结在一起。常见的可用 SLS 加工的非金属粉末原料包括蜡粉、塑料粉、尼龙粉、沙或陶瓷与黏结剂的混合粉等等。对于金属成形,SLS 主要可采用高熔点金属与低熔点黏结剂(如低熔点金属或者高分子材料)的混合粉末进行加工。在激光扫描的过程中低熔点的材料发生熔化实现黏结成形,而高熔点的金属粉末是不熔化的。黏结成形以后通过在熔炉中加热烧失成形件中的聚合物形成多孔的实体,并通过浸渗低熔点的金属提高成形致密度。而 SLM 的原材料通常是高熔点的金属粉末,通过高功率的激光束扫描粉末使之完全熔化实现冶金结合,生成与原始材料性能一致的零件,不采用聚合物黏结

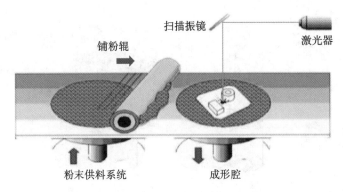

图 9.21　选区激光烧结/熔化原理

剂,可避免烦琐的后续加工步骤。

　　SLS 技术最早由美国德州 Austin 分校 C. R. Dechard 于 1989 年研制成功,并组建了 DTM 公司进行成果产业化。2001 年 DTM 公司被 3D 打印巨头 3D Systems 收购。SLM 技术由德国 Fraunhofer 激光技术研究所在 20 世纪 90 年代首次提出来,可以看作 SLS 技术的延伸与发展。实际上发展到现在,SLS 和 SLM 技术的界限已经很模糊(3D Systems 公司早已开发了针对高熔点金属成形的 SLS 设备),两者在名称、技术原理等方面的联系和区别更多体现在早期的专利保护与规避方面。类似的技术还有著名的 EOS 公司的直接金属激光烧结(direct metal laser sintering,DMLS)技术。

　　如今,SLS/SLM 已经是金属 3D 打印的主流工艺(另外一类主流工艺是下面将介绍的送粉式激光融覆成形)。由于金属 3D 打印对金属粉末原料的要求较高,虽然理论上可将任何可焊接材料通过激光扫描加工的方式进行熔化成形,但实际上其对粉末的成分、形态、粒度等要求严格。例如,球形粉末比不规则粉末更容易成形,因为球形粉末流动性好,容易铺粉。SLS/SLM 采用的热源为激光。采用类似的原理,其热源还可以是其他高能束,如电子束。以电子束作为热源时,由于金属材料对电子束几乎没有反射,所以能量吸收率大幅提高。由瑞典 Acram 公司开发的电子束熔化(electron beam melting,EBM)就是采用电子束作为热源的典型金属 3D 打印技术。利用高能束熔化金属粉末能直接生成高致密度的金属零件,成形件因具有冶金结合的组织特性,且相对密度能达到近乎 100%,力学性能可与锻件相比,广泛用于航空航天、医学假体等领域。目前金属 3D 打印技术选用的材料包括合金钢、不锈钢、工具钢、铝、青铜、钴铬合金和钛合金等。

9.5.5　送粉式激光融覆成形

　　送粉式激光融覆成形技术是以激光束为热源,在预置或同步送粉条件下,由惰性气体将金属粉末送入激光束所产生的熔池中,在金属基材上逐层堆积出三维实体零件的一种 3D 打印工艺技术,其基本原理如图 9.22 所示。在激光头和工作台运动过程中,金属粉末由惰性气体通过送粉装置和同轴送粉喷嘴送到激光所产生的熔池中,被熔化的金属粉末熔覆在基材表面,凝固后形成堆积层,激光束相对金属基材做二维平面扫描运动,在金属基材上按规划扫描路径逐点、逐线堆积出具有一定宽度和高度的连续金属带,最终形成厚度与分层厚度一致的一层薄片。当前分层形状成形后,控制激光头及同轴送粉装置等整体在高度方向提升一层,重复上述过程,堆积后续一层薄片,如此循环,逐层堆积,直至形成整个三维实体金属零件。

　　从 20 世纪 90 年代开始,美国、英国等西方发达国家率先开始高度关注送粉式激光融覆成

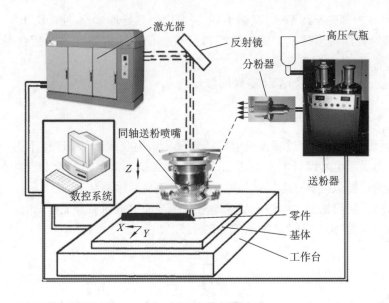

图 9.22　送粉式激光融覆成形原理

形技术的开发,各大机构、公司相继投入大量人力物力对其展开深入研究。各研究单位对送粉式激光融覆成形技术的称谓也多种多样,但其成形原理基本相同。其中比较著名的有以下一些技术:美国 Sandia 国家实验室与美国 UTRC 联合研制开发的激光近净成形(laser engineered net shaping,LENS)技术,目前由 Optomec Design 公司专门从事该技术的商业开发;美国 Los Alamos 国家实验室与 SyntheMet 公司合作开发的直接光学制造(directed light fabrication,DLF)技术;美国密歇根大学开发的直接金属沉积(direct metal deposition,DMD)技术,该项技术的商业化工作由 Precision Optical Manufacturing 公司负责;美国 Aero Met 公司与约翰·霍普金斯大学、宾夕法尼亚州立大学、MTS 公司合作研究开发的激光成形(laser forming,lasform)技术;英国诺丁汉大学开发的激光直接金属沉积(laser direct metal deposition,LDMD)技术;加拿大国家研究委员会集成制造技术研究所开发的激光熔凝(laser consolidation,LC)技术。

值得注意的是,国内在送粉式激光融覆成形技术的研究方面也取得了一些可喜的成果。例如,西北工业大学黄卫东教授团队应用其所开发的激光立体成形(laser solid forming,LSF)技术,解决了 C919 飞机复杂钛合金构件的制造问题;北京航空航天大学王华明院士团队利用送粉式激光融覆成形技术在飞机钛合金大型复杂整体构件激光成形方面取得突破。

送粉式激光融覆成形技术主要具有以下优点:

(1)成形的产品零件可以不受形状、结构复杂程度及尺寸大小的限制,这一点对飞机大尺寸钛合金件来说意义明显。

(2)通过改变合金粉末的成分,可以方便地制造出具有不同成分或功能梯度的产品零件,实现柔性设计和制造。

(3)可以完成对难熔金属和金属间化合物等难加工材料的成形,因为激光作为热源具有热输入量高、能量集中的优点。

(4)有利于降低生产成本,缩短产品的研发周期。不需要采用工模具及其他专用加工设备和工装,因此可以使制造成本降低 15%～30%,生产周期缩短 45%～70%。

(5)成形的产品零件具有很高的力学性能。激光融覆成形过程属于快速熔化-凝固过程,成形出的金属零件内部完全致密、组织细小,不需要中间热处理过程,性能优于铸件。

(6)该工艺为近净成形技术。成形的零件可直接使用或仅需少量的后续精加工即可使用,材料可回收利用,基本上没有废料。

(7)可以进一步应用于金属基体零件的修复。

9.5.6　黏结剂喷射成形

黏结剂喷射成形是一种通过喷头喷射黏结剂使粉末黏合成形的 3D 打印技术。类似 SLS 工艺,黏结剂喷射成形也是以粉床为基础,采用粉末材料成形。但是其粉末原料不是通过烧结实现结合,而是通过类似喷墨打印机式的喷头在粉末表面喷涂黏结剂,从而将一层粉末在规划的路径内黏合,每一层粉末和之前的粉层也通过黏结剂的渗透而黏合成形,如此重复制作出最终实体。粘结剂喷射成形工艺的基本原理如图 9.23 所示。

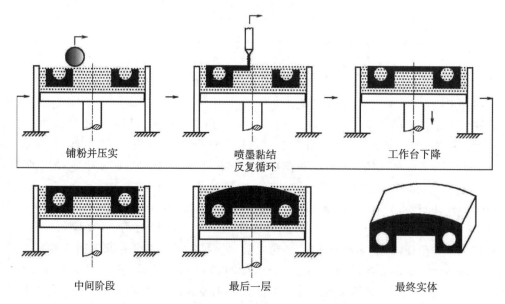

图 9.23　黏结剂喷射成形工艺的基本原理

黏结剂喷射成形技术由麻省理工学院的教授 Emanual M. Sachs 和 John S. Haggerty 于 1993 年开发出来,1995 年由 Z Corp 公司实现该技术的产业化(Z Corp 公司在 2012 年被 3D Systems 公司收购)。黏结剂喷射成形技术的专利名称为"Three Dimensional Printing",其最初命名源于黏结剂喷射与喷墨打印机的类似"打印"过程,现在为大家熟知的"3D 打印"的称谓正来源于此。随着技术的发展,现在国际上通常用 ASTM 标准所规定的"Binder Jetting"来指代这项技术。

黏结剂喷射成形技术的特点如下:

(1)其设备和工艺成本相对低廉,不需要激光等高成本的热源。

(2)可成形材料较广泛。可用黏结剂喷射成形技术原理实现 3D 打印的粉末原料种类较为广泛,典型的包括石膏(其黏结剂以水为主要成分)、淀粉、塑料粉、铸造用砂的粉末(硅石粉和合成石粉等)、陶瓷粉、金属粉等。实际上黏结剂喷射成形是可以用于陶瓷和金属材料 3D 打印的典型低成本工艺。

(3)可实现复合材料或非均质材料成形。通过在黏结剂中添加特定物质,可以改善粉材与黏结剂的性能，实现复合材料成形等；而在喷涂过程中实时改变黏结剂的成分，则可以实现各种不同材料、颜色、力学性能、热性能组合的零件。

但是通过粉末黏结直接成形的零件精度和表面不理想，同时受黏结剂材料限制，其强度很低，通常只能作为测试原型。当用于陶瓷或金属材料时，通过一定的后处理工艺也可以提高原型的强度。例如，通过高温烧结将黏结剂去除并实现粉末颗粒之间的融合，通过低熔点金属的浸渗工艺还可以进一步提高金属材料的致密度。

黏结剂喷射成形技术目前较常见的应用在于多彩材料的打印，用于呈现产品的原型，如图 9.24 所示。此外，该技术适用于小批量、柔性化、个性化的铸造，铸造用砂通过黏结剂喷射成形技术成形模具，间接成形金属零件。该技术在铸造方面的应用现在较为成熟，在我国的四川共享铸造有限公司就已经获得了较好产业化示范。图 9.25 所示为黏结剂喷射成形的砂型模具。

图 9.24 黏结剂喷射成形的多彩材料原型件

图 9.25 黏结剂喷射成形的砂型模具

9.6 3D 打印中的数据处理

在 3D 打印的基本工艺过程中，数据处理是必不可少的环节。3D 打印技术的数据准备和处理对制作原型的效率、质量和精度有着重要影响。对于绝大多数 3D 打印工艺方法，必须将原型的 CAD 模型处理为 3D 打印设备能够接收的数据格式，并进行叠层制造方向上的切片处理。对于特定的工艺，往往还涉及工艺路径规划（如激光扫描路径规划）、添加支撑等问题。下面介绍 3D 打印系统目前通用的标准数据格式及相应处理方法。

9.6.1 数据格式

3D 打印中目前最通用的数据格式是 STL 格式。STL 格式是 3D Systems 公司于 1988 年制定的为快速原型制造技术服务的三维图形文件格式，由名称可知其最初是为光固化成形软件创建的一种文件格式。其主要优势在于数据格式简单清晰，因此得到了普及和广泛应用。目前主流的三维 CAD 系统（如 UG、Pro/ENGINEER、I-DEAS、Solid Edge、SolidWorks、Inventor 等）都带有 STL 文件输出的功能，同时几乎所有类型的 3D 打印系统都采用或支持 STL 数据格式，因此 STL 被工业界认为是目前 3D 打印技术数据事实上的标准格式。

将 CAD 模型转换为 STL 文件，实质上是用许多细小的空间三角形面片来近似逼近还原实体 CAD 模型（这一思想类似于 CAD 模型的表面有限元网格划分），如图 9.26 所示。STL

文件由多个三角形面片的定义组成,每个三角形面片的定义包括三角形各个定点的三维坐标及三角形面片的法矢。因此 STL 文件中只包含相互衔接的三角形面片的节点坐标及其外法矢,只描述对象表面几何图形,不包含色彩、纹理或者其他常见 CAD 模型属性的信息。

　　将 CAD 模型转换为 STL 文件时,三角形面片的数量直接影响着近似逼近的精度,精度要求越高,三角形面片应该越多。但是,过高的精度要求对于 3D 打印工艺也是不必要的:首先,过高的精度要求可能会超出 3D 打印系统本身所能达到的精度;其次,三角形面片数量增多会使数据处理的时间增加;再次,截面的轮廓会产生许多小线段,不利于某些 3D 打印工艺的扫描(例如 SL 工艺中的激光头会产生许多折返运动),导致生产效率和表面精度较低。因此,从 CAD 软件输出 STL 文件时选取的精度指标和控制参数,应根据零件 CAD 模型的复杂程度以及所采用的 3D 打印系统精度要求进行综合考虑。

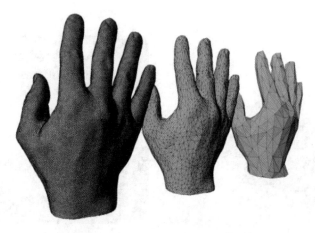

图 9.26　三角形面片化的实体模型

　　不同的 CAD 软件输出 STL 文件时所采用的精度控制参数不一定一样。从表面上看,判断 STL 文件是否逼近实体 CAD 模型的精度指标是三角形面片的数量,但实质上是三角形平面逼近曲面时弦差的大小。弦差是指近似三角形的轮廓边与曲面之间的径向距离,弦差的大小直接影响输出的表面质量。STL 文件的三角形面片组合实质上是原始模型表面的一阶近似,它不包含邻接关系信息,不可能完全表达原始设计的意图,离真正的表面有一定的距离。同时在边界上有凸凹现象,所以无法避免误差。

　　STL 数据格式简单清晰,只描述对象表面几何图形,但是不包含色彩、纹理、材料等更复杂的模型属性信息。随着 3D 打印技术的进步,人们对零件制造的要求逐渐变高,例如,要求打印更复杂的结构,要求实现多色彩打印,要求零件表面有特定的纹理,要求实现多材料及非均质材料的打印等。STL 文件难以适应现有 3D 打印技术的发展需求,使得新的 3D 打印数据格式标准也相应被提出,从而掀起了新一轮的标准数据格式之争。ASTM 和 ISO 联合发布了 3D 打印的一种数据格式新标准——AMF。AMF 以 STL 数据格式为基础,在一定程度上弥补了后者的弱点,包含颜色、材料及内部结构等模型属性。微软公司牵头成立的 3MF(3D manufacturing format,3D 制造格式)联盟于 2015 年 4 月发布了其推行的 3D 打印新数据格式标准——3MF。联盟创始成员包括微软、惠普、Shapeways、欧特克、达索系统、Netfabb 和 SLM Solution 等著名软硬件厂商,后续 Stratasys、3D Systems、三星、GE 和 Materialise 等行业巨头也相继加入。3MF 格式相较于 STL 格式能够更完整地描述实体 CAD 模型,除了几何信息外,还可以记录内部结构信息、颜色、材料、纹理等其他模型特征和属性。

9.6.2　切片处理

绝大多数 3D 打印系统是按分层截面形状来进行加工的，因此加工前必须在实体模型上沿成形的高度方向以分层的方式来描述每层截面的形状。分层层厚的大小由待成形零件的精度和生产率等要求决定。切片处理的任务就是对 3D 打印标准格式文件描述的实体模型进行处理，生成指定方向的截面轮廓线（一系列的由点拟合成的环路）。从数学上看，切片实际上是实体模型与一系列平行截面求交的过程。切片处理后将生成一系列由曲线边界表示的反映实体模型分层截面的轮廓。对于位于同一个分层截面上的边界轮廓环，它们之间只存在包容或相离两种位置关系。具体的切片算法取决于存储几何体信息的数据格式。

1．基于 STL 文件的切片

STL 文件是采用三角形面片来逼近实体模型表面的，因此对其进行切片处理的过程实际上是对三角形面片组与一列平行截面求交的过程，算法相对简单易行。对于单个小三角形面片，求交的结果有零交点、一交点、两交点、三交点四种边界表示的情况。在获得交点信息后，可以根据一定的规则选取有效顶点组成边界轮廓环。生成边界轮廓环后，一般还要按照外环逆时针、内环顺时针的方向进行描述，这主要是为后续扫描路径生成中的算法处理做准备。

基于 STL 文件的切片自身也有一定的局限性。

（1）从 CAD 模型向 STL 格式转换时可能会存在错误，如可能出现悬面、悬边、点扩散、面重叠、孔洞等，一般需要诊断与修复。现有的 3D 打印数据处理软件一般都带有自动诊断和修复功能，但在实际操作中，当实体模型特别复杂时也会出现无法自动修复的情况。

（2）STL 文件本身在一定程度上降低了模型的精度，这是三角形面片化导致的。使用 STL 格式表示方形物体时精度较高，表示圆柱形、球形物体时精度较差。

（3）对于特定的包含大量高次曲面的模型，使用 STL 格式还会导致数据量较大，影响切片及后续的数据处理效率。

2．基于 CAD 模型直接切片

直接切片（direct slicing）法是指直接将 CAD 模型数据用于 3D 打印，而不需要生成 STL 文件。几乎所有的三维 CAD 软件都有剖切的功能，因此可以用剖切的方法对 CAD 模型进行剖切，生成分层信息并用此信息来进行数据处理和 3D 打印。对于这种情况，对 CAD 模型进行直接切片不但会提高制品的精度，而且会减少数据转换过程，文件的数据量相应也就少得多。英国 Ron Jamieson 和 Herbert Hacker 在 UG 的内核 Parasolid 上进行了直接切片的研究，并将切片数据转换成了 CLI、HPGL 和 SCL 文件。

但是不同的 CAD 系统有不同的数据结构，这可能会造成 3D 打印设备与不同 CAD 系统的兼容性问题，因此要想采用直接切片方法，就必须为每一种 CAD 系统开发一套直接切片的软件接口，这也就限制了这种方法的推广应用。目前主流的方法还是基于 STL 文件进行切片处理。

3．分层方法

切片处理中还需要确定分层的厚度，一般可采用等层厚或自适应层厚的分层方法。

（1）等层厚的分层方法　采用等层厚的分层方法时，一般在切片处理前就已经确定了切片厚度，数据处理相对简单，切片效率高。但是对于某些模型，采用该分层方法容易出现明显的"阶梯效应"（见图 9.27），使最终的成形精度受到影响。

（2）自适应层厚的分层方法　采用自适应层厚的分层方法时，需要根据用户需求和模型特征,在每个切片层上单独计算分层厚度。在模型曲面轮廓沿高度方向"坡度"较大的区域采用较小的分层厚度,有助于改善"阶梯效应";在"坡度"较小的区域采用较大的分层厚度,有助于提高分层和后期制造效率。

图 9.28 所示为以上两种分层方法的对比。

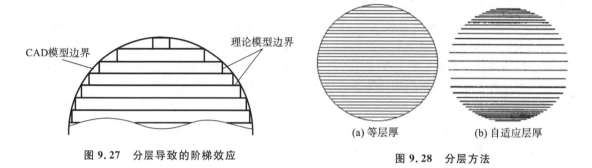

图 9.27　分层导致的阶梯效应　　　图 9.28　分层方法

9.6.3　扫描路径规划

通过切片处理获得了模型的分层截面轮廓后,对于大多数 3D 打印工艺,还需要规划特定的扫描路径,对截面轮廓进行填充。具体的扫描路径规划方法与工艺和设备有关。常见的扫描路径规划方法有往返直线法、轮廓偏置法、分区扫描法、复合扫描法等,如图 9.29 所示。

(1) 往返直线法(见图 9.29(a))　该扫描路径规划方法的优点是算法简单可靠、效率较高。但是对于有空腔结构的零件,扫描时需频繁跨越内部轮廓,对设备伺服系统和控制系统的要求高,有损运动系统寿命;频繁的跳转,易引起"拉丝"现象;此外,同一片层内扫描线的收缩应力方向一致,易导致片层变形大。

(2) 轮廓偏置法(见图 9.29(b))　该扫描路径规划方法的算法较复杂,效率比往返直线法低。扫描时每一片层扫描线不断变换方向,有利于减少成形件的翘曲变形;空行程少,使制造效率提高,运动系统可靠性等也相应提高;对于壁厚均匀或内腔少的零件,截面外形精度高;对于壁厚不均、型腔较多的复杂零件,偏置环易出现干涉现象,甚至出现一些小的区域无法偏置。

(3) 分区扫描法(见图 9.29(c))　分区扫描法在往返直线法的基础上做了改进,不需要频繁跨转,减少了"拉丝"现象;同时,减少了扫描激光或喷头的加减速变换和平面扫描运动机构在高低速间的切换次数。但是应力问题仍未解决,可能存在片层变形较大的问题。

(4) 复合扫描法(见图 9.29(d))　内、外轮廓邻近区域采用轮廓偏置扫描法,其余部分采用分区扫描法扫描,可以充分利用轮廓偏置扫描法的高精确度和分区扫描法的高稳定性的优势。

9.6.4　添加支撑

在 3D 打印中,往往需要针对模型中具有悬空特征的部分添加额外支撑结构。支撑通常是一些细柱、网格、十字形或肋状结构,可以对成形实体进行可靠定位,减少分层之间的翘曲变形。添加支撑相应会增加数据处理的负担,降低加工效率,浪费更多材料,同时最终去除支撑时会增加后处理的工作量,还会影响零件表面精度。因此,应尽量减少支撑或尽可能优化支撑结构。是否需要添加支撑,可以通过计算模型表面的倾角来判断。在不需要支撑的情况下,光固化成形(SLA)和熔融沉积成形工艺等都能成形一定倾角的表面,这个倾角的最小值称为自

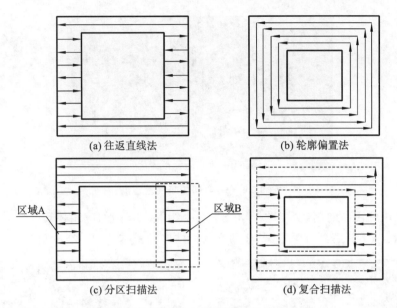

(a) 往返直线法　　　　　　　　(b) 轮廓偏置法

区域A　　　区域B

(c) 分区扫描法　　　　　　　　(d) 复合扫描法

图 9.29　常见扫描路径规划方法

支撑角。自支撑角的大小与分层厚度、喷头喷丝直径或激光光斑直径有关,可依据模型表面的倾角是否超过自支撑角来判断某表面是否需要添加支撑。

9.6.5　成形方向

3D 打印工艺过程中的零件成形方向也决定了切片方向。同一个模型采用不同的切片方向,其阶梯效应可能得到改善。此外,还应考虑设备允许的成形尺寸,从提高加工效率、减少支撑等角度合理地规划零件成形方向。

9.7　3D 打印技术的应用领域

3D 打印技术早期的应用大多数体现在原型概念验证和呈现方面。3D 打印技术能够缩短新产品开发周期,体现个性化定制的特点,其应用场景包括工业设计、交易会/展览会、投标组合、包装设计、产品外观设计等。随着 3D 打印技术的发展,其可成形材料种类更多,所成形零件的精度、性能等不断提高,应用领域不断拓宽,应用层次也不断深入。3D 打印技术逐渐开始用于产品的设计验证和功能测试阶段,例如不断发展的金属 3D 打印技术,可以直接制造具有良好力学性能、耐高温、耐腐蚀的功能零件,直接用于最终产品。此外,通过制造模具等方式间接成形,更加拓宽了其应用范围。目前,3D 打印技术在各行业已经得到了广泛的应用,以下简要介绍三种典型的 3D 打印应用。

(1) 消费品个性化定制。3D 打印的小型无人飞机、小型汽车等概念产品已问世;3D 打印的家用器具模型也被用于企业的宣传、营销活动中;目前也常见到 3D 打印技术用于珠宝、服饰、鞋类、玩具、创意 DIY 作品的设计和制造。

(2) 形状复杂、尺寸微细、特殊性能的零部件、机构的直接制造和修复。例如飞机结构件、发动机叶片、C919 钛合金大型结构件的制造。图 9.30 展示了世界首款 3D 打印的喷气发动机。

图 9.30　3D 打印的喷气发动机

（3）生物医疗用品的制造。3D 打印技术在生物医疗方面的应用体现了从非生物相容性到生物相容性、从不降解到可降解、从非活性到活性的发展，如图 9.31 所示。

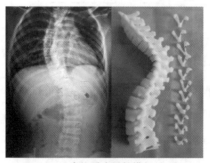

(a) 脊柱手术导航模板

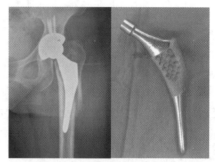

(b) 个性化植入假体

(c) 3D 打印组织工程支架

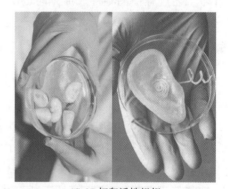

(d) 3D 打印活性组织

图 9.31　3D 打印技术在生物医疗方面的应用

9.8　3D 打印技术面临的挑战与发展趋势

9.8.1　问题和挑战

3D 打印技术得到了全球的高度重视和推广应用，但仍然是处于成长过程的技术，还不够成熟，目前主要用于个性化的单件生产。3D 打印技术仍然存在以下问题：

（1）精度问题。与传统机械切削加工技术相比，产品的尺寸精度和表面质量相差较大。

因为 3D 打印产品的材质一层层堆积成形,每一层都有厚度,这决定了它的精度难以达到减材制造所能达到的精度水平。而层和层之间黏结再紧密,其产品性能也无法和传统模具整体浇铸的零件相媲美。目前的金属 3D 打印技术都不能直接形成符合要求的零件表面,所打印的成形件都必须经过表面的机械加工,去除表面多余的、不连续的和不光滑的金属,才能作为最终使用的零件。

(2) 效率和成本问题。3D 打印技术与塑料注射成形等成熟的大批量成形技术相比,效率很低,生产成本过高。为提高 3D 打印精度,则需不断降低每一层的厚度,制造时间将大幅延长。3D 打印真正达到大规模应用产生效益,还需要很长的时间发展和积累。

(3) 材料选择问题。耗材是目前制约 3D 打印技术广泛应用的关键因素之一,目前可供 3D 打印的材料多为塑料、石膏、可黏结的粉末颗粒、树脂、金属等,制造精度、复杂性、强度等难以达到较高要求。对于金属材料,如果进行液化打印则难以成形,采用粉末冶金方式,除高温外还需高压,技术难度很大。

(4) 性能问题。3D 打印产品的力学性能尚有待提高,3D 打印技术直接成形的金属零件在制作过程中因为局部反复受热至温度接近熔点,内部热应力状态复杂,成形件中容易夹杂空穴、未完全熔融的粉末和坯体缺陷等,应力处理和控制还不能满足要求,成形件的强度受到影响。

9.8.2　发展趋势

随着计算机技术与材料科学技术的发展,3D 打印技术也将在以下方面取得进展。

(1) 新型 3D 打印机理与工艺技术装备。当前人们正在研究新型 3D 打印机理与工艺技术装备,以使采用 3D 打印技术制造的零部件在不经其他加工工序的情况下能达到使用要求。同时,也在研究 3D 打印工艺过程、典型材料成形工艺与材料性能的影响关系,以掌握典型材料成形工艺核心技术,形成较为完备的工艺参数数据库,并且在尝试利用计算机仿真技术模拟 3D 打印过程,分析零部件制造过程中的力学、热学等方面行为对零部件成形质量的影响,提高 3D 打印零部件性能。此外,还在开发高效实用的 3D 打印装备,以提高新型 3D 打印装备的加工精度,降低 3D 打印成本。

(2) 增减材复合制造。数控加工(减材制造)与 3D 打印的优缺点具有很强的互补关系。将数控加工与增材制造进行有机集成、实现增减材复合制造是未来发展的趋势。DMG Mori 公司已经推出了 LASERTEC 65 3D 复合加工机床,集成了激光融覆技术以及五轴数控加工技术,可实现不同材料,如不锈钢、钛合金、铝合金及镍基合金等的复合加工。

(3) 跨尺度制造能力。未来的应用对 3D 打印技术的跨尺度加工能力提出了更高要求。例如:在航空航天领域,大尺寸飞机结构件需要大型的金属 3D 打印装备;在微纳应用方面,人们要求 3D 打印技术能够实现更加微细的特征结构的加工。

(4) 材料的突破。当前适用于 3D 打印的材料种类有限,这极大地限制了 3D 打印技术的发展,因此必须加快 3D 打印用材料的研究,寻找新的适合 3D 打印的材料。需要根据材料特点深入研究加工、结构与材料之间的关系,开发质量测试程序和方法,建立材料性能数据的规范性标准等。同时,利用 3D 打印的优势,从传统均质材料的制造朝非均质材料、复合材料的制造方向发展。例如发展功能梯度材料(functionally graded materials),其由两种或两种以上的材料复合,各组分材料的体积含量在空间位置上连续变化,而且对其分布规律是可以进行设计和优化的。基于离散-堆积成形原理的 3D 打印将可以直接打印出多功能的实体模型。

(5)"互联网＋"3D 打印。基于网络环境,结合增材制造与减材制造的 CAD/CAPP/CAM 与增材制造一体化集成系统也是未来的重要发展趋势。利用 3D 打印技术,对结构复杂、难加工的产品实现个性化、定制生产,根据客户的需求,灵活、柔性地生产出各种产品。同时对设计、制造、售后服务进行整合,生产从以传统的产品制造为核心,转向提供具有丰富内涵的产品和服务,直至为用户提供整体的解决方案。

9.9　基于三维光学扫描和 Geomagic Studio 的逆向工程实例

9.9.1　逆向工程常用软件概述

逆向工程软件可以接收导入的测量数据,通过数据处理和模型重构,匹配上标准数据格式后,将这些曲线、曲面数据传输到合适的 CAD/CAM 系统中,经过反复修改完成最终的产品建模。从复杂的曲面建模功能上讲,目前流行的逆向工程软件与主流 CAD/CAM 系统软件(如 CATIA、UG、Pro/ENGINEER 和 SolidWorks 等)相比并无优势。但作为重要的曲线、曲面建模的数据管道,越来越多的逆向工程软件被选作这些 CAD/CAM 系统的第三方软件。

根据曲面重构方法的不同,可以将逆向工程软件分为三类:第一类,对测量得到的点云数据进行处理后,直接生成质量很高的原型曲面,但生成的曲面需转换到 CAD/CAM 系统中的各软件中。例如,ImageWare、ICEMSurf 等软件分别为 UG 及 Pro/ENGINEER 系列软件中独立完成逆向工程的点云数据读入与处理功能的模块,在逆向设计软件中属于插件形式的第三方软件。第二类,对测量得到的点云数据进行处理后直接生成曲面,生成的曲面可采用无缝连接的方式被集成到 CAD/CAM 系统做后续处理的软件中。例如,DELCAM 公司的 CopyCAD,可将三维实体测量中产生的数字化模型直接嵌入 CAD/CAM 模块,实现数据的无缝集成,从而可便捷地生成复杂曲面和产品零件原型。第三类,按特征构建的方式生成产品几何原型的软件。例如主流的 CATIA、UG、Pro/ENGINEER 和 SolidWorks 等 CAD/CAM 软件,它们均可直接按特征构建的方式生成几何原型。

目前常用的逆向工程软件有以下几种:

(1) ImageWare:美国 EDS 公司出品,为 UG 的第三方软件,主要应用于航空航天和汽车工业。

(2) Pro/SCAN-TOOLS:Pro/ENGINEER 的一个模块,可通过测量数据获得光滑的曲线和曲面。

(3) CopyCAD:英国 DELCAM 公司出品,可快速编辑数字化模型,产生高质量的复杂曲面,同时可跟踪机床和激光扫描器。

(4) Rapid Form:韩国 INUS 公司出品,提供了运算模式,可实时由点云数据运算得出无缝的多边形曲面,目前成为 3DScan 后处理的最佳接口。

(5) Geomagic Design Direct:美国 3D Systems 公司开发的一款正逆向直接建模工具,兼有逆向建模软件的采集原始扫描数据并进行预处理的功能和正向建模软件的正向设计功能。

(6) Geomagic Studio:美国 Geomagic 公司出品,可轻易由点云数据创建出完美的多边形模型和网格,并可自动将网格转换为 NURBS 曲面。

在 9.9.3～9.9.4 节得介绍一个以燃气轮机叶片为对象,基于三维光学扫描进行数据采集和基于 Geomagic Studio 进行数据处理及模型重构的逆向工程实例。

9.9.2　光学检测平台搭建

　　燃气轮机叶片是燃气轮机最重要的零件之一,它的形状、尺寸、加工精度直接影响到燃气轮机的能量转换效率。如何快速、准确地对叶片外形进行检测,是燃气轮机叶片制造的关键问题之一。叶片型面的精确测量主要采用基于接触式测量原理的三坐标测量机来实现,其系统成本高、测量过程复杂、整体效率和柔性较低,在微小结构特征和完整型面测量方面也存在较大限制。近年来,随着叶片加工制造业逐步向智能化方向发展,发展基于光学测量的叶片检测新方法成为实现其型面高效精密测量的一种重要途径。本节采用 ATOS Core200 三维光栅扫描仪搭建了针对叶片型面的光学检测平台,对某燃气轮机叶片进行三维光学扫描和逆向工程模型重构。

　　燃气轮机叶片主要分为叶冠、叶型、叶根三个部分,形状复杂,结构多样,不同类别和级数的叶片尺寸变化较大,如图 9.32 所示的某型号 T 形根燃气轮机动叶片。叶片的叶型部分截面为月牙形,叶冠部分为不规则矩形,叶根部分为 T 形。叶根部分形状复杂、底面面积小,为便于叶片扫描和竖直放置,将叶片倒置,使叶冠部分接触旋转平台,叶根竖直朝上。三维扫描仪在工作过程中,工业 CCD 相机镜面轴线与被测表面法线之间的夹角应在 60°以内,考虑到叶冠和叶根部分结构较为复杂,需要根据叶片型面的特点进行光学扫描路径的规划与设计。

叶冠

叶型

叶根

图 9.32　燃气轮机叶片

　　叶型部分的扫描:扫描仪正对叶型轮廓法线方向进行扫描时,不存在扫描盲点,因此不需要扫描仪做俯仰运动。但叶型轮廓不是简单曲线,扫描过程中扫描仪不能保证一直处于叶型轮廓法线方向,故设计扫描仪沿圆周方向做六次扫描,每次扫描拍摄后旋转平台带动叶片旋转 60°。

　　叶冠、叶根部分的扫描:叶冠与叶型结合面、叶根底部是扫描叶型时容易缺失的部分,针对这两个部分,需要做补充扫描。补充扫描时,扫描仪向下运动到合适位置,以仰角工作,仰角大小为 60°,扫描叶冠与叶型结合面。扫描仪向上运动到合适位置,以俯角工作,俯角大小为 60°,扫描叶根底部。同时,由于 CCD 相机镜面轴线到被测表面之间的距离发生了变化,为保证叶片在扫描仪测量距离内,水平直线运动机构带动旋转平台、夹具和叶片整体在水平方向运动。叶冠、叶根部分的扫描也同样沿圆周方向进行六次,每次扫描拍摄后旋转平台带动叶片旋转 60°。

　　针对以上特点设计扫描流程,如图 9.33 所示。使用图 9.12(b)所示的三维光栅扫描仪和图 9.13 所示的检测平台对某型号燃气轮机 T 形叶根动叶片进行三维扫描和数据采集。

9.9.3　数据采集

1. 喷涂显影剂

　　三维光栅扫描时采用 CCD 相机拍照采集燃气轮机叶片点云数据。叶片加工精度高,表面光滑,直接进行叶片点云数据采集会产生一定的光反射现象。因此需要对叶片喷涂显影剂,避免在测量过程中产生漫反射而导致点云数据缺失,使扫描点云数据更完整。显影剂粉末主要成分为二氧化钛,将白色二氧化钛粉末与酒精按照 1:30 的比例进行充分混合后制成显影剂,将显影剂混合液采用空气压缩机加压到 2 Pa 之后对叶片进行喷涂。在喷涂过程中保证工件

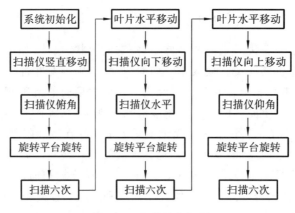

图 9.33　扫描流程规划

与喷头之间有一定距离,均匀喷涂叶片,使叶片表面均匀覆盖显影剂,喷涂完成之后将叶片放置一段时间,晾干后进行下一步测量。

2. 粘贴标定点标识

标定点是三维光栅扫描仪采集燃汽轮机叶片表面轮廓点云数据的重要参考点。在扫描过程中通过至少三个标定点建立测量的空间坐标系,再通过坐标变化采集三维空间中的燃汽轮机叶片三维轮廓点云。且除第一次外,每次拍照需要包含上次拍照中的至少三个以上的标定点,以实现两次拍照的点云数据拼接,因此两次拍照存在的公共定位标定点越多,点云拼接的准确性越高,扫描精度也就越高。同时,在一次扫描的多次拍照过程中不允许标定点与扫描工件之间的位置发生相对移动,所以通常情况下将标定点标识粘贴在待测汽轮机叶片表面,保证其相对位置不发生改变。

9.9.4　数据处理

数据采集完成后,采用 Geomagic Studio 进行数据处理和模型重构。使用 Geomagic Studio 处理扫描数据的过程大体可以分为三个阶段:点云阶段、多边形阶段、形状阶段。下面介绍使用 Geomagic Studio 软件进行数据处理和模型重构的全过程。

1. 点云阶段的数据处理

对燃气轮机叶片进行三维扫描后,将得到叶片表面大量的点的数据,这些点的集合称为点云。点云阶段数据处理的目的就是去除影响建模的与叶片三维模型无关的点,并将处理后的点云封装为三角形面片。主要步骤包括:导入点云数据、删除无关点云、去除体外孤点、减小噪音、统一采样、封装并保存数据。

1) 导入点云数据

启动 Geomagic Studio 软件,在"任务"列表中单击"打开",选择"扫描数据"。此时在视窗中可以看到由点云形成的叶片模型,如图 9.34 所示。

2) 删除无关点云

在叶片的点云模型中可以看到,由于扫描时叶片与操作平面接触,平面形成的点云也保存在了模型之中,此时需要通过删除操作尽可能只保留与叶片本身有关的点云数据。在菜单栏中单击"选择"→"工具"→"选择工具"→"套索",按住鼠标左键并移动鼠标,选中要删除部分,此时被选中部分变成红色(见图 9.35),在键盘上按"Delete",即可删除被选择部分,如图 9.36

所示。反复使用同样的删除方法,将底座完全删除,此时叶片点云模型如图 9.37 所示。

图 9.34　扫描得到的叶片点云

红色部分

图 9.35　选中要删除的点云

图 9.36　点云被删除

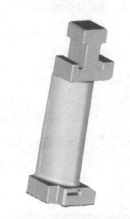

图 9.37　去除底座后的
点云模型

3) 去除体外孤点

在菜单栏中单击"点"→"选择"→"体外孤点",在弹出的对话框中将"敏感性"项的值设置为 80,单击"确定"按钮,如图 9.38 所示。在视窗左下角可以看到所选的点数目,选择菜单"点"→"删除",删除掉所选的体外孤点。

4) 减小噪音

在菜单栏中单击"点"→"减小噪音",在弹出的对话框中选择"自由曲面形状","平滑度水平"设置为"无","迭代"项设置为 2,"偏差限制"项设置为 0.1 mm,单击"确定"按钮完成设置,如图 9.39 所示。

5) 统一采样

在菜单栏中单击"点"→"采样"→"统一",在弹出的对话框中选择"由目标定义点距",在"点"文本框中输入"400000","曲率优先"项的值设置为 6,勾选"保持边界",在弹出的对话框中单击"确定"按钮完成设置,如图 9.40 所示。

6) 封装并保存数据

在菜单栏中单击"点"→"封装",弹出"封装"对话框。保持默认设置不变,单击"确定"按钮,如图 9.41 所示。封装完成后的叶片模型如图 9.42 所示。对封装前后叶片进行局部放大

图 9.38　去除体外孤点

图 9.39　减小噪音

图 9.40　统一采样

可以看到,叶片模型已经由点云模型(见图 9.43)变成三角形面片模型(见图 9.44)。单击"保存"按钮,退出当前页面。

图 9.41　封装操作

图 9.42　封装后的模型

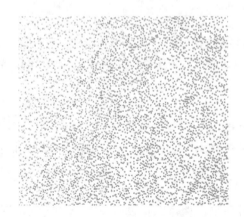

图 9.43　点云阶段的模型表面

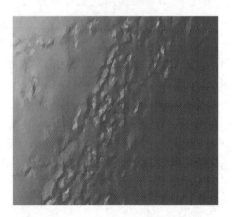

图 9.44　多边形阶段的模型表面

2. 多边形阶段的数据处理

多边形阶段的数据处理主要是对点云封装之后得到的模型进行进一步处理,以得到理想的被扫描物体表面模型。主要步骤包括:创建流型、填充孔、添加平面、删除钉状物、简化多边形、砂纸打磨与去除特征。

1) 创建流型

创建流型的目的是删除模型中的非流型三角形数据。叶片模型底面在扫描时与操作平面接触,没有生成点云数据,故叶片模型是不封闭的,如图 9.45 所示。在菜单栏中单击"多边形"→"修补"→"创建流型"→"制作流型(开放)",即可删除模型中的非流型三角形数据。

图 9.45　开放的叶片模型

2) 填充孔

由于在扫描过程中存在点云数据的缺失,在封装成多边形模型后,模型表面会出现孔洞。这些孔洞既包括点云稀疏形成的小孔(见图 9.46),也包括在扫描时被遮挡部分形成的大片孔洞(见图 9.47)。

图 9.46　叶片表面的小孔

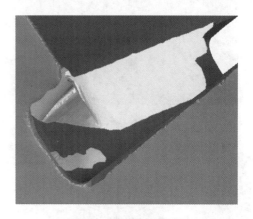

图 9.47　叶片表面的大孔

(1) 填充单个孔。在菜单栏中单击"多边形"→"填充孔"→"填充单个孔"→"全部",将鼠标指针移动到孔的边缘上,此时边缘线变成红色。单击鼠标左键,完成孔的填充。图 9.48 和图 9.49 所示分别为单个孔填充之前和填充之后的叶片局部形貌。

(2) 填充部分孔。当孔比较大,或者孔所在位置曲率变化比较大时,可以将孔分为几个部分分别填充。在菜单栏中单击"多边形"→"填充孔"→"填充单个孔"→"部分",先后单击选取分割孔的各段分界线,再将光标移至要填充的一边,单击鼠标左键,完成孔的填充,如图 9.50 和图 9.51 所示。

(3) 通过桥梁填充孔。在菜单栏中单击"多边形"→"填充孔"→"填充单个孔"→"桥梁",先后单击选取桥梁的两端,即可在两点之间形成由三角形面片构成的桥梁。使用桥梁,可以将大片的孔洞分成多个小孔,再分别填充,使其尽可能符合叶片本身的形态。图 9.52 和图 9.53 所示分别为桥梁生成前和生成后的叶片局部形貌。

3) 添加平面

在扫描过程中叶片有一面与操作平面接触,并没有被扫描到,因此在最后形成的叶片模型

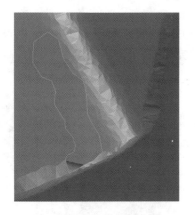

图 9.48　单个孔填充之前

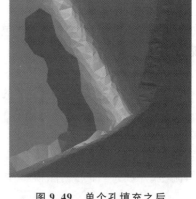

图 9.49　单个孔填充之后

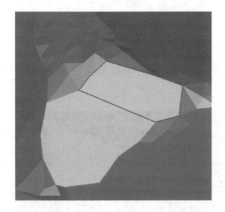

图 9.50　选择要填充的一边

图 9.51　填充完成后

图 9.52　桥梁生成前

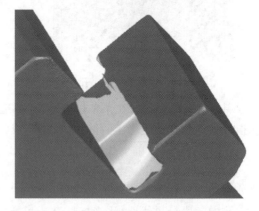

图 9.53　桥梁生成后

上,该面是缺失的。通过添加平面,可以直接生成平面特征,以形成封闭的叶片模型。

　　(1) 创建特征平面。在菜单栏中单击"特征"→"平面"→"三个点",在弹出的对话框中选择"曲面点",在叶片叶冠上表面边缘处单击选取三个点(见图 9.54),再在对话框中单击"应用"按钮,确定后即可创建平面 1,如图 9.55 所示。

　　(2) 形成底面。在菜单栏中单击"多边形"→"修补"→"裁剪"→"用平面裁剪",在弹出的对话框(见图 9.56)中选择"对象特征平面",单击"平面 1",再在"操作"面板中依次单击"平面

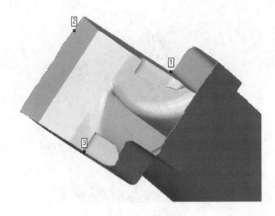

图 9.54　选取点

图 9.55　创建平面

截面""删除所选择的"按钮,即可删除掉平面 1 以外的三角形面片。再单击"封闭相交面"按钮,创建的截面将被封闭起来,如图 9.57 所示。

图 9.56　用平面裁剪

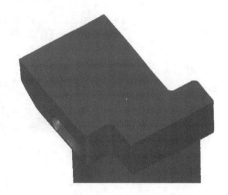

图 9.57　生成封闭面

4)删除钉状物

钉状物是部分三角形面片组成的不平滑的小凸起,删除钉状物可以使模型表面趋于平滑。在菜单栏中单击"多边形"→"平滑"→"删除钉状物",在弹出的对话框中,单击"确定"按钮(使用默认平滑级别),即可对模型上存在的所有钉状物进行平滑处理,如图 9.58 和图 9.59 所示。

5)简化多边形

在菜单栏中单击"多边形"→"修补"→"简化",在弹出的对话框中,"减少模式"项选择"三角形计数",在"减少到百分比"文本框内输入"90",最后单击"确定"按钮,如图 9.60 所示。

6)砂纸打磨与去除特征

叶片模型表面可能存在部分区域不光滑,此时可以使用"砂纸打磨"或者"去除特征"的方法来做进一步处理。

图 9.58 钉状物删除前

图 9.59 钉状物删除后

图 9.60 基于三角形计数的多边形简化

（1）砂纸打磨。在菜单栏中单击"多边形"→"平滑"→"砂纸"，将鼠标移动到要打磨的区域（见图 9.61），按住鼠标左键，此时出现一个圆圈，来回移动此圆圈，即可打磨不光滑的模型表面。打磨后的效果如图 9.62 所示。

（2）去除特征。首先选择要去除特征的三角形（见图 9.63），然后在菜单栏中单击"多边形"→"修补"→"去除特征"。去除特征后的效果如图 9.64 所示。

3. 形状阶段的数据处理

形状阶段的数据处理目的是确保在多边形阶段处理完成后得到更加理想的 NURBS 曲面模型。形状阶段的数据处理包括轮廓线处理、曲面片处理、格栅处理。

1）轮廓线处理

（1）探测轮廓线。在菜单栏中单击"精确曲面"→"开始"，选择"精确曲面"→"轮廓线"→"探测"→"探测曲率"，在弹出的对话框（见图 9.65）中勾选"自动评估"，其余项保持默认设置不变。然后单击"确定"按钮，得到如图 9.66 所示的叶片模型。模型表面有黑色与橘黄色两种颜色的轮廓线，黑色轮廓线用于表达曲面，橘黄色轮廓线用于表达曲面相交部分的轮廓。

图 9.61　打磨前

图 9.62　打磨后

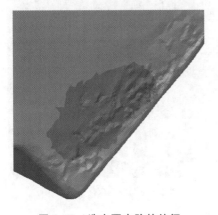

图 9.63　选中要去除的特征

图 9.64　去除特征后

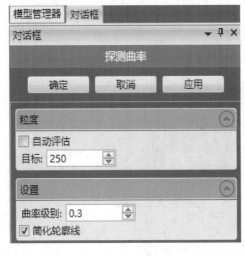

图 9.65　探测曲率

图 9.66　叶片表面轮廓线

（2）升级或约束轮廓线。在菜单栏中单击"精确曲面"→"轮廓线"→"提升约束"→"升级/约束"，选择需要升级或降级的轮廓线。这里直接被选中的黑色轮廓线将升级为橘黄色轮廓线，按住"Ctrl"键，被选中的橘黄色轮廓线将降级为黑色轮廓线，如图 9.67 所示。

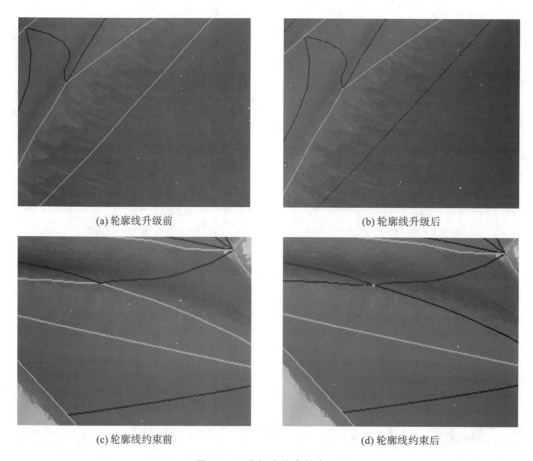

(a) 轮廓线升级前　　　　　　　　　　(b) 轮廓线升级后

(c) 轮廓线约束前　　　　　　　　　　(d) 轮廓线约束后

图 9.67　升级或约束轮廓线

2) 曲面片处理

（1）构造曲面片。在菜单栏中单击"精确曲面"→"曲面片"→"构造曲面片"，弹出如图 9.68 所示的对话框。保持默认设置不变，单击"确定"按钮，系统会自动提示曲面片存在的问题，此时需要对曲面片进行进一步的处理。

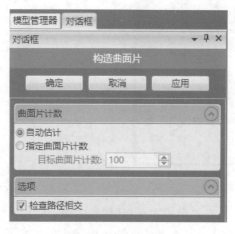

图 9.68　构造曲面片

（2）修理曲面片。在菜单栏中单击"精确曲面"
→"曲面片"→"修理曲面片"，弹出如图9.69所示的
对话框，保持默认设置不变，单击"确定"按钮。

（3）移动面板。模型轮廓线有时并不是位于理
想位置，这时可以通过移动交点的方式改变轮廓线
位置。在菜单栏中单击"精确曲面"→"曲面片"→
"移动"，在弹出的对话框"操作"部分中选择"编辑"，
在模型表面选中要改变位置的点，按住鼠标左键移
动该点。图 9.70 和图 9.71 所示分别为交点移动前
和交点移动后模型表面形貌。

3）格栅处理

（1）构造格栅。在菜单栏中单击"精确曲面"→
"格栅"→"构造格栅"，弹出如图 9.72 所示的对话
框。保持默认设置不变，单击"确定"按钮。

（2）松弛格栅。在构造格栅完成后，格栅相交
区域会被显示出来。为了消除格栅相交现象，需要
进行格栅松弛处理。在菜单栏中单击"精确曲面"→
"格栅"→"松弛格栅"，弹出如图 9.73 所示的对话
框。保持默认设置不变，单击"确定"按钮。

4）拟合曲面

在菜单栏中单击"精确曲面"→"曲面"→"拟合
曲面"，弹出如图 9.74 所示的对话框。保持默认设
置不变，单击"确定"按钮。最终得到的叶片模型如
图 9.75 所示。

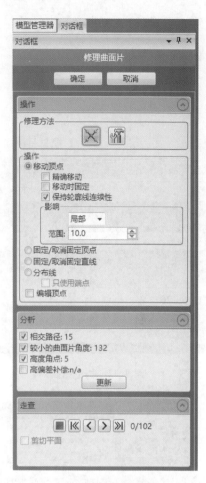

图 9.69　修理曲面片

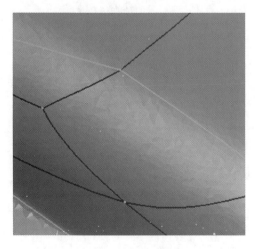

图 9.70　交点移动前

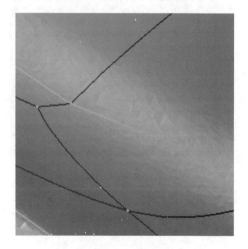

图 9.71　交点移动后

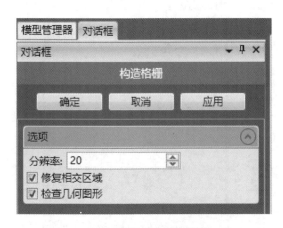

图 9.72　构造格栅

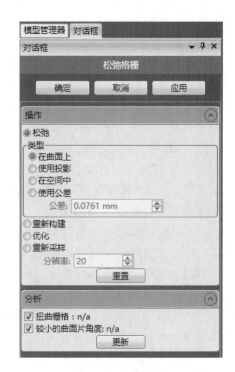

图 9.73　松弛格栅

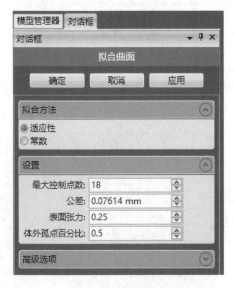

图 9.74　拟合曲面

图 9.75　最终得到的叶片模型

习　　题

1. 逆向工程中数据采集的方式有哪些？说明接触式和非接触式数据采集方法各自的特点及应用场合。

2. 简述逆向工程的基本流程。

3. 说明逆向工程中测量数据处理和三维模型重构的基本过程。

4. 分析逆向工程中多视数据产生的原因及其处理方法。

5. NURBS 样条曲面拟合方法与非有理 B 样条曲面拟合方法的区别有哪些?

6. 分析逆向工程中所产生的误差的来源。

7. 简述 3D 打印技术的基本原理和基本工艺过程,并阐述减材制造、等材制造、增材制造的区别。

8. 请列举五种典型的 3D 打印工艺,并说明其各自适用的材料类型和状态。

9. 分别说明光固化成形和熔融沉积成形工艺的基本原理、工艺过程和工艺特点,并绘出其原理示意图。

10. 试以 STL 数据格式为例,说明增材制造技术所涉及的数据处理过程,并阐述其中可能存在的原理性误差。

11. 试分析逆向工程与 3D 打印(增材制造)技术集成的途径。

智能制造新模式及其应用

智能制造是先进制造技术与 CAD/CAM、PDM/PLM 等信息技术深度融合而形成的新型制造模式,其核心是数字化、网络化和智能化。本章将在讨论智能制造模式发展背景的基础上,介绍智能制造概念内涵,分析智能制造的关键技术,讨论数字化工厂和智能工厂等实施智能制造的新模式,分析智能制造的发展趋势。

10.1 智能制造发展概况

随着以新一代信息通信技术与制造业融合发展为主要特征的产业变革在全球范围内孕育兴起,智能制造成为制造业发展的重要方向。

1. 工业发达国家重振制造业的举措

21 世纪以来,美国提出建设智能制造技术平台以加快智能制造的技术创新,智能制造的框架和方法、数字化工厂、3D 打印等均被列为优先发展的重点领域。日本发布了第四期科技发展基本计划,确定要重点发展多功能电子设备、信息通信技术、测量技术、精密加工、嵌入式系统,加强智能网络、高速数据传输、云计算等智能制造支撑技术的研究。美国提出了工业互联网,将智能设备、人和数据连接起来,并以智能的方式分析其中交换的数据,从而帮助人们和设备做出更智慧的决策。

为了抢占制造业的制高点,各工业发达国家重新认识到实体经济尤其是制造业的重要性,纷纷提出本国"再工业化"战略。各国政府加大科技创新力度,推动 3D 打印、移动互联网、云计算、大数据、生物工程、新能源、新材料等领域取得新突破。表 10.1 是 2008 年经济危机以后部分工业发达国家和国际组织制定的制造业振兴战略。

表 10.1 部分工业发达国家和国际组织制定的制造业振兴战略

序号	国家和国际组织	战略
1	美国	国家先进制造业战略
2	英国	"高价值制造"战略
3	法国	"新工业法国"战略
4	德国	"工业 4.0"战略
5	日本	"重振制造业"战略
6	欧盟	"再工业化"战略

2. 德国"工业 4.0"战略

在表 10.1 所示的制造业振兴战略规划中,最为著名的是德国"工业 4.0"战略。为了提高德国工业的竞争力,使德国的关键工业技术取得国际领先地位,德国政府在《高技术战略2020》中提出了"工业 4.0"战略计划,并在 2013 年 4 月的汉诺威工业博览会上正式推出《保障德国制造业的未来:关于实施"工业 4.0"战略的建议》(以下简称《"工业 4.0"战略建议》)。

德国在《"工业 4.0"战略建议》中提出的四次工业革命如图 10.1 所示。"工业 4.0"战略旨在通过应用生产制造过程、物流等的智能化、网络化技术,实现实时管理、全球分布式生产制造,并实现信息物理融合系统(cyber-physical system,CPS)。

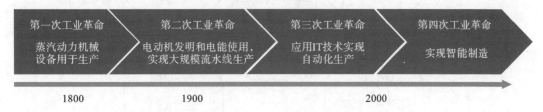

图 10.1　德国"工业 4.0"提出的四次工业革命

3. 我国实施智能制造的背景

我国在 2015 年发布了《中国制造 2025》,并提出了五大工程,分别是全面实施制造业创新中心建设、智能制造工程、工业强基工程、绿色制造工程、高端装备创新工程等,其中,智能制造是主攻方向。发展智能制造有助于加速培育我国新的经济增长动力,抢占新一轮产业竞争制高点。

采用智能制造技术可以大幅提高劳动生产率、减少劳动力在工业总投入中的比重。发达工业国家的先行经验表明,通过发展工业机器人、高端数控机床、柔性制造系统等现代装备,可以帮助制造业抢占新的产业制高点,通过运用现代制造技术和制造系统装备传统产业来提高传统产业的生产效率,能够促进制造业重塑和实体经济腾飞。

10.2　智能制造的基本概念

1. 智能制造的内涵定义

目前国际和国内都尚且没有关于智能制造的明确定义。我国发布的《智能制造发展规划(2016—2020 年)》对智能制造给出了一个较为全面的描述性定义:智能制造是基于新一代信息通信技术与先进制造技术深度融合,贯穿于设计、生产、管理、服务等制造活动的各个环节,具有自感知、自学习、自决策、自执行、自适应等功能的新型生产方式。

从这一定义可见,智能制造是面向产品全生命周期,实现状态感知、实时分析、自主决策、精准执行的先进制造模式(见图 10.2)。其主要特征是:

(1) 自律能力,即搜集信息并进行分析判断和规划自身行为的能力。

(2) 人机一体化。人机一体化在智能制造中可发挥更好的作用,机器智能和人的智能集成在一起,互相配合,相得益彰。

(3) 自组织能力与超柔性。智能制造系统中的各组成单元能够依据工作任务的需要,如同一群专家一样组成团队,具有生物特征。

(4) 智能自我维护。智能制造系统具有自学习功能,同时具备自行排除故障、自维护的能力。

(5) 虚拟现实与增强现实技术。虚拟现实与增强现实技术(augmented reality)融合信号处理技术、动画技术,智能推理、预测以及仿真和多媒体技术,可用虚拟手段智能地表现现实,是智能制造的重要特征。

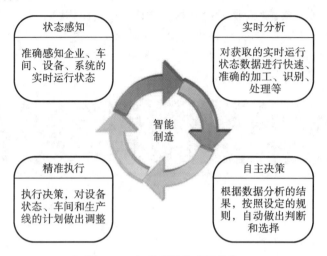

图 10.2　智能制造的主要特征

2. 智能制造内涵范围

智能制造的内涵范围可从智能产品、智能生产、产业模式、基础设施四个维度来认识(见图10.3)。智能产品是主体,智能生产是主线,以用户为中心的产业模式变革是主题,智能制造基础设施建设是基础。

图 10.3　智能制造的四个维度

智能制造也可以说是一种新的制造方式,通过互联网与先进制造业和现代服务业的深度融合,可以使互联网最新的信息技术、方法论和商业模式深度融合于制造业和服务业的各个领域之中,极大地促进制造业提质增效、转型升级,促进服务型制造业和生产性服务业的发展。

3. 智能制造技术

智能制造技术(intelligent manufacturing technology,IMT)是指在制造系统及制造过程中的各个环节通过计算机来实现人类专家的制造智能活动(包括分析、判断、推理、构思、决策等)的各种制造技术的总称。概略地说,智能制造技术是制造技术、自动化技术、系统工程与人工智能技术等互相渗透、互相交织而形成的一门综合性技术。其具体表现为数字化设计制造、智能设计、智能加工、智能控制、智能工艺规划、智能装配、智能管理、智能检测等。

4. 智能制造系统

如果将体现在制造系统各环节中的智能制造技术与制造环境中人的智能以柔性方式集成起来,并贯穿于制造过程中,这就是智能制造系统(intelligent manufacturing system,IMS)。简单地说,智能制造系统是基于智能制造技术而实现的制造系统。

10.3　智能制造的关键技术

智能制造的关键是实现制造过程的数字化、智能化与网络化,实现制造技术和智能技术的有机结合,其中的关键技术问题如图 10.4 所示,主要技术内容如下。

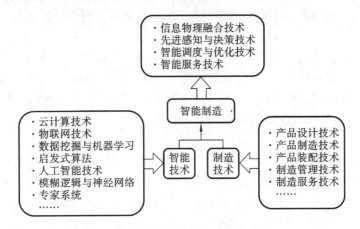

图 10.4　智能制造的关键技术

1. 先进制造技术

在智能制造过程中,以技术与服务创新为基础的高新化制造技术需要融入生产过程中的各个环节,以实现生产过程的智能化,提高产品生产价值;需要广泛应用基于工业机器人与智能控制系统的智能加工技术,基于智能传感器的智能感知技术,并开发满足极限工作环境与特殊工作需求的智能材料、基于打印技术的智能成形技术等。

2. 人工智能与增强现实技术

人工智能(artificial intelligence)是研究、开发用于模拟、延伸和扩展人的智能的理论、方法、技术及应用系统的一门学科。该领域的研究重点包括机器人、语言识别、图像识别、自然语言处理和专家系统等。

增强现实技术(augmented reality)是一种将真实世界信息和虚拟世界信息"无缝"集成的新技术,利用该技术可将真实的环境和虚拟的物体实时地叠加到同一个画面或空间,使之同时存在。增强现实技术不仅展现了真实世界的信息,而且将虚拟的信息同时显示出来,两种信息相互补充、叠加。增强现实技术包含多媒体、三维建模、实时视频显示及控制、多传感器融合、实时跟踪及注册、场景融合等新技术与新手段。

3. 物联网技术

物联网(internet of things)是物物相连的互联网,指通过各种信息传感设备,实时采集任何需要监控、连接、互动的物体或过程等的各种需要的信息,与互联网结合形成的一个巨大网络。构建物联网的目的是实现物与物、物与人,以及所有的物品与网络的连接,以方便地进行识别、管理和控制。

物联网技术通过基于技术与智能传感器的信息感知过程、基于无线传感器网络与异构网络融合的信息传输过程、基于数据挖掘与图像视频智能分析的信息处理过程实现制造过程的生产过程控制、生产环境监测、制造供应链跟踪、产品全生命周期监测等,帮助企业更好地掌握与利用地方资源,在智能制造的全球化进程中发挥着不可替代的作用。

4. 工业大数据技术

工业大数据(industrial big data)技术是将大数据理念应用于工业领域而形成的一门新的技术,应用该技术的目的是:将设备数据、活动数据、环境数据、服务数据、经营数据、市场数据和上下游产业链数据等原本孤立、海量、多样性的数据相互连接,实现人与人、物与物、人与物之间的连接,尤其是实现终端用户与制造、服务过程的连接,通过新的处理模式,根据业务场景对时实性的要求,实现数据、信息与知识的相互转换,使其具有更强的决策力、洞察发现力和流程优化能力。

随着全球化物联网的出现与其应用,有海量数据源源不断产生出来,如何利用大数据技术对这样的大规模,具有多样性、高速性与低价值性等特性的数据进行处理与融合,实现生产制造过程的透明化,从中获取价值信息,并依靠智能分析与决策手段提高应变能力,是提高制造过程"智能"水平需要解决的关键问题。

5. 云计算

云计算是一种能够通过网络以便利的、按需付费的方式获取计算资源(包括网络、服务器、存储空间、应用和服务等)并提高其可用性的模式。这些资源来自一个共享的、可配置的资源池,并能够以最省力和无人干预的方式获取和释放。针对全球化物联网与大数据,云计算基于资源虚拟化技术与分布式并行架构,将基础设施、应用软件分布式平台作为服务提供给用户,实现了分布式数据存储、处理、管理与挖掘。通过合理利用资源与服务,云计算为实现智能制造敏捷化、协同化、绿色化与服务化提供了切实可行的解决方案,在保证数据隐私性与安全性的前提下,将获得企业的广泛认可。

6. CPS 技术

CPS 通过"3C"技术——计算机技术、通信技术与控制技术的有机融合与深度协作,实现了制造过程的实时感知、动态控制与信息服务。为实现智能制造中物理系统与信息系统的深度融合,要采取的核心措施就是将传统制造中依靠实体空间、通过生产设备制造产品的模式,转变为以工业物联网为核心的人机交互模式,构建基于物理设备与制造过程数字模型的 CPS,其框架如图 10.5 所示。CPS 技术通过智能感知、分析、预测、优化和协同等技术手段,依托计算机网络、大数据和云计算技术,将生产系统中的制造信息与物理对象深度融合,可提升工业产业链的智能化与信息化水平。

7. 制造执行系统技术

制造执行系统(manufacturing execution system,MES)由美国先进制造研究(advanced manufacturing research,AMR)公司提出,其将 MES 定义为位于企业上层管理系统(计划层)与车间现场的自动控制系统(控制层)之间的面向车间层的管理信息系统。MES 系统在制造企业信息系统结构模型中的位置如图 10.6 所示。由图可知,MES 系统处于高层的计划层和车间现场的控制层之间,是两者建立联系的通道。

MES 系统包括生产计划管理和生产过程管理主要涉及的任务,其中生产计划管理包含人员调动、部门协调、多地协调、生产设备协调等,生产过程管理又包含设计信息、工艺信息、机床工作信息、产品检测信息等的管理。随着信息化、智能化的深入,智能制造中 MES 系统的重

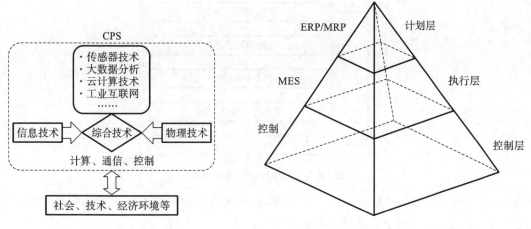

图 10.5　CPS 系统框架　　　　　　　　　　图 10.6　企业信息系统结构模型

要性日益凸显,其中具体的细化任务和框架如图 10.7 所示。

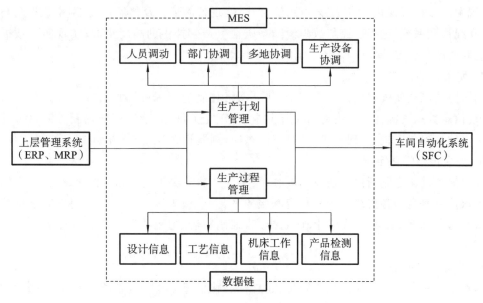

图 10.7　MES 系统的细化任务和框架

10.4　智能制造新模式

　　智能制造是基于新一代信息科技技术的一种新型模式,不仅是实现装备产品创新的重要手段,同时也是生产模式和产业形态发展变革的重要推动力。近年来我国重点在离散型智能制造、流程型智能制造、网络协同制造、大规模个性化定制、远程运维服务等方面开展智能制造新模式推广应用,形成五种智能制造新模式(见图 10.8)。

1. 离散型智能制造

　　离散型智能制造新模式建设的内容是:实现车间总体设计、工艺流程及布局的数字化建模;基于三维模型的产品设计与仿真,建立 PDM 系统,关键制造工艺的数值模拟以及加工、装配的可视化仿真;实现先进传感、控制、检测、装配、物流及智能化工艺装备与生产管理软件的

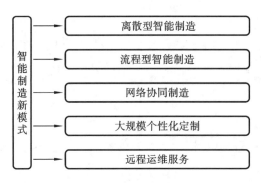

图 10.8　五种智能制造新模式

高度集成;实现现场数据采集与分析系统、车间制造执行系统(MES)与产品全生命周期管理(PLM)、企业资源计划(ERP)系统的高效协同与集成。

2. 流程型智能制造

流程型智能制造新模式建设的内容是:实现工厂总体设计、工艺流程及布局的数字化建模;实现生产流程可视化、生产工艺可预测优化;实现智能传感及仪器仪表、网络化控制与分析系统、在线检测系统、远程监控与故障诊断系统在生产管控中的高度集成;实现实时数据采集与工艺数据库平台、MES 与 ERP 系统的协同与集成。

3. 网络协同制造

网络协同制造新模式建设的内容是:建立网络化制造资源协同平台或工业大数据服务平台,实现信息数据资源在企业内外可交互共享;实现企业间、企业部门间创新资源、生产能力、市场需求的集聚与对接;实现基于云的设计、供应、制造和服务环节并行组织和协同优化。

4. 大规模个性化定制

大规模个性化定制新模式建设的内容是:实现产品模块化设计和个性化组合;建立用户个性化需求信息平台和各层级的个性化定制服务平台,以便为客户提供关于用户需求特征的数据挖掘和分析服务;实现产品设计、计划排产、柔性制造、物流配送和售后服务的集成和协同优化。

5. 远程运维服务

远程运维服务新模式建设的内容是:建立标准化信息采集与控制系统、自动诊断系统、基于专家系统的故障预测模型和故障索引知识库;实现装备(产品)远程无人操控、工作环境预警、运行状态监测、故障诊断与自修复;建立产品生命周期分析平台、核心配件生命周期分析平台、用户使用习惯信息模型;实现对智能装备(产品)提供健康状况监测、虚拟设备维护方案制定与执行、最优使用方案推送、创新应用开放等服务。

10.5　智能工厂模式概述

1. 智能工厂的含义

智能工厂(intelligent plant)是在数字化工厂的基础上,利用物联网技术和监控技术加强信息管理服务来提高生产过程可控性、减少生产线人工干预、合理计划排程,集初步智能手段和智能系统等新兴技术于一体,所构建的高效、节能、绿色、环保、舒适的人性化工厂。智能工厂是企业在设备智能化、管理现代化、信息计算机化的基础上的新发展。

智能工厂初步具有自主能力,可进行信息采集、分析、判断与自身行为的规划,并能通过整体可视技术进行推理预测,利用仿真及多媒体技术,将实境扩增,展示设计与制造过程。系统中各组成部分可自行组成最佳系统结构,具备协调、重组及扩充特性。此外,智能工厂还具备自我学习、自行维护能力。因此,智能工厂实现了人与机器的相互协调合作,其本质是人机交互。

2. 智能工厂主要特征

(1) 系统具有自主能力:可采集与理解外界及自身的资讯,并由此分析、判断及规划自身行为。

(2) 整体可视技术的实践:结合信号处理、推理预测、仿真及多媒体技术,将实境扩增,展示现实生活中的设计与制造过程。

(3) 协调、重组及扩充特性:系统中各组成部分可依据工作任务,自行组成最佳系统结构。

(4) 自我学习及维护能力:通过系统自我学习功能,在制造过程中可进行资料库补充、更新,还可自动进行故障诊断,并具备故障排除与自我维护,或通知对应系统执行的能力。

(5) 人机共存:人机之间具备互相协调合作关系,各自在不同层次之间相辅相成。

3. 智能工厂的网络层次结构

图 10.9 是一种智能工厂互联网络的典型结构,工厂互联网络各层次定义的功能以及各种系统、设备在不同层次上的分配如下。

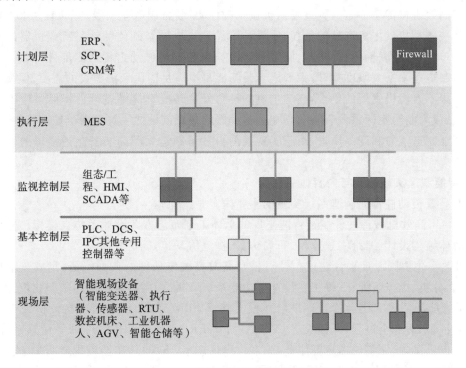

图 10.9　智能工厂的典型网络结构

(1) 计划层:实现面向企业的经营管理(如接收订单),建立基本生产计划(如原料使用、交货、运输计划),确定库存等级,保证原料及时到达正确的生产地点,以及进行远程运维管理等。ERP、客户关系管理(CRM)、供应链关系管理(SCM)等管理软件在该层运行。

(2) 执行层:实现面向工厂/车间的生产管理,如维护记录、详细排产、可靠性保障等。制造执行系统(MES)在该层运行。

（3）监视控制层：实现面向生产制造过程的监视和控制。按照不同功能，该层包括可视化的数据采集与监控(SCADA)系统、人机接口(HMI)、实时数据库服务器等，这些系统统称为监视系统。

（4）基本控制层：包括各种可编程的控制设备，如 PLC、DCS(分布式控制系统)控制器、工业计算机(IPC)及其他专用控制器等，这些设备统称为控制设备。

（5）现场层：实现面向生产制造过程的传感和执行，包括各种传感器、变送器、执行器、远程终端设备(RTU)、条码识别器、射频识别器，以及数控机床、工业机器人、自动引导车(AGV)、智能仓储等装备。以上这些设备统称为现场设备。

10.6　机械基础传动件智能制造实例

机械基础传动件的生产模式属于典型的多品种、小批量生产模式，非常有必要通过智能制造技术提高制造系统对产品快速切换的适应能力。为此，四川德恩精工科技股份有限公司联合四川大学等单位，组成智能制造实施团队，进行精密高效机械基础传动件智能制造模式及其应用研究和实践。

1. 实施智能制造的需求

精密高效机械传动件是一类重要的机械基础件，是装备制造业发展的基础，其水平直接决定着重大装备和机械主机产品的性能、质量和可靠性。机械基础传动件是组成机器的不可拆分的基本单元，包括联轴器、传动轴、胀紧套、带轮、齿轮等机械动力传动零部件产品。近年来我国装备制造业水平大幅度提升，大型成套装备能基本满足国民经济建设的需要，但高端基础件产品却跟不上主机发展的要求，高端主机的迅猛发展与配套高端基础件产品供应不足的矛盾凸显，已成为制约我国重大装备和高端装备发展的瓶颈问题之一。发展机械基础件产业、提升企业智能制造能力和产品质量，对于实现我国由装备制造大国向装备制造强国的转变具有重要的支撑作用。

2. 智能制造实施方案与内容

精密高效传动件智能制造系统实施的主要内容是：

（1）精密高效机械传动件制造智能工厂的总体工艺布局方案设计及仿真模拟。完成智能工厂的总体结构设计、三维实景建模、布局仿真、物流仿真、功能仿真等。

（2）数字化协同设计平台建设。针对精密高效机械传动件的典型特征，集成三维优化设计、有限元分析、虚拟装配、三维工艺设计等功能系统，建设面向多地协同的数字化设计平台。

（3）智能工厂数字化运营管理平台建设。基于 PLM 系统，面向精密高效机械传动件设计、制造、销售、服务全过程，全面集成 CAD、CAPP、ERP、MES、CRM、SCM 等信息系统，为智能化工厂提供准确、完整的信息源服务，为客户提供选单、下单、跟单全流程透明服务。

（4）智能工厂的设备改造、升级及集成。对传统机加工设备进行智能化技术改造、升级或更新替换，通过智能装夹接口耦合，开发机器人与传统锥套零件加工装备的智能单元，开发智能制造单元关键机器人系统，使传统设备具有信息处理能力、智能感知能力、自适应性执行能力，提升智能工厂的基础装备条件。

（5）智能车间的互联互通标准与网络建设。集成 IP 网络、RS232、RS485、CAN-Bus 等多种现场设备总线，通过协议适配器转换，构建统一的车间设备互联互通 IP 网络架构；建设基于消息队列的数字化车间设备互联互通数据总线,定义设备通信数据语义、语法标准体系;开发数字化车间智能装备报警数据、状态数据的去冗、清洗、融合、存储与发布中间件系统。

(6) 智能感知技术的应用。应用机器视觉技术、射频识别(RFID)技术、二维码技术、全球定位系统(GPS)技术、激光检测技术等信息感知、定位、测量技术,提升智能工厂的设备、物料对环境、质量、加工参数的离线、在线检测的自适应能力。

(7) 智能制造工厂的信息安全保障技术。采用总线隔离、信息安全监测、系统防侵入、安全防呆、视频监控等多种安全技术,结合企业信息安全保护管理制度,保障智能制造工厂的安全性。

3. 智能制造新模式总体框架

精密高效传动件智能制造系统建设的总体目标是:以高档数控机床与工业机器人、智能传感与控制设备、增材制造设备、智能检测与装配设备、智能物流与仓储设备等关键技术装备的集成与创新应用,打造集产品数字化设计、装备智能化升级、工艺流程优化、精益生产、可视化管理、质量控制与追溯、智能物流于一体的离散型智能制造工厂,打造精密高效传动件智能化制造示范车间,探索批量化、多品种精密零件智能化生产模式。智能制造新模式总体框架如图 10.10 所示。

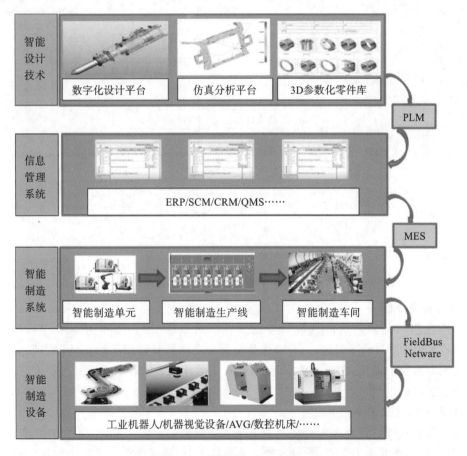

图 10.10　智能制造新模式总体框架

4. 数字化集成设计平台

数字化集成设计平台基于对 SolidWorks、ADAMS、ANSYS 的集成二次开发,实现了产品设计、仿真分析、知识管理等功能。产品设计与仿真分析信息集成框架如图 10.11 所示。产品设计包括产品概念设计、方案设计、功能分析、三维 CAD 建模、零部件装配。仿真分析包括多体动力学仿真与有限元分析。知识管理系统为产品设计与仿真分析提供各类公式,材料、电、磁等相关的参数和经验数据知识,并通过对产品的几何拓扑信息、零部件约束信息、零件载荷信息的读取、识别与转化,实现产品设计与仿真分析信息的集成。

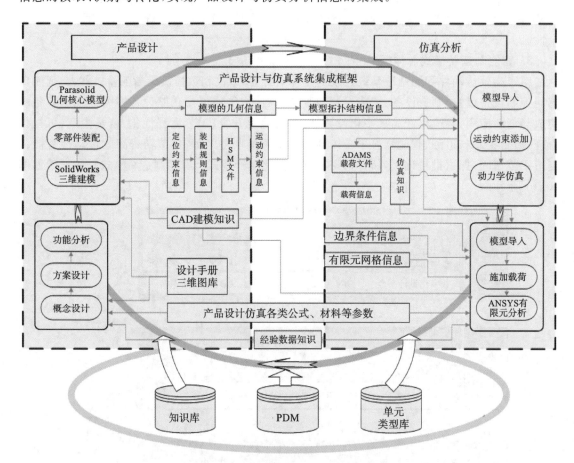

图 10.11　产品设计与仿真分析系统集成框架

5. 企业信息系统

用于实现机械基础传动件智能制造的企业信息系统 CAD 平台为 SolidWorks 平台和 Caxa,CAE 平台为 ANSYS 系统。PDM 主要功能包含图档管理和产品 BOM 管理。为了适应德恩智能制造系统的需要,在商业化 ERP 系统基础上开发形成适用于精密高效传动件智能制造的企业信息集成平台。

6. 智能自动化加工单元

精密高效传动件智能制造车间规划了 100 个智能自动化加工单元,每个加工单元包括两台智能车床、一台智能加工中心、一台六轴工业机器人、一套盘件双气爪抓手模块、一套翻面模块、一套定位模块、一个盘件上下料库、一套安全防护系统,如图 10.12 所示。机器人可在成品料仓实现码垛功能。智能制造车间通过信息化管理,对生产进行监控。

图 10.12　智能自动化加工单元

7. 智能制造生产线

智能制造生产线由智能加工单元构成,可实现对标准件系列产品的全工序加工和检测。智能加工单元组成如图 10.13 所示。智能生产线的主要特点是:

(1) 铸件锥套自动化加工生产线采用六关节工业机器人实现零件的上下料和装箱,内部零件输送采用带式输送机实现。

(2) 采用光电识别系统实现对零件关键尺寸的全检,不合格零件自动识别隔离。同样也是利用光电识别系统,对有铸造缺陷的零件进行自动识别隔离。

(3) 生产线平均每 7 s 左右出一件锥套成品,班产量可达到 4500 件左右。

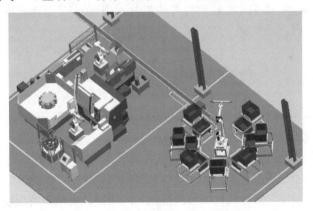

图 10.13　智能加工单元组成

8. 智能制造装备的互联互通

制造数据采集(manufacturing data collection,MDC)一般通称为机床监控,是指通过先进的软硬件采集技术对数控设备进行实时、自动、客观、准确的数据采集,实现生产过程的透明化管理,并为 MES 提供生产数据的自动反馈。

数控设备及自主开发改造设备与控制中心互联互通,实现现场数据的实时采集和监控。数据采集分析子系统可实时、准确掌握生产现场设备的状态(上电和断电、空转和带负荷运行、无任务和加工等待、故障停机以及故障处理进度等),运行参数信息(主轴转速、主轴负荷)以及运行报警信息,做到信息有效采集、规范存储,避免因设备原因造成生产延误。

9. 实施智能制造模式的经验

(1) 为了实施智能制造项目,企业专门组建了"智能制造事业部",该事业部由数字化设计与工艺、信息化、工业自动化、工业机器人等多个专业领域的人才组成。

（2）注重国产化设备及系统的应用。在整个智能制造项目中,国产化设备达到 70%以上,软件系统 90%以上采用国产系统或自主开发的系统。引进了沈阳机床厂的智能制造单元,该智能单元主要由沈阳机床厂的 i5T3.5 智能车床及 i5M4.2 智能加工中心组成。

（3）充分利用已有的设备资源。通过设备改造,适当添置部分具备高档数控功能的机床,搭配形成功能完善、经济实用的智能制造单元。由于设备的改造采用自主研制的中心控制系统,因此设备控制系统与 MES 的联网很容易实现,克服了外购数控系统联网需要二次开发或需要借助于第三方联网平台的问题。

（4）智能制造领域的装备制造能力提升。为了适应智能制造自主研发的需要,成立了工业机器人事业部,开发有多款工业机器人和坐标机器人。其中坐标机器人已经在智能生产线上成功应用。自主开发的六关节工业机器人,在实验生产线上考核其稳定性。

（5）智能制造注重校企合作,充分发挥了高校在智能制造领域的优势作用。四川德恩精工科技股份有限公司与四川大学等高校建立了"智能制造联合研发实验室",与四川大学制造科学与工程学院在数字化设计与分析等方面展开了合作,建立了企业 3D 数字化设计平台以及关键产品的数字化仿真分析平台。

（6）智能制造采用的是从设备到单元→从单元到线→从线到车间的逐步推进的模式。基于工业机器人技术,开发了集成三台数控加工中心的智能制造单元。基于智能制造单元,通过物料输送线连接,构成了智能化生产线。

（7）智能制造注重新技术、新装备与人的协调性。智能制造系统一方面注重采用先进技术,成功应用了机器视觉、RFID、视频监控等先进技术及 AGV、立体仓库,注重智能化装备与人的协调性。

习　题

1. 通过分析全球范围内制造业变革的主要特征,论述发展智能制造模式的必要性和重要意义,总结国内外相关国家制造业振兴战略要点。

2. 在学习《中国制造 2025》规划的基础上,分析我国为什么要将智能制造作为主攻方向,其目的与意义是什么。

3. 智能制造的内涵定义是什么? 如何理解这一内涵定义? 分析智能制造内涵的发展历程。

4. 针对制造过程的数字化、智能化与网络化发展的需要,谈一谈智能制造需要哪些关键技术。

5. 为什么说数字化设计制造技术是实施智能制造的基础和关键技术? 讨论数字化设计制造技术在智能制造系统中的作用。

6. 智能制造有哪几种新模式? 请结合相关行业企业的需要,总结每一种模式的实施内容和特点。

7. 分析讨论数字化工厂和智能工厂的内涵和特点,论述如何将数字化工厂发展为智能工厂,如何实施智能制造。

8. 通过对机械制造企业实施智能制造新模式的实际情况,总结企业实施智能制造的内容、关键技术和成效,总结相关经验教训,提出对实施智能制造的建议和参考方案。

第11章

数字孪生建模技术及其应用

随着新一代信息技术与先进制造技术的加速融合,工业数字化、网络化、智能化演进趋势日益明显,催生了一批制造业数字化转型新模式、新业态,其中数字孪生日趋成为国内外工程技术领域研究应用的热点。本章介绍数字孪生(digital twin,DT,也有人将其翻译为数字镜像、数字映射、数字双胞胎等)技术的概念及其发展历程、数字孪生技术的内涵及其技术体系,论述数字孪生技术的应用现状以及产品设计各个阶段对数字孪生技术的应用需求。

11.1　数字孪生技术产生的背景与意义

当前,数字化设计制造技术正在不断地改变机械制造企业,不仅仅要求企业开发出具备数字化特征的产品,更重要的是要求企业通过数字化手段改变整个产品的设计、开发、制造和服务过程,并通过数字化的手段连接企业的内部和外部环境。随着产品生命周期的缩短、产品定制化需求的增加,加之企业必须同上下游建立起协同的生态环境,企业不得不采取数字化的手段来加速产品开发,并提升开发、生产和服务的有效性。

在基于CAD/CAM技术发展起来的数字化工厂环境中,设计人员可不再需要通过开发实际的物理原型来验证设计理念,也不需通过复杂的物理实验来验证产品的可靠性,不需要进行小批量试制就可以直接预测生产的瓶颈。因此,制造企业建设先进数字化制造系统,实现设计和制造信息的交互与共融,是实现智能化设计制造目标所面临的关键问题之一。

随着基于模型的定义(MBD)、PDM、模型轻量化技术的日趋成熟,目前产品模型的数据表达日趋完善,而产品制造过程和产品服务过程的数据管理问题日益凸显,制造数据来源和数据量剧增。因此,如何实现产品全生命周期中多源异构动态数据的有效融合与管理,实现产品研发生产中各种活动的优化决策,成为工程中亟待解决的问题。在此背景下,数字孪生技术逐渐引起国内外工程领域专家学者的关注。

数字孪生是指通过数字化手段,在虚拟空间构建一个与现实实体相一致的虚拟实体的技术。通俗些讲,就是把一个物体完全复制到数字设备上以便于人们观察的技术。数字孪生建模作为一种充分利用模型、数据、智能并集成多学科的技术,以数字化方式复现了产品和生产系统,面向产品全生命周期过程,起到连接物理世界和信息世界的桥梁和纽带作用,为实现物理世界与信息世界的交互与共融提供了有效的途径,得到了国内外学者、研究机构和企业的广泛和高度关注。近年来数字孪生技术在不断地快速演化,无论是对产品的设计、制造还是服务,都产生了巨大的推动作用。

(1)加快产品的创新设计。数字孪生技术通过设计工具、仿真工具、物联网、虚拟现实等各种数字化的手段,将物理设备的各种属性映射到虚拟空间中,形成可拆解、可复制、可转移、可修改、可删除、可重复操作的数字镜像,这极大地加速了操作人员对物理实体的了解,可以让很多原来由于物理条件限制、必须依赖于真实的物理实体而无法完成的操作,如模拟仿真、批量复制、虚拟装配等变得易于实现,更能激发人们去探索新的途径来优化设计、制造和服务。

(2) 完整的性能分析和预测能力。现有的产品生命周期管理很少能够实现精准的预测,因此往往无法对隐藏在表象下的问题提前进行预判。而数字孪生可以结合物联网的数据采集、大数据的处理和人工智能的建模分析,实现对当前状态的评估、对过去发生问题的诊断,以及对未来趋势的预测,并给出分析的结果,模拟各种可能性,提供更全面的决策支持。

(3) 产品设计、制造和服务经验知识的数字化。在传统的产品设计、制造和服务领域,经验和知识往往是一种模糊而很难把握的形态,很难将其作为精准判决的依据。数字孪生可以通过数字化的手段,将原先无法保存的专家经验和知识进行数字化,提供保存、复制、修改和转移的能力。

11.2　数字孪生的基本概念与发展历程

数字孪生技术也是伴随着产品数字建模技术的演变而发展起来的。产品数字建模技术从采用简单的编码标识技术描述产品开始,发展到今天虚实互动的数字孪生技术,其过程可分为如表 11.1 所示的四个阶段。实际上,数字孪生技术是将带有三维数字模型的信息拓展到整个产品生命周期中的影像技术,最终实现虚拟产品与物理实体对象数据的同步和一致。

表 11.1　产品数字化发展阶段

项目	第一阶段	第二阶段	第三阶段	第四阶段
技术特征	数据信息 概念抽象	静态模型 外在形象	动态模型 以虚拟实	虚实互动 以虚控实
关键技术	特征编码	几何建模	动态仿真	感知预测

11.2.1　数字孪生的基本概念

数字孪生与数字孪生体是一对常常被并提的概念。通常情况下对数字孪生、数字孪生体分别定义如下:

数字孪生是指利用数字技术对物理实体对象的特征、行为、形成过程和性能等进行描述、建模以及分析优化的过程和方法。通俗地讲,数字孪生就是通过数字化手段,在数字世界中构建一个与物理世界中的实体完全相同的实体模型,实现对物理实体的分析和优化。

数字孪生体是指与现实世界中的物理实体完全对应和保持一致的虚拟模型,可实时模拟物理实体在现实环境中的行为和性能,也称为数字孪生模型。可以说,数字孪生是技术、过程和方法,数字孪生体是对象、模型和数据。

从更为广义的角度来看,数字孪生是以数据和模型为驱动,集成多学科、多物理量、多尺度、多概率的仿真过程,在虚拟空间中完成映射,从而反映相对应的实体全生命周期过程的新型制造模式,通过实时连接、映射、分析、反馈物理现实行为特征,使产品全要素、全产业链和价值链达到闭环优化。

因此,可以认为数字孪生以数字化方式复现了产品和生产系统,使得产品和生产系统的数字空间模型和物理空间模型处于实时交互中,使二者能够及时地掌握彼此的动态变化并实时地做出响应,从而提高产品研发、制造的生产效率。

数字孪生建模流程是:

(1) 在不同的工程领域内,使用建模工具创建实体设备模型,这些实体设备包括传感器、执行器或其他可以提供数据的设备。

(2) 定义了模型之后,其他系统可用该模型提取对象信息,同时允许在该模型中交换建模属性的信息。模型应该提供开放格式,并采用中间件使开发者更加关注系统问题,使通信层更抽象。

(3) 提供一种基于模型的系统间通信通用机制,目的是能涵盖各个领域的不同系统。

11.2.2　物理实体与数字孪生的关系

数字孪生在其发展历程中不断融合各种新技术,如虚拟制造技术(virtual manufacture technology,VMD)、虚拟样机技术(digital mock-up technology,DMT)、基于模型的定义技术等。数字孪生技术强调物理世界与虚拟世界的连接作用,从而做到虚实统一,实现产品全生命周期任何阶段之间的闭环。

数字孪生技术通过构建物理实体的虚体以及其隐含的客观规律来表示物理空间,这样就可以在虚拟空间里不受时空限制地研究物理空间的发展变化。在规划设计、任务执行以及设备控制等各项工作中,通过预设物理实体或传感器感知物理实体实时状态的变化,在虚拟空间中作用于虚体,从而引起虚体的变化。这些变化提前传递于物理空间,物理空间就有时间选择最优的控制方案作用于物理实体。物理实体与数字孪生的关系如图 11.2 所示。虚体总是走在实体的前面,在实体之前发生变化,甚至取代实体进行工作,如在虚拟驾驶培训、虚拟碰撞检测及虚拟加工仿真等多个领域虚体已替代实体进行相关工作。

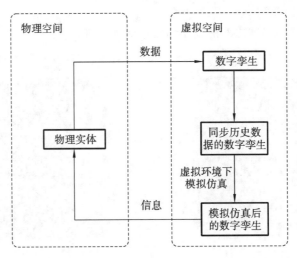

图 11.2　实体与数字孪生的关系

数字孪生的实现主要依赖于高性能数字建模和计算、先进传感采集、数字仿真、智能数据分析、虚拟现实和增强现实等方面技术的支撑,以实现对目标物理实体对象的超现实镜像呈现。

11.2.3　数字孪生技术发展历程

"数字孪生"的概念最早可以追溯到美国国家航空航天局(NASA)的阿波罗项目。阿波罗项目组制造了两个相同的飞行器,留在地面的飞行器被称为孪生体,用来反映正在执行任务的空间飞行器的状态/状况。在飞行准备期间,该孪生体应用于仿真验证及飞行训练;在任务执行期间,该孪生体会尽可能精确地反映和预测正在执行任务的空间飞行器的状态,从而辅助太空中的航天员做出正确的操作。从这个角度可以看出,孪生体实际上是通过仿真实时反映真实运行情况的样机或模型。它具有两个显著特点:

(1) 孪生体与其所要反映的对象在外表(指产品的几何形状和尺寸)、内容(指产品的结构组成及其宏观、微观物理特性)和性质(指产品的功能和性能)上基本一样;

(2) 允许通过仿真等方式来镜像/反映真实的运行情况/状态。

需要指出的是,此时的孪生体还是实物。

2002 年密歇根大学教授 Michael Grieves 在其所发表的一篇文章中提出了数字孪生体的概念。最初数字孪生体被命名为信息镜像模型(information mirroring model),这一概念隐含的意思是:通过物理设备的数据,可以在虚拟(信息)空间构建一个可以表征该物理设备的虚拟实体和子系统,并且这种联系不是单向和静态的,而是在整个产品的生命周期中都联系在一起。显然,这个概念不仅仅涉及产品的设计阶段,还延伸到了生产制造和服务阶段。

2011 年,Michael Grieves 教授在其书《几乎完美:通过产品全生命周期管理驱动创新和精益产品》中引用了其合作者 John Vickers 描述该概念模型的名词——digital twin(数字孪生体),之后该名称一直沿用至今。Michael Grieves 教授提出的数字孪生体的概念模型如图 11.3 所示,该模型包括三个主要部分:

(1) 物理空间的实体产品;

(2) 虚拟空间的虚拟产品;

(3) 物理空间和虚拟空间之间的数据和信息交互接口。

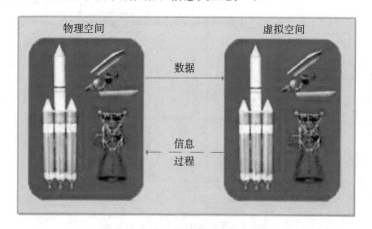

图 11.3　数字孪生体的概念模型

在此之后,数字孪生的概念逐步扩展到了模拟仿真、虚拟装配和 3D 打印等领域。2014 年以后,随着物联网技术、人工智能和虚拟现实技术的不断发展,更多的工业产品、工业设备具备了智能特征,而数字孪生技术的应用也逐步扩展到了包括制造和服务在内的完整的产品生命周期过程中,并且数字孪生的形态和概念也日趋丰富。

　　"数字孪生"概念将阿波罗项目中的"孪生"概念拓展到了虚拟空间。采用数字化手段创建一个与产品物理实体在外观表现和内在性质上都相似的虚拟产品,建立虚拟空间和物理空间的关联,使两者之间可以进行数据和信息的交互,形象直观地体现了以虚代实、虚实互动及以虚控实的理念。

　　随后数字孪生的概念被扩展到制造领域,美国国防采办大学(Defense Acquisition University,DAU)对数字孪生的定义是:充分利用物理模型、传感器、运行历史等方面的数据,集成多学科、多物理量、多尺度、多概率的仿真过程,在虚拟空间中完成映射,从而反映相对应实体产品的全生命周期过程。由此数字孪生被广泛接受并一直延用至今。

　　2015 年数字孪生技术才开始进入它的黄金发展时期。美国通用电气公司计划基于数字孪生体,通过其自身搭建的云服务平台 Predix,采用大数据、物联网等先进技术实现对发动机的实时监控、及时检查以及预测性维护。随着物理模型数字化表达的进步以及大数据、物联网、云计算等新一代信息技术的突破,数字孪生技术在理论和应用层面都取得了快速发展。

　　通过数字孪生模型与仿真技术,对高成本、高复杂性大型设备产品进行设计、生产、装配全流程的数字化,并借助传感器实时数据与运行数据,实现对设备产品的远程监控和预测性维护,已成为大型工业制造企业的共识。比如西门子建立了贯穿于产品生命周期各环节间的数据模型,仿真模拟一些工厂的实际操作;通用电气公司与 ANSYS 公司借助数字孪生概念,提出物理机械和分析技术融合的实现途径,让每个引擎、每个涡轮、每台核磁共振设备都拥有一个数字化的"双胞胎";德国 SAP 软件公司利用数字孪生概念,在产品实验阶段采集设备的运行状况,通过分析后得出产品的实际性能,再与需求设计的目标比较,从而形成产品研发的闭环体系。

　　数字孪生技术之所以具有颠覆性,就在于它可以完全绕过现实实物,直接通过操控数字孪生体进行模拟、仿真和预测。例如波音公司的波音 777 客机,就是利用数字孪生的初期技术开发设计的。它有 300 多万个零部件,在整个研发过程中,却没有采用任何图纸模型,完全依靠数字仿真来进行设计,然后直接进行量产。据报道,数字孪生技术帮助波音公司减少返工量50%,有效缩短研发周期 40%。

　　近年来许多学者针对数字孪生技术在机械行业中的应用进行了研究,通过虚实交互反馈、数据融合分析、决策迭代优化等手段,以数字化虚拟模型模拟物理实体在现实环境中的操作行为,使得数字孪生技术面向产品全生命周期发挥出了连接物理世界与信息世界的桥梁作用。

11.3　数字孪生的不同形态

　　数字孪生以产品为主线,在产品生命周期的不同阶段引入不同的要素,形成了不同阶段的数字孪生表现形态。

1. 设计阶段的数字孪生

　　在产品的设计阶段,利用数字孪生可以提高设计的准确性,并验证产品在真实环境中的性能。这个阶段的数字孪生主要包括如下功能:

　　1) 数字模型设计

　　使用 CAD 软件工具开发出满足技术规格的产品虚拟原型,记录产品的各种物理参数,以可视化的方式展示出来,通过一系列的验证手段来检验设计的精准程度;

2) 模拟和仿真

通过一系列可重复、可变参数、可加速的仿真实验,来验证产品在不同外部环境下的性能和表现,在设计阶段就验证产品的适应性。

例如,在机械产品设计过程中,考虑到对动力学性能的要求,可利用 CAD 和 CAE 平台进行三维实体建模和机械动力学、流体动力学以及热动力学等方面的分析和仿真,提升产品的力学性能。

2. 制造阶段的数字孪生

在产品的制造阶段,利用数字孪生可以加快产品导入的时间,提高产品设计的质量、降低产品制造成本和效率。产品阶段的数字孪生是一个高度协同的过程,通过数字化手段构建起来的虚拟生产线,将产品本身的数字孪生同生产设备、生产过程等其他形态的数字孪生高度集成起来,实现如下功能:

1) 生产过程仿真

在产品生产之前,就可以通过虚拟生产的方式来模拟在不同产品在不同参数、不同外部条件下的生产过程,实现对产能、效率以及可能出现的生产瓶颈等问题的提前预判,加速新产品导入的过程。

2) 数字化产线

将生产阶段的各种要素,如原材料、设备、工艺配方和工序要求,通过数字化的手段集成在一个紧密协作的生产过程中,并根据既定的规则,自动完成在不同条件组合下的操作,实现自动化的生产过程;同时记录生产过程中的各类数据,为后续的分析和优化提供依据。

3) 关键指标监控和过程能力评估

通过采集生产线上的各种生产设备的实时运行数据,实现对整个生产过程的可视化监控,并且通过经验或者机器学习建立关键设备参数、检验指标的监控策略,对出现违背策略的异常情况进行及时处理和调整,实现稳定并不断优化的生产过程。

3. 服务阶段的数字孪生

随着物联网技术的成熟和传感器成本的下降,很多工业产品,从大型装备到消费级产品,都使用了大量的传感器来采集产品运行阶段的环境和工作状态信息,并通过数据分析和优化来避免产品的故障,改善用户对产品的使用体验。这个阶段的数字孪生可以实现如下功能。

1) 远程监控和预测性维修

通过读取智能工业产品的传感器或者控制系统的各种实时参数,构建可视化远程监控系统,利用采集的历史数据,构建层次化的部件、子系统乃至整个设备的健康指标体系,并使用人工智能实现趋势预测;基于预测的结果,对维修策略以及备品备件的管理策略进行优化,减少或避免客户因为非计划停机带来的损失。

2) 优化客户的生产指标

通常情况下,制造装备参数设置的合理性以及在不同生产条件下的适应性,往往决定了客户产品的质量和交付周期。制造装备厂商可以通过采集生产数据,构建起针对不同应用场景、不同生产过程的经验模型,帮助客户优化参数配置,改善产品质量和生产效率。同时,通过采集智能工业产品的实时运行数据,避免产品错误使用导致的故障,精确地把握客户需求,避免研发决策失误。

例如,石油钻井设备提供的预测性维修和故障辅助诊断系统,不仅能够实时采集钻机不同关键子系统,如发电机、泥浆泵、绞车、顶驱的各种关键指标数据,还能够根据历史数据的发展趋势,对关键部件的性能进行评估,并根据部件性能预测的结果,调整和优化维修的策略。同时,还能够根据钻机实时状态的分析,对钻机钻井的效率进行评估和优化,有效地提高钻井的投入产出比。

11.4　数字孪生的技术体系

11.4.1　数字孪生核心技术

数字孪生技术体系涵盖感知控制、数据集成、模型构建、模型互操作、业务集成、人机交互六大核心技术。

(1) 感知控制技术:表现为数据采集和反馈控制两大功能,是连接物理世界的入口和反馈物理世界的出口。

(2) 数据集成技术:实现异构设备和系统的互联互通,让物理世界和承载数字孪生体的虚拟空间无缝衔接。

(3) 模型构建技术:实现对物理实体形状和规律的映射。通过几何模型、机理模型、数据模型的构建,分别实现对物理实体形状、已知的物理规律(或经验)以及未知的物理规律的模拟仿真。

(4) 模型互操作技术:承担着将几何模型、机理模型、数据模型三大模型融合的任务,实现从构建静态映射的物理实体到构建动态协同的物理实体的转变。

(5) 业务集成技术:数字孪生价值创新的纽带,能够打通产品全生命周期过程、生产全过程、商业全流程的价值链条。

(6) 人机交互技术:将人的因素融入数字孪生系统,通过友好的人机操作方式将控制指令反馈给物理世界,实现数字孪生全闭环优化。

11.4.2　数字孪生技术体系

从虚实空间映射以及协同的角度来看,数字孪生的实现离不开各个功能组成部分不同的技术支持。在虚拟空间,需要具备对基础设备、产品系统、生产环境等进行多层次仿真和建模的能力;在物理空间,需要具备完整的生产系统运营管理能力、全集成自动化系统工程能力以及基于云计算、物联网和大数据的数字孪生分析和服务能力;在连接和协同方面,需要具备虚拟空间和物理空间的信息集成和闭环反馈能力。在产品服务阶段,需要综合利用传感技术、追溯技术、仿真技术、物联网技术等,为产品状态跟踪监控、故障预警和定位分析等提供支持。

为此,有专家学者对数字孪生技术体系进行了总结,提出数字孪生技术体系结构可以分为数据保障层、建模计算层、数字孪生功能层和沉浸式体验层四层,如图 11.4 所示。

(1) 数据保障层是整个数字孪生技术体系的基础,支撑着整个上层体系的运作,其主要功能包括高性能传感器数据采集、高速数据传输和全生命周期数据管理。

(2) 建模计算层主要由建模算法和一体化计算平台两部分构成。智能算法部分充分利用机器学习和人工智能领域的技术方法实现系统数据的深度特征提取和建模,通过采用多物理多尺度建模方法对传感数据进行多层次、多尺度的解析,挖掘和学习其中蕴含的相关关系、逻辑关系和主要特征,实现对系统的超现实状态表征和建模。

(3) 功能层面向实际的系统设计、生产、使用和维护需求提供相应的功能,包括多层级系

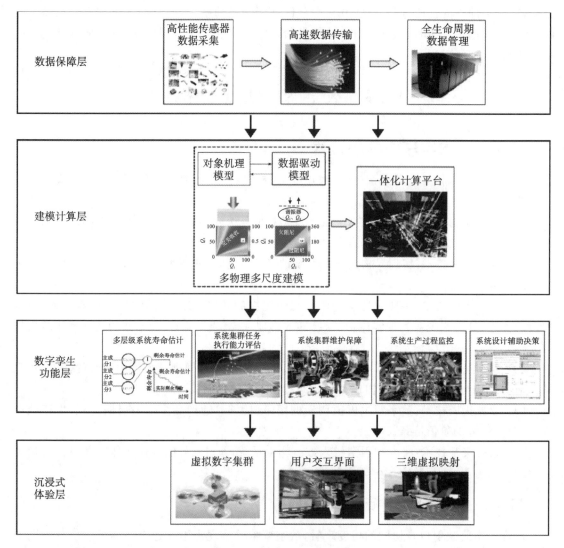

图 11.4　数字孪生技术体系

统寿命估计、系统集群任务执行能力评估、系统集群维护保障、系统生产过程监控以及系统设计决策等功能。

(4) 沉浸式体验层的主要目的在于给使用者提供人机交互良好的使用环境,是直接面向用户的层级,以用户可用性和交互友好性为主要参考指标。

11.5　产品全生命周期中的数字孪生

数字孪生应用于产品全生命周期,数字孪生的构建是基于全要素、全生命周期的数据——这里把产品生命周期定义为需求分析、概念设计、详细设计、生产制造、销售、售后服务和回收七个阶段。借助于数字孪生技术,企业在产品全生命周期各个环节之间建立起一条双向数据流,为生产者及使用者提供全方面、多维度、最大化的价值,如图 11.5 所示。

1. 需求分析阶段的数字孪生

需求分析是用户驱动型产品设计过程中的一项重要任务,需求分析阶段的主要工作是获

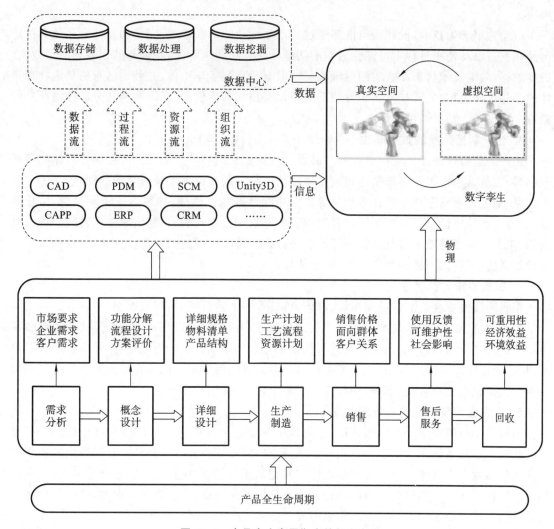

图 11.5　产品全生命周期中的数字孪生

取用户对产品的需求并将用户需求转化为切实可行的产品规格说明。需求来自用户的意愿，配置体现于产品，这种对应关系可以在虚拟空间中得到映射。

2. 产品设计阶段的数字孪生

产品设计阶段包括概念设计阶段和详细设计阶段。在概念设计阶段要将需求转化为设计方案，确定需要用什么设备、方案、流程等，确保实现这个需求，通过测试的手段验证概念的有效性。很多影响因素都应该在此阶段充分考虑到。在详细设计阶段要将产品定义和方案转化为详细的步骤和规格，以便开发产品；通过分析、计算、仿真等手段得到产品完整清晰的结构数据，通过 CAD 实现物理对象的三维表达，通过完整的物料清单详细表示产品信息。

在设计阶段，可以使用研发设计出的数字孪生体，进行一系列的运动学、动力学等方面的仿真优化，以确定初步的设计方案；初步方案确定后，在搭建的虚拟仿真环境中进行虚拟仿真验证，根据设计结果修改设计方案，并为后续的详细设计提供设计依据；在虚拟空间中对经过详细设计的数字孪生体的制造过程、功能和性能测试过程进行集成的模拟、仿真和验证，预测潜在的产品设计缺陷、功能缺陷和性能缺陷；针对这些缺陷，支持产品数字孪生体中对应参数的修改，在此基础上对产品的制造过程、功能和性能测试过程再次进行仿真，直至问题得到解决。

应用数字孪生技术,设计人员能够通过对产品设计的不断修改、完善和验证来避免和预防产品在制造以及使用过程中可能会遇到的问题。在产品制造阶段,将最新的检验和测量数据、进度数据、关键技术状态参数实测值等关联映射至产品数字孪生体,并利用已有的基于物理属性的产品设计模型、关键技术状态参数理论值以及预测分析模型,实时预测和分析物理产品的制造/装配进度、精度和可靠性。

3. 生产制造阶段的数字孪生

生产制造阶段的任务是将虚拟的产品设计变成真正的物理产品。此时会确定具体使用哪些物料、人员、设备、工艺等来制造出满足需求的产品。制造过程涉及海量的数据,包括生产要素信息、加工过程信息和生产任务信息等。海量的数据难以管理,往往造成资源浪费,信息难以同步,生产效率低下。将制造阶段各物理对象以数字化方式表达,封装成知识、属性,可以对资源、工艺和调度等相关信息进行更好的管理;对生产计划进行仿真、迭代优化,使得投入生产的计划最优,可以大大提高生产效率,节约能耗。

4. 销售阶段的数字孪生

销售阶段要综合产品性质与市场、群体、价格等因素进行考量,以说明书、广告等方式宣传产品的感知价值。服务涉及产品的技术支持和服务。在此阶段以用户反馈的形式收集产品带给用户的感知价值,用以后期对产品进行优化改进。回收阶段从环境保护及可持续制造等角度出发,考虑零部件的可重用性、报废零件对环境的影响等因素。同样在售后服务阶段利用数字孪生虚拟化手段将宣传、服务、回收等环节数字化,加强用户体验。

5. 产品生命终结阶段的数字孪生

当用户不再需要某个产品时,可以利用数字孪生数据来进行适当的寿命终止操作。特定部件的操作条件数据用于决定是否重新使用、整修、回收或报废这些部件。材料数据有助于确定适当的回收和废物流。产品数字孪生体实时记录了产品从出生到消亡的全过程,并且在产品所处的任何阶段都能够调用该阶段以前所有的模型和数据,产品在任何时刻、任何地点和任何阶段都是状态可视、行为可控、质量可追溯的。

总之,数字孪生技术的出现,使得企业能够在产品实物制造以前就在虚拟空间中模拟产品的开发、制造和使用过程,避免或减少产品开发过程中存在的物理样机试制和测试过程,降低企业进行产品创新的成本、时间及风险,解决企业开发新产品通常会面临的成本、时间问题和风险。

习　　题

1. 数字孪生技术的含义是什么? 理解这一含义,分析数字孪生技术的发展历程。
2. 数字孪生技术系统涵盖的核心技术有哪些?
3. 讨论物理实体与数字孪生体的关系。
4. 产品全生命周期定义为几个阶段? 分析各阶段的数字孪生技术。

参 考 文 献

[1] 殷国富,杨随先.计算机辅助设计与制造技术[M].武汉:华中科技大学出版社,2008.

[2] 殷国富,刁燕,蔡长韬.机械 CAD/CAM 技术基础[M].武汉:华中科技大学出版社,2010.

[3] 殷国富,袁清珂,徐雷.计算机辅助设计与制造技术[M].北京:清华大学出版社,2011.

[4] 徐雷,殷鸣,殷国富.数字化设计与制造及应用[M].成都:四川大学出版社,2019.

[5] 张策.机械工程简史[M].北京:清华大学出版社,2015.

[6] 林清安.完全精通 Pro/ENGINEER 零件设计基础入门(野火 5.0 中文版)[M].北京:电子工业出版社,2010.

[7] 林清安.完全精通 Pro/ENGINEER 野火 5.0 中文版入门教程与手机实例[M].北京:电子工业出版社,2010.

[8] 占金青,贾雪艳.Pro/ENGINEER Wildfire 5.0 中文版从入门到精通[M].北京:人民邮电出版社,2018.

[9] 钟日铭.Pro/ENGINEER Wildfire 5.0 曲面设计从入门到精通[M].北京:机械工业出版社,2010.

[10] 张岩.ANSYS Workbench 15.0 有限元分析从入门到精通[M].北京:机械工业出版社,2019.

[11] 花广如,戴庆辉,杨晓红.机械 CAD 技术基础[M].北京:中国电力出版社,2016.

[12] 郭年琴.计算机辅助设计与制造实例教程[M].北京:冶金工业出版社,2016.

[13] 孙恒,陈作模,葛文杰.机械原理[M].8 版.北京:高等教育出版社,2013.

[14] 王振泽.计算机仿真技术的发展及应用[J].电子技术与软件工程,2017(4):170.

[15] 候彦庆.计算机仿真技术的应用与发展趋势[J].信息通信,2016(2):181-182.

[16] 张文霞.浅谈计算机仿真技术的发展及其应用[J].计算机产品与流通,2018(9):14.

[17] 陈峰华.ADAMS 2018 虚拟样机技术从入门到精通[M].北京:清华大学出版社,2018.

[18] 贾长治,殷军辉,薛文星.ADAMS 虚拟样机从入门到精通[M].北京:机械工业出版社,2010.

[19] 李增刚.ADAMS 入门详解与实例[M].2 版.北京:国防工业出版社,2014.

[20] 葛文军.Mastercam 数控加工自动编程入门到精通[M].北京:机械工业出版社,2015.

[21] 周利平.数控技术及加工编程[M].成都:西南交通大学出版社,2007.

[22] 刘晨,蔡长韬.基于 XML 的 CAPP 数据描述技术研究[J].计算机应用研究,2005,22(4):75-77.

[23] 封志明,蔡长韬,王宇.基于 XML 的 CAPP 自动汇总研究[J].机械设计与制造,2006(2):139-140.

[24] 蔡长韬.基于 STEP/XML 的集成化工艺信息描述方法研究[J].计算机集成制造系统,

2008,14(5):912-917.

[25]　白瑀.计算机辅助设计与制造[M].北京:北京师范大学出版社,2018.

[26]　宋爱平.机械 CAD/CAM 应用技术[M].北京:高等教育出版社,2018.

[27]　范淇元,覃羡烘.机械 CAD/CAM 技术与应用[M].武汉:华中科技大学出版社,2019.

[28]　欧长劲.机械 CAD/CAM[M].西安:西安电子科技大学出版社,2012.

[29]　王隆太.机械 CAD/CAM 技术[M].4 版.北京:机械工业出版社,2017.

[30]　谭建荣.智能制造:关键技术与企业应用[M].北京:机械工业出版社,2017.

[31]　工业和信息化部.中国制造 2025 解读材料[M].北京:电子工业出版社,2016.

[32]　王立平,张根保,张开富,等.智能制造装备及系统[M].北京:清华大学出版社,2020.

[33]　刘敏,严隽薇.智能制造:理念、系统与建模方法[M].北京:清华大学出版社,2019.

[34]　陈根.数字孪生[M].北京:电子工业出版社,2020.

[35]　胡权.数字孪生体:第四次工业革命的通用目的技术[M].北京:人民邮电出版社,2021.

[36]　周祖德,娄平,萧筝.数字孪生与智能制造[M].武汉:武汉理工大学出版社,2020.

[37]　郝雅萍.基于计算机仿真技术的发展及其应用[J].电子技术与软件工程,2018(20):125.

[38]　陈雪芳.逆向工程与快速成型技术应用[M].2 版.北京:机械工业出版社,2015.

[39]　刘永利.逆向工程及 3D 打印技术应用[M].西安:西安交通大学出版社,2018.

[40]　李博,张勇,刘谷川.3D 打印技术[M].北京:中国轻工业出版社,2017.

二维码资源使用说明

　　本书配套数字资源以二维码的形式在书中呈现,读者第一次利用智能手机在微信端扫码成功后提示微信登录,授权后进入注册页面,填写注册信息。按照提示输入手机号后点击获取手机验证码,稍等片刻收到 4 位数的验证码短信,在提示位置输入验证码成功后,重复输入两遍设置密码,点击"立即注册",注册成功(若手机已经注册,则在"注册"页面底部选择"已有账号? 绑定账号",进入"账号绑定"页面,直接输入手机号和密码,提示登录成功)。登录成功后即可数字资源。

　　友好提示:如果读者忘记登录密码,请在 PC 端输入以下链接 http://jixie.hustp.com/index.php? m=Login,先输入自己的手机号,再单击"忘记密码",通过短信验证码重新设置密码即可。